中等职业学校教学用书（计算机应用专业）

网页制作基础教程

（Dreamweaver CS6 版）

黄洪杰　杨　军　主编

電子工業出版社
Publishing House of Electronics Industry
北京·BEIJING

内 容 简 介

本书以 Dreamweaver CS6 软件为依托，以建立一个网站为项目实例，系统地介绍网页的设计与制作。本教材对于文字、图像、超链接、样式、行为、AP 元素、表单等网页元素的含义及应用进行了详细的讲解，并且简单介绍了 Dreamweaver 与 Fireworks、Flash 的整合应用，最后介绍了网页的管理方法和上传步骤等内容。

本书从基础知识和基本操作入手，循序渐进、直观明了地阐述各知识点，并配有大量的图片和实例，使读者在本书的指导下能够自己建立简单的网站、制作和维护网页，知道怎样设置网页的动态效果及如何应用多媒体，并且学会上传网页。

本书是中等职业学校的教材，兼顾了目前中等职业教育几种办学模式（中专、职高、技校）的特点和差异，淡化了各类中等职业学校的界限，可以作为上述几类中等职业学校的教材，也可以作为具有中等文化程度的学生、计算机爱好者和工程技术人员自学的参考教材。

本书还配有电子教学参考资料包（包括电子教案、教学指南及习题答案），详见前言。

图书在版编目（CIP）数据

网页制作基础教程：Dreamweaver CS6 版 / 黄洪杰，杨军主编. — 北京：电子工业出版社，2013.8
中等职业学校教学用书 · 计算机应用专业
ISBN 978-7-121-19277-7

Ⅰ. ①网… Ⅱ. ①黄… ②杨… Ⅲ. ①网页制作工具－中等专业学校－教材 Ⅳ. ①TP393.092

中国版本图书馆 CIP 数据核字（2012）第 304007 号

策划编辑：关雅莉
责任编辑：徐　萍
印　　刷：北京七彩京通数码快印有限公司
装　　订：北京七彩京通数码快印有限公司
出版发行：电子工业出版社
　　　　　北京市海淀区万寿路 173 信箱　邮编　100036
开　　本：787×1092　1/16　印张：16.25　字数：416 千字
版　　次：2013 年 8 月第 1 版
印　　次：2018 年12月第 7 次印刷
定　　价：29.80 元

凡所购买电子工业出版社图书有缺损问题，请向购买书店调换。若书店售缺，请与本社发行部联系，联系及邮购电话：（010）88254888，88258888。

质量投诉请发邮件至 zlts@phei.com.cn，盗版侵权举报请发邮件至 dbqq@phei.com.cn。

本书咨询联系方式：（010）88254617，luomn@phei.com.cn。

前　言

本教材适应中等职业教育课程改革的需要，特别是面向学分制的模块式课程和综合化课程的需要，并增强课程的灵活性、适用性和实践性。本教材的体系采用项目实例教学的模式，在每个项目实例学完后能掌握部分基本知识，学会一些操作技能，最后完成一个具体的项目；通过将几章内容形成一个项目，几个子项目组合成一个大项目，并以完成项目为手段，实现教学目标。

本教材既兼顾目前中等职业教育几种办学模式（中专、职高、技校）的特点和差异，又淡化了各类中等职业学校的界限。将培养目标统一定位在“具有综合职业能力，在生产、服务、技术和管理第一线工作的高素质劳动者和中、初级专门人才”上，淡化“技术员”和“操作工人”的界限。

本教材的知识和技能体系按照由浅入深、先易后难的原则，采用双重模块结构，增强了课程的灵活性和适用性。教材设计为 5 个部分，分别是网页制作前的准备、网页布局与规划、网页的编辑、网页的多媒体效果、网页的管理与上传。其中前 4 个模块为基础模块，要求开设该课程的学校必须完成这些模块的教学；网页的管理与上传为选修模块，可以根据地区和学校的实际情况酌情选用。

本课程的参考教学时数为 72 学时。全书共分为 10 章：第 1 章，网站的建立；第 2 章，编辑网页的内容；第 3 章，网页的布局；第 4 章，使用框架；第 5 章，使用超链接；第 6 章，CSS 与行为；第 7 章，制作多媒体网页；第 8 章，使用表单；第 9 章，图像和动画的制作与优化；第 10 章，网站的管理与上传。其中第 2、3、5、6、8 章为本书的重点。

本教材由黄洪杰、杨军主编，王钰、周新、钱力、黄毓璋、姜永玲、刘亚萍、赵文、杨欣、赵魁德等老师参加了本书的编写工作。

编者意在奉献给读者一本实用并具有特色的教材，但由于水平有限，难免有不妥之处，敬请广大师生和读者批评指正。

为方便教学，本书还配有电子教案、教学指南及习题答案（电子教学参考资料包），请有此需要的教师登录华信教育资源网（www.hxedu.com.cn）下载，或与电子工业出版社联系（E-mail：ve@phei.com.cn），我们将免费提供。

目　　录

第1章

网站的建立

项目1 掌握网页概念和网页制作工具

我们正处在一个互联网的时代，计算机自不必说，手机、电视机、MP4 播放器、PSP 游戏机……无一例外都加入了网络功能。而因特网的最基本应用——网页浏览，也时时刻刻出现在我们面前。

在因特网上安一个家，成为许多人的梦想，而要实现这个梦想并不难，只需要一点点创意，一点点耐心，一点点美工知识，然后熟练掌握本书介绍的软件即可，一切就是这么简单。

本书介绍的软件是 Adobe 公司的 Dreamweaver。这款软件连同 Flash、Fireworks 一起被称为“网络三剑客”，一直是网页制作者最关注的产品。即使软件巨头微软公司也不得不承认自己旗下的产品 FrontPage 无法与之抗衡，从而宣布停止对 FrontPage 的开发和更新，也成就了 Dreamweaver 的一枝独秀。

在使用 Dreamweaver 之前，必须先搞清楚几个概念，这些概念在后面的学习中会经常用到，混淆了它们会给学习带来很大的麻烦。

子项目1 网页、超链接与网站

当我们在因特网上浏览的时候，见到的每一个页面都可以称为网页，那什么是网页呢？简单地说，网页就是把文字、图形、图像、声音、动画、视频等多种媒体形式的信息，以及分布在因特网上的各种相关信息相互链接起来而构成的一种信息表达方式。

网页采用超文本来表达信息，这种形式直接改变了我们的阅读习惯。

我们平常阅读书籍，内容采用的都是一种线性结构，也就是说，只有看完第一章，才能看第二章，否则内容的衔接就会出现问题。而因特网采用了一种网状的结构，浏览者可以根据自己的喜好随时改变阅读的顺序。这种形式就是超文本，改变顺序的就是超链接。

实际上，在一些词典及大百科全书中，早已采用了这种链接式的信息表达方式。例如，在一些大百科全书中，对“虎”字的解释可能是这样的：

虎，又称老虎，是一种大型食肉野生动物，属猫科哺乳动物，产于亚洲。
参见：动物　　（第 104 页）；猫科动物　　（第 201 页）；
哺乳动物　　（第 316 页）；亚洲　　（第 276 页）。

这里面的“第 104 页”、“第 201 页”、“第 316 页”、“第 276 页”分别用来标明“动物”、“猫科动物”、“哺乳动物”、“亚洲”等词的内容在大百科全书中的位置。读者在阅读时，只要到上述页码查阅相关信息，就可以全面了解“虎”这个字的含义了。也就是说，读者在读到这一页时，可以选择接着读下一页的内容，也可以读第 104 页、第 201 页、第 276 页或者第 316 页的内容，不同的读者会选择不同的阅读顺序，实际的阅读顺序因人而异，这样就更好地满足了阅读人的需求。

超链接这种非线性的联系方式，使得网页信息量呈爆炸状分散和衍生，让人们可以非常方便地查找到自己需要的信息。而正是千千万万个网页组成了色彩斑斓的因特网世界，成就了迅速占领媒体世界的传奇。

下面我们来看一下一个特殊的网页——主页。在浏览器中输入网址后，看到的第一个网页我们称其为“主页”。主页就像一本书的目录，它的名字一般叫作 index.htm 或者 index.asp。index 是索引的意思，也就是说，主页是进入其他网页的索引页。在主页中能够找到打开其他网页的超链接。而通过单击主页上的超级链接，就可以打开这个网站中的其他网页。

一般情况下，要想直接打开一个网页，必须在浏览器地址栏输入该网页的详细地址，如图 1.1.1 所示，输入详细网址“http://www.weather.com.cn/news/1699985.shtml”，才能看到关于台风的最新消息。

图 1.1.1　输入网页地址打开相应网页

只有主页例外，只需要输入网站的地址，主页便被打开了，而不必输入主页的文件名，如图 1.1.2 所示。所以主页名称不能随便更改。主页的重要性不言而喻，设计一个好的主页能够吸引浏览者的注意，加深浏览者的印象，提升网页的知名度。正是由于主页在所有网页中的特殊作用，因此也有人将个人网站称为个人主页。

图 1.1.2　打开网站主页时不必输入主页文件名

虽然网页是在因特网上浏览的主体，但它要完整、生动地展现出来还需要一些程序和文件的支持。例如，在网页中出现一段 Flash 动画，就需要相关的 Flash 播放程序的支持。而一些具备查询功能的网页，显然也离不开后台数据库的大量数据作为支撑。网页、支持网页各种效果的程序文件、数据文件，甚至说明文档的集合，就组成了网站。

现在，人们已经不满足于仅仅在因特网上浏览，而是通过各种手段，加入因特网的大家庭，向他人展示自己的爱好、才能等个性化的东西。其中，最明显的例子莫过于博客和微博的兴起。不论普通的网民，还是影视界、体育界、文化界的明星，都纷纷建立自己的博客和微博，表达自己对生活、对世界的看法。如图 1.1.3 所示就是演员姚晨的微博。

图 1.1.3　演员姚晨的微博

博客和微博虽然具有简单、可操作性强等优点，但往往受到服务商的功能限制，甚至不能随意更改文字和图片的位置。程式化的模板给人一种千篇一律的感觉。要想充分展示自己的个性魅力，发掘自己的能力，还是要使用专业的网页制作软件，建立一个属于自己的网站，按照自己的想法设计网页。

在本书中，网站的建设是通过制作网页来完成的，网页之间通过超链接连接起来，掌握这些技能就可以制作出一个简单的网站，进而加入到 Internet 的大家庭中。

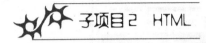

子项目 2 HTML

1. 什么是 HTML

早期制作主页需要熟练掌握 HTML，也就是 Hyper Text Markup Language（超文本标识语言）。它只需要在一个简单的文本编辑器（如记事本）中单独输入一些特定的代码，然后通过浏览器进行解释、执行，就能成为大家平常看到的样子。

HTML 作为超文本标记语言，用来描述某个事物应该如何合理地显示在计算机屏幕上。也可以这么说，HTML 就是以特殊的标记形式将网页存储为通常的文本文件。所以，我们能够用文本文件编辑软件打开或编辑 HTML 文件。而要把 HTML 文件以网页的形式显示出来，就必须借助于 IE 等浏览器软件。

图 1.1.4 所示是网站“hao123”的主页在浏览器中的样子，而图 1.1.5 所示是将该网页保存下来后在记事本中打开的样子，从右端的滚动条可以看出这个文件的内容有多大。

除了用于控制文本如何在浏览器内显示外，HTML 还包括很多不同的组件。例如，我们可以随心所欲地在网页上添加对象、建立项目列表、创建表格，以及表单等。而它最大的功能就是：在世界范围内，通过超级链接，使当前网页与因特网上的其他网页连接起来。

图 1.1.4 网站“hao123”的主页在浏览器中的样子

```
hao123 - 记事本
文件(F) 编辑(E) 格式(O) 查看(V) 帮助(H)
<!DOCTYPE HTML PUBLIC "-//W3C//DTD HTML 4.0 Transitional//EN">
<!-- saved from url=(0022)http://www.hao123.com/ -->
<!DOCTYPE html><HTML><!--STATUS OK--><HEAD>
<META charset="utf-8">
<META name="keywords" content="上网导航,网址大全,网址导航,hao123上网导航,hao123网址,hao123导航,hao123网址大全">
<META name="description" content="hao123是最具权威的中文上网导航，汇集最优秀的网站及资源。及时收录影视、音乐、小说、游戏等分
<TITLE>hao123_上网从这里开始</TITLE><!--[if gte IE 9]>
<META name="application-name" content="hao123 我的上网主页">
<META name="msapplication-tooltip" content="hao123 我的上网主页">
<META name="msapplication-window" content="width=1024;height=768">
<META name="msapplication-task" content="name=实用查询;action-uri=http://www.hao123.com/tools/tool.html?pin;icon-uri=http:/
<META name="msapplication-task" content="name=电视剧;action-uri=http://tv.hao123.com/?pin;icon-uri=http://www.hao123.com/im
<META name="msapplication-task" content="name=电影;action-uri=http://movie.hao123.com/?pin;icon-uri=http://www.hao123.com/i
<META name="msapplication-task" content="name=音乐;action-uri=http://music.hao123.com/?pin;icon-uri=http://www.hao123.com/i
<META name="msapplication-task" content="name=团购;action-uri=http://tuan.baidu.com/?pin;icon-uri=http://www.hao123.com/ima
<META name="msapplication-task" content="name=小游戏;action-uri=http://xyx.hao123.com/?pin;icon-uri=http://www.hao123.com/i
<META name="msapplication-task" content="name=意见反馈;action-uri=http://feedback.hao123.com/?pin&amp;catalog_id=3;icon-uri=
<META name="msapplication-starturl" content="http://www.hao123.com"><LINK rel="shortcut icon"
type="image/x-icon" href="http://www.hao123.com/images/haofav.ico">
<![endif]--><LINK rel="stylesheet" type="text/css" href="hao123_files/skin-color-green.merge.css">
<SCRIPT type="text/javascript">try{document.execCommand('BackgroundImageCache',false,true)}catch(e){}</SCRIPT>

<META name="GENERATOR" content="MSHTML 9.00.8112.16447"></HEAD>
<BODY class="skin-color-green">
<DIV class="g_hf-bg layout-userbar">
<DIV class="w960px layout-inner">
<DIV id="box-userbar" class="box-userbar">
<DIV id="userBar" class="w960px g_clr widget-userbar" monkey="userbar">
<DIV class="g_fl">
<UL class="quik-menu">
  <LI class="sethome"><A hideFocus="true" class="js_setHome tc-blue" onclick="return false"
  href="http://www.hao123.com/">设为主页</A>  [ <A class="g_black" href="http://www.hao123.com/redian/tongzhi.htm
  ]</LI>
  <LI class="xiufu"><A class="tc-red"
```

图 1.1.5　网站“hao123”的主页在记事本中的样子

2. HTML 的特点与缺点

初次打开 HTML 文件，会觉得非常复杂。但只要认真观察，就能很容易发现各语句之间的规律。例如，要在网页上实现“欢迎参观我的主页”这句话为黑体 18 号字并居中显示，相应的 HTML 语句为：

<center><b><font face ="黑体"><font size=18>欢迎参观我的主页</font></font></b></center>

句首的<center>表示居中，句尾的</center>表示居中结束；而<b>表示粗体，</b>与之相呼应；<font face ="黑体">表示文字为黑体，<font size=18>表示字体型号为 18 号，句尾的两个</font>表示设置结束。

做一做

用记事本编辑一个文件，在 IE 浏览器中显示出来，如图 1.1.6 所示。

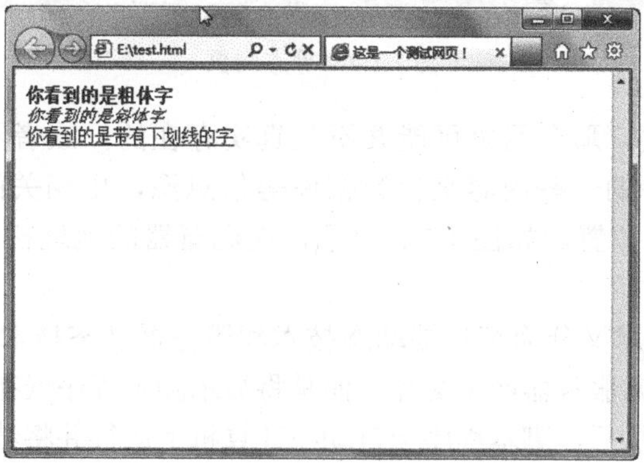

图 1.1.6　html 文件显示效果

显而易见，用 HTML 来编辑网页存在以下几个缺点：

（1）在输入语句时，常常需要反复输入一些相同的格式，浪费大量时间和精力。

（2）在编辑器中无法准确地知道主页在浏览器中显示的样子，所以往往需要反复调试，非常烦琐。

（3）无法对多个网页进行管理，无法确知网页中的链接是否正确。

子项目 3　静态网页与动态网页

网页可以分为静态网页和动态网页，区分它们的标准是网站所使用的服务技术，与网页上是否有动态效果无关。也就是说，静态网页上可以有一些动态的效果，动态网页上也可以只是有一些简单的文字和图片。

在浏览静态网页时，该网页是在网站所在的服务器上真实存在的。当我们在浏览器上输入网页的网址时，网站服务器就将该网页下载到浏览器中并打开，供浏览者浏览。如图 1.1.7 所示，在浏览器的地址栏可以看到扩展名为 html 的网页文件文件名。

图 1.1.7　静态网页

在浏览动态网页时，那个网页可能并不是真实存在的，或者不是完整存在的。而仅仅是一个模板，网页中的一些内容来自数据库等信息源，由相关的网页程序来控制那些信息显示在模板的什么位置。如图 1.1.8 所示，在浏览器的地址栏看不到具体的网页文件文件名。

支持动态网页的技术又分为客户端动态技术和服务器动态技术。客户端动态技术在显示网页内容时并不与网站服务器产生交互，而是将显示脚本程序嵌在网页文件中，服务器接收浏览器的请求发送网页后，脚本程序会自动在计算机上运行并将结果显示在浏览器中。例如，网页中常见的 JavaScript、DHTML、Flash 就是客户端动态技术。而服务器动态技术在显示网页内容的过程中需要服务器和客户端的共同配合，服务器会根据客户端发来的参数运行相关程序，产生页面，然后再把已经形成的网页发送到客户端的浏览器上。例如，常见的 ASP 网页和 PHP 网页使用的就是服务器动态技术。

图 1.1.8　动态网页

简单地说，使用客户端动态技术的网页内容是在浏览者的计算机中组合而成的，而使用服务器动态技术的网页内容是在服务器中组合而成的。采用服务器动态技术可以保证在不同的计算机上显示的网页一模一样，不会因为显示器尺寸等原因发生偏差。有时候，我们使用一台配置很高的计算机浏览一些网页时常常打不开，而打开其他网页速度却很快，往往是因为该网页采用了服务器动态技术，由于浏览者太多、负载过大等原因形成网络阻塞造成的。

目前网络中的网页大都采用动态网页技术，这极大地降低了网站的维护成本。但使用服务器动态技术往往需要后台数据库的支持，要涉及数据库操作等相关知识，对初学者提出了更高的要求。而无论哪一个使用动态技术的网站都是以静态技术为基础的，所以我们在本书的操作中主要以静态网页为主，网页中所涉及的动态技术也都采用客户端动态技术的形式。

子项目 4　网页制作工具

显然，制作网页并不容易，动态网页尤其复杂。于是人们希望有一种软件来改变这种状况，再也不必和难记、难懂的代码打交道，一切都得到简化，只需要像在 Word 中一样进行排版，由计算机来完成网页与代码之间的转换就行了。

网页制作软件可以实现网页制作者与 HTML 的分离，我们只需在编辑器中输入文本或图片，网页制作软件将帮助我们将这些文本或图片转换成相应的 HTML 代码。而且我们在编辑器中见到的效果，与在浏览器中见到的网页基本相同。

在众多网页制作软件中，FrontPage 曾经以操作简单而获得初学者的青睐。图 1.1.9 所示的是一个正在使用 FrontPage 软件编辑的主页，在编辑器中一点也看不出 HTML 的影子，就像在 Word 中编辑文本一样。或者，可以这样说，只要你能够熟练地使用 Word，那么 FrontPage 的使用方法你已经掌握一半了。

图 1.1.9　使用 FrontPage 编辑的主页

但 FrontPage 也具有体积庞大，冗余代码比较多，插入 Flash 动画等插件比较麻烦等缺点。微软公司在 2006 年放弃了对 FrontPage 系列软件的更新，FrontPage 已经走进历史。而它的替代产品 Microsoft Expression Web 并没有得到广大网页制作者的支持，现在的网页制作软件是 Dreamweaver 一枝独秀。

Dreamweaver 原本是 Macromedia 公司的产品，后被 Adobe 公司收购。该软件除了本身具有的强大功能以外，还得益于其他相应软件的有力支持。它和该公司的另外两个产品 Flash（动画制作工具）、Fireworks（图像编辑工具）一起被称为“网络三剑客”。

和其他网页制作软件相比，Dreamweaver 是一款更专业的网页制作工具，拥有更广泛的网页制作者群。它主要有以下优点：

（1）不生成冗余代码。可视化的网页编辑器一般都会生成大量的冗余代码，FrontPage 就有这个问题。而 Dreamweaver 在使用时完全不生成冗余代码，减小了网页文件的体积。

（2）强大的动态页面支持。Dreamweaver 能在使用者不懂 JavaScript 的情况下，给网页加入丰富的动态效果。Dreamweaver 还可以精确地对层进行定位，生成动感十足的动态层效果。

（3）优秀的网站管理功能。在已定义的本地站点中改变文件的名称、位置，Dreamweaver 会自动更新相应的超级链接。

（4）便于扩展。使用者可以给 Dreamweaver 安装各种插件，使其功能更强大。若有兴趣，还可以自己给 Dreamweaver 制作插件，使 Dreamweaver 更适应个人的需求。

Dreamweaver 操作界面如图 1.1.10 所示。

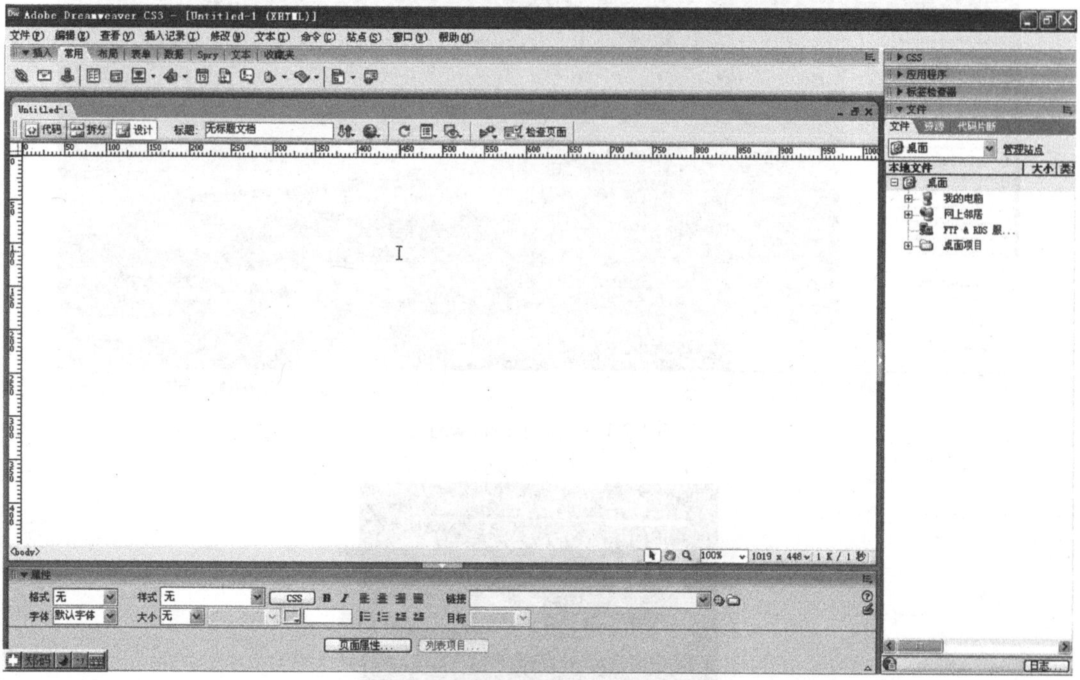

图 1.1.10　Dreamweaver 操作界面

本书即以 Dreamweaver CS6 为依托，详细介绍网页的制作方法。由于该软件采用了浮动面板等设计风格，与我们通常使用的 Office 工具栏略有不同，因此在学习的过程中要多加练习，认真体会，争取在短时间内能够灵活使用该软件，为以后的网页制作打好基础。

项目 2　使用 Dreamweaver 建立网站

子项目 1　Dreamweaver 的操作环境

下面在 Dreamweaver 中建立一个空的网页，通过这一操作项目，了解 Dreamweaver 的操作环境。

以 Windows 7 为例，单击任务栏上的“开始”按钮，打开“开始”菜单；将鼠标指针指向“开始”菜单中的“所有程序”，打开“程序”菜单；再单击子菜单中的“Adobe Dreamweaver CS6”，如图 1.2.1 所示，启动 Dreamweaver。

第一次启动 Dreamweaver 时，屏幕上会出现一个软件版本和版权信息的画面，如图 1.2.2 所示。然后显示的是 Dreamweaver 的工作窗口，如图 1.2.3 所示。

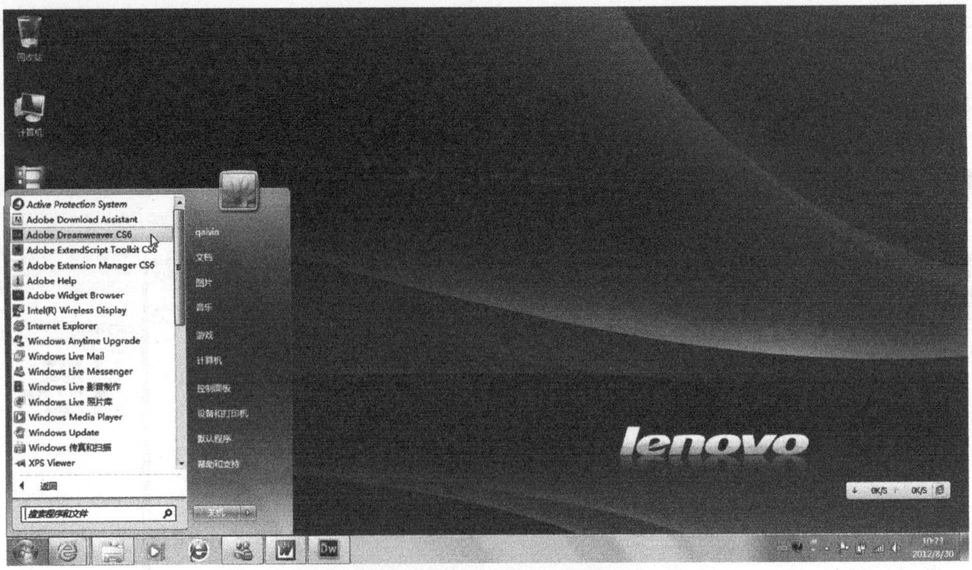

图 1.2.1　启动 Dreamweaver

图 1.2.2　Dreamweaver 的提示窗口

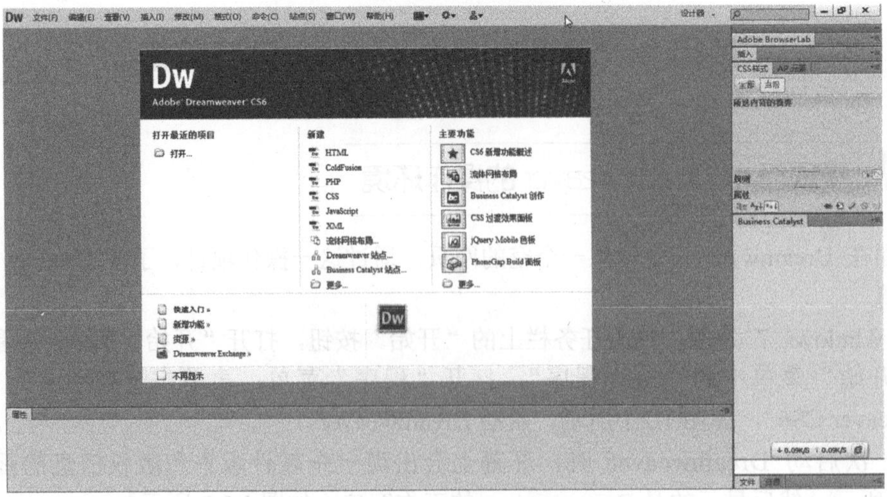

图 1.2.3　Dreamweaver 的工作窗口

首先映入眼帘的是 Dreamweaver 的起始页——欢迎屏幕，这是为方便网页制作者而设计的。在这个起始页，可以非常方便地打开、新建或者从模板中创建网站和网页。如果不喜欢这个起始页，可以选中下方的“不再显示”，将它关闭。这时会弹出一个警告对话框，提示用户如何再将这个欢迎屏幕打开，单击“确定”按钮可以将该对话框关闭，如图 1.2.4 所示。

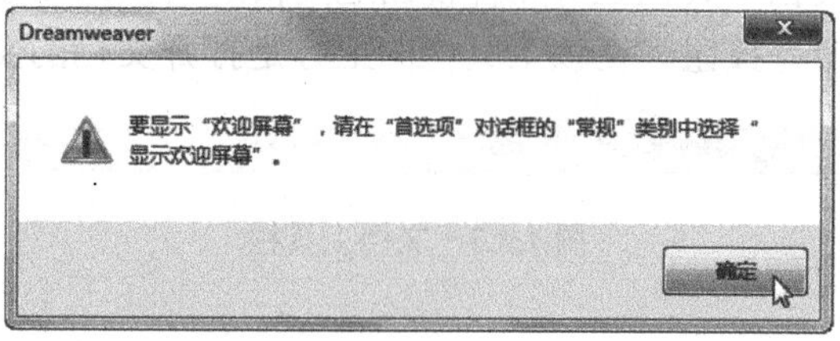

图 1.2.4　警告对话框

在欢迎屏幕中间的“新建”区域单击“HTML”，可以看到 Dreamweaver 建立了一个空白的网页。此时，其工作界面也清晰地展示在屏幕上。

如图 1.2.5 所示，Dreamweaver 的操作环境由标题菜单栏、文档工具栏、文档编辑区、状态栏、属性面板、面板组等组成。

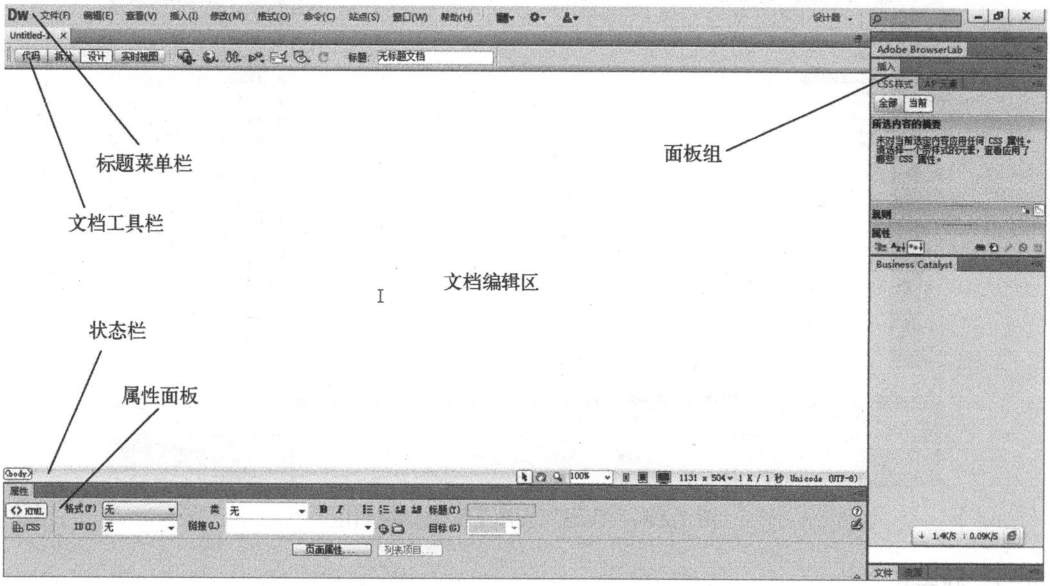

图 1.2.5　Dreamweaver 的操作环境

1. 标题菜单栏

如图 1.2.6 所示，标题菜单栏由标题栏和菜单栏组成，默认情况下两者会合并在一行，这样可以节省更大的空间给文档编辑区域。当窗口过窄时，标题栏和菜单栏会分开成两行显示。菜单栏部分共有 10 个菜单项，包含了 Dreamweaver 的所有操作命令，使用它们可以完成所有的操作。标题栏主要由工作区切换器、“布局”、“Dreamweaver 扩展”和“站点”管理器组成，使用它们可以更快捷地完成某种操作。

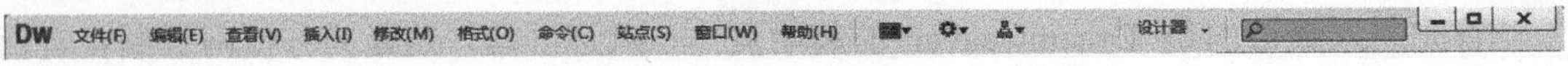

图 1.2.6　标题菜单栏

2. 文档工具栏

如图 1.2.7 所示，文档工具栏上有几种视图之间快速切换的按钮，也包含文档标题、文件管理、浏览器验证等命令按钮。在该工具栏的上方是打开文档的文件名。

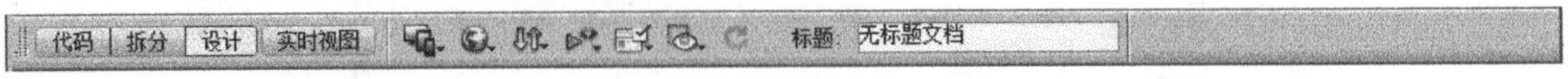

图 1.2.7　文档工具栏

3. 文档编辑区

文档编辑区是用于创建和编辑网页文档的主要操作区域，该区域默认在“设计”视图下打开，初始状态下显示为空白，如果切换到“代码”视图（在文档工具栏单击“代码”按钮），会看到代码编辑状态，输入 HTML 语句也可以编辑网页的内容，如图 1.2.8 所示。

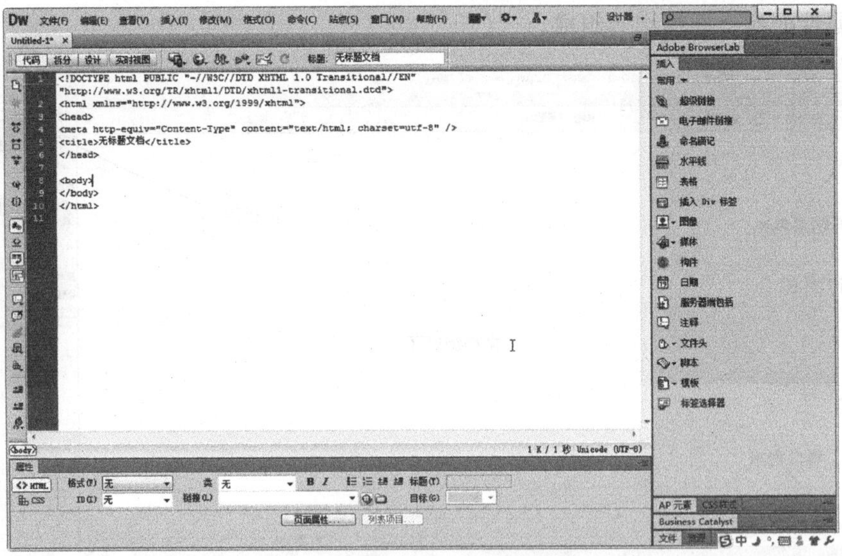

图 1.2.8 “代码”视图下的文档编辑区

4. 状态栏

如图 1.2.9 所示，状态栏显示当前文档的相关信息，由标签选择器<body>、选取工具、手形工具、缩放工具等组成，同时还显示当前窗口的大小、网页下载时间及文档编码等。

图 1.2.9　状态栏

5. 属性面板

属性面板位于操作窗口的下端，当我们在 Dreamweaver 编辑区中选择文字、表格、图片等元素时，属性面板显示的内容也会发生相应的改变。这保证了在制作网页的过程中，无论使用哪个元素，都可以在固定的位置找到对该元素进行设置的面板。

在右侧的面板组中展开“插入”面板，单击 “常用”选项卡下的“表格”按钮，然后在弹出的对话框中单击确定按钮，随便插入一个表格。这时可以发现整个表格处于被选中的状态，而属性面板也变成如图 1.2.10 所示的样子。

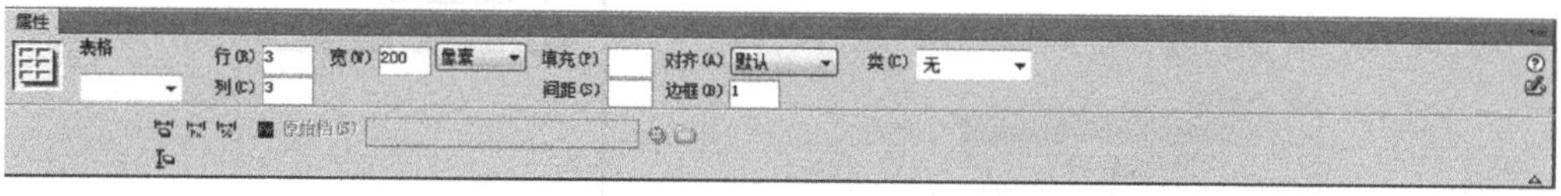

图 1.2.10　插入表格时属性面板显示的内容

在表格的任意单元格中单击鼠标，属性面板又会变成如图 1.2.11 所示的样子。

图 1.2.11　光标在单元格中属性面板的显示内容

6. 面板组

窗口的右边是面板组，如果觉得浮动面板组占的区域过大，网页的显示区域太小，可以单击浮动面板右上方的按钮，浮动面板会变成图标的形式，此时该按钮变成，如图 1.2.12 所示。单击可再次展开浮动面板组。

图 1.2.12　浮动面板组变成图标

浮动面板组的每一个面板都采用了展开与折叠功能。单击面板名称可以展开面板，如图 1.2.13 所示；单击可以将面板折叠起来，如图 1.2.14 所示。

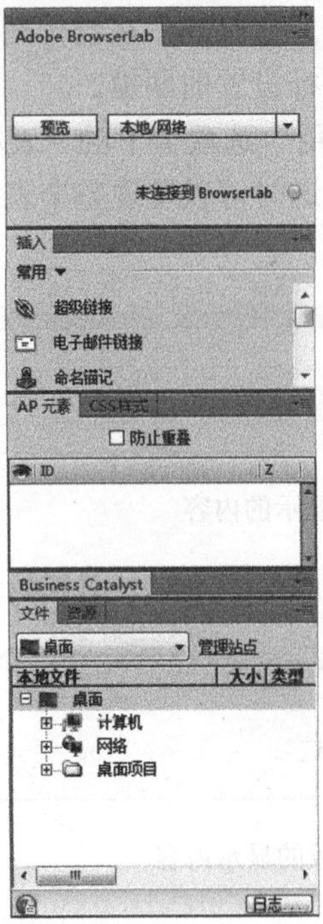

图 1.2.13　展开后的面板组

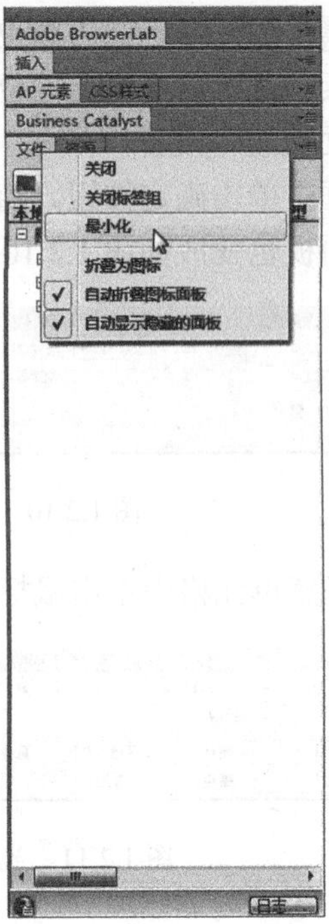

图 1.2.14　折叠后的面板组

在面板组的所有面板中，使用最频繁的是插入面板，该面板下有多个选项卡，默认的情况下，常用选项卡会自动被打开。在网页编辑的过程中，可通过单击面板上常用选项卡下的按钮为网页添加相应的元素，如图片、表格、框架、Flash 等，如图 1.2.15 所示。而单击面板上的“常用”，在下拉菜单中选择其他选项卡的名称，可以打开相应的选项卡，如图 1.2.16 所示，这些选项卡中的相应内容将在后面的项目操作中一一介绍。

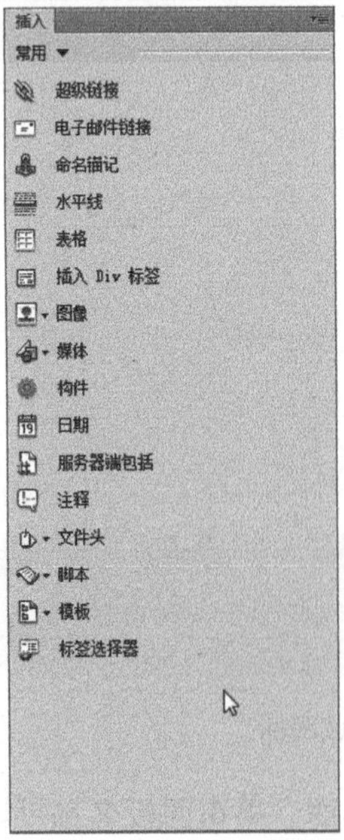

图 1.2.15　“插入”面板

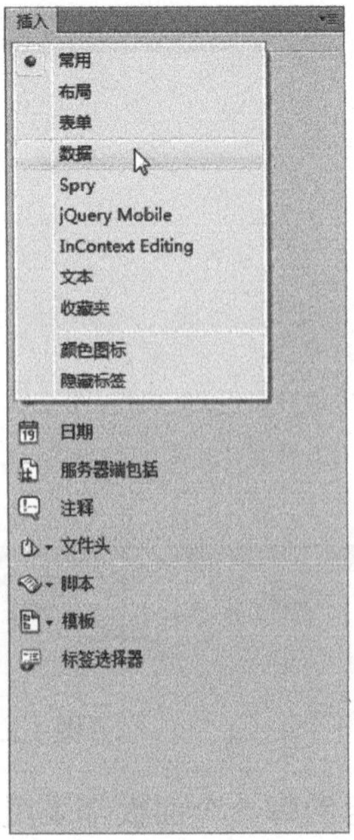

图 1.2.16　切换到别的选项卡

单击菜单栏上的“文件”，在弹出的菜单中选择“关闭”，可以关闭打开的网页。当然，关闭 Dreamweaver 也可以将打开的网站或网页关闭。

子项目 2　建立网站前的准备工作

为全面地展示一个主题，需要制作若干个网页，这些网页互相链接构成一个网站。在开始建立网站之前，首先要确定网站的主题，根据主题确定这个网站需要由多少个网页构成，以及这些网页之间的关联关系，等等。

下面通过为学校学生会读书俱乐部制作一个网站来说明规划网站的步骤。经过分析，需要用 5 个网页来展示这个网站的主题，如图 1.2.17 所示。

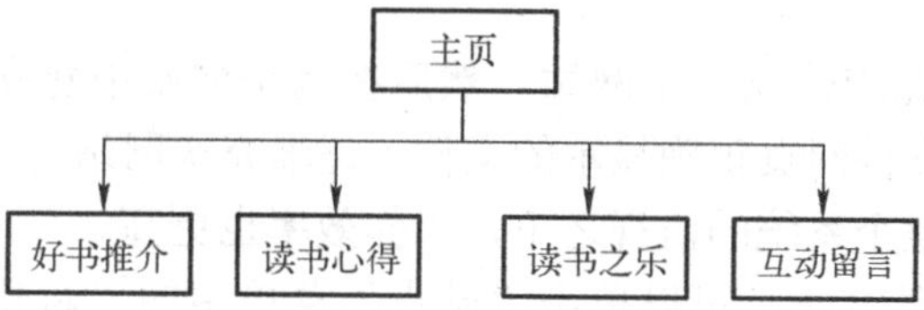

图 1.2.17　网站结构草图

上面这个图叫作“网站结构图”。在制作网站之前应该先画出结构图，这样不但可以帮助规划网站结构，使网站条理清楚、主题鲜明，还可以确定各个网页的内容，方便大家思考各网页之间的链接方式。

在本例中，网站结构图的作用并不明显，这是由于本例采用的网站结构比较简单，只有两层，共五个网页。在实际的操作过程中，网站的结构往往比较复杂，如制作学校的网站，或者制作学校学生会的网站，往往需要至少三层，几十个网页。这些网页的关系非常容易搞混，所以画出网页结构图就很有必要了。

通常，网页中除了文字之外，还应该包含图片、声音、动画等内容。这些资料都要在确定网站主题后、制作网页之前准备好，并存放在一个专门的文件夹中。如图 1.2.18 所示，我们为制作“读书俱乐部”网站准备了许多资料，都分类存放在 D 盘的“网站素材”文件夹中。

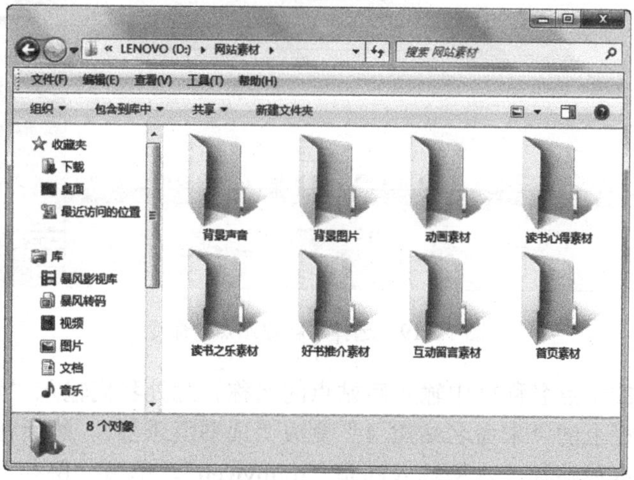

图 1.2.18　“网站素材”文件夹

在这个文件夹中分别为每一个网页建立了网页素材文件夹，用于存放该网页使用的文字、图片等。而网页通用的背景图片、背景声音、动画等也分别存放在相应的文件夹中。“其他”文件夹用于存放制作网页时需要的其他相关素材。

“网站素材”文件夹的内容可以随着网站制作的过程随时添加、更改。

子项目 3　建立站点

在前面的项目实例中，轻而易举就建立了一个空白的网页，那么用这种方法建立多个网页，然后通过超链接链接起来，是否就可以组成一个网站呢？这种想法是错误的。因为，即使通过超链接把这些网页链接起来，网页之间也不能组成一个统一的整体，这会给网站的管理带来相当大的麻烦。

正确的步骤是：首先应建立一个网站，然后在这个网站中建立网页，引入图片文件、音频文件、动画文件等支持网页正确显示的文件，逐渐充实网站内容，使它变得丰富多彩。这样建立的网站一直在整个系统的监视之下，工作效率也更高。

新建一个网站有多种方法，可以单击“站点”菜单中的“新建站点”命令，也可以单击标题栏上的“站点”按钮，在下拉菜单中选择“新建站点”命令，还可以在面板组中打开“文件”选项卡，通过单击“管理站点”新建站点。

如图 1.2.19 所示是通过单击菜单命令的方法来新建站点，此时会打开“站点设置对象未命名站点 1”对话框。

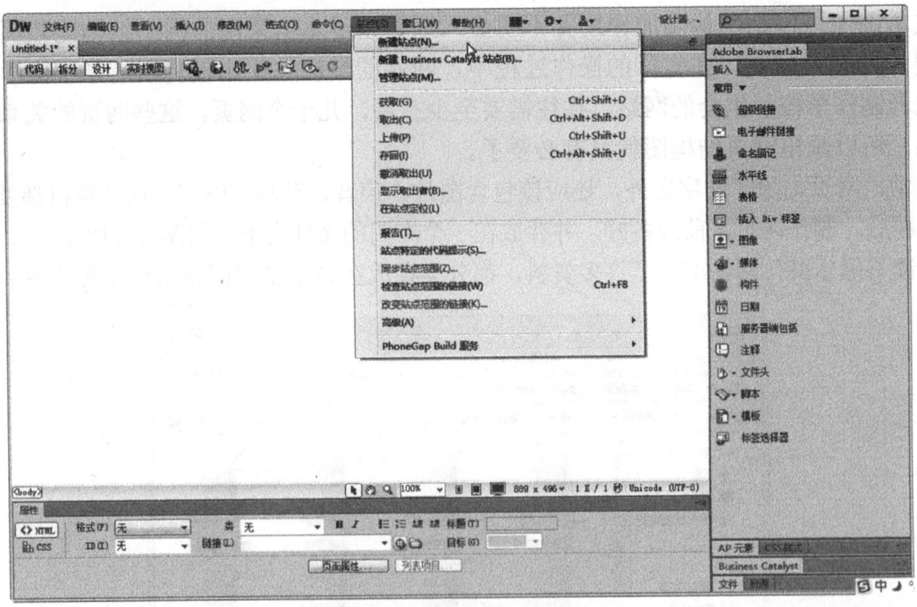

图 1.2.19　选择“新建站点”命令

在对话框右侧的站点名称框中输入新站点的名称。此处我们输入“读书俱乐部”，可以发现，对话框标题栏上的“未命名站点 1”变成“读书俱乐部”。然后在本地站点文件夹文本框中输入站点的存放路径，本例输入的是“d:\myweb”。单击“保存”按钮，如图 1.2.20 所示。

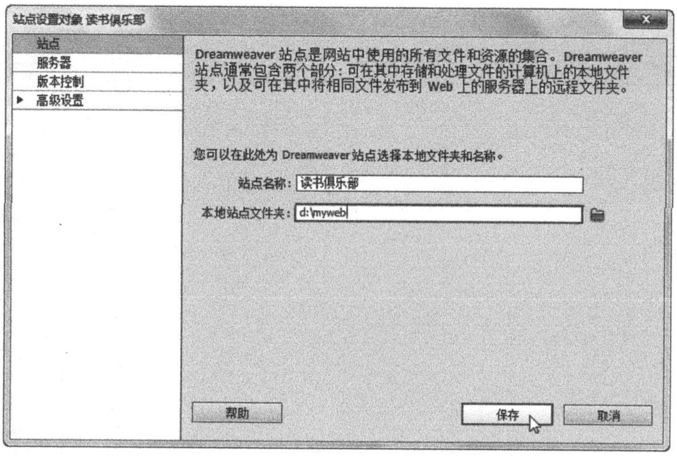

图 1.2.20　输入站点名称

此时在窗口右端的面板组中“文件”选项卡自动打开，出现“站点-读书俱乐部(d:\myweb)”一行字，也就是说网站已经创建成功，如图 1.2.21 所示。接下来就可以制作属于自己的网页了。

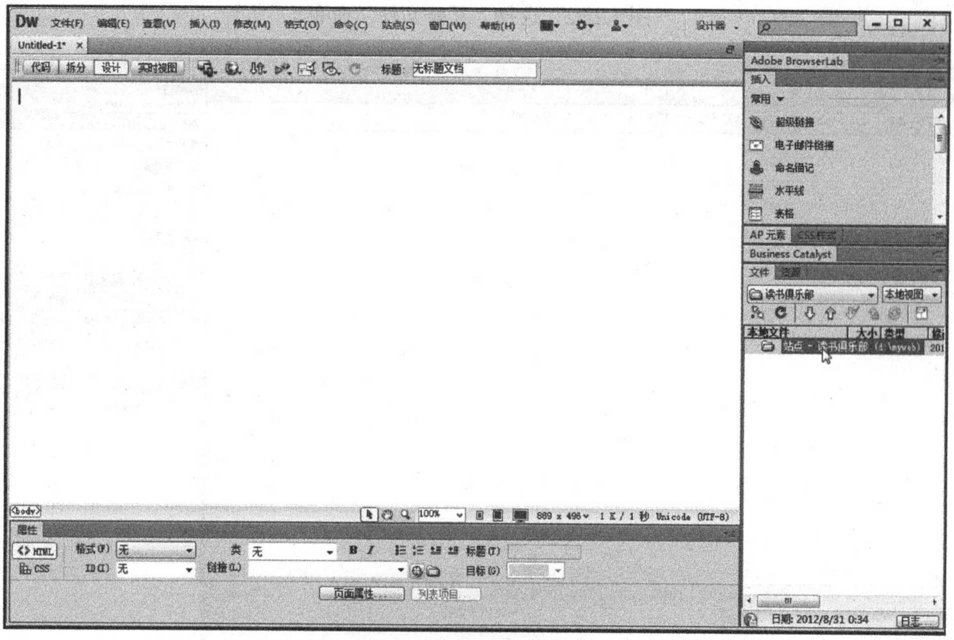

图 1.2.21　网站创建成功

子项目 4　新建网页与文件夹

在面板组的“文件”选项卡中，将鼠标指针移到站点名称上，单击右键，从弹出的快捷菜单中选择“新建文件”命令，如图 1.2.22 所示。则站点文件夹被展开，同时自动建立一个名为“untitled.html”的网页，如图 1.2.23 所示。

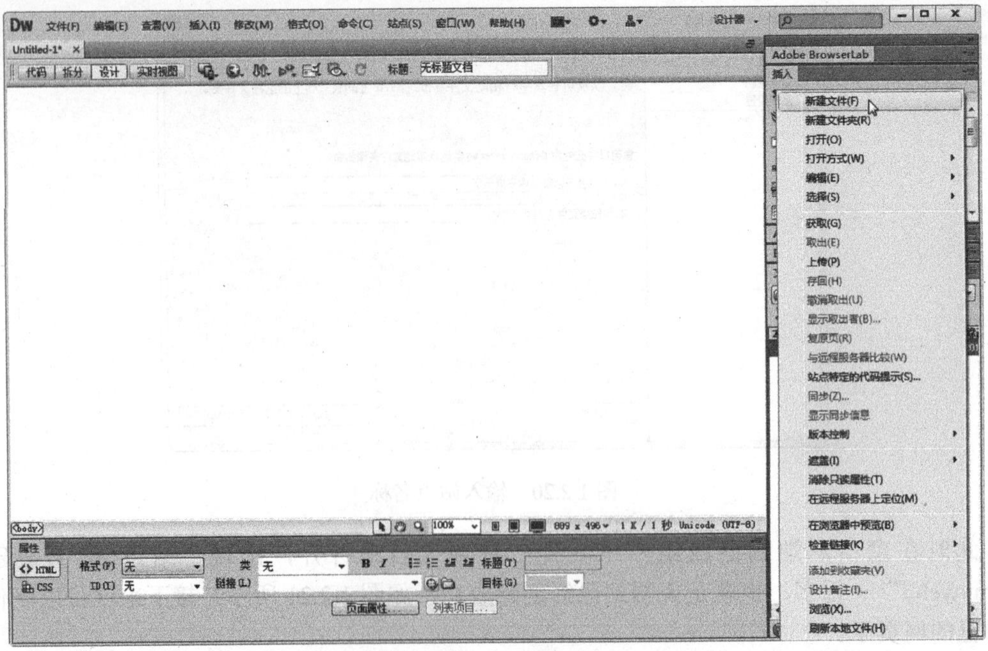

图 1.2.22　选择“新建文件”命令

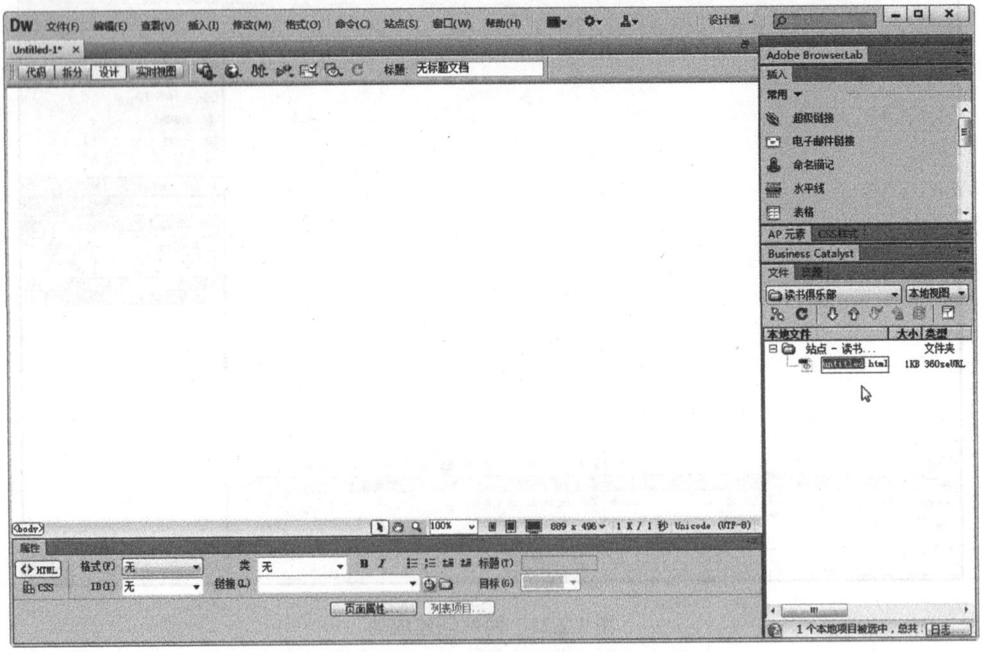

图 1.2.23　网页“untitled.html”自动建立

网页建立以后，名称栏中的“untitled.html”处于选定状态，可直接输入“index.html”作为新的网页文件名，今后该网页将作为整个网站的主页。

用同样的方法可以建立网页“haoshutuijie.html”、“dushuxinde.html”、“dushuzhile.html”和“hudongliuyan.html”，结果如图 1.2.24 所示。

建立文件夹的方法和建立文件的方法类似，大家可以自行练习。

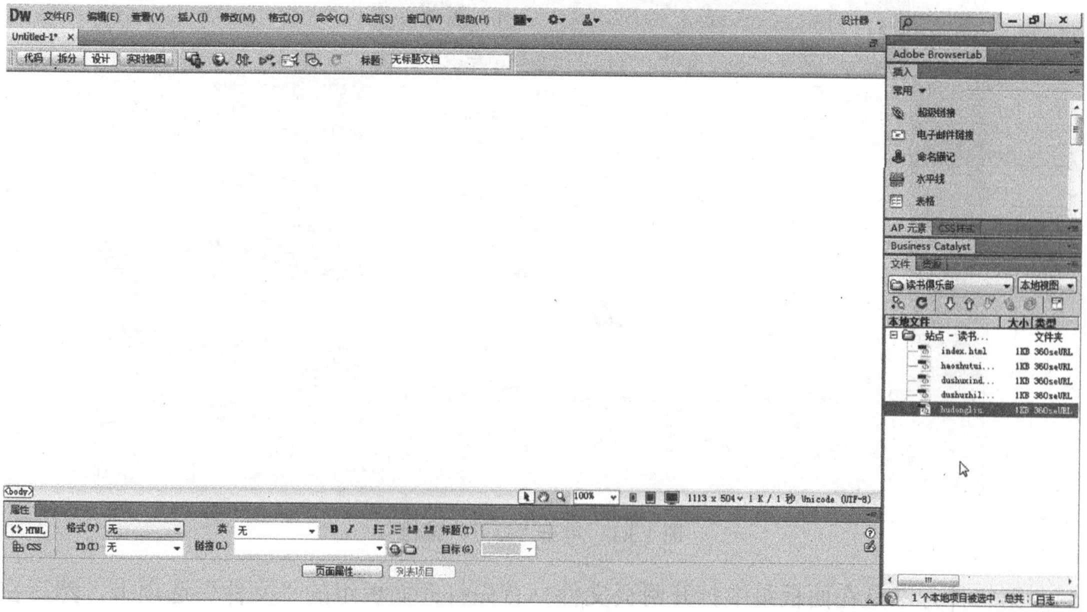

图 1.2.24　建立所有的网页

子项目 5　更改文件名与删除文件

在完成上述操作后，如果还需要为文件改名，只需在面板组中两次单击该文件的文件名，文件名就会变成编辑状态。注意是两次单击该文件名，不是双击该文件的文件名。更改文件夹名称的方法和更改文件名称的方法相同，请大家自行练习。

如果要删除网页文件，只需要选中该文件，按下键盘上的 Delete 键即可。

如果在网站中有新建的空白文件夹，请将它们删除，这样可保证网站中不会有没有用处的文件夹。删除文件夹的方法和删除文件的方法相同。

项目 3　打开与保存网页

子项目 1　打开网页文件

在建立网站和网页文件后，接下来要做的主要工作就是将网页文件打开，然后在网页文件中输入文字、插入图像、设置动态效果、编辑超链接，等等，最终实现整个网站的制作效果。

打开网站中的网页文件一般有三种方法。

第一种方法是在打开 Dreamweaver 后，在弹出的欢迎界面中单击“打开”按钮，然后找到要编辑的文件，如图 1.3.1 所示。这种方法较少使用，因为只有在打开 Dreamweaver 时才方便使用，而一旦处在网页文件的编辑过程中，再去寻找欢迎界面就不容易了。

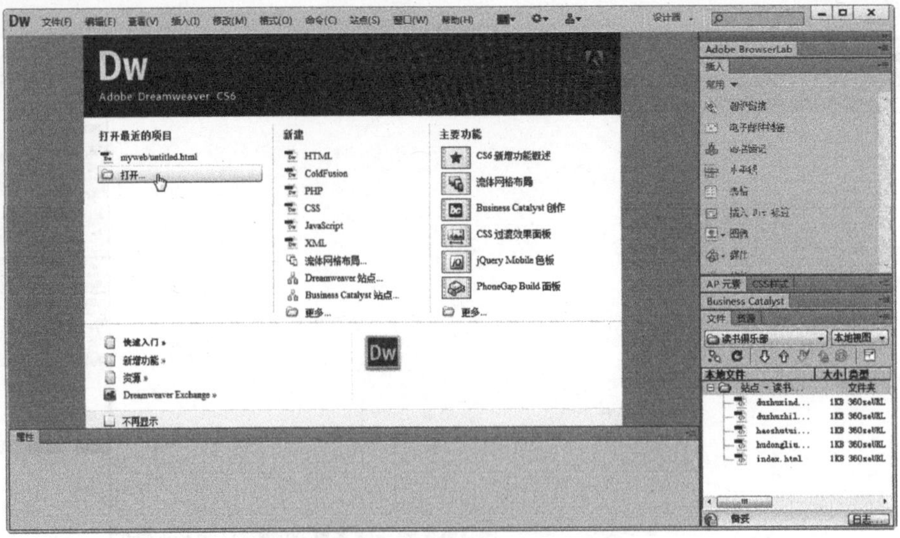

图 1.3.1　单击“打开”按钮

第二种方法是在面板组中打开网页文件。首先打开面板组的“文件”选项卡，然后在显示的“本地文件”中双击网页文件，将其打开，如图 1.3.2 所示。这种方法要求网页所在的网站已经打开，否则无法在文件选项卡中找到要打开的文件。

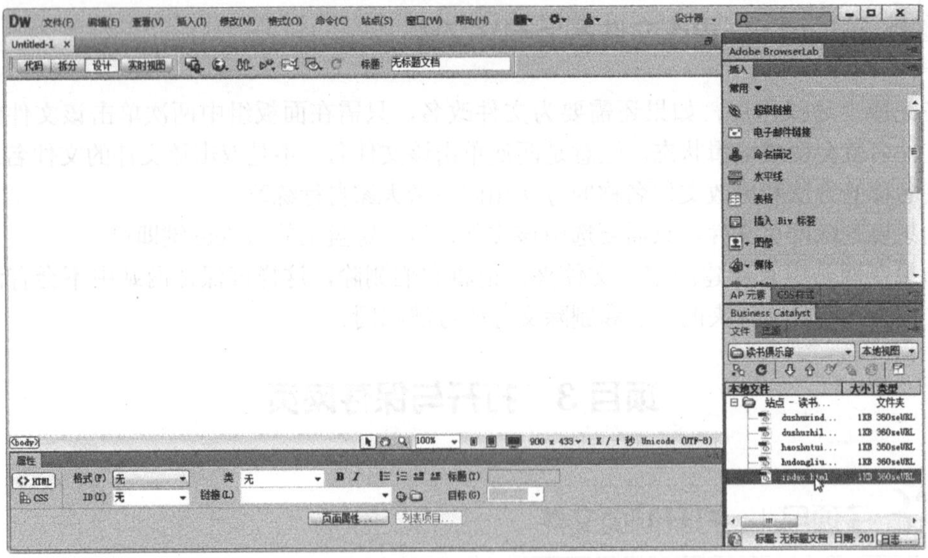

图 1.3.2　双击文件将其打开

第三种方法是使用菜单打开网页文件。单击“文件”菜单，在弹出的下一级菜单中选择“打开”命令，然后找到网页文件，将其打开，如图 1.3.3 所示。这种方法适合所有的情况，但操作起来比较麻烦。

因为是一个空文件，网页文件“index.html”打开后是一片空白，我们可以像在记事本中一样，在文档编辑区单击鼠标，当出现光标后，输入一行文字，图 1.3.4 中输入的是“这个网页是读书俱乐部网站的首页！”。

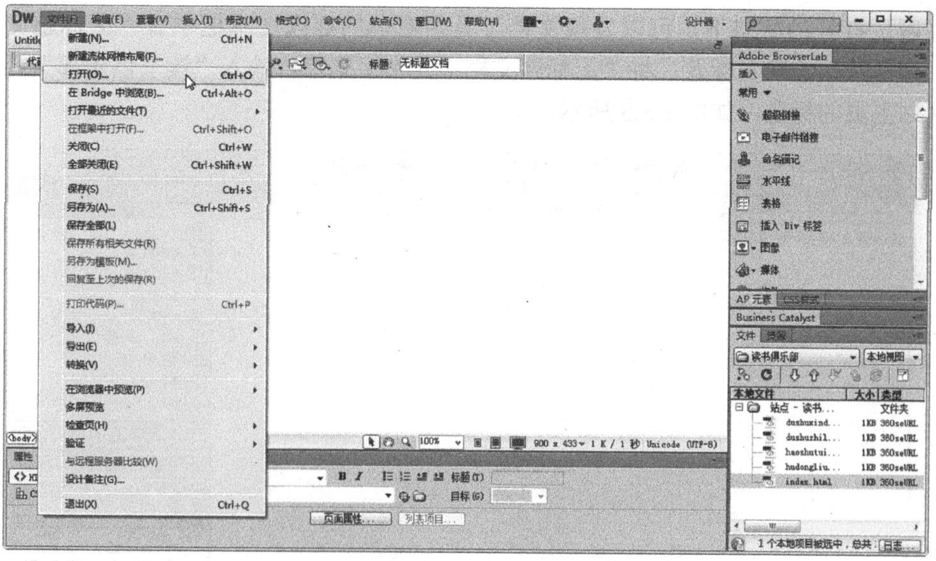

图 1.3.3　使用“文件”菜单打开网页文件

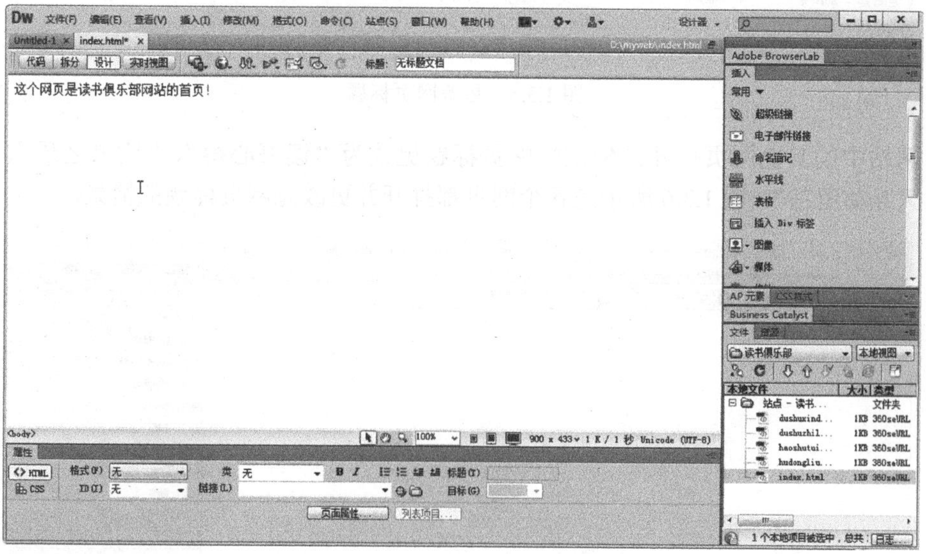

图 1.3.4　在网页中输入一行字

仔细观察可以发现，在菜单栏的下面多了一个名为 index.html 的选项卡，它和旁边打开的 Untitled-1.html 的颜色不同，说明网页文件 index.html 正处于编辑状态，是当前网页。而 index.html 的后面还有一个星号，这是网页未保存的标志。

子项目 2　更改网页标题

网页标题又称网页名字，它指的是浏览该网页时显示在浏览器标题栏中的文字，而不是这个网页的文件名。网页的文件名一般采用英文和拼音，而且不能太长，因此不容易直观地显示网页的内容。所以，我们要为每一个网页设置中文的网页标题，这样可以为浏览者提供方便。

在网页打开的状态下，可以发现文档工具栏右端的标题文本框中有“无标题文档”几个字，这是默认的网页标题。将“无标题文档”几个字删除，输入“读书俱乐部”几个字，作为网站主页的标题，如图 1.3.5 所示。

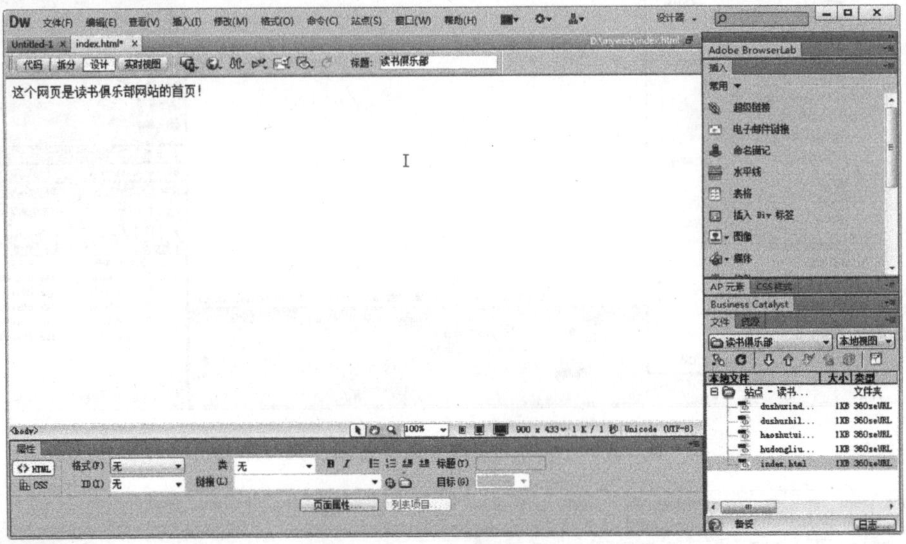

图 1.3.5　更改网页标题

将网站中的其他网页打开，依次将网页标题更改为“读书心得”、“读书之乐”、“好书推介”、“互动留言”。图 1.3.6 所示是各个网页都打开并更改完网页标题的情景。

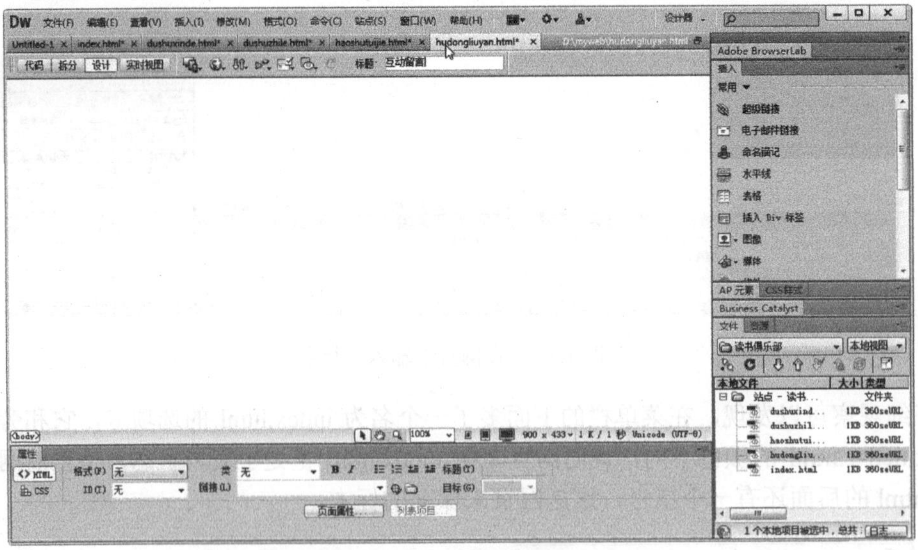

图 1.3.6　打开各个网页并更改网页标题

子项目 3　保存网页文件

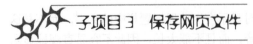

从图 1.3.6 中可以看到，每一个更改完网页标题的网页名称后面都有一个星号，这说明

这些网页更改后的网页标题并没有保存下来。只有保存网页才能够完成对网页内容和网页标题的修改。

单击“文件”菜单，在弹出的下一级菜单中选择“保存”命令，可以将当前打开的网页文件保存起来。图 1.3.7 所示是保存网页 hudongliuyan.html 的情景。

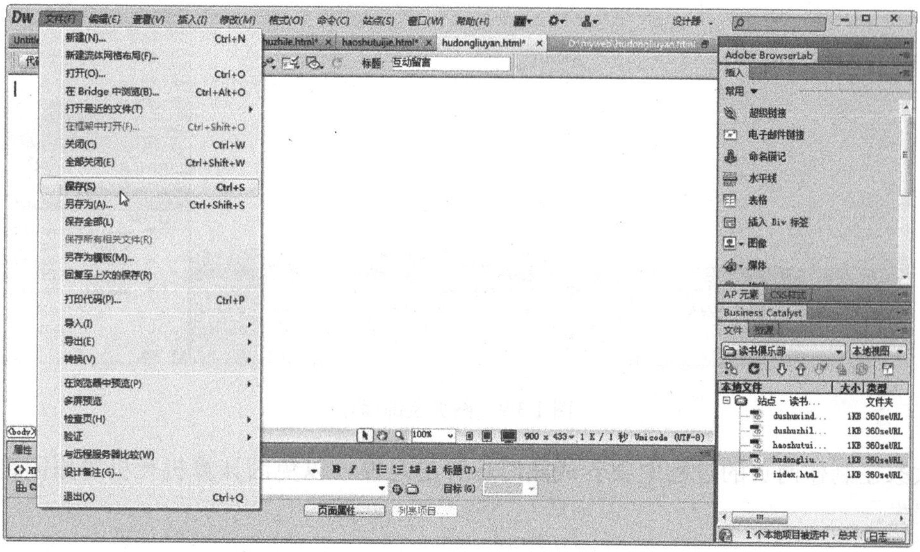

图 1.3.7　保存网页

当对网站中的网页进行大的更改时，一个一个保存显然效率是不高的。Dreamweaver 提供了一次保存多个更改的命令。单击“文件”菜单，在弹出的下一级菜单中选择“保存全部”命令，就可以实现对所有发生过更改的网页文件一起保存的效果，如图 1.3.8 所示。

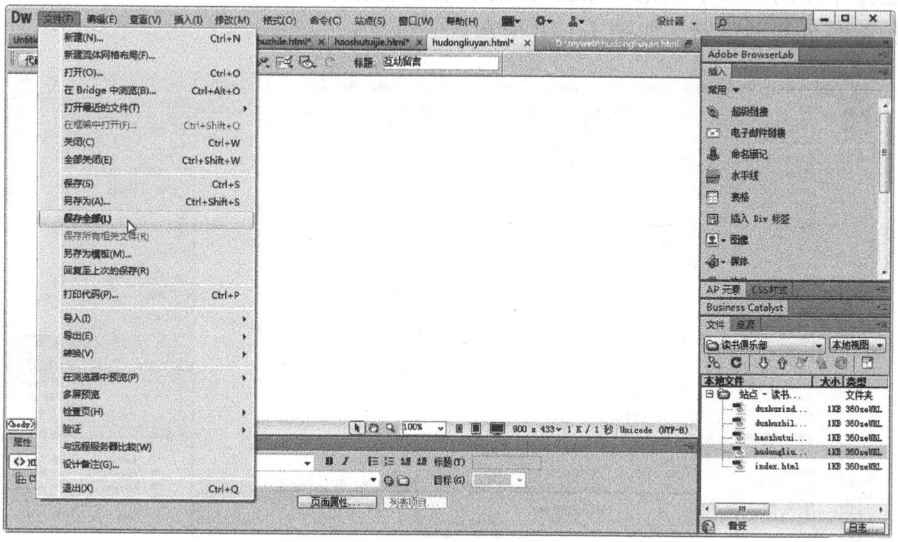

图 1.3.8　选择“保存全部”命令

保存全部网页以后的效果如图 1.3.9 所示，可以发现，文件名后面的星号都消失了。

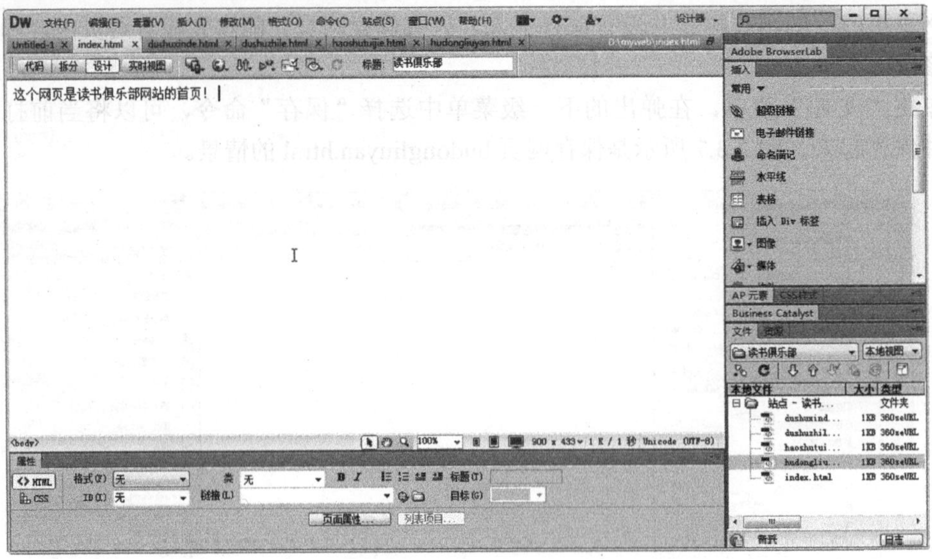

图 1.3.9　网页全部保存

大家在制作网页的过程中要养成随时保存的习惯，以免因计算机死机等原因造成不必要的损失。

子项目 4　预览网页

接下来的操作是将制作的网页在浏览器中打开，检验一下我们更改的网页标题是否真正地显示在浏览器的标题栏上。

单击鼠标，选择网页“index.html”为当前网页。单击“文件”菜单，在弹出的下一级菜单中选择“在浏览器中预览”，然后在其子菜单中选择“IExplore”。也就是说选择 IE 浏览器作为预览网页的浏览器，如图 1.3.10 所示。

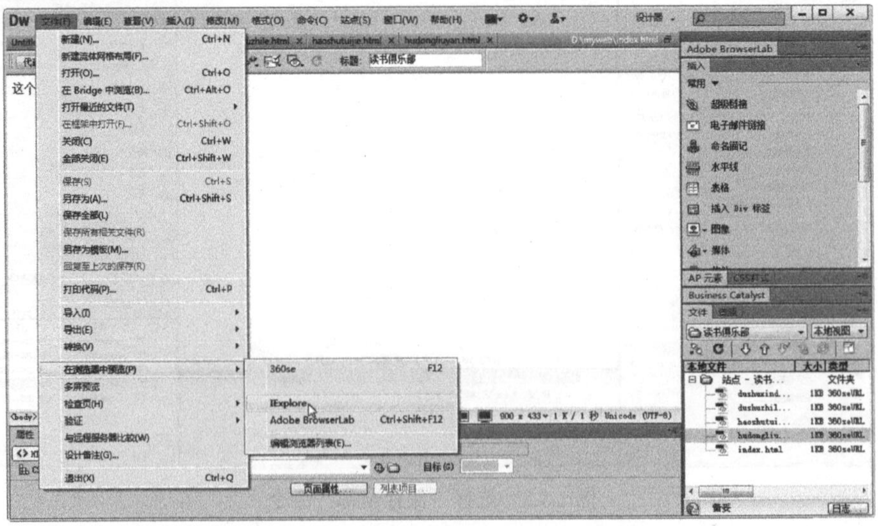

图 1.3.10　选择预览网页的浏览器

如图 1.3.11 所示，网页“index.html”的内容显示在浏览器中，同时网页的标题“读书俱乐部”也显示在相应的位置。

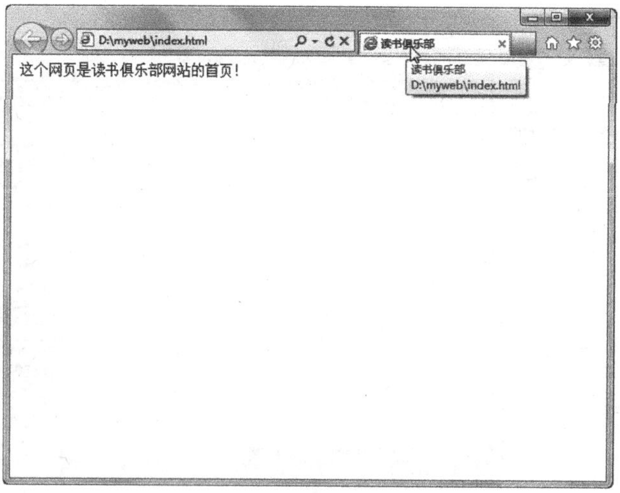

图 1.3.11　预览网页的效果

子项目 5　退出 Dreamweaver

单击“文件”菜单中的“关闭”命令，或者单击网页编辑窗口右上角的按钮，可以关闭这些网页的编辑窗口，如图 1.3.12 所示。

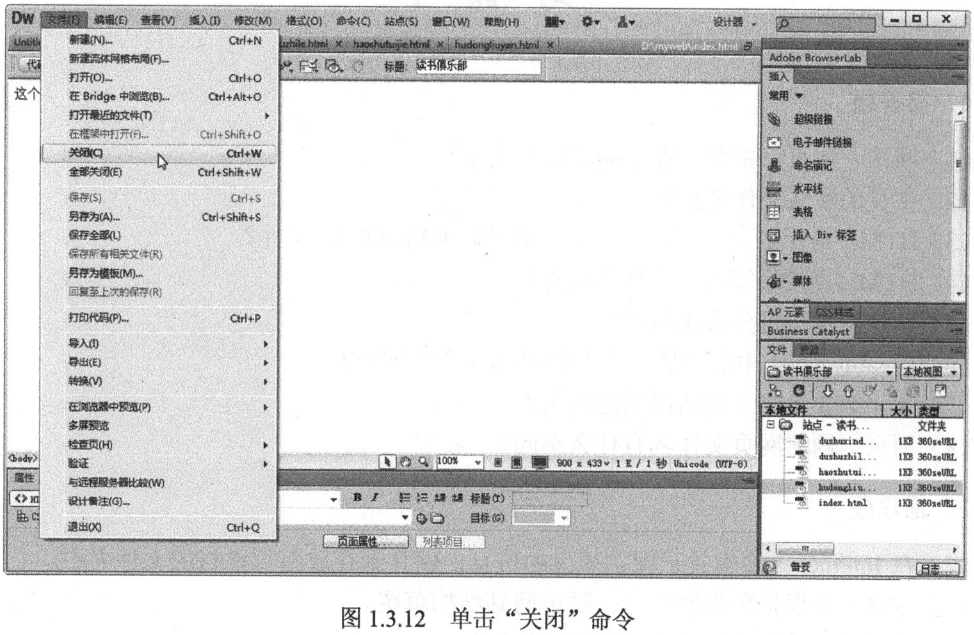

图 1.3.12　单击“关闭”命令

同样，在“文件”菜单中选择“全部关闭”命令，可以将当前所有打开的网页都关闭，这节省了不少时间。

还有一个同时关闭多个网页的方法，就是直接关闭软件 Dreamweaver。单击“文件”菜单，在弹出的下一级菜单中选择“退出”命令，可以将 Dreamweaver 及打开的网页同时关闭，如图 1.3.13 所示。

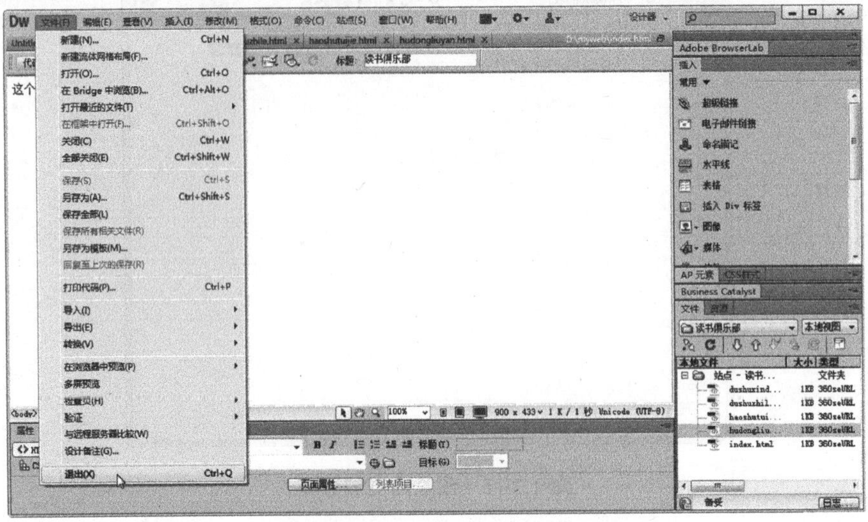

图 1.3.13　单击“退出”命令

单击 Dreamweaver 窗口标题栏右上角的按钮，也可以退出 Dreamweaver，大家可以练习一下。

习　题　1

1．简答题

（1）网站、网页、主页三者之间是什么关系？

（2）主页的默认文件名是什么？

（3）HTML 是什么含义？在什么软件中可以编辑 HTML 文件？

（4）HTML 直接编写网页有什么缺点？

（5）动态网页技术分为哪两种？

（6）Dreamweaver 中的“插入”面板有哪几个选项卡？

（7）为什么要先建立网站再创建网页？

（8）网页标题与网页文件名有什么不同？

2．操作题

（1）在 Internet 上搜索关于保护牙齿的信息，保存到存放网页素材的文件夹中。

（2）规划一个保护牙齿的网站，画出网站结构草图。

（3）根据网站结构草图建立网站并设计网页。

（4）在 Dreamweaver 中创建该网站，将网页标题更改为中文。

第2章

编辑网页的内容

在网页上浏览时可以发现，任何一个网页，无论绚丽多彩，还是简洁明了，都含有两个要素，即文字和图片。其中文字是一个网页最基本的要素，而添加适当的图片，可以令网页增色不少。

项目1　字体与段落的设置

本项目通过在网页“haoshutuijie.html”中输入文字，并修改文字的字体、字号、颜色、风格，以及对整个段落的操作，来展示在Dreamweaver中进行文本操作的基本方法。

子项目1　输入文字

在Dreamweaver中打开网站，然后在面板组的“文件”选项卡中双击网页文件“haoshutuijie.html”，将网页文件打开。

就像在记事本中一样，在网页编辑区域单击鼠标，出现光标后就可以输入文字了。也可以通过复制、粘贴命令，将网页素材文件中的文字复制到网页中，如图2.1.1所示。

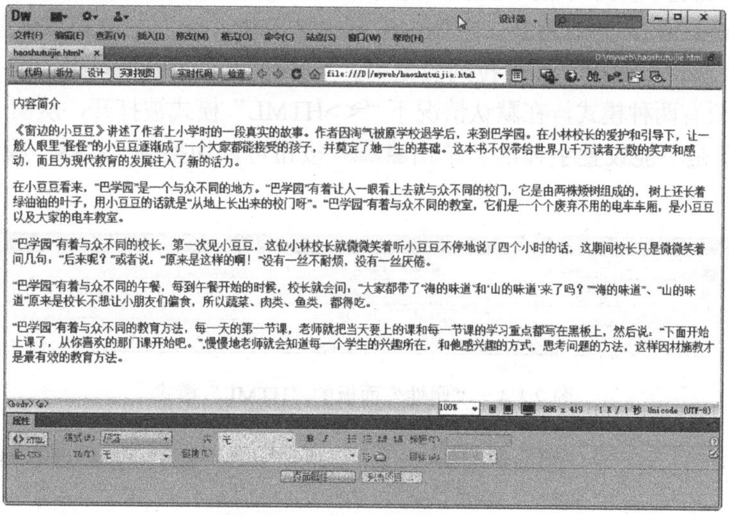

图2.1.1　在网页中输入文字

在输入文字时，会发现有的文字被隐藏在面板组文件夹的后面。为了方便操作，可以将面板组关闭。在操作过程中，可以随时通过按 Ctrl+F2 组合键或者单击“窗口”菜单下的“插入”命令，将面板组重新显示在屏幕上。

在输入的过程中，当按 Enter 键后，会发现默认的行间距比较大。这是因为用键盘操作换行有两种方法：按 Enter 键和按 Shift+Enter 组合键。按 Enter 键，实施的是分段操作，段与段之间的距离较大；而使用 Shift+Enter 组合键，实施的是换行操作，也就是正常的行间距。两种换行方法的效果分别如图 2.1.2 和图 2.1.3 所示。

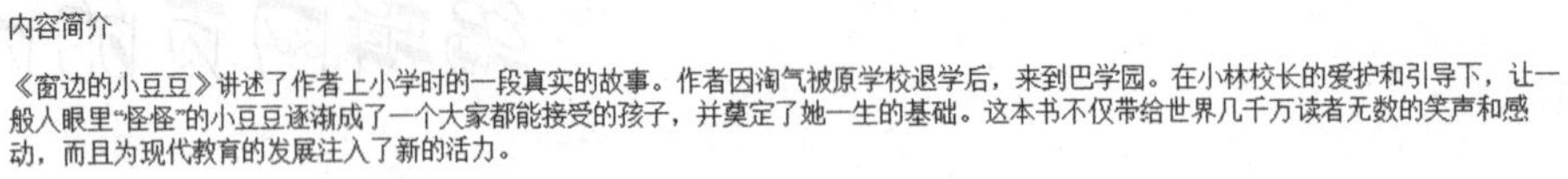
内容简介
《窗边的小豆豆》讲述了作者上小学时的一段真实的故事。作者因淘气被原学校退学后，来到巴学园。在小林校长的爱护和引导下，让一般人眼里“怪怪”的小豆豆逐渐成了一个大家都能接受的孩子，并奠定了她一生的基础。这本书不仅带给世界几千万读者无数的笑声和感动，而且为现代教育的发展注入了新的活力。

图 2.1.2　使用 Enter 键的换行效果

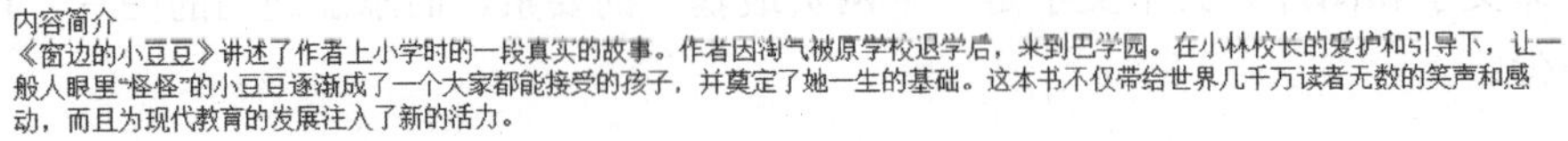
内容简介
《窗边的小豆豆》讲述了作者上小学时的一段真实的故事。作者因淘气被原学校退学后，来到巴学园。在小林校长的爱护和引导下，让一般人眼里“怪怪”的小豆豆逐渐成了一个大家都能接受的孩子，并奠定了她一生的基础。这本书不仅带给世界几千万读者无数的笑声和感动，而且为现代教育的发展注入了新的活力。

图 2.1.3　使用 Shift+Enter 组合键的换行效果

如果发现在窗口右端的个别文字不能完整显示，可以单击工具栏的“实时视图”，这样就能把网页中的文字都显示在窗口中了。但值得注意的是，在“实时视图”下是不能进行编辑操作的。所以，在编辑网页前要再一次单击“实时视图”按钮，切换到可编辑的状态。

输入完毕，单击菜单栏上的“文件”，在下拉菜单中选择“保存”命令，保存网页上的文字。

子项目 2　导入中文字体

对文本的操作都要在“属性”面板中进行。如果“属性”面板没有显示，按 Ctrl+F3 组合键或用鼠标单击窗口菜单下的“属性”命令，可以打开“属性”面板。

由于 Dreamweaver 提供的默认字体中没有中文字体，所以在设置字体之前，应先将中文字体添加到“属性”面板字体下拉列表框中。

“属性”面板有两种模式，在默认情况下“<>HTML”模式被打开，从图 2.1.4 中可以发现，在该模式下是不能设置字体的。单击 CSS 按钮可以切换到“CSS”模式，如图 2.1.5 所示。

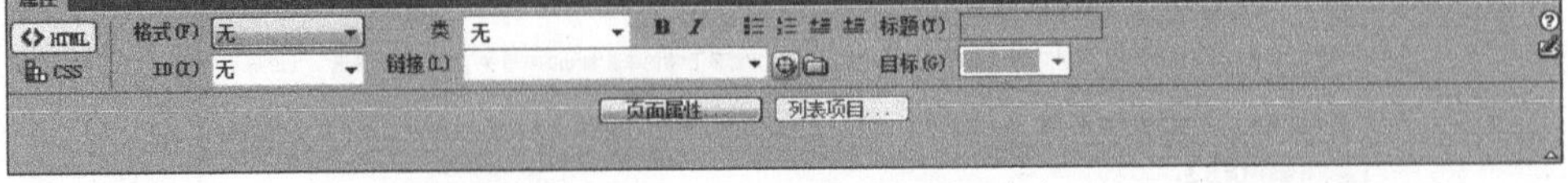

图 2.1.4　“属性”面板的“HTML”模式

单击 默认字体 右端的▼，在下拉菜单中选择 编辑字体列表...，如图 2.1.6 所示。

如图 2.1.7 所示，在弹出的“编辑字体列表”对话框中，选中“可用字体”栏中的中文字体，本例选中“仿宋”，单击«，字体出现在“选择的字体”栏中。单击“确定”按钮，“仿宋”被加入到“属性”面板的字体列表下拉菜单中，结果如图 2.1.8 所示。

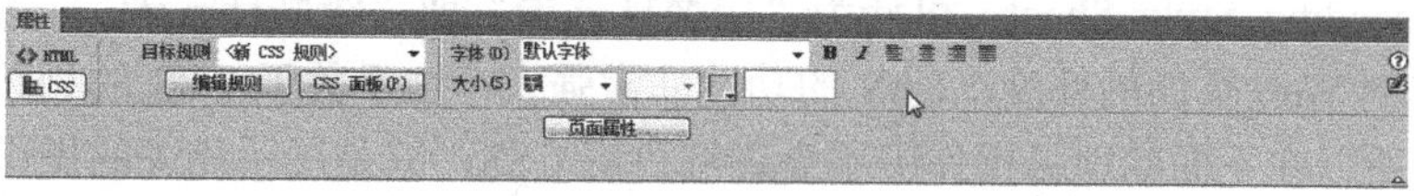

图 2.1.5 “属性”面板的“CSS”模式

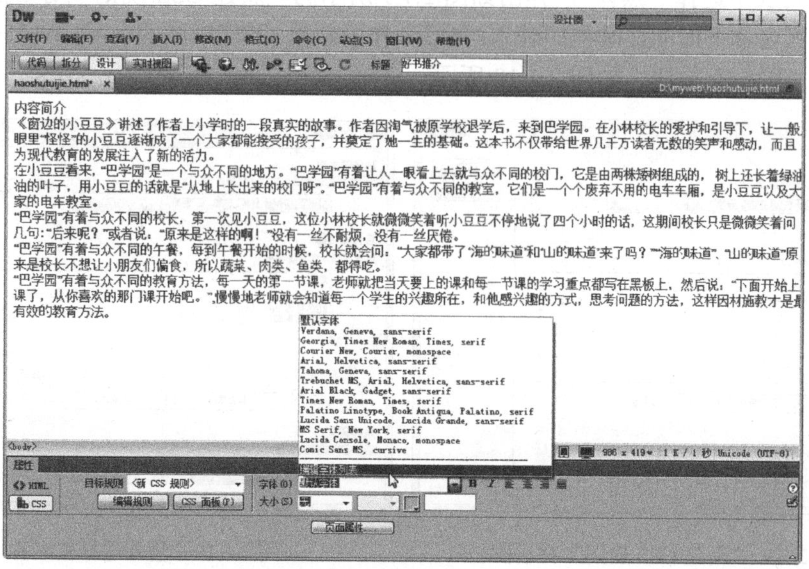

图 2.1.6 字体列表下拉菜单

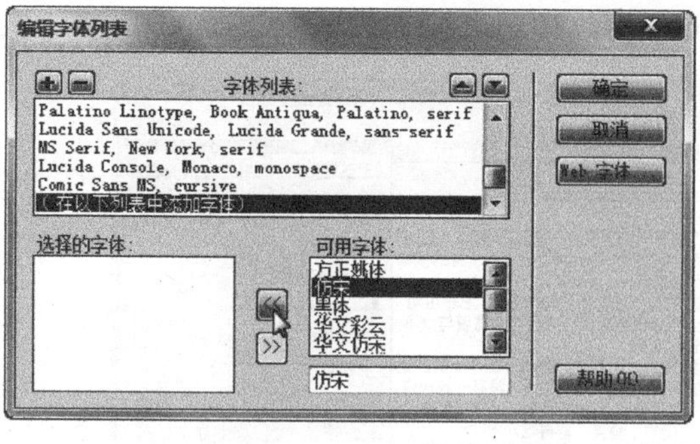

图 2.1.7 “编辑字体列表”对话框

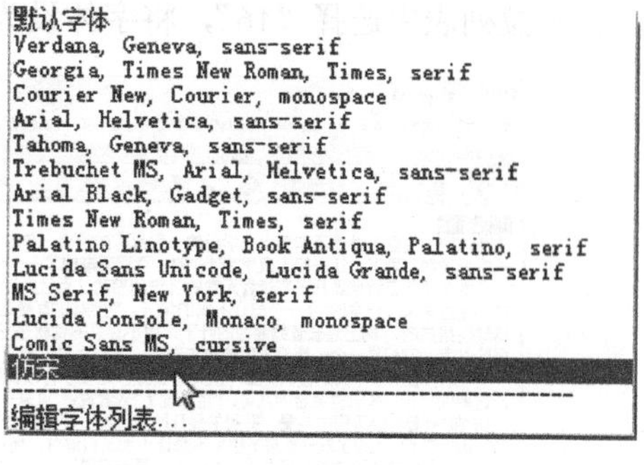

图 2.1.8 添加“仿宋”字体

用同样的方法，将“宋体”、“黑体”、“隶书”、“楷书”、“幼圆”等几种字体都添加到“属性”面板的字体列表下拉菜单中。注意，因为别人的系统上不一定装有与你相同的字体，所以不要将一些特殊的字体加到列表中并使用。如果确有需要用到特殊字体，可以将文字做成图片后再使用。

子项目 3 设置文字

在设置字体和字号之前，首先要明白我们是在“CSS”模式下进行操作的。

Dreamweaver 从 CS5 版本起将文字的操作等整合到 CSS 中，这使得在对文字进行设置时，需要新建 CSS 规则。

CSS（Cascading Style Sheet，可译为“层叠样式表”或“级联样式表”）是一组格式设置规则，用于控制 Web 页面的外观。CSS 的功能非常强大，由于关于 CSS 的相关知识将在第 6 章进行学习，所以在下面的项目操作中不会详细讲解 CSS，只是展示相关的操作步骤。

在 Dreamweaver 网页编辑区域选择“内容简介”几个字，然后单击右边的，在下拉列表中选择“黑体”，弹出如图 2.1.9 所示的“新建 CSS 规则”对话框。

在选择器名称下面的文本框中输入“ys1”作为新建 CSS 规则的名字，ys1 是样式 1 的意思。单击“确定”按钮，如图 2.1.10 所示。

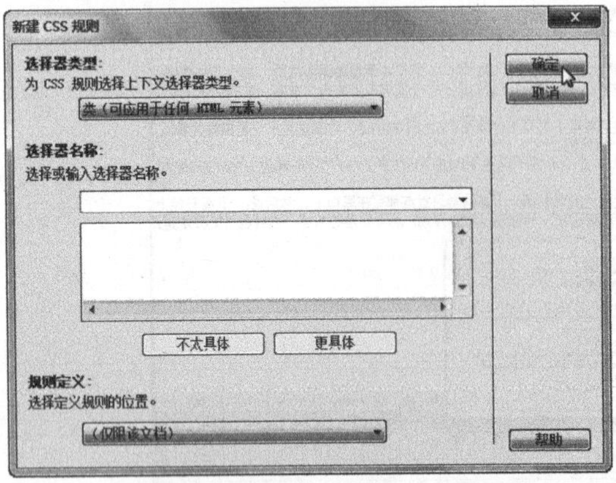

图 2.1.9 “新建 CSS 规则”对话框

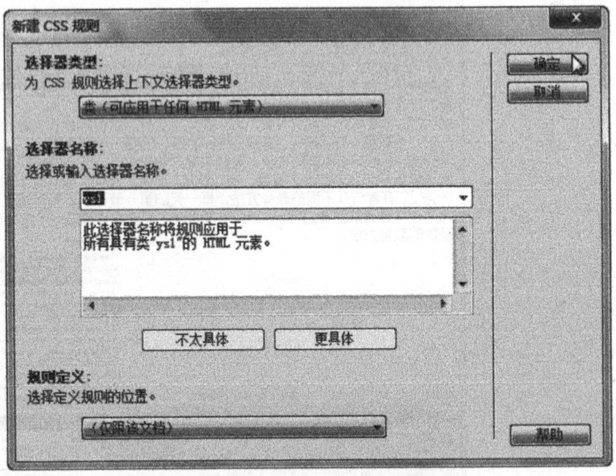

图 2.1.10 输入选择器名称

此时，属性面板中目标规则右边的对话框中显示的是“.ys1”。单击右边的，在下拉列表中选择“16”，将字体设为 16 号字，如图 2.1.11 所示。

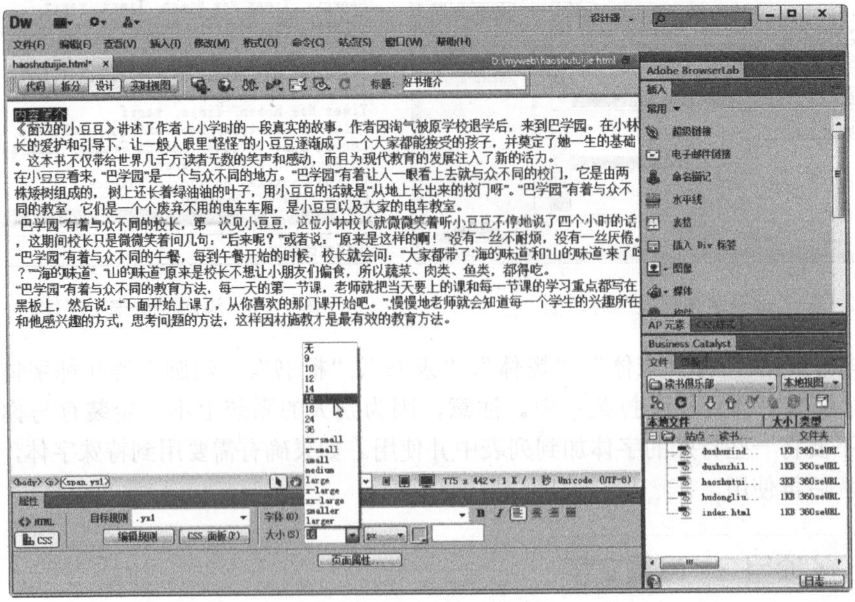

图 2.1.11 设置文字大小

单击B，将文字设为加粗。然后在“属性”面板中单击■，打开颜色面板，选择一种颜色，更改文字的颜色，如图 2.1.12 所示。

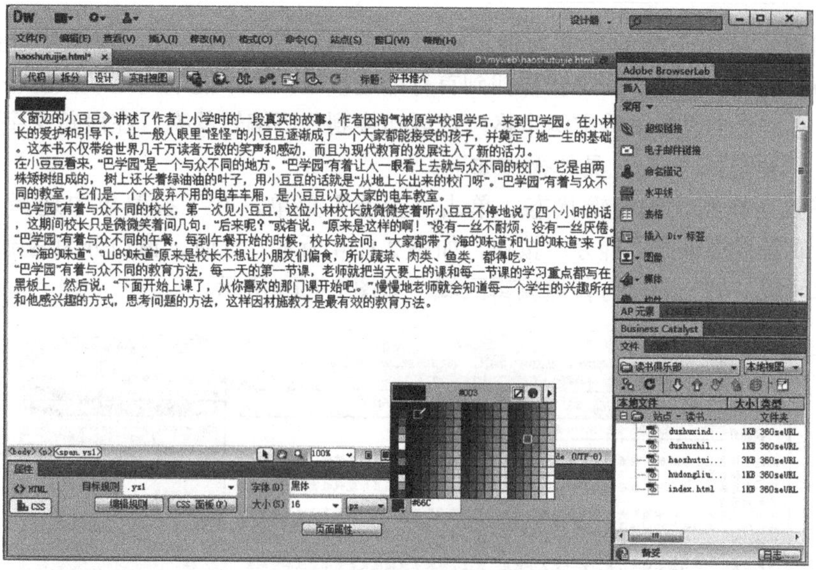

图 2.1.12　更改文字的颜色

做一做

如果要使用色块以外的文字颜色，应该怎样做？提示：注意颜色面板中的按钮●。

用同样的方法对网页中的其他文字进行设置，可以设置成楷体，12 号字，最终效果如图 2.1.13 所示。

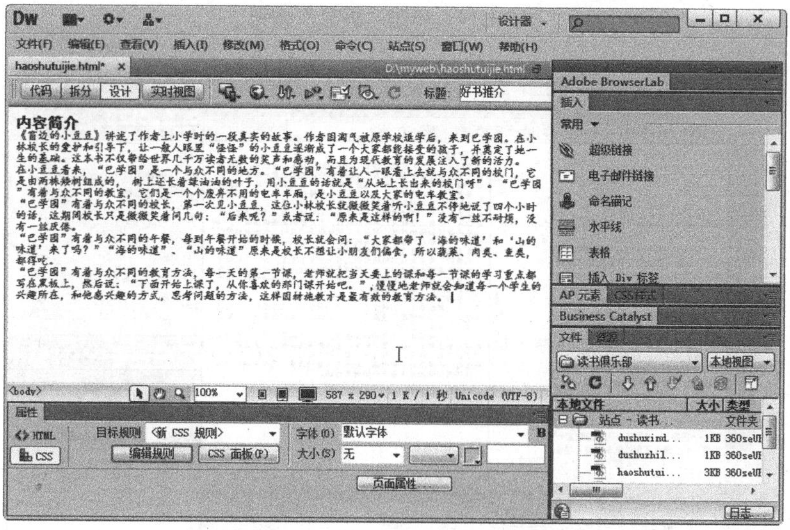

图 2.1.13　最终的设置效果

完成操作后，保存网页。

子项目 4 段首缩进

我们知道，按照中文的行文习惯，在段落的首行要空两个格。在操作时会发现：在 Dreamweaver 中，不能像 Word 一样找到首行缩进按钮，也不能采用连续按空格的方式来实现段首空两格。要实现在段首空两个格，可以切换到代码编辑状态，在段首文字前输入代码“ ”（不要漏掉“;”），具体操作如下。

首先需要切换到代码编辑状态。单击“查看”菜单，在下拉菜单中选择“代码和设计”命令，或者直接单击“拆分”按钮，如图 2.1.14 所示。这时，窗口分为两部分，一部分为代码编辑区域，另一部分为普通编辑区域，如图 2.1.15 所示。

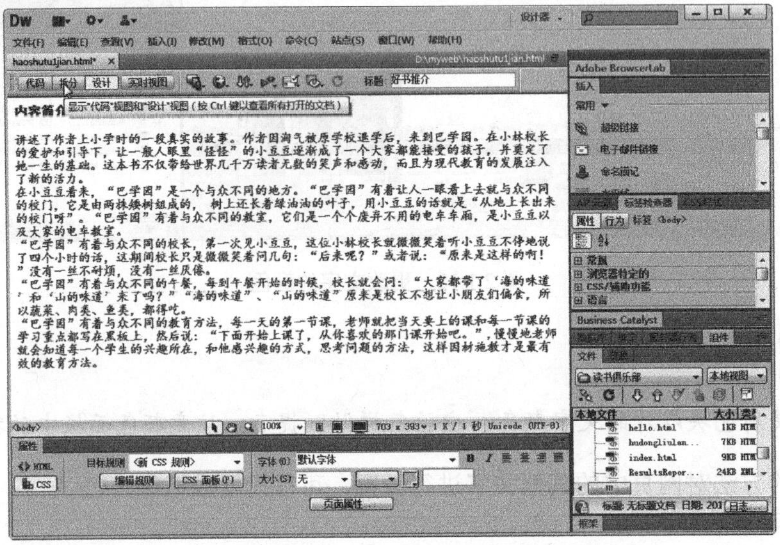

图 2.1.14 单击“拆分”按钮

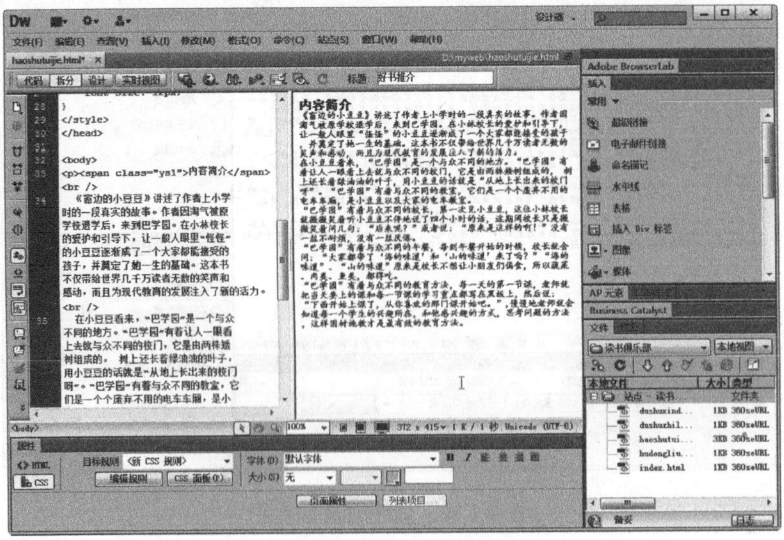

图 2.1.15 窗口被拆分成两部分

在代码编辑区域中，找到段首要缩进的文字，在文字前插入四个“ ”。然后在文本编辑区单击鼠标，可以看到实际效果。注意，所有符号必须是英文字符，由于字体的不同有时要多插入几个才能空出两个汉字的区域，如图 2.1.16 所示。

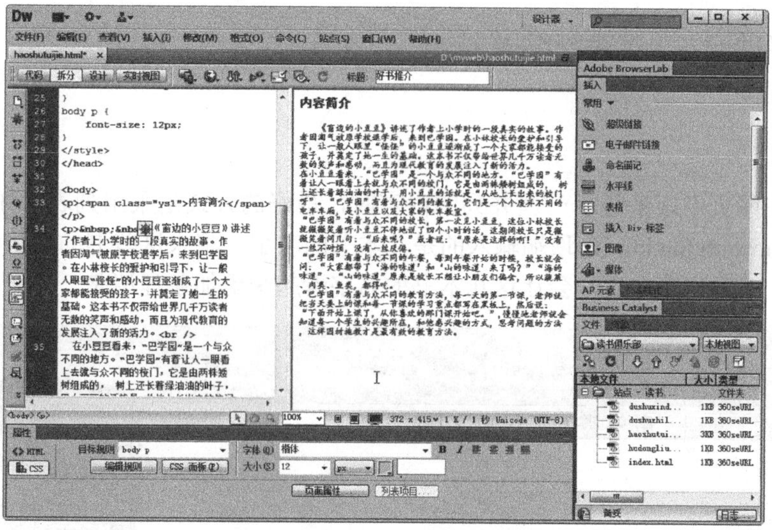

图 2.1.16　插入“ ”标记

用鼠标单击“文件”菜单，在下拉菜单中选择“保存”命令，将网页文件保存起来。单击“查看”菜单，在下拉菜单中选择“设计”命令，切换到设计编辑状态。

插入“ ”后，会发现每一段前空出的位置和预想的并不一样，不要紧，真正的效果如何，需要在浏览器中预览才知道。

单击菜单栏上的“文件”，移动鼠标指针到“在浏览器中预览”上，在其下一级菜单中单击“IExplore”，或用快捷键 F12 键将网页在浏览器中打开，可以看到每一段的首行已经缩进两格，如图 2.1.17 所示。

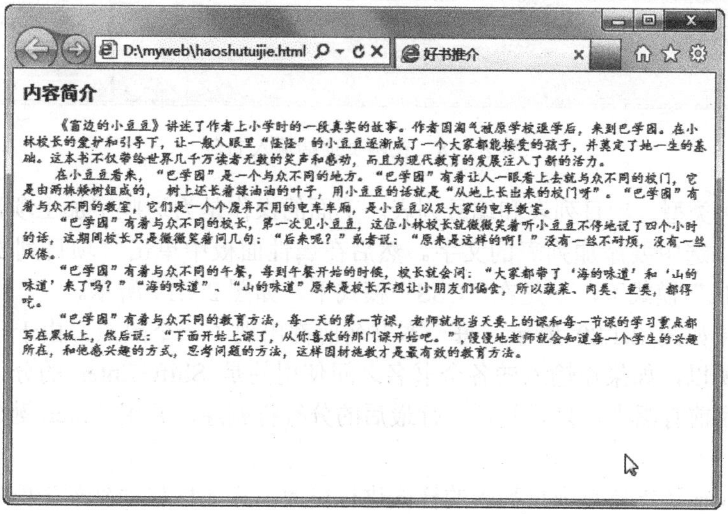

图 2.1.17　在浏览器中预览网页

通过 Enter 键和 Shift+Enter 组合键的灵活使用，可以调整段与段之间的距离，但这种方法比较呆板。在第 6 章将学习如何利用样式表来更改行间距和段间距，使得文字和段落更漂亮。

子项目 5 列表与缩进

1. 列表

当需要在网页中逐条显示一些并列的内容时，最好的方式是采用列表。如图 2.1.18 所示，网页“haoshutuijie.html”顶端输入的是几本书的名字，将来这些书的名字都会和内容简介链接起来。采用列表之后，会让这几本书的名字看起来更加条理清楚。

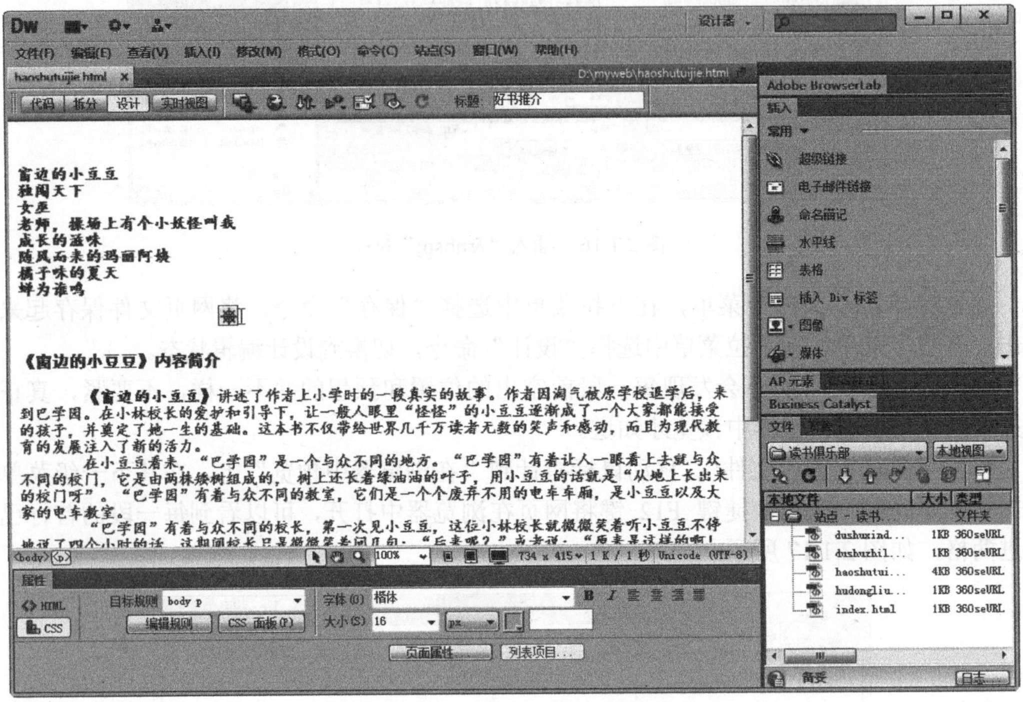

图 2.1.18 在网页顶端输入书名

列表有两种类型：项目列表和编号列表。下面的操作是为这些字加上项目列表。

拖动鼠标，选中要添加列表的文字。然后在属性面板中单击“项目列表”按钮，注意是在“<>HTML”模式下，不是在“CSS”模式下，如图 2.1.19 所示。

完成的效果如图 2.1.20 所示，每一本书名前都出现了一个黑点。由于项目列表是以段落为依据的，所以，如果在输入的各个书名之间使用的是 Shift+Enter 的分行方式，那么将只有第一行文字前有黑点。只要将每一行最后的分行符删除，并用 Enter 键分段，这个问题就可以解决。

Dreamweaver 还支持对项目列表的样式进行更改。将光标移动到列表的项目中，在属性面板中单击“列表项目”按钮，弹出如图 2.1.21 所示的对话框。在该对话框中，更改列表类型为“项目列表”，样式为“正方形”，单击“确定”按钮。

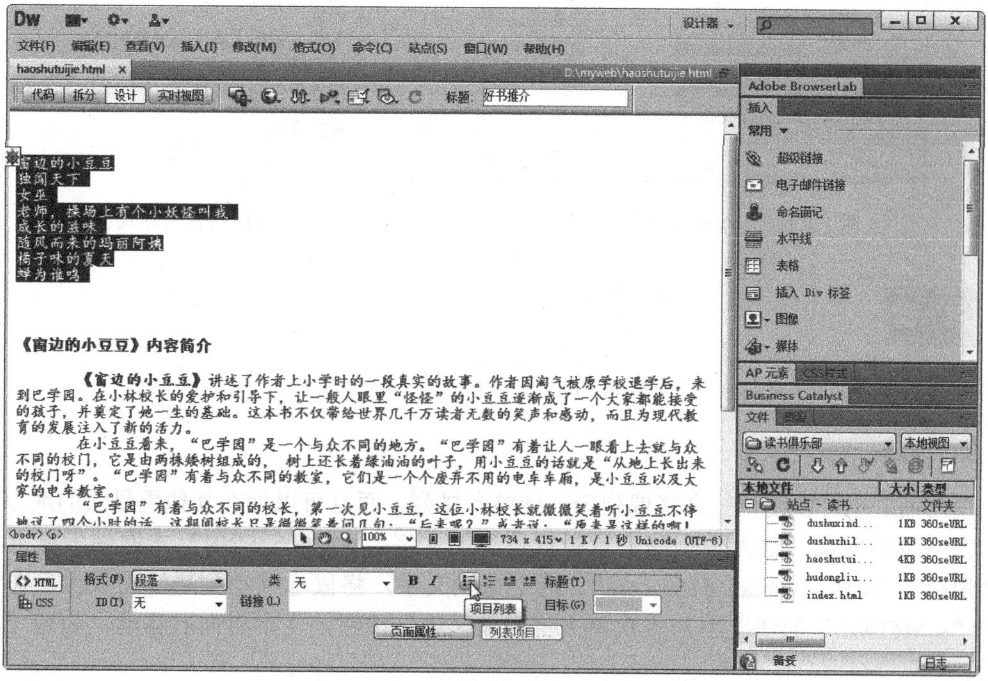

图 2.1.19　单击“项目列表”按钮

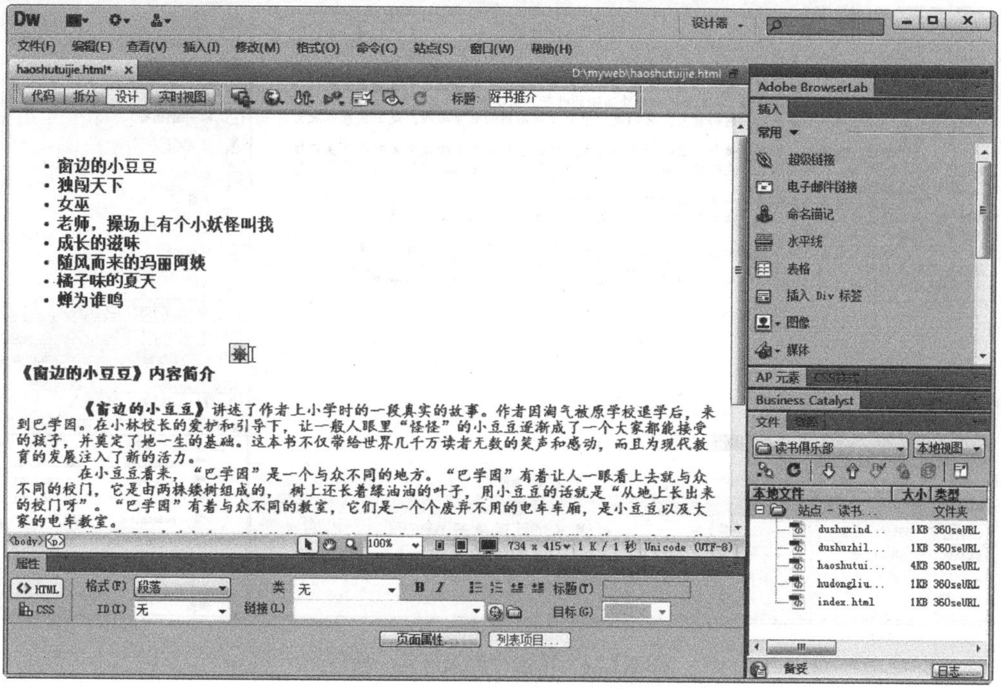

图 2.1.20　项目列表已完成

此时可以发现，项目列表前的黑圆点已经变成黑色的小正方形，如图 2.1.22 所示。

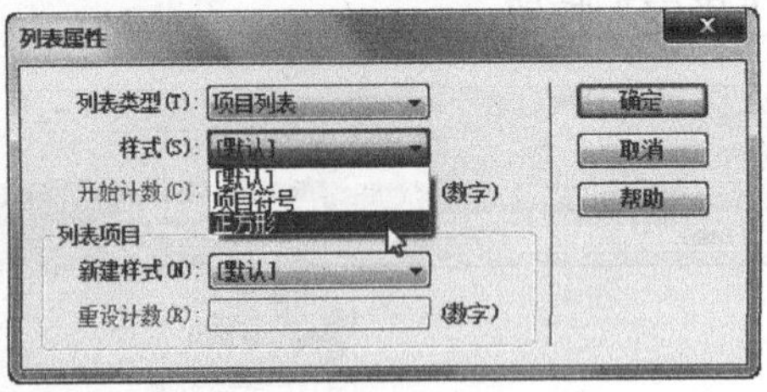

图 2.1.21 “列表属性”对话框

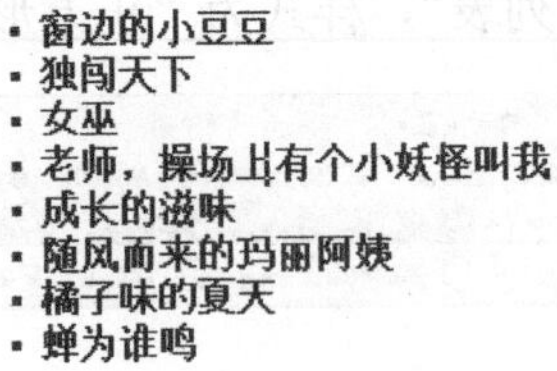

图 2.1.22 项目列表的样式已经更改

做一做

对项目列表进行更改，看一看使用编号列表是什么样子。

2. 缩进

使用缩进也可以使一些文字像列表一样整齐排列，而且可以处在其他更显眼的地方。

在网页的底部，输入了一些表示版权信息的文字“© 2005－2012 本网站版权由校学生会所有；Email：yuelan@163.com”。选中这些文字，将鼠标移动到属性面板上，在保证处于“<>HTML”的情况下，多次单击“内缩区块”按钮，文字将向右移动，如图 2.1.23 所示。

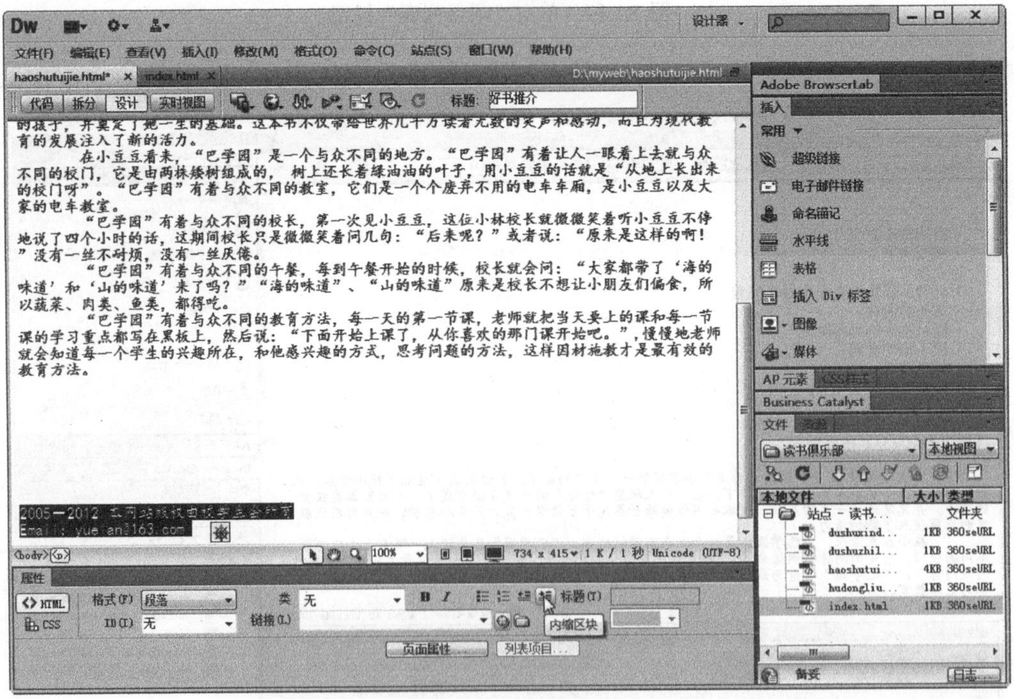

图 2.1.23 单击“内缩区块”按钮

如果缩进的距离过大，可以通过单击“删除内缩区块”按钮来进行调整，设置完毕后保存网页，最终效果如图 2.1.24 所示。

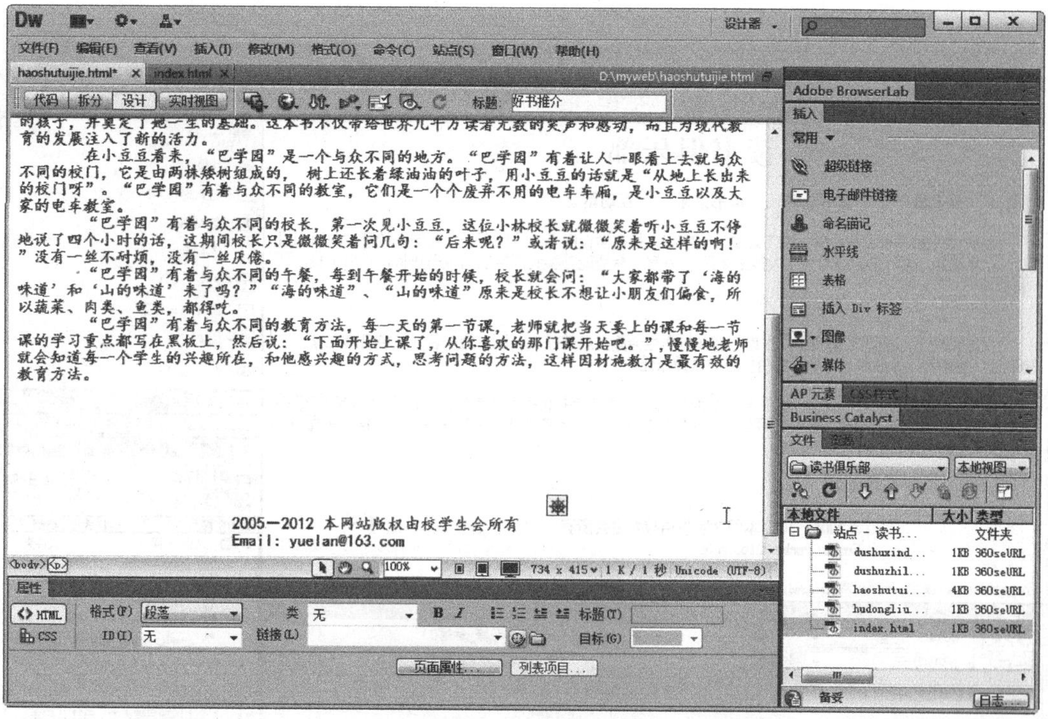

图 2.1.24 缩进设置完毕

项目 2 美化网页

美化网页最简单直接的方法就是在网页上添加图片。除了文字，图片是网页中最重要的构成元素，有了图片可以使网页内容更生动，同时可以表达一些文字表达效果欠佳的内容，使网页内容的表达更直观，更一目了然。

设置了背景色和背景图片，仿佛给网页穿上了漂亮的外衣，使网页不再单调。人们说一个网页漂亮，通常就是指网页上的图片漂亮。

本项目将通过对网页“index.html”进行操作，为网页添加水平线、图片、背景等元素，最终达到初步美化网页的目的。

子项目 1 插入水平线

如图 2.2.1 所示，在 Dreamweaver 中打开网页“index.html”，输入一些文字，然后对这些文字进行设置。接下来的工作是让这个白底黑字的网页漂亮起来。

首先在网页中插入一条水平线，将网页底端的文字与正文分开，这样可以使网页段落分明。

将光标移动到最下面一个单元格的行首，单击菜单栏上的“插入”命令，然后选择“HTML”子菜单下的“水平线”命令，如图 2.2.2 所示。网页中自动插入一条水平线，如图 2.2.3 所示。

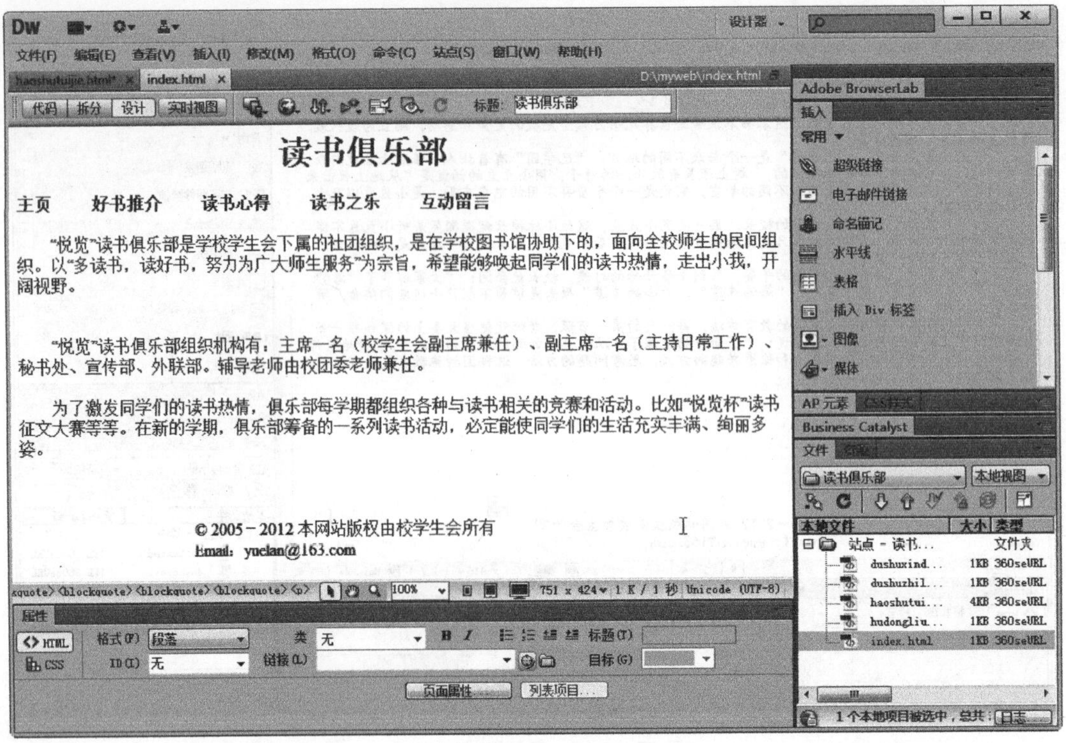

图 2.2.1　网页“index.html”

图 2.2.2　“插入”菜单

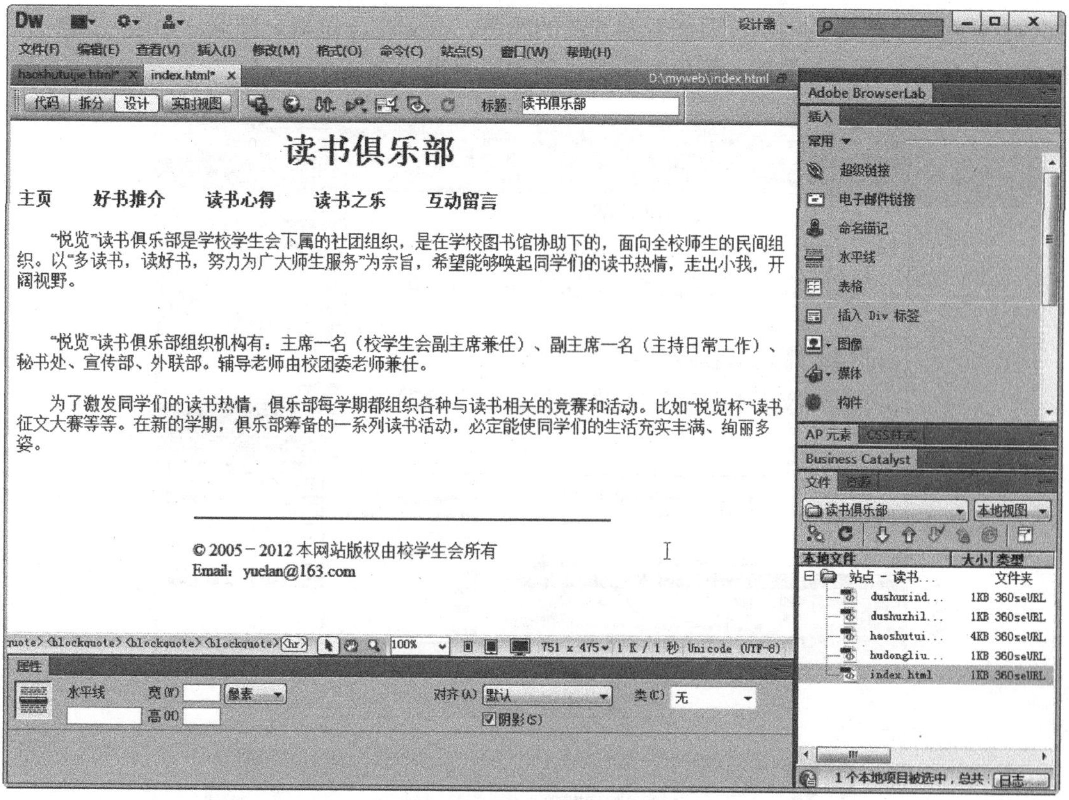

图 2.2.3 插入水平线

用鼠标单击该水平线，此时水平线被选取，颜色发生变化，窗口下面的“属性”面板显示水平线的相关内容。在该面板中可以修改水平线的宽度和高度，以及水平线在网页中的水平对齐方式，如图 2.2.4 所示。

图 2.2.4 水平线的“属性”面板

做一做

修改水平线的宽度和高度，以及水平线在网页中的水平对齐方式，观察实际的效果。

要更改水平线的颜色，必须通过更改代码来完成。首先选中水平线，然后在水平线上单击鼠标右键，弹出如图 2.2.5 所示的快捷菜单，选择“编辑标签”命令，打开“标签编辑器”对话框。

在如图 2.2.6 所示的“标签编辑器”对话框中，在左侧窗口选择“浏览器特定的”，在右侧窗口选择需要的颜色，单击“确定”按钮即可。

由于更改的是“浏览器特定的”相关设置，所以更改水平线颜色以后，在 Dreamweaver

中不能看到水平线新的颜色，要想看到其新的颜色，必须在浏览器中预览。如图 2.2.7 中是将水平线高度设置为 3 像素，颜色为铁灰色的预览效果。

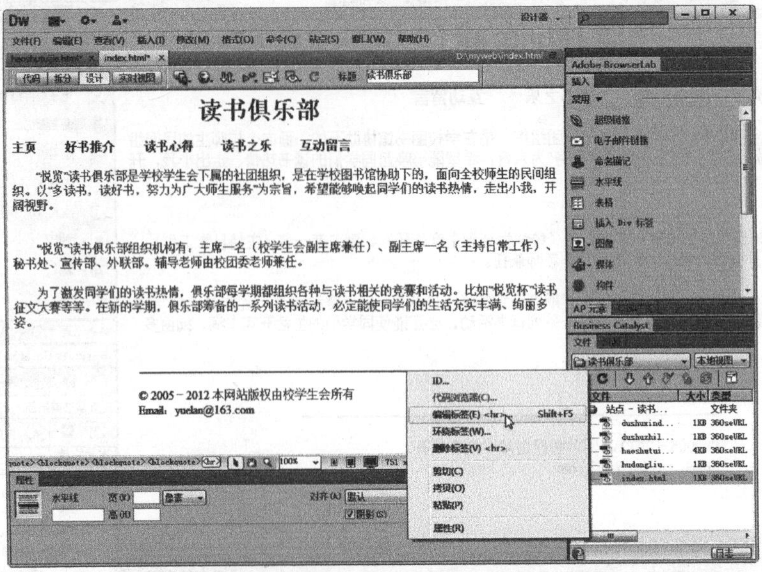

图 2.2.5　快捷菜单

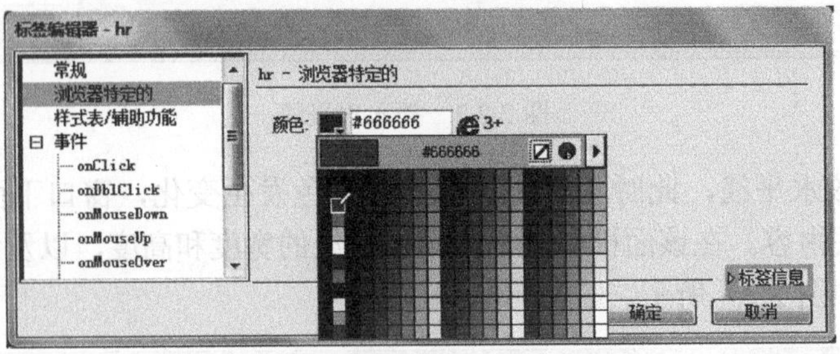

图 2.2.6　“标签编辑器”对话框

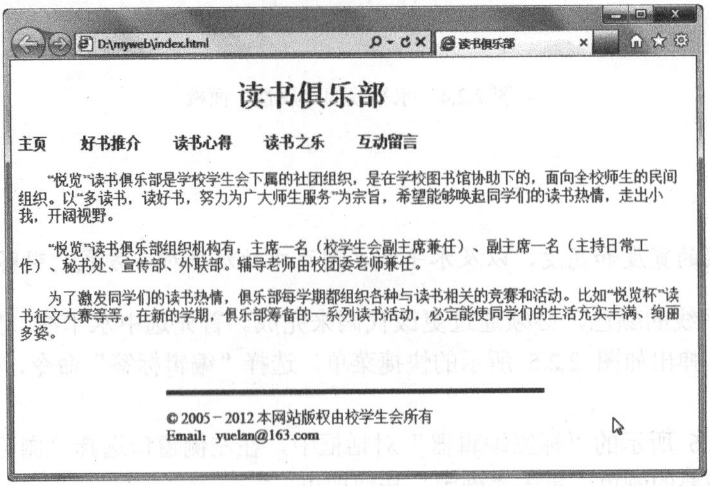

图 2.2.7　更改水平线后的效果图

那么怎样删除水平线呢？很简单，只要选中水平线，按下键盘上的 Delete 键即可。

在实际的应用中，水平线的使用频率在减少，细长的图片取代了它，因为图片颜色更丰富，形象更生动。

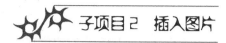

子项目2 插入图片

1. 图片的格式

图片的基本格式是 BMP，但这种文件由于没有压缩，往往比较大，因特网并不采用它。因特网上应用最广泛的图片格式有三种：GIF 文件、JPEG 文件和 PNG 文件。

GIF（Grappler Interchange Format）图片文件是第一种被 WWW（World Wide Web）所支持的图形文件，它采用 LZW 压缩算法，存储格式从 1 位到 8 位，最多支持 256 种颜色。另外，GIF 文件中的 GIF89a 格式可以存放多张图片，凭借这一功能，使其实现了简单的动画功能。GIF 文件相对体积较小，多数用于图标、按钮、滚动条和背景等的使用，如图 2.2.8 所示。

JPEG 或 JPG 称为联合图片专家组（Joint Photograph Expert Group）格式，它主要应用于摄影图片的存储和显示，是一种静态影像压缩标准。和 BMP 文件、GIF 文件不同，JPEG 文件采用有损压缩标准，即在压缩的过程中损失了一些图片信息，而且压缩比越大，损失越大。但这些压缩引起的信息丢失人眼难以察觉。它是专为有几百万种颜色的图片和图形设计的，它在处理颜色和图形细节方面做得比 GIF 要好，因而在图片、复杂徽标和图片镜像方面使用得更为广泛。如图 2.2.9 所示是一张 JPEG 图片。

图 2.2.8 GIF 文件往往是绘制的图片

图 2.2.9 JPEG 文件往往是实景照片

GIF 文件和 JPEG 文件各有优点，采用哪种格式，应根据实际的图片文件来决定。这两种文件的特点对比如表 2.2.1 所示。

表 2.2.1 GIF 文件和 JPEG 文件特点对比

	GIF	JPEG/JPG
色彩	16 色、256 色	真彩色
特殊功能	透明背景、动画效果	无
压缩是否有损失	无损压缩	有损压缩
适用面	颜色有限，主要以漫画图案或线条为主，一般表现建筑结构图或手绘图	颜色丰富，有连续的色调，一般表现真实的事物

近几年，PNG（Portable Network Graphic Format）格式文件开始流行起来。它的特点是：只需下载图像信息的 1/64，就可以在网页上显示一个低分辨率的图片，随着图片信息的下载，图片也越来越清晰。

2. 插入图片

下面的操作是在主页左上角插入网站的徽标图片。首先单击鼠标，确定光标的位置，然后单击“插入”面板上的按钮，在弹出的菜单中选择“图像”，如图 2.2.10 所示。

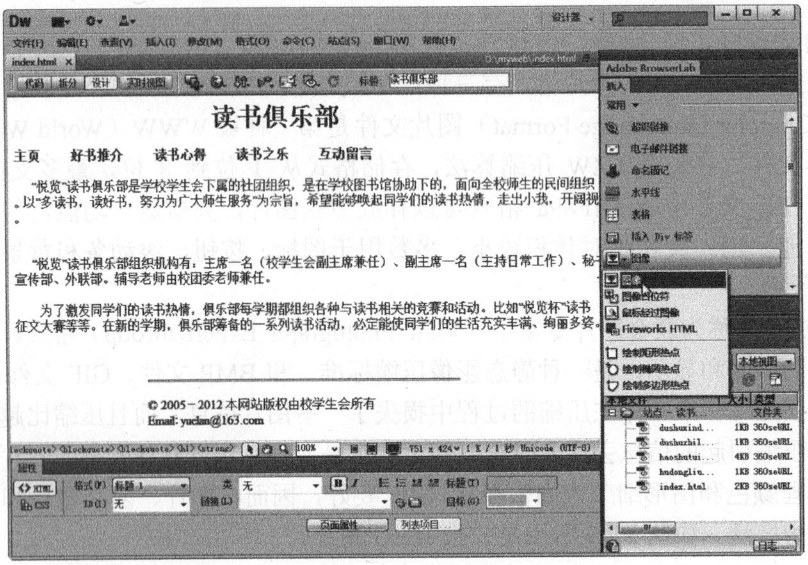

图 2.2.10　单击“插入”面板上的“图像”按钮

在弹出的“选择图像源文件”对话框中，单击“查找范围”右边的，在下拉菜单中选择 D 盘，如图 2.2.11 所示。

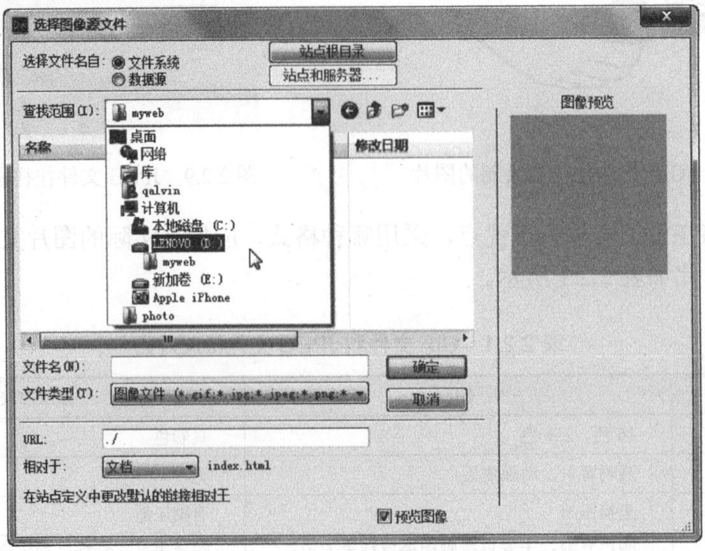

图 2.2.11　“选择图像源文件”对话框

双击文件夹“网站素材”将它打开，接着在其中双击文件夹“首页素材”，在“首页素材”中选择文件“logo”，通过预览可以知道图片的内容。单击“确定”按钮，将图片插入网页，如图 2.2.12 所示。

图 2.2.12　选中图片并确定

由于图片在 D 盘的“网站素材”文件夹中，在网站以外，因此 Dreamweaver 会弹出一个对话框，提示是否将图片保存到网站中，如图 2.2.13 所示。单击“是”按钮即可，同时打开复制文件的对话框。

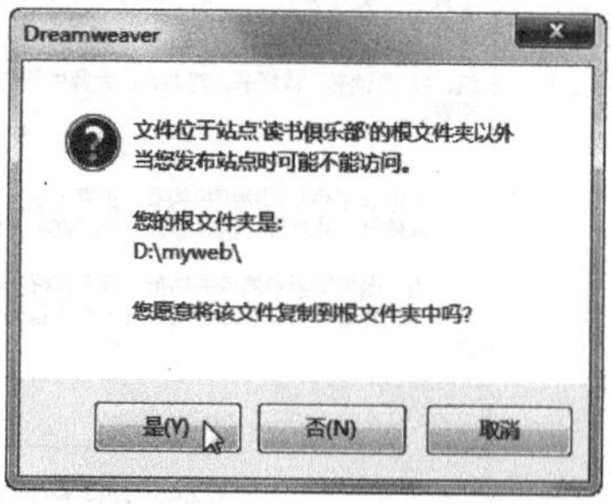

图 2.2.13　提示对话框

现在网站中只有 5 个网页文件，出于对网站管理的要求，最好将图片、动画、声音等文件保存在另一个新的文件夹中，这样可以保持网站根目录的整洁。在“复制文件为”对话框中单击“创建新文件夹”按钮，如图 2.2.14 所示。

输入“images”作为新文件夹的名称，如图 2.2.15 所示。

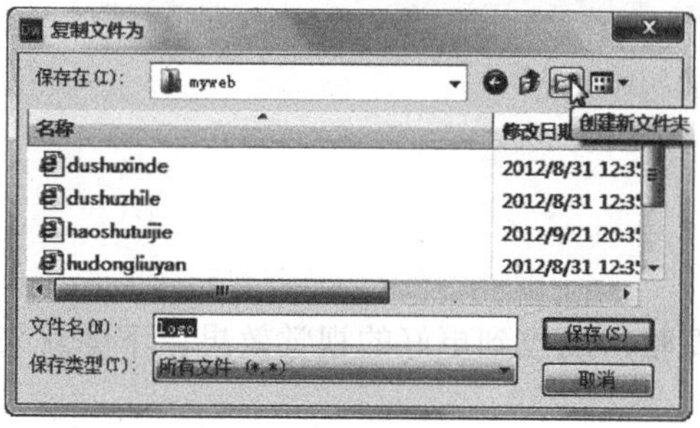

图 2.2.14　新建文件夹

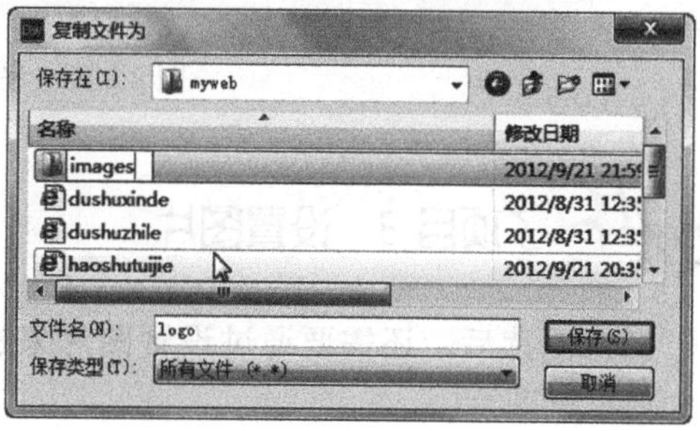

图 2.2.15　输入文件夹名称

双击文件夹“images”将它打开，单击“保存”按钮，如图 2.2.16 所示。

系统弹出“图像标签辅助功能属性”对话框，在该对话框中可以输入图像的相关信息，此处输入的是“logo”。然后单击“确定”按钮，关闭该对话框即可。

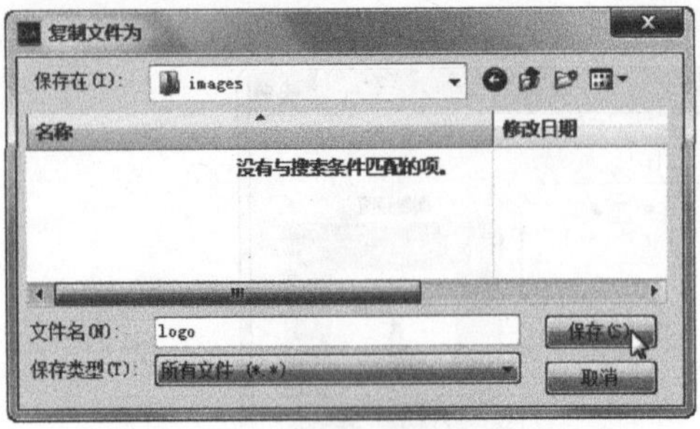

图 2.2.16 输入文件名并保存

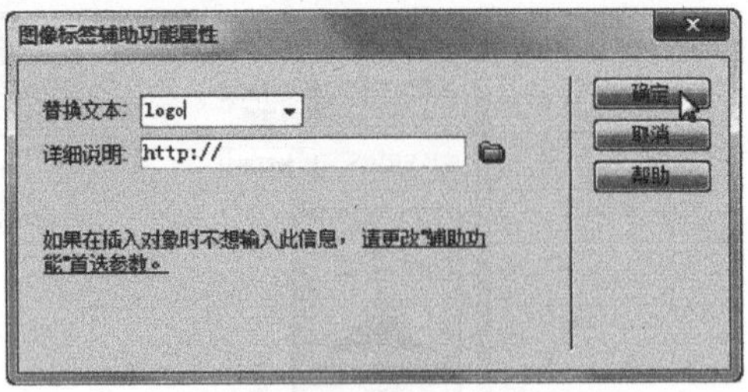

图 2.2.17 “图像标签辅助功能属性”对话框

可以看到图片被插入到网页中，效果如图 2.2.18 所示。用同样的方法在网页顶端右边的单元格中插入另一幅图片。

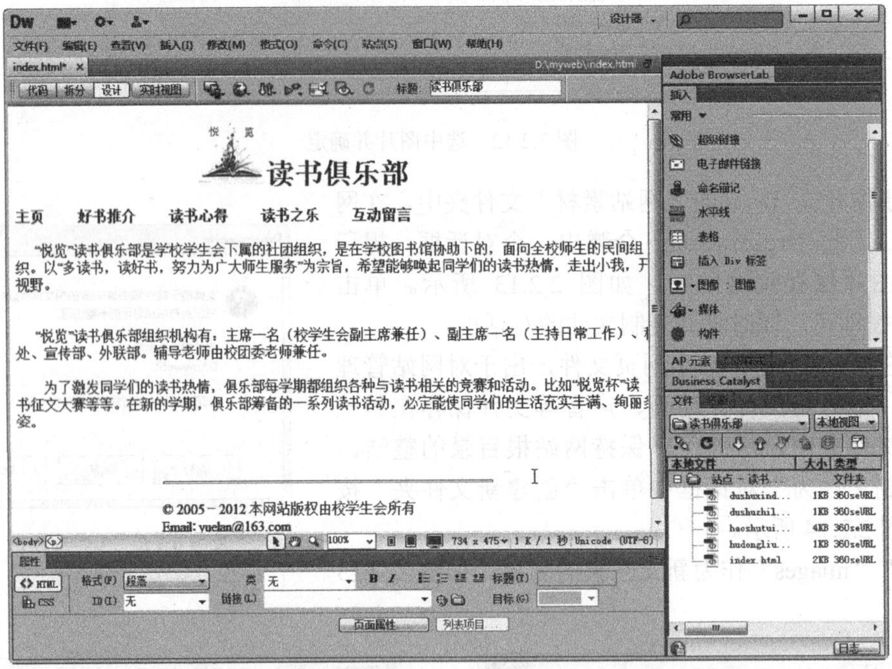

图 2.2.18 图片被插入到网页中

子项目 3 设置图片

插入图片后，还需要通过设置图片来进行调整，以收到更好的视觉效果。下面就来学习如何设置图片。

单击图片，使图片被一个矩形框住，同时出现三个小的实心矩形。将鼠标指针指向图片右下角，当鼠标指针变成双向箭头时拖动鼠标，就可以更改图片的大小，如图 2.2.19 所示。

在单击图片时，“属性”面板同时被打开，如图 2.2.20 所示。可以在“属性”面板中更改关于图片的信息，如图片的大小等。在替换文本框中显示的是“logo”，由于网络慢等原因图片不能正常下载时，图片区域会显示“logo”几个字，从而不会影响到网页的整体浏览效果。

图 2.2.19　拖动鼠标更改图片大小

图 2.2.20　图片的属性设置

保存网页后，在浏览器中预览网页的效果。单击菜单栏上的“文件”，移动鼠标指针到“在浏览器中预览”，在其下一级菜单中单击“IExplore”。或用快捷键 F12 键将网页在浏览器中打开，网页显示如图 2.2.21 所示。

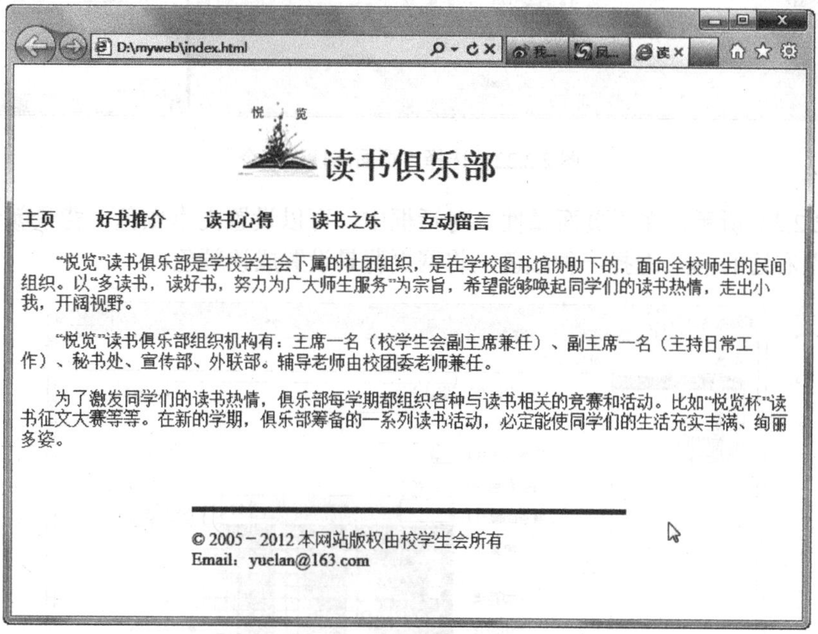

图 2.2.21　在 IE 中预览网页

子项目 4　设置网页背景

图片除了可以插入到网页的特定位置，帮助文字表达网页的内容外，还可以作为背景图片，美化网页。需要注意的是，一些特殊类型的图片并不能被很好地支持，应该在使用之前通过某些图片编辑软件转换成 JPG、GIF、PNG 等格式。另外图片的体积不能过大，并要保证存放在“网站素材”文件夹中。

要使网页漂亮起来，设置页面属性必不可少。在编辑窗口中打开主页 index.html，用鼠标单击菜单栏上的“修改”，在下拉菜单中单击“页面属性”，打开“页面属性”对话框，操作如图 2.2.22 所示。

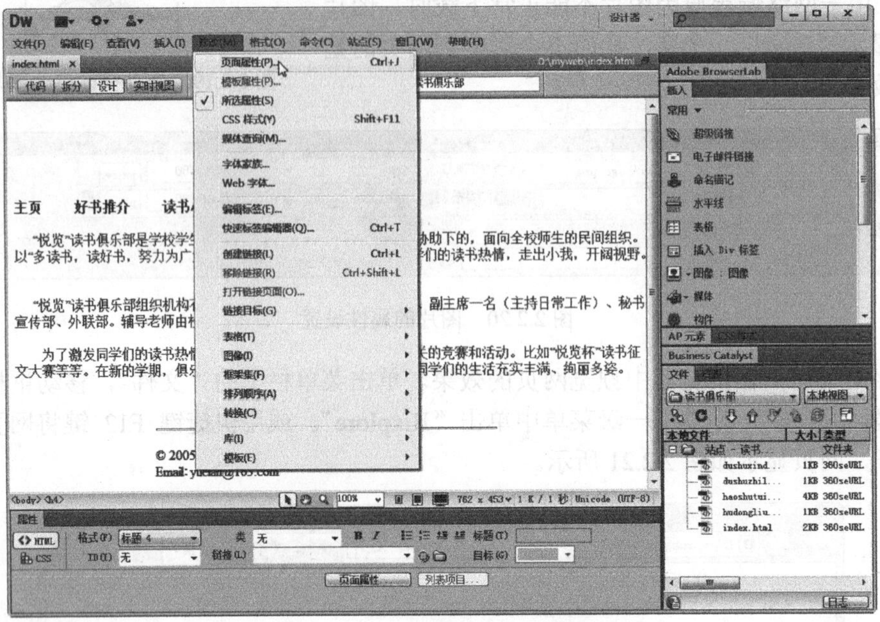

图 2.2.22　选择“页面属性”命令

如图 2.2.23 所示，在“页面属性”对话框中，可以设置文本颜色、背景颜色等。单击“背景颜色”右边的，选择一种颜色，将网页背景设置成该颜色。

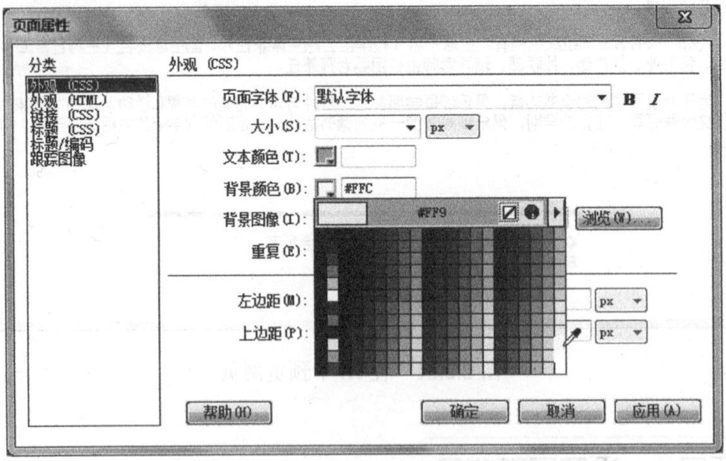

图 2.2.23　设置背景颜色

在这里要注意，假如不对背景及文字的颜色进行设置（此时 RGB 色值显示为空），则浏览器在显示页面时会采用系统的默认设置。但因为不同的系统其设置可能会有所不同，这样就会导致页面的显示效果也是千差万别的。为了更好地让页面体现出设计风格，设定页面的背景颜色及文字颜色非常重要。

如图 2.2.24 所示就是设置了背景颜色以后的网页效果。

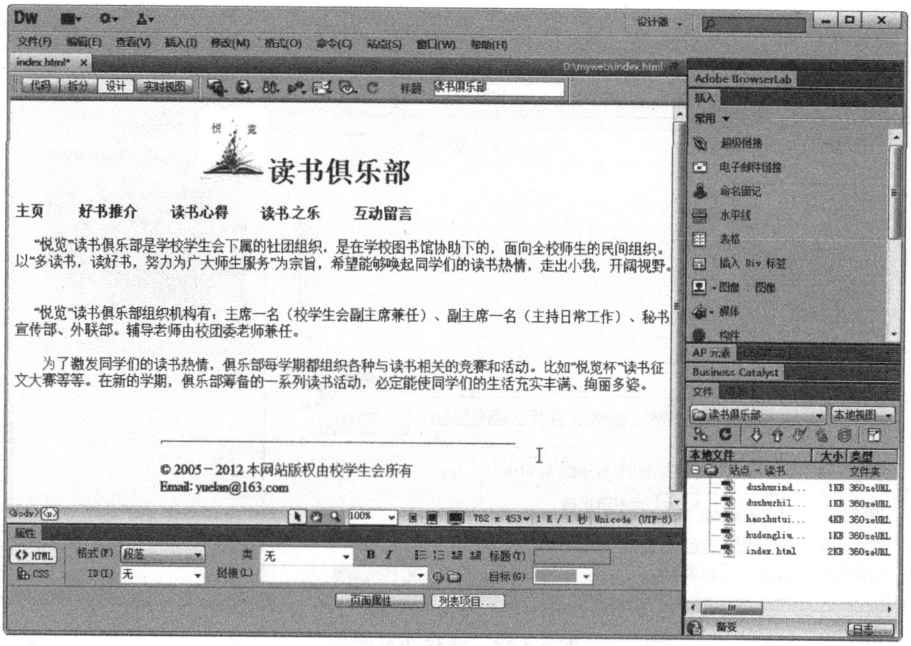

图 2.2.24　设置背景颜色后的网页效果

虽然背景颜色可以为网页增色不少，但毕竟比较单调，使用频率越来越低。插入背景图像可以使网页更加个性化，因此得到广泛应用。其操作方法如下：在“页面属性”对话框中，单击背景图像栏右边的“浏览”按钮（参见图 2.2.23），找到存放图像的文件夹。如图 2.2.25 所示，此处再次打开“选择图像源文件”对话框。

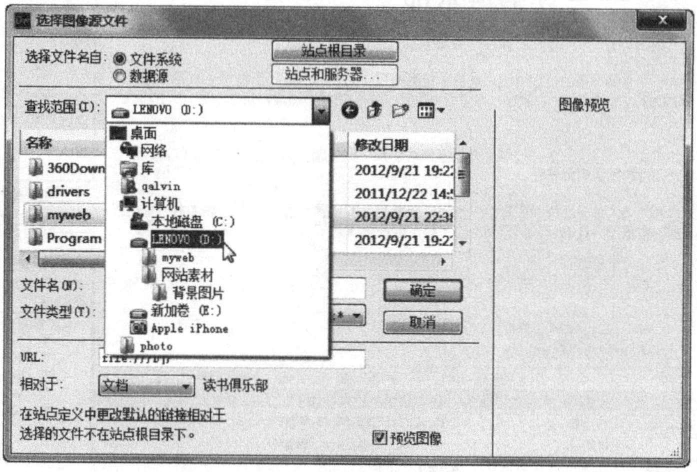

图 2.2.25　“选择图像源文件”对话框

与插入图片的操作一样，在文件夹“网站素材”的子文件夹“背景图片”中选择要使用的图片文件，如图 2.2.26 所示。

单击“确定”按钮，然后将图片保存到网站站点的文件夹“images”中。返回“页面属性”对话框，单击“确定”按钮，效果如图 2.2.27 所示。

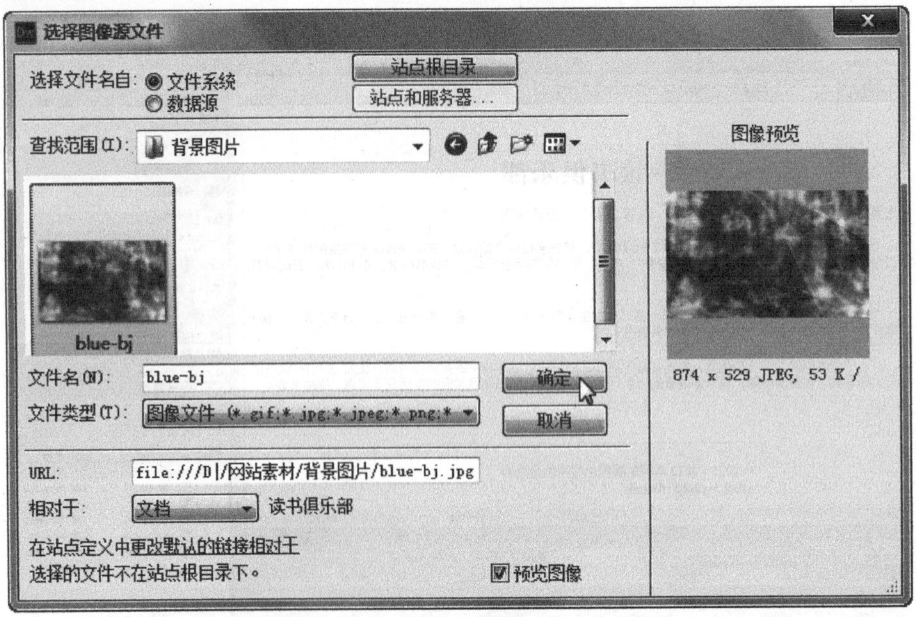

图 2.2.26　选择背景图片

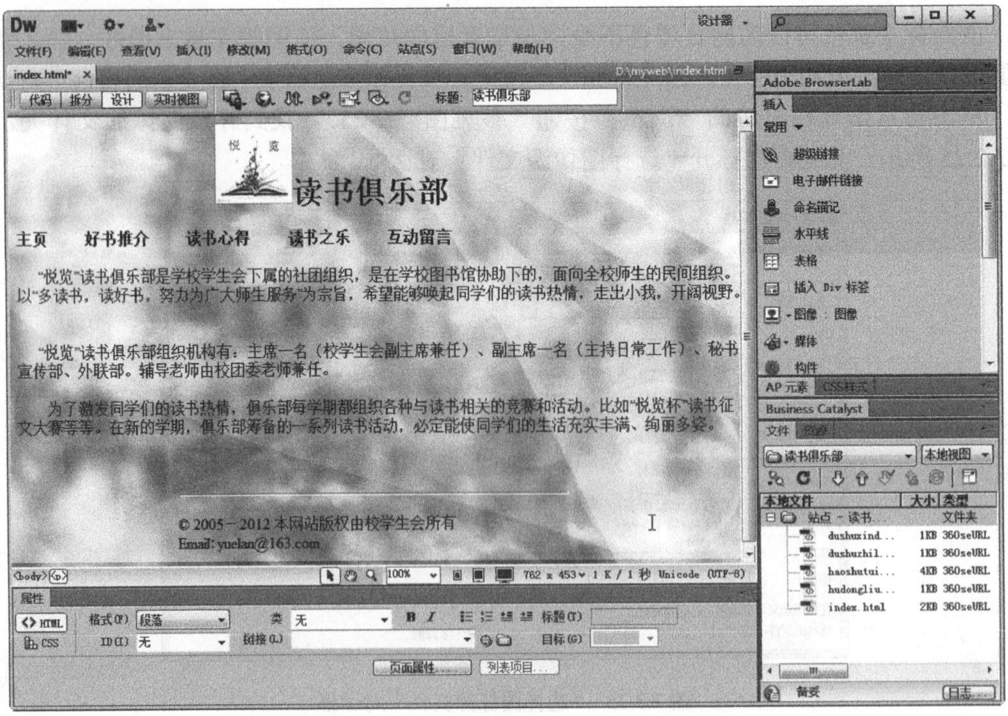

图 2.2.27　添加背景图片后的网页效果

在默认状态下，背景图片覆盖在背景颜色之上。所以，在设置背景图片以后，背景颜色是看不到的。

习　题　2

1．简答题

（1）文本换行时，按 Enter 键和 Shift+Enter 组合键有什么不同？
（2）怎样在 Dreamweaver 中添加字体？
（3）怎样打开编辑 HTML 代码的窗口？
（4）如何在行首缩进两格？
（5）如何更改水平线的颜色？
（6）如何删除水平线？
（7）GIF 文件和 JPEG 文件有什么不同？
（8）同时设定网页背景颜色和背景图片，在浏览时显示哪一种背景？

2．操作题

（1）打开爱护牙齿的网站，对网页“index.html”中的文件进行修饰，包括修改字体、字号、对齐方式、字体颜色、字体风格等，使网页更美观。

（2）通过添加代码，实现文字段首缩进两格。

（3）选择一幅颜色偏淡的图片，将其设置为网页背景。

（4）在网页下部版权信息的上端插入一条水平线，使此部分与网页正文分离，并通过设置使水平线与网页色调协调一致。

（5）在合适的位置插入图片，并通过设置使图片与网页和谐统一。

第3章

网页的布局

项目1 网页布局相关知识

当我们在网上浏览时，常常对一些网站记忆犹新。有的网站给人一种清新雅致的感觉，有的网站让人感觉厚重古朴，有的网站让人轻易就被吸引，有的网站让人很快找到自己想要的信息……为何会有这么多的不同感受？

这些是由网站的风格决定的。

子项目1 网站的风格

在对网页插入各种对象、修饰效果前，一定要确定网站的风格和网页的布局。也就是说，要先确定网站的总体风格，并对网页的布局进行规划，这样才能保证网站中各网页的统一。在对自己的网页进行规划时，有必要了解一些常见的网站风格和网页布局。

我们先来看一下三个风格迥异的网站，注意观察它们的风格和布局。

在 IE 浏览器中输入网址 http://www.sina.com.cn，打开网站“新浪”的首页，如图 3.1.1 所示。通过观察，我们可以发现主页的内容很丰富，色彩鲜艳并有许多大幅广告和浮动广告栏。

图 3.1.1 “新浪”的首页

在 IE 浏览器中输入网址 http://www.lenovo.com.cn/，打开网站“联想中国”的首页，如图 3.1.2 所示。“联想中国”的主页与“新浪”相比，内容比较专一，并且非常有条理，栏目突出，浏览者很容易找到自己关心的内容。

图 3.1.2 “联想中国”的首页

在 IE 浏览器中输入网址 http://www.diyibu.cn/，打开网站“第一步”的首页，如图 3.1.3 所示。它是一个提供旅行计划的网站，功能比较单一，看起来更简单，采用一幅图片作为主页的主要内容，仅有几个打开其他网页的超链接文字，但感觉非常清新。输入要去的城市后，网站左侧展示了该城市的景点、美食、住宿、购物及娱乐信息，用户只需选择自己感兴趣的将其拖曳到右侧的旅行计划中即可。在此不仅可以创建自己的旅行计划，还可以将旅行中的游记添加到网站中，它还提供了同步到新浪微博的功能。简单、明快、自由、实用是这个网站的特点。

图 3.1.3 “第一步”的首页

三个主页三种风格，没有优劣之分，网站的性质与风格有着根本的区别。“新浪”是很明显的门户网站，它采用鲜艳的色彩吸引浏览者的注意，而广告是网站收入的重要来源，所以各种形式的广告是少不了的。“联想中国”是一个服务性质的网站，为联想的用户提供售后服务或培训服务等，所以它不必借各种手段吸引浏览者，需要服务的用户自然会来，不需要的，网页做得再漂亮也不会吸引他们。而“第一步”显然更具备个性色彩，网页中文字很少，也没有广告，却留有大量的空白，给人以想象的空间。网站提供的专一而专业的服务，是它吸引浏览者的关键。

在本书中，我们制作的网站风格应该与“联想中国”的风格相类似。

子项目 2 网页布局实例

在确定网站的风格后，下面来确定网页的布局。所谓网页的布局，通俗地说，就是确定网页上的网站标志、导航栏、菜单等元素的位置。不同的网页，各种网页元素所处的地位不同，它们的位置也就不同。通常情况下，重要的元素都放在突出的位置。

一般来说，首页应该有站点的介绍、各网页的功能和超链接。所以，要在首页上设计一个站点导航栏，这个导航栏应遵循整个站点的导航规划，表现上应力求新颖、实用。另外，导航栏的位置直接决定了网页的布局。

简单划分，网页的布局一般可以分为“同”字型、标题正文型、分栏型、Flash 型和封面型等。下面我们一起浏览一些网页，了解各种网页布局类型的特点。

（1）在 IE 浏览器中输入网址 http://www.qq.com，打开“腾讯”网站的首页，如图 3.1.4 所示。

图 3.1.4 “腾讯”网站首页

“同”字型结构起源于一种简单的布局结构——“厂”字型结构，随着宽屏显示器的大范围使用，“厂”字型结构已经很少使用了。一些大型网站在采用“同”字型结构时，常常

还变形成“回”字形结构、“匡字形”结构等，甚至还有更加自由的结构。不管如何变形，其特点都是网站的顶端是徽标和图片（广告）栏，下面分为 3 列或者多列。两边的两列区域比较小，一般是导航超链接和小型图片广告等，中间是网站的主要内容，最下面是网站的版权信息等。

（2）在 IE 浏览器中输入网址 http://www.baidu.com，打开网站“百度”的首页，如图 3.1.5 所示。

图 3.1.5 “百度”的首页

图 3.1.5 所示的是标题正文型结构，这种结构顶端是网站标识和标题，下面是网页正文，内容非常简单。

（3）在 IE 浏览器中输入网址 http://mail.163.com，打开“网易电子邮箱”网站的首页，输入用户名和密码，登录到邮箱中，如图 3.1.6 所示。

图 3.1.6 登录到网易电子邮箱中

图 3.1.6 所示的是分栏型结构，这种结构一般分为左右（或上下）两栏，也有的分为多栏。通常将导航链接与正文放在不同的栏中，这样打开新的网页，导航链接栏的内容不会发生变化。在 Web 型的电子邮箱中多见这种结构。

（4）在 IE 浏览器中输入网址 http://www.xonyon.com/，打开网站“向阳地带”的首页，如图 3.1.7 所示。

图 3.1.7 “向阳地带”的首页

图 3.1.7 所示的是 Flash 型网站，这种结构采用 Flash 技术完成，其视觉效果和听觉效果与传统网页不同，往往能够给浏览者以极大的冲击。这种网页逐渐被年轻人所喜爱。

（5）在 IE 浏览器中输入网址 http://www.yini.org/，打开网站“秘密花园”的首页，如图 3.1.8 所示。

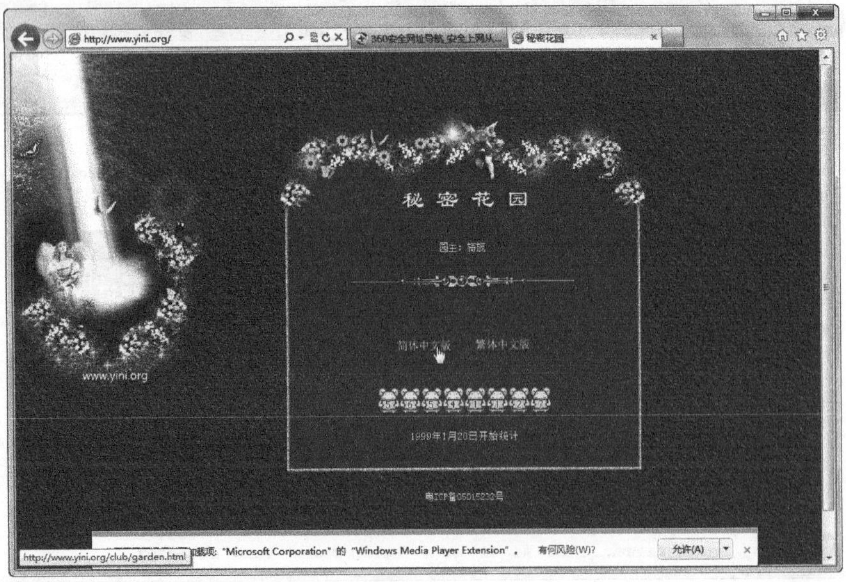

图 3.1.8 “秘密花园”的首页

图 3.1.8 所示的是封面型结构，这种结构往往首先看到的是一幅图片或动画，在图片或动画的下面有一个进入下一级网页的超链接提示文字。其中图片或动画可以用 Flash 来制作，但与 Flash 型不同，这种结构并不是在 Flash 中完成的，而是在网页制作软件中完成的。

子项目 3　网页布局注意事项

网页布局同样没有优劣之分，但要注意与网站的风格相适应。要注意整个站点的协调，要注意色调的一致。下面一些规律性的东西在确定网页风格时要特别注意。

1. 平衡性

一个好的网页布局应该给人一种安定、平稳的感觉，它不仅表现在文字、图像等要素的空间占用上分布均匀，而且还有色彩的平衡，要给人一种协调的感觉。失去平衡的画面会使人产生不安全的感觉，视觉上也不愿多做停留。

2. 对称性

对称是一种美，我们生活中有许多事物都是对称的。但过度的对称就会给人一种呆板、死气沉沉的感觉，因此还要适当地打破对称，制造一点变化。

3. 对比性

让不同的形态、色彩等元素相互对比，可以形成鲜明的视觉效果。如色彩对比、图形对比等，往往能创造出富有变化的效果。

4. 疏密度

页面布局要做到疏密有度，不要让整个网页布满密集的文本信息或图片，适当留白反而可以强调整个画面的重点部分。而对于文本信息，可以通过改变行间距、字间距来制造一些变化效果。

5. 反复性

反复就是不断地出现。例如，由几个有规律的小色块在网页里上下左右地延伸排列，这就是反复之美；利用大小相同的图片进行反复排版，这也是反复之美。

6. 韵律感

具有相同特性的对象，如点、圆、线条，沿曲线反复排列时，就会产生韵律感，使画面显得轻盈而富有灵气。

7. 颜色搭配

网页中颜色的搭配也非常重要，一般不要用强烈对比的颜色搭配做主色，主色的颜色也尽量控制在 3 种以内，背景和内容的对比要明显，少用花纹复杂的图片，以便突出文字的内容。

总之，网页的排版布局是决定网站美观与否的一个重要方面，通过合理、有创意的布局，才可以把文字、图像等内容完美地展现在浏览者面前。

子项目 4　画出网页布局草图

在本例中，我们这样确定网页布局：网页的标题图案放在左上角，右边是一个图片栏，可以放广告；下面的部分按照内容划分为竖栏，输入文字或图片，如图 3.1.9 所示。

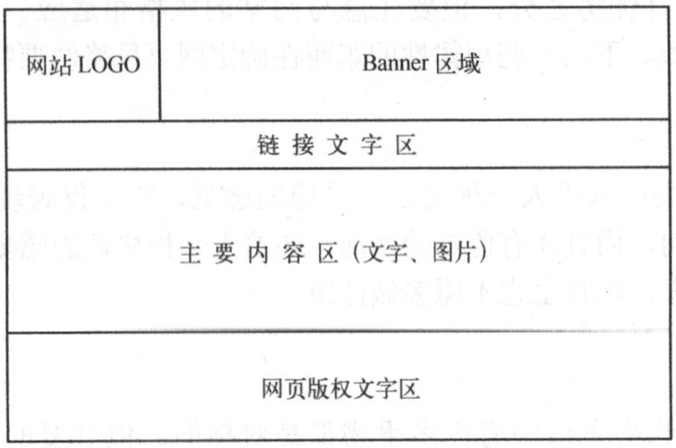

图 3.1.9　网页布局草图

要实现这种网页布局有三种方法，一种是采用表格，一种是使用布局视图，还有一种是使用框架。本章我们只讨论前两种。

项目 2　使用表格规划网页布局

网页的布局设计一般都是靠表格来实现的，可以说表格的设计是网页制作中最为重要的一个技巧，表格运用的好坏，直接反映了网页设计者的水平高低。下面就来学习几种常用的表格设计方法。

子项目 1　在网页中插入表格

下面的操作是在“读书之乐”这个网页中进行的，该网页的文件名是“dushuzhile.html”。这是一个空白的网页，我们的任何操作都不会破坏以前编辑的内容。在完成布局规划后，我们会将这个网页的布局应用到其他的网页中去。

打开 Dreamweaver，在默认情况下，网站自动打开。双击将网页文件打开，如图 3.2.1 所示。

在网页中单击鼠标，确定光标的位置。然后单击“插入”菜单，选择“表格”命令，打开如图 3.2.2 所示的对话框。

在如图 3.2.2 所示“表格”对话框中，有多个数值是可以改变的。主要含义如下：

- “行数”和“列”表示表格有多少行和多少列；
- “表格宽度”指整个表格的宽度，单位可以是像素，也可以是百分比，按像素定义的表格大小是固定的，而按百分比定义的表格，会根据浏览器的大小而变化；

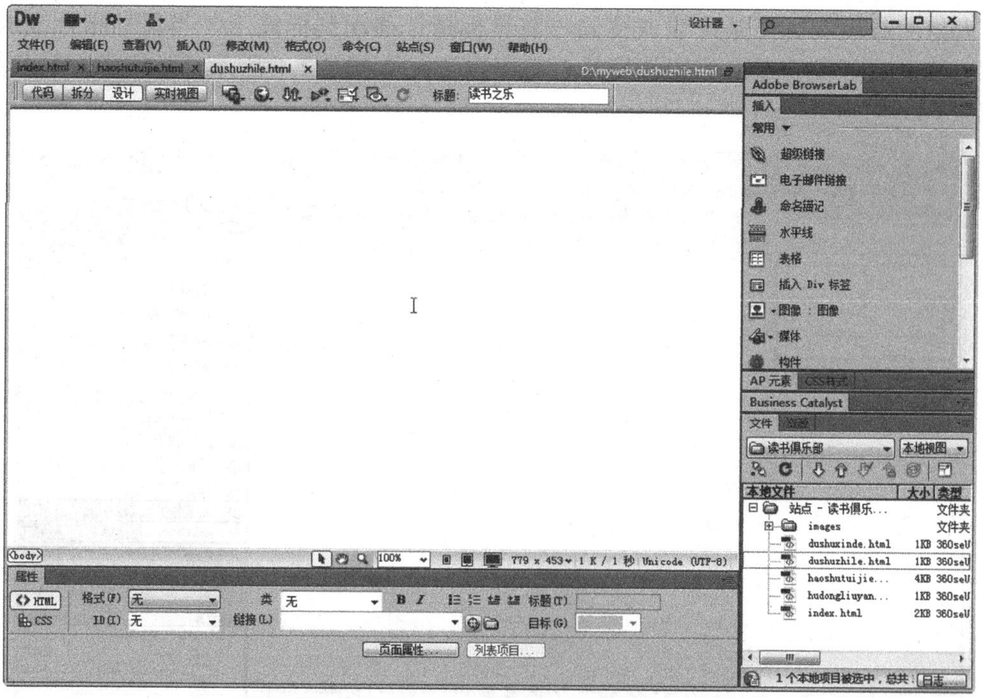

图 3.2.1　网页文件“dushuzhile.html”

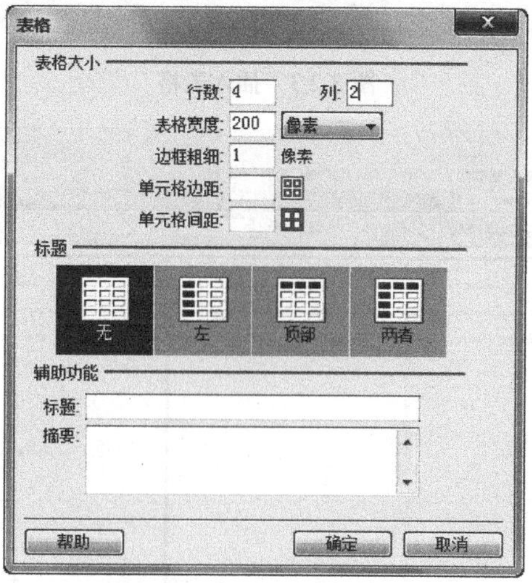

图 3.2.2　“表格”对话框

- “边框粗细”指表格线的宽度；
- “单元格边距”指单元格内文字与框线间的距离，所谓单元格，就是表格里面的每一个小格；
- “单元格间距”指各个单元格间的距离。

输入表格行数为 4，列为 2，表格宽度为 200 像素，边框粗细为 1 像素，得到如图 3.2.3 所示的表格。

表格的高度和宽度是可以改变的。将鼠标指针移动到框线上，当鼠标指针变成 ⫲ 状时，拖动鼠标到合适的位置然后松开就可以了。如图 3.2.4 所示，是调整行高和列宽的情景。

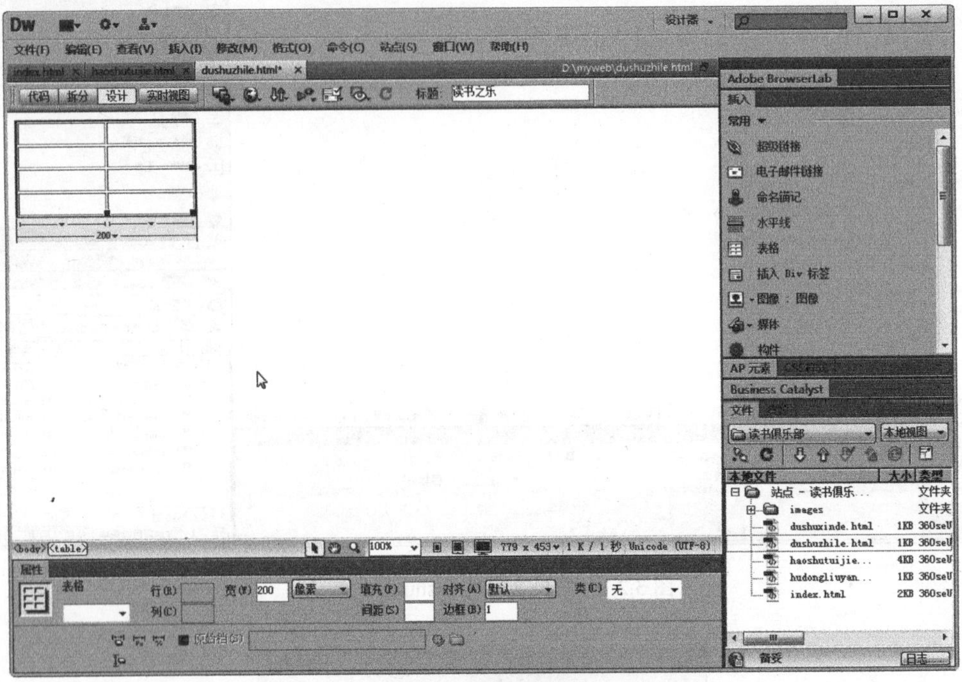

图 3.2.3　插入表格

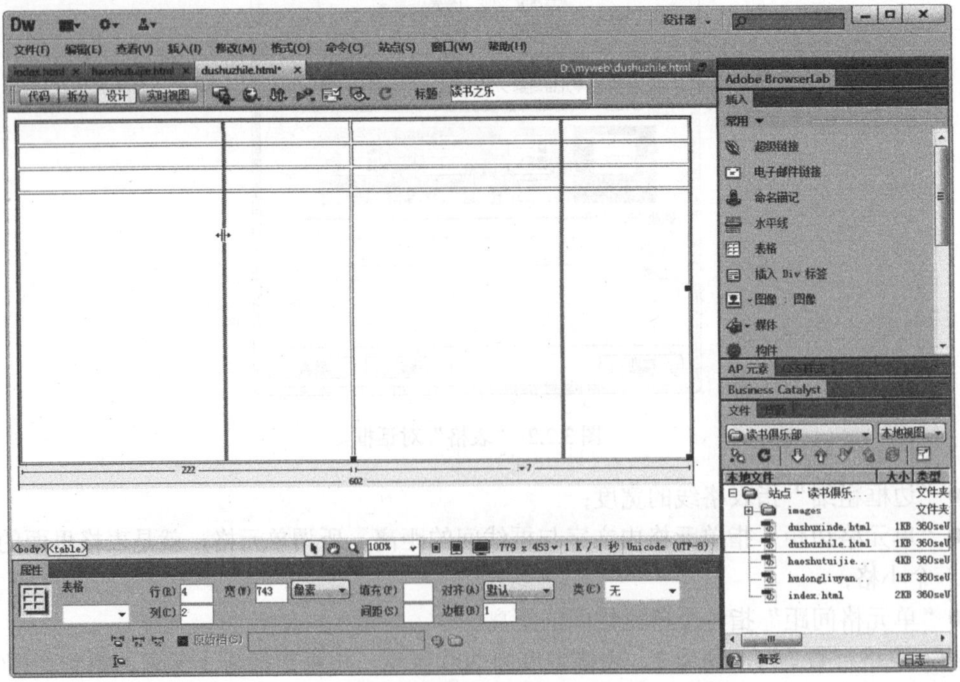

图 3.2.4　调整行高、列宽

做一做

在默认情况下，表格的行高和列宽是相等的。在本例中，我们希望表格左边一列比右边一列窄一些，而且各行的高度也略有不同，请参考图 3.1.9 所示的网页布局草图来进行设置，最终结果如图 3.2.5 所示。

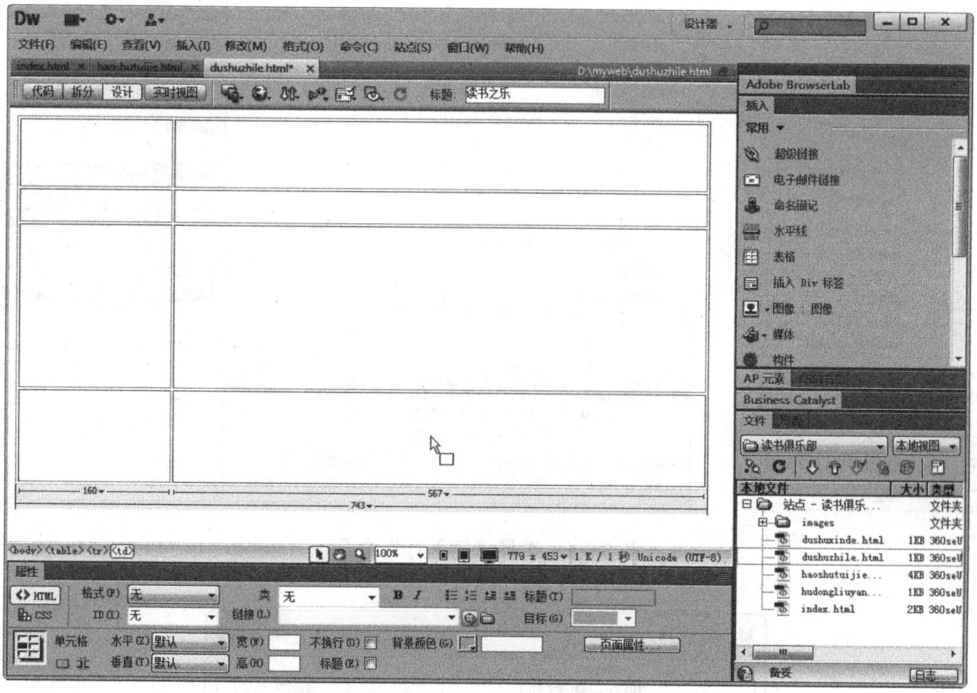

图 3.2.5　表格最终结果

子项目 2　制作不规则表格

当表格制作好以后，由于各种需要，常常要对表格进行调整。下面以在表格的最下面添加一个新行为例，说明添加新行、新列的方法。

1. 添加新行、新列

单击表格最下面一行，使光标出现在该行中。然后单击鼠标右键打开快捷菜单，移动鼠标指针到快捷菜单的“表格”上使之弹出子菜单，在子菜单中单击“插入行”，则插入一行如图 3.2.6 所示。

在没有文字的表格中，新插入的行的位置并不重要。但对于有文字的表格，有时需要确定新插入的行与光标所在行的关系。在上面的操作中选择“插入行或列”，打开如图 3.2.7 所示的“插入行或列”对话框

在“插入行或列”对话框里选中“行”，在“行数”右端的输入栏中输入“1”，然后选中“位置”右边的“所选之上”。单击“确定”按钮，就可以在光标所在行的上面插入一行。

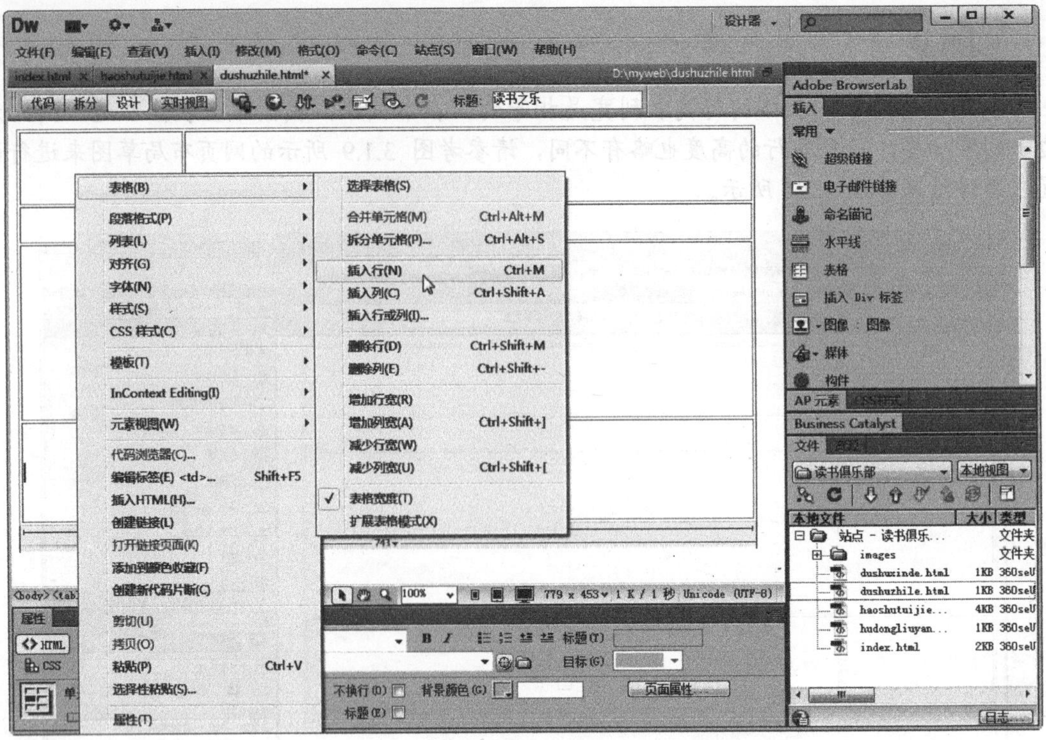

图 3.2.6　选择“插入行”命令

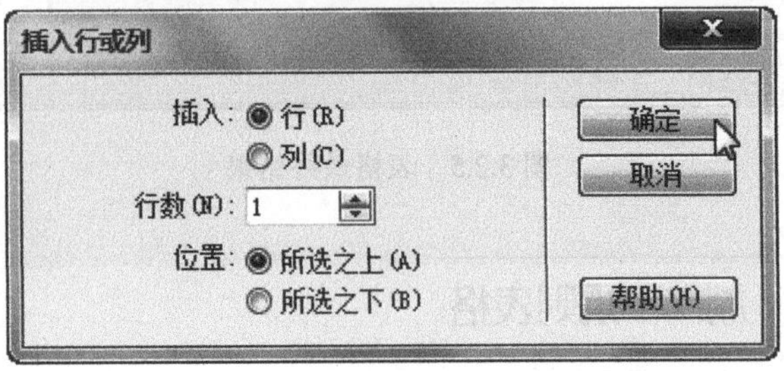

图 3.2.7　“插入行或列”对话框

做一做

插入列的操作与插入行的操作基本一样，请在两列之间插入一个新的列，宽度与第一列相同，如图 3.2.8 所示。

2. 删除行或列

有时候，还要删除一些行或列。下面通过将新插入的一行删除，来学习删除行的步骤。

首先单击鼠标，使光标出现在被删除行中。然后单击鼠标右键打开快捷菜单，移动鼠标指针到快捷菜单的“表格”上使之弹出子菜单，在子菜单中单击“删除行”，则该行被删除，如图 3.2.9 所示。

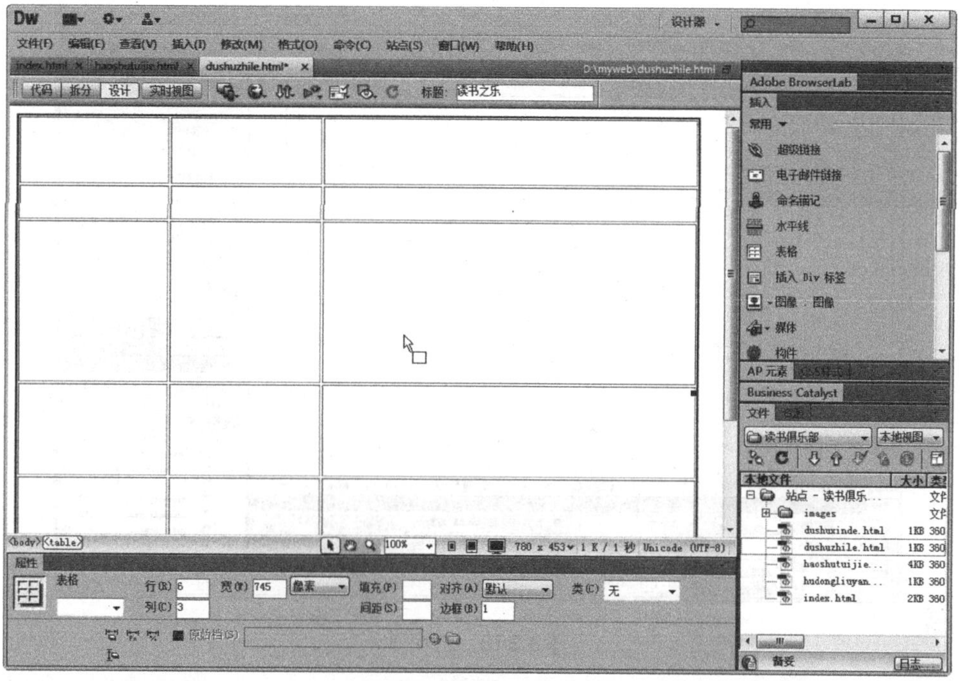

图 3.2.8　插入新列

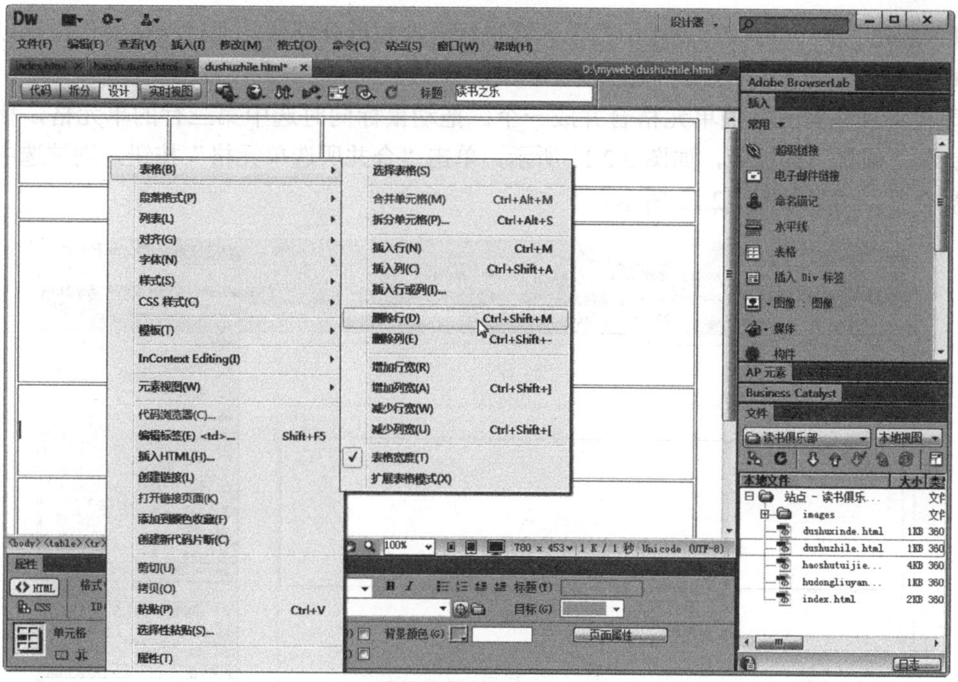

图 3.2.9　选择“删除行”命令

做一做

将刚插入的第二列删除，方法与删除行相似，最终结果如图 3.2.10 所示。

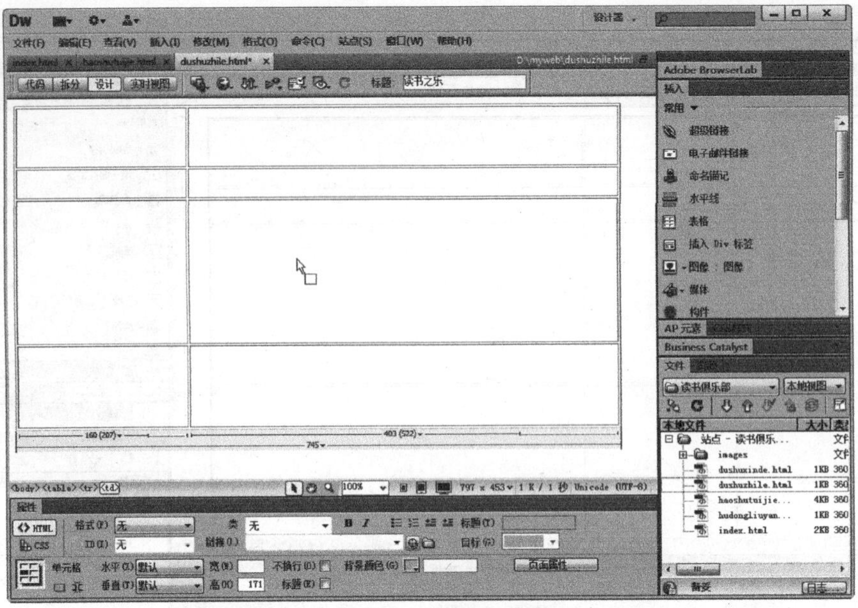

图 3.2.10　删除列

3. 合并单元格

和 Word 一样，可以对表格中的单元格进行合并和拆分操作，通过这些操作，可以将一个规则的表格变成一个不规则的表格。

现在将表格第三行的单元格合并成一个。拖动鼠标同时选中第三行的单元格，移动鼠标指针到“属性”面板上，如图 3.2.11 所示，单击“合并所选单元格”按钮，则被选中的单元格被合并，结果如图 3.2.12 所示。

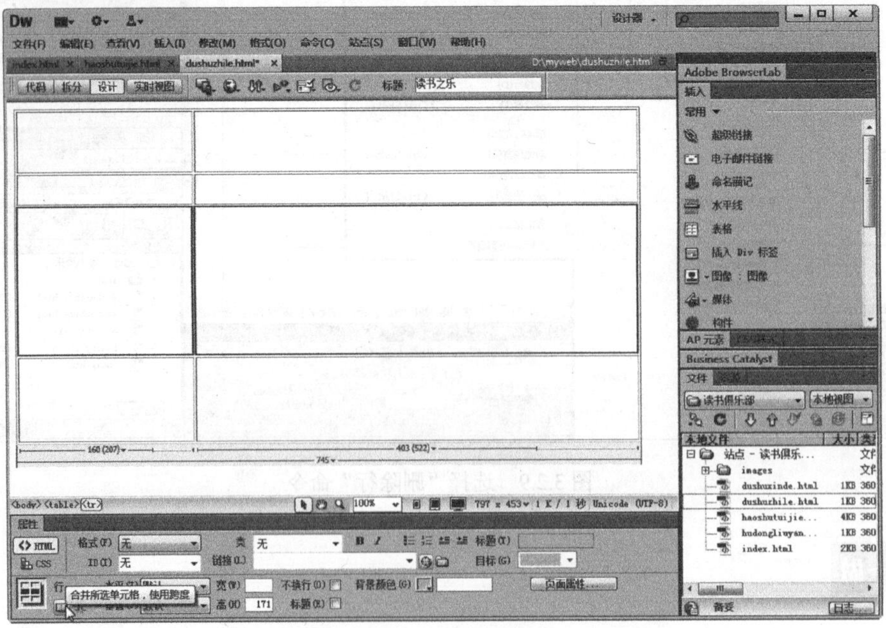

图 3.2.11　单击“合并所选单元格”按钮

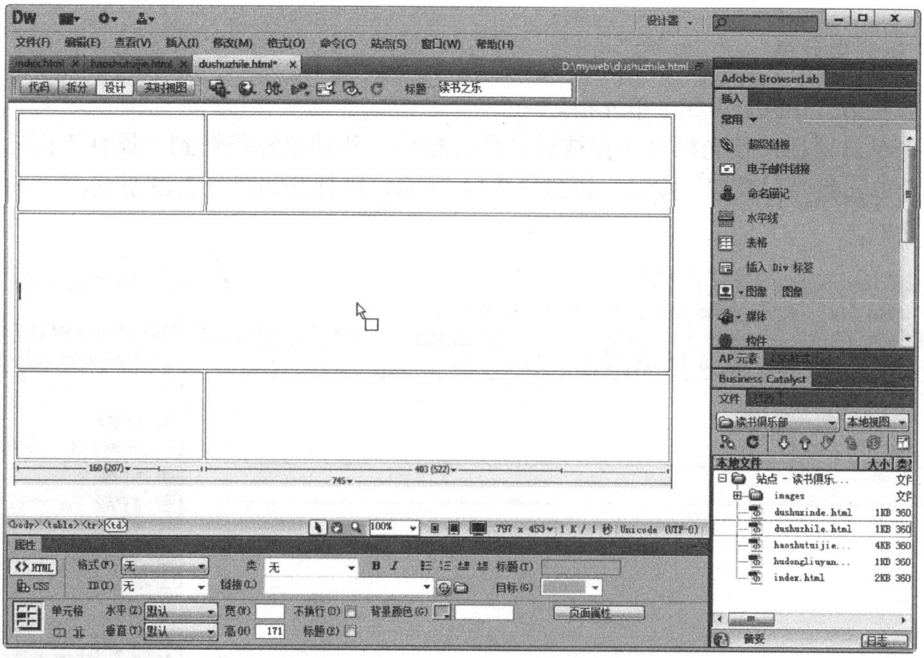

图 3.2.12　合并单元格后的表格

做一做

参照网页布局草图，对表格中的一些单元格进行合并操作，最终结果如图 3.2.13 所示。

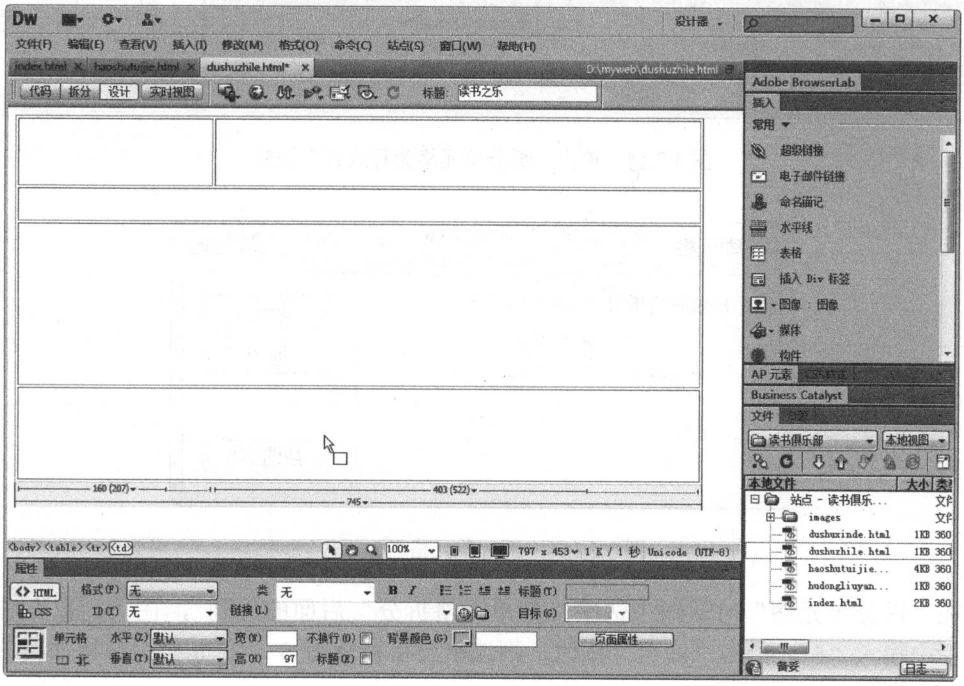

图 3.2.13　合并单元格后的表格

4．拆分单元格

下面将第二行拆分为 5 个单元格。

首先单击鼠标，使光标出现在被拆分单元格中。移动鼠标指针到“属性”面板上，单击“拆分单元格为行或列”按钮，如图 3.2.14 所示，则打开如图 3.2.15 所示的“拆分单元格”对话框。

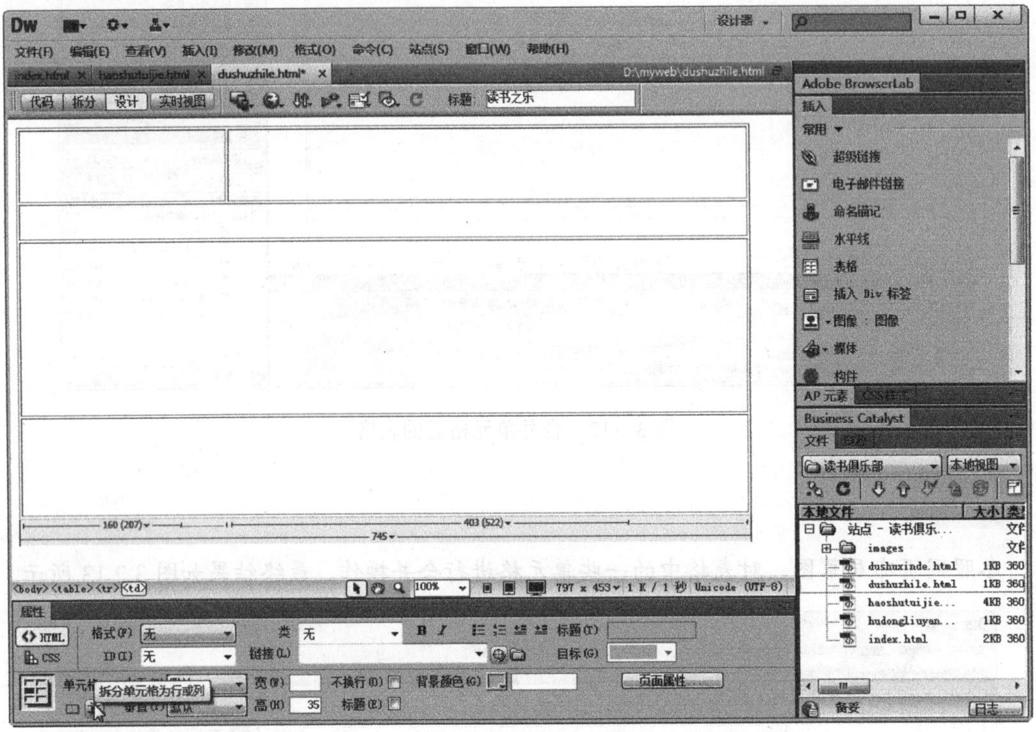

图 3.2.14　单击“拆分单元格为行或列”按钮

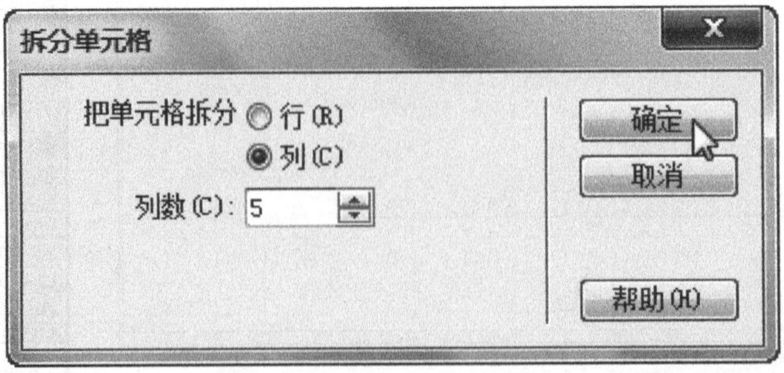

图 3.2.15　“拆分单元格”对话框

在“拆分单元格”对话框中选中“把单元格拆分”后面的“列”，在“列数”右端的输入栏中输入“5”。单击“确定”按钮，则该单元格被分为 5 个单元格，结果如图 3.2.16 所示。

按行拆分单元格的操作与按列拆分单元格的操作基本一样，大家可以自己做一做。

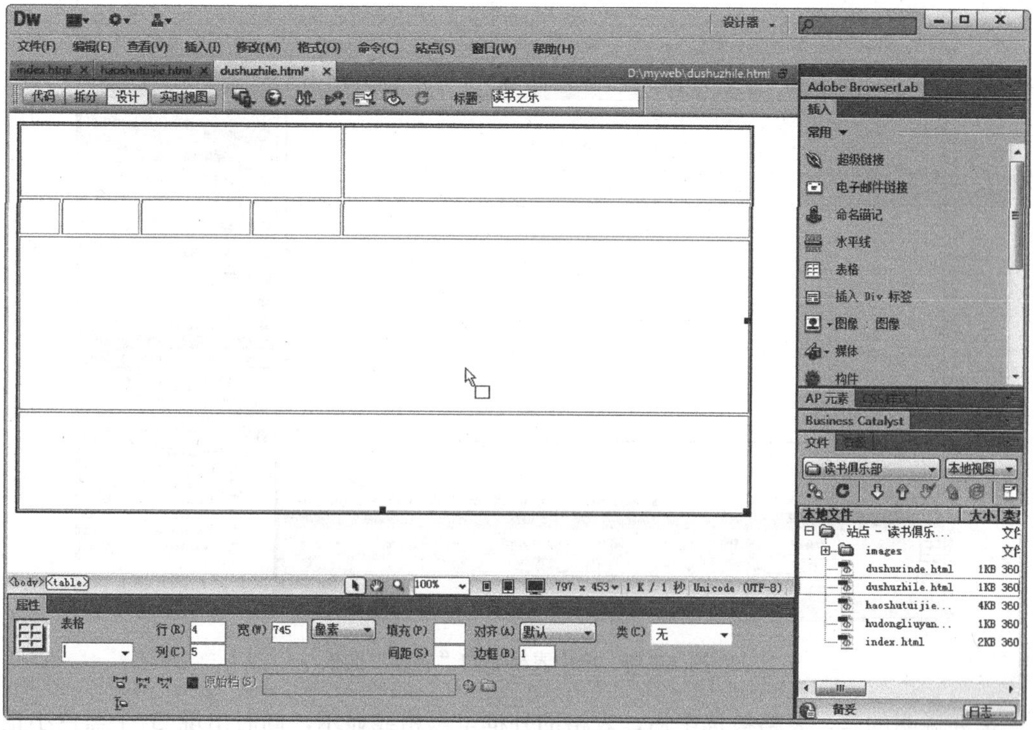

图 3.2.16 拆分单元格后的表格

子项目 3 设置表格和单元格属性（设置表格背景、框线宽度）

对表格进行设置，主要是在“属性”面板中完成的，需要注意的是选取表格与选取单元格时，“属性”面板的内容是不同的。在表格的“属性”面板中，能够设置框线的宽度、单元格间距，以及背景色等。

当鼠标指针出现在单元格中时，“属性”面板的内容如图 3.2.17 所示。通过更改“属性”面板上的值，可以拆分单元格、设置单元格中文字在水平和垂直两个方向上的对齐方式，以及单元格的宽度、高度、背景颜色等。

图 3.2.17 选中单元格后的“属性”面板

将鼠标指针移到表格的外框线上，当鼠标指针变成 状时，单击鼠标，选中整个表格。表格被选中之后，窗口下面的“属性”面板显示的是对整个表格的设置内容，如图 3.2.18 所示。

在“属性”面板上显示的表格宽度是“100%”。“100%”宽度的意思是无论浏览者打开的浏览器多大，表格都占满整个窗口。这个选项虽然在一些时候非常有用，但由于在实际中表格宽度可以自由更改，所以使得网页布局不够统一，甚至使整齐的网页在一些高分辨率的计算机上显示得很凌乱。

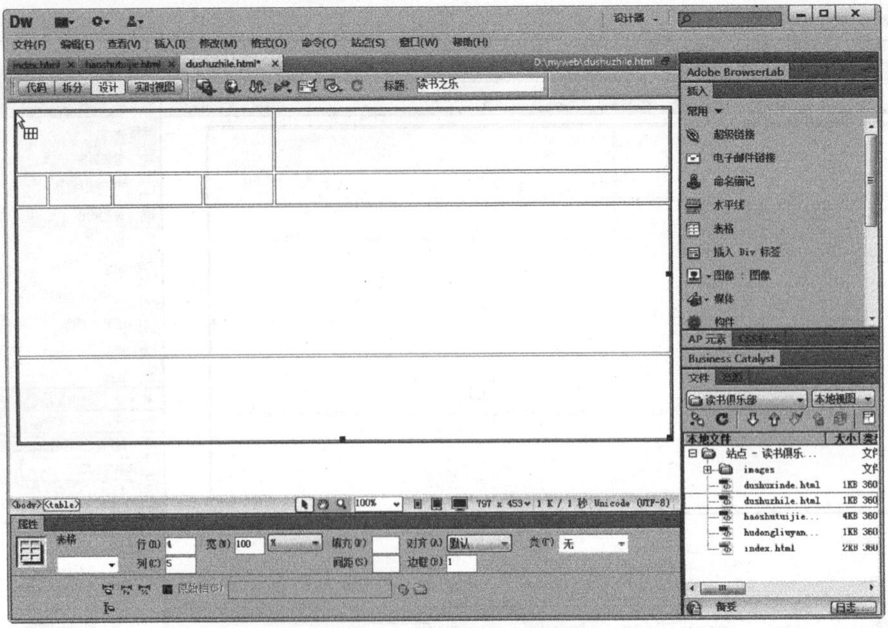

图 3.2.18　选中表格后的“属性”面板

需要说明的是，表格被选中后，表格的外框呈黑粗线显示，同时出现 3 个黑色小正方形，将鼠标指针放在上面拖动，可以更改表格大小。

由于目前计算机常用的分辨率为 800×600，因此可以将表格宽度设置为 780 像素，这样不论在哪台计算机上网页的显示都是一样的。

如图 3.2.19 所示，单击“宽”右边的▼，选择“像素”，然后将“100”改成“780”，在空白处单击鼠标可以发现，表格宽度发生了变化。

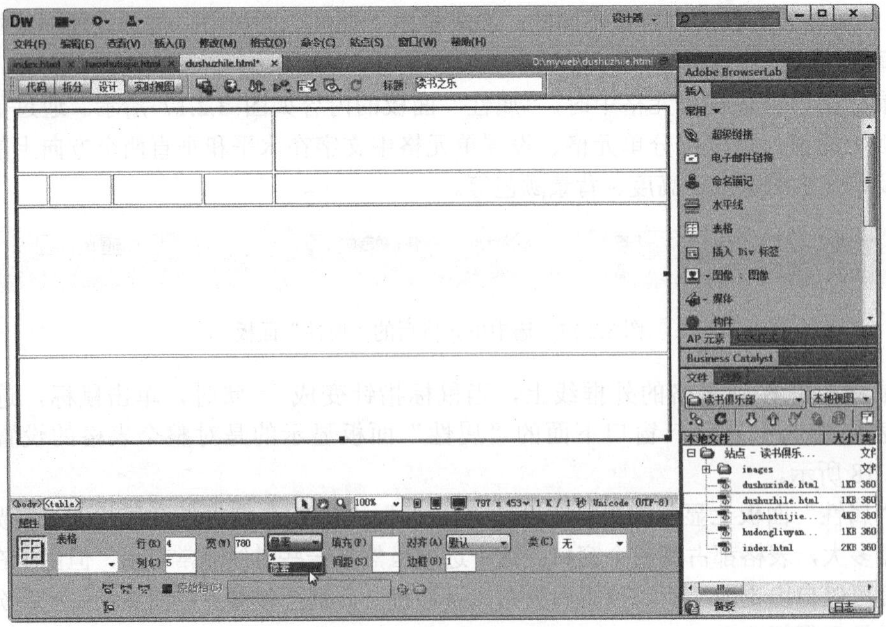

图 3.2.19　更改表格宽度

将表格框线的宽度更改为“0”，可以发现表格的框线变成虚线，这样在浏览器中表格将被隐藏，如图 3.2.20 所示。

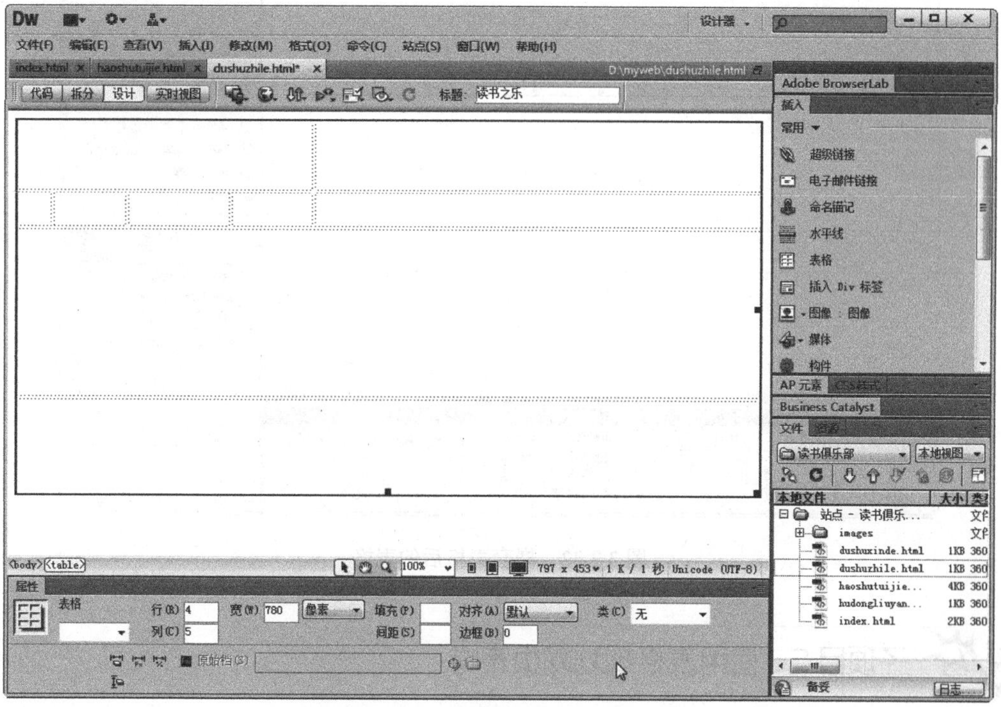

图 3.2.20　框线宽度为“0”的表格

子项目 4　表格的嵌套

在表格的第二行，将要显示的是 5 个链接的文字，也就是进入其他网页的导航区。在使用拆分单元格时，发现 5 个单元格的宽度并不相等，这是由于第一行有两列的缘故。

下面采用在第二行中再插入一个表格的方法来实现 5 个同样大小的单元格，用来存放与其他网页链接的一些文字。

首先，将拆分的 5 个单元格合并。然后单击鼠标，将光标移动到第二行的单元格中，单击“插入”面板上的按钮，打开“表格”对话框，如图 3.2.21 所示。输入“1”行“5”列，单击“确定”按钮，结果如图 3.2.22 所示。

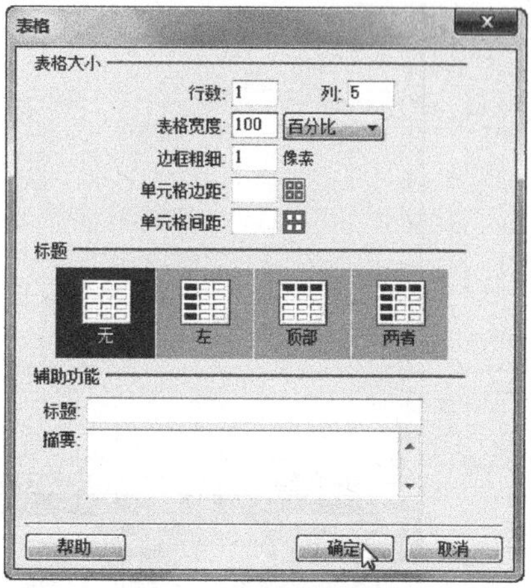

图 3.2.21　“表格”对话框

做一做

将新嵌套的表格框线宽度变为 0，这样这个表格的框线就变成虚线了。

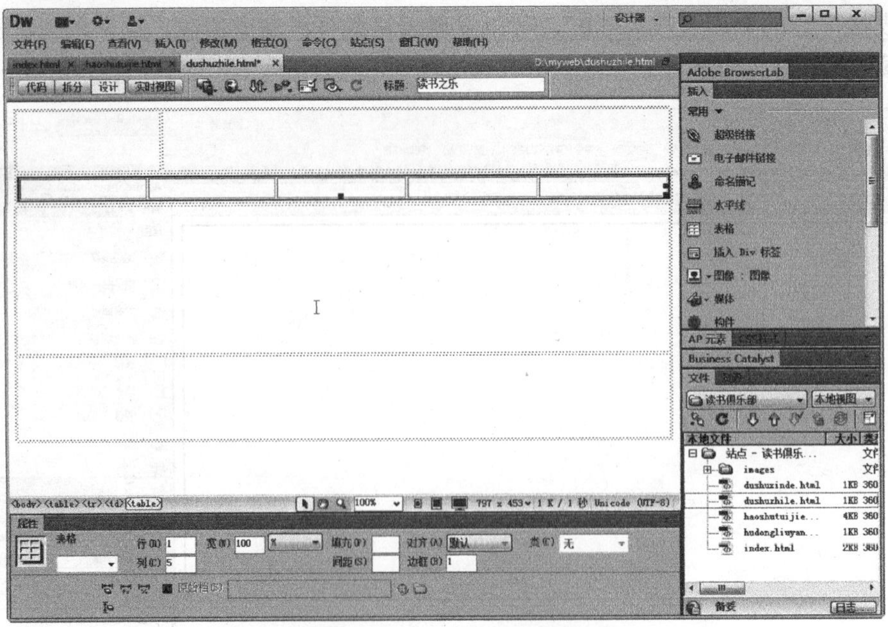

图 3.2.22　嵌套表格后的表格

子项目 5　使用表格规划网页布局

将表格中的所有框线宽度都设为 0，调整表格的高度和宽度，此刻初步看到一个规划后网页的样子，如图 3.2.23 所示。从图中可以发现，这和我们绘制的网页布局草图已经基本一致了。

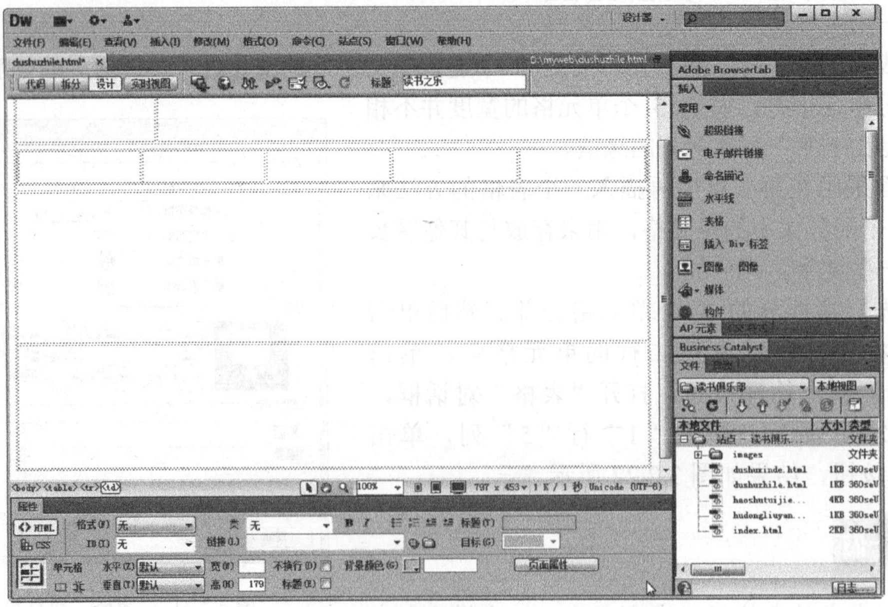

图 3.2.23　表格规划的网页布局

在表格中输入文字和图片，设置好背景，结果如图 3.2.24 所示。

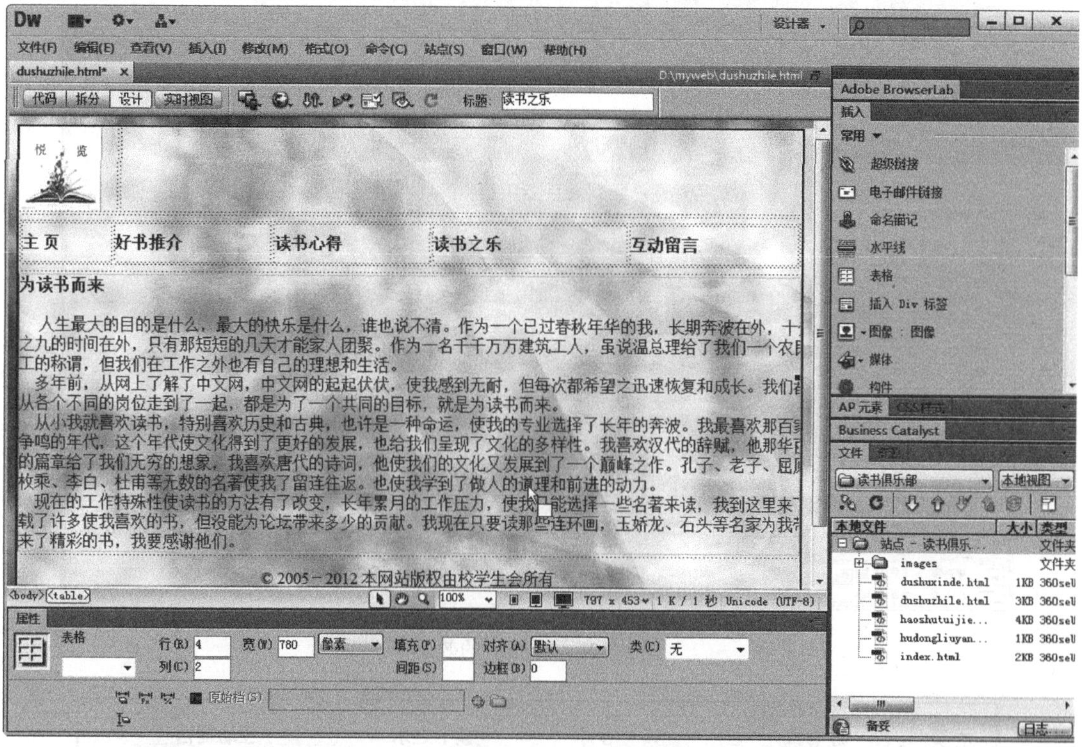

图 3.2.24　插入图片和文字后的网页

在默认情况下，文字均紧靠在表格框线上。这样非常影响美观，特别是当相邻单元格都有文字时，显得十分拥挤。

选中整个表格，如图 3.2.25 所示，将“属性”面板中的“填充”值更改为“10”，则表格中的文字与表格框线的距离变成 10 像素；将“间距”值更改为“10”，则各个单元格间的距离更改为 10 像素。更改后的效果如图 3.2.26 所示。

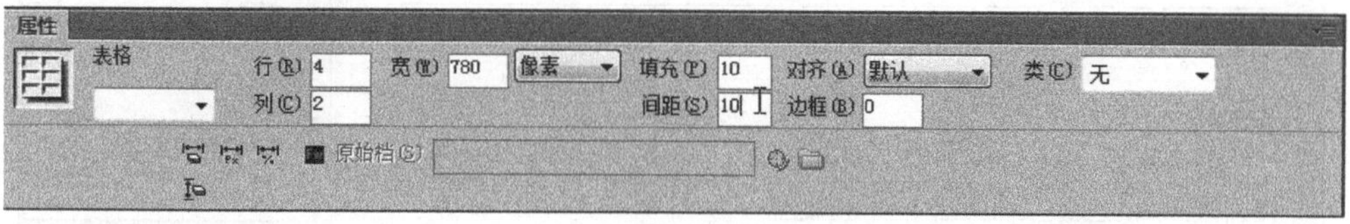

图 3.2.25　更改表格的“填充”与“间距”值

同理，调整表格中嵌套的表格设置项，特别是“填充”和“间距”的值，达到如图 3.2.27 所示的效果。

现在来看如何调整单元格内文字的对齐方式。

拖动鼠标指针，选中嵌套表格中的各个单元格。注意，是选取所有的单元格，不是选取整个表格。这时“属性”面板显示的是单元格设置的内容，与选中表格时略有不同。单击“水平”框右边的▼，在弹出的下拉菜单中选择“居中对齐”，如图 3.2.28 所示。则单元格中的文字在单元格中居中显示，结果如图 3.2.29 所示。

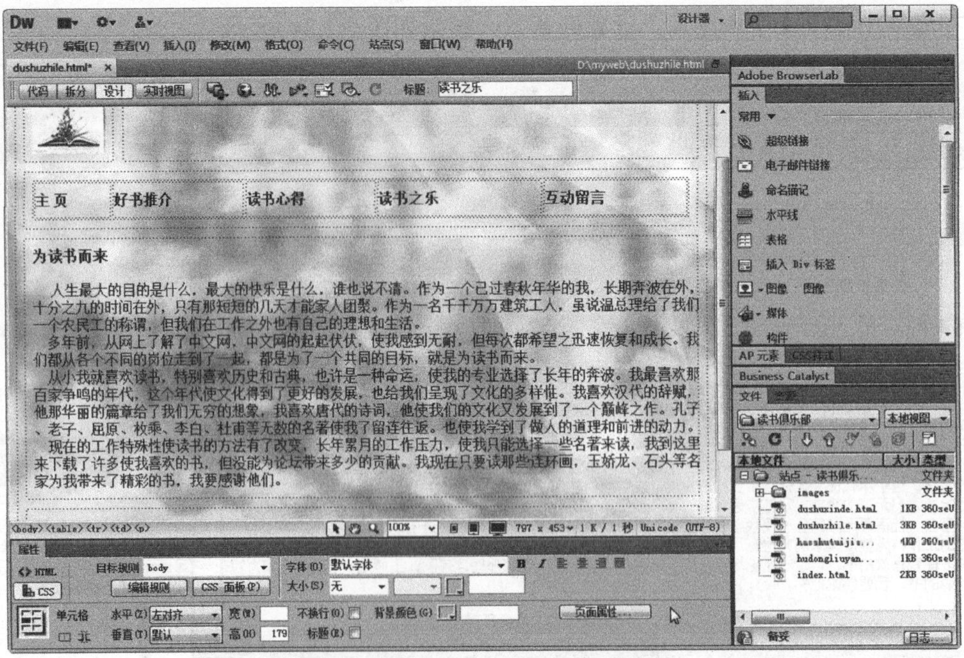

图 3.2.26　更改后的效果

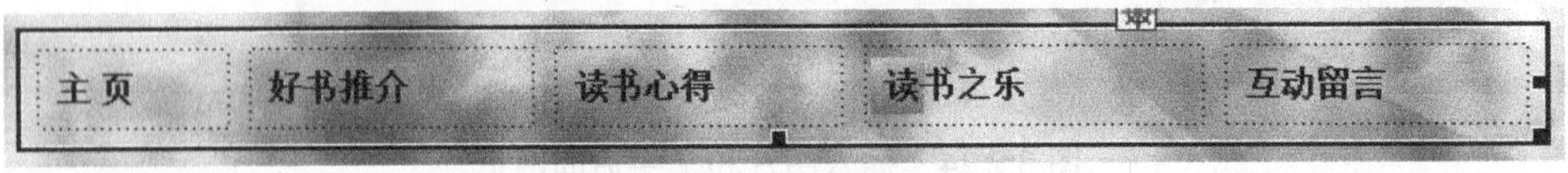

图 3.2.27　更改嵌套表格

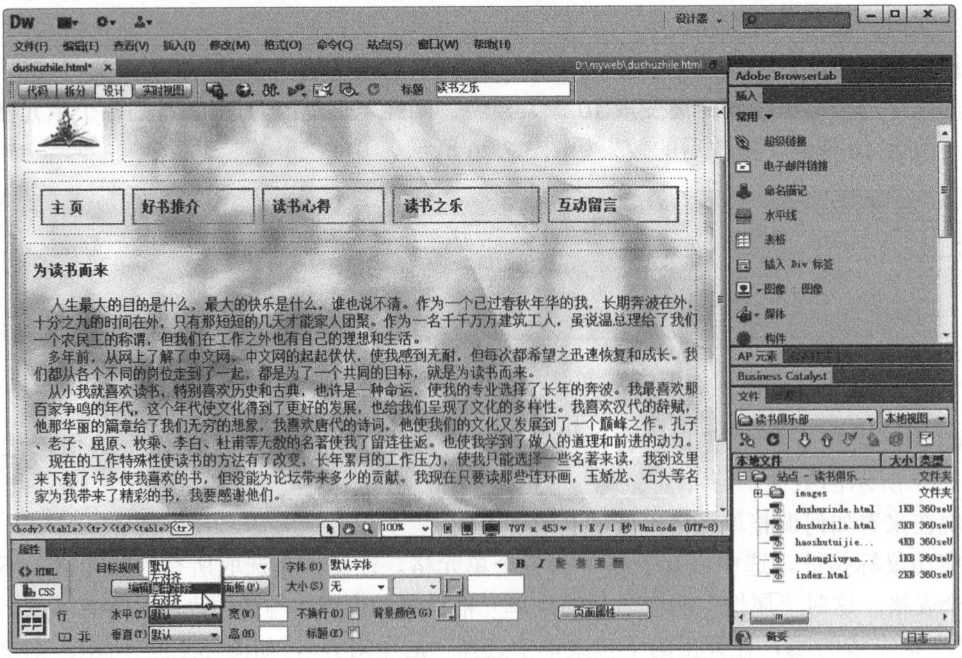

图 3.2.28　选择“居中对齐”

图 3.2.29　文字在单元格中“居中对齐”

再将鼠标指针移动到表格最下端的单元格中，拖动鼠标指针选中表格中的所有文字，在“属性”面板中单击“内缩区块”按钮，将文字移动到表格中央，如图 3.2.30 所示。注意，在 CSS 模式下是找不到“内缩区块”按钮的，要切换到 HTML 模式。

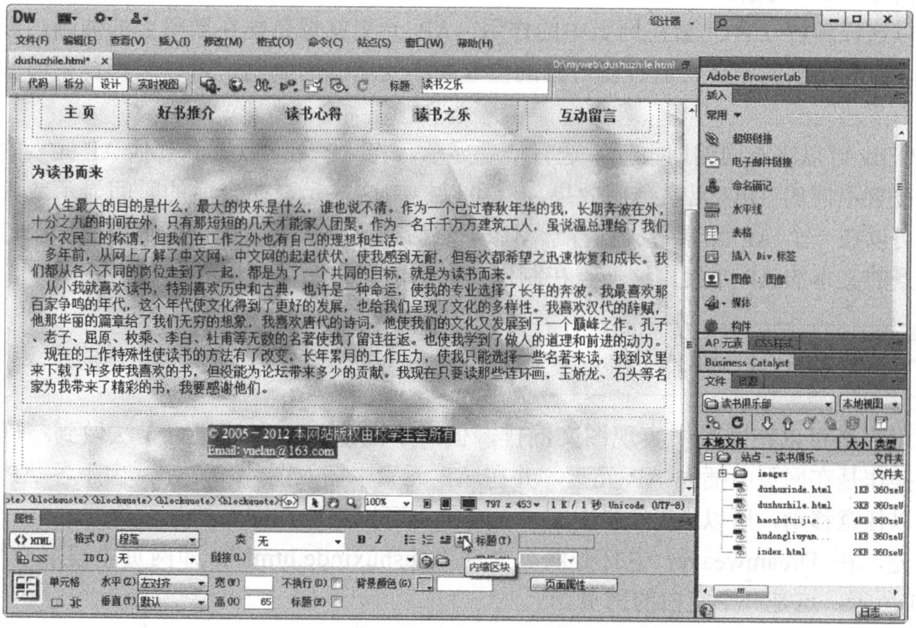

图 3.2.30　选择“文本缩进”

请想一想，为何此处不能使用“居中对齐”？

表格在浏览器中显示时有一个缺点，即只有表格中所有的内容都下载完以后，表格里的内容才会显示，而不会下载一个显示一个。这样，如果表格里的内容较多，浏览者就要等待很长的时间才能看到网页的内容，这显然给浏览者一种网页太慢的感觉，从而影响网页的浏览率。

可以采用多表格的方法来解决这个问题。如此一来，每个表格的内容都不多，哪个表格的内容先下载完，哪个表格就显示，不至于让浏览者对着空白的屏幕发呆。

当然还有更好的方式来解决这个问题，那就是使用 AP 元素。

项目 3　使用 AP Div 布局网页

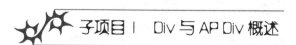

子项目 1　Div 与 AP Div 概述

Div 也称 Div 标签，是一种区隔标记。它的主要作用是可以将页面分割为不同的区域，设定文字、图像和表格的排列方式，通过拖动、方向键或者指定坐标的位置等方式，对文字、图像等元素进行精确定位。

特别地，与表格不同，Div 作为一种结构化元素是不显示在浏览器中的，但在网页设计时，Div 可以让设计者非常方便地完成网页的布局设计。

AP Div 是一种绝对定位元素，它可以包含文本、图像等其他内容，这使得组成网页的各种元素都可以精确定位在网页的某个位置。

AP Div 使得网页具有了三维空间的概念，因此也有人将 AP Div 称为 AP 层，在本书中，我们称为 AP 元素。

可以这样理解 AP 元素在网页中的作用：AP 元素就像是挂在墙壁上的油画，参观者看到的是墙壁和油画的整体，而挂画时画的位置并不受墙壁的制约，可以选择挂在墙壁的任意位置。

AP Div 可以将不同的网页元素进行堆叠显示。将 AP 元素放置到其他 AP 元素的前面或后面，设置不同的 Div 元素透明效果，就可以控制这些元素在合适的时间显示或者隐藏起来。也可以在一个 AP 元素中放置背景图像，然后在该 AP 元素的前面放置另一个包含带有透明背景的文本的 AP 元素。这一点在制作多媒体网页方面很有用处。

子项目 2　插入 AP Div

使用表格可以在网页中实现图文混排，但对于图片和文字的位置无法做到精确定位。下面的操作是在网页中插入 AP 元素，并在 AP 元素中插入图片和文字，由于各 AP 元素的位置可以任意移动，所以 AP 元素中的网页对象也可以出现在网页的任意位置。

首先，在 Dreamweaver 中打开网页文件“dushuxinde.html”，即网页“读书心得”。如图 3.3.1 所示，这是一个空白的网页。

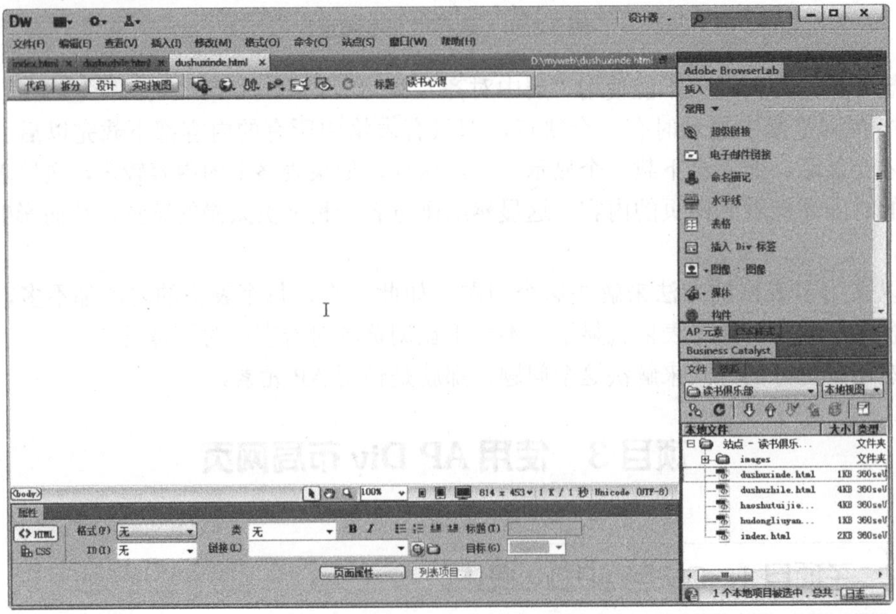

图 3.3.1　网页“dushuxinde.html”

在编辑区域单击鼠标，使光标出现在编辑区中。移动鼠标单击“插入”菜单，选择“布局对象”下的“AP Div”命令，如图 3.3.2 所示。

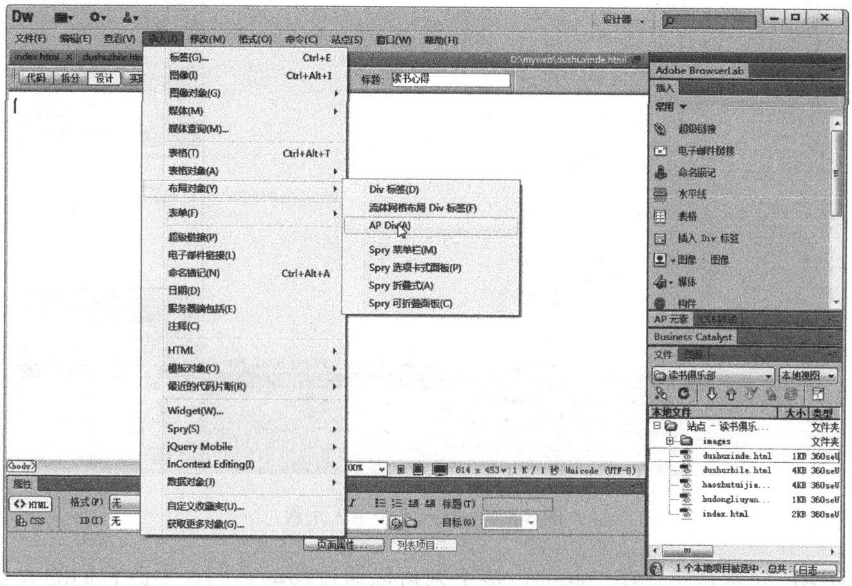

图 3.3.2　单击“AP Div”命令

此时在网页编辑区出现一个区域，如图 3.3.3 所示。

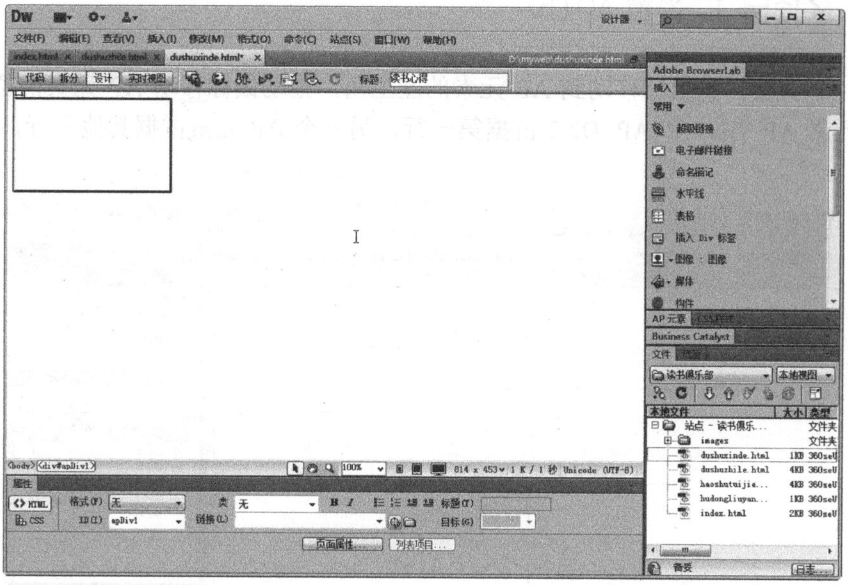

图 3.3.3　插入一个 AP Div

重复上述操作，再次插入 4 个新的 AP 元素区域，注意在插入时光标不要出现在第一个 AP 元素区域中，否则就会形成嵌套。

这样在网页中共插入 5 个 AP 元素。注意，每插入一个新的 AP 元素，在浮动面板的“AP 元素”选项卡中就会增加一个标记，如图 3.3.4 所示。单击该标记可以选中其所对应的 AP 元素。

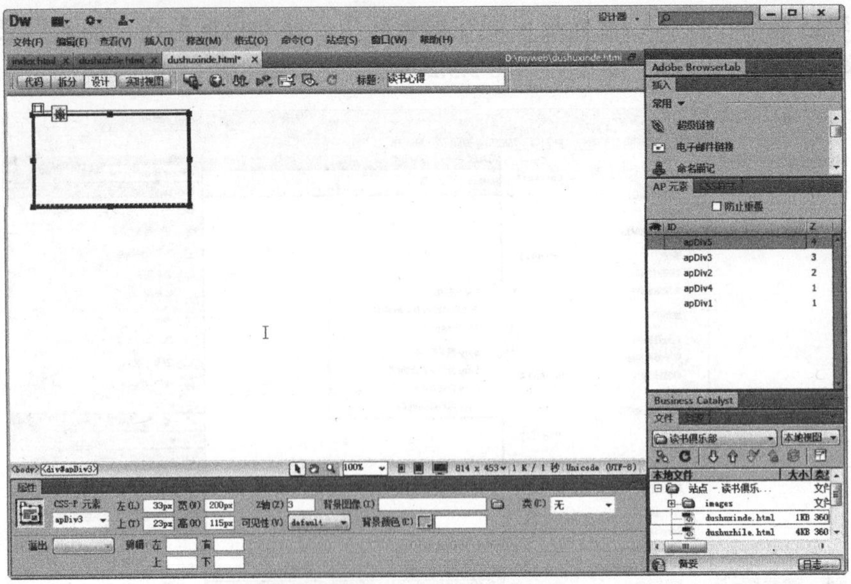

图 3.3.4　插入 5 个 AP 元素

现在的 AP 元素是层叠在一起的，接下来可以通过移动它们、更改它们的大小，实现网页布局表格的效果。

子项目 3　设置 AP Div

选中 AP 元素，将鼠标移动到 AP 元素的左上角，拖动鼠标移动 AP 元素的位置，使得两个 AP 元素 AP Div1 和 AP Div2 占据第一行，另三个 AP 元素占据其他三行，如图 3.3.5 所示。

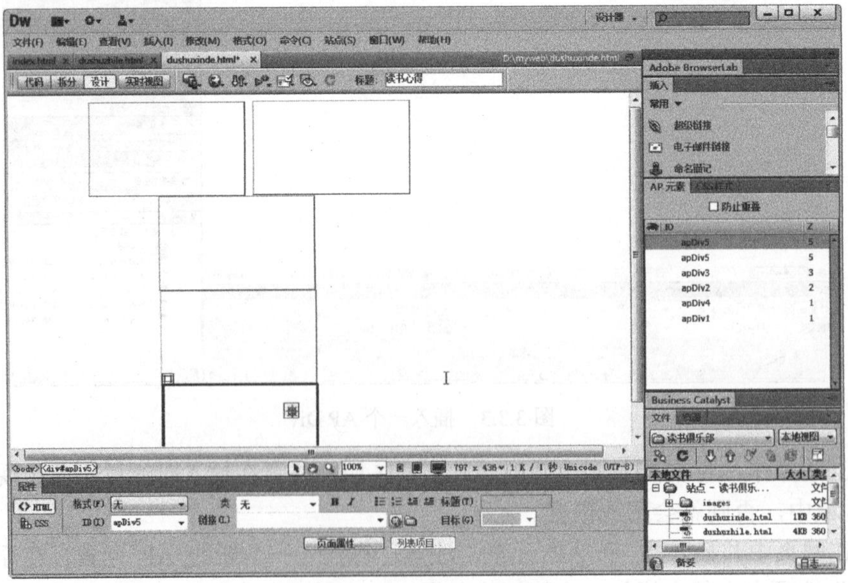

图 3.3.5　移动 AP 元素

选中 AP 元素，单击 AP 元素框线，将鼠标指针移动到框线右下角的▪上，当鼠标指针变成↘时拖动鼠标，更改 AP 元素的大小，如图 3.3.6 所示。

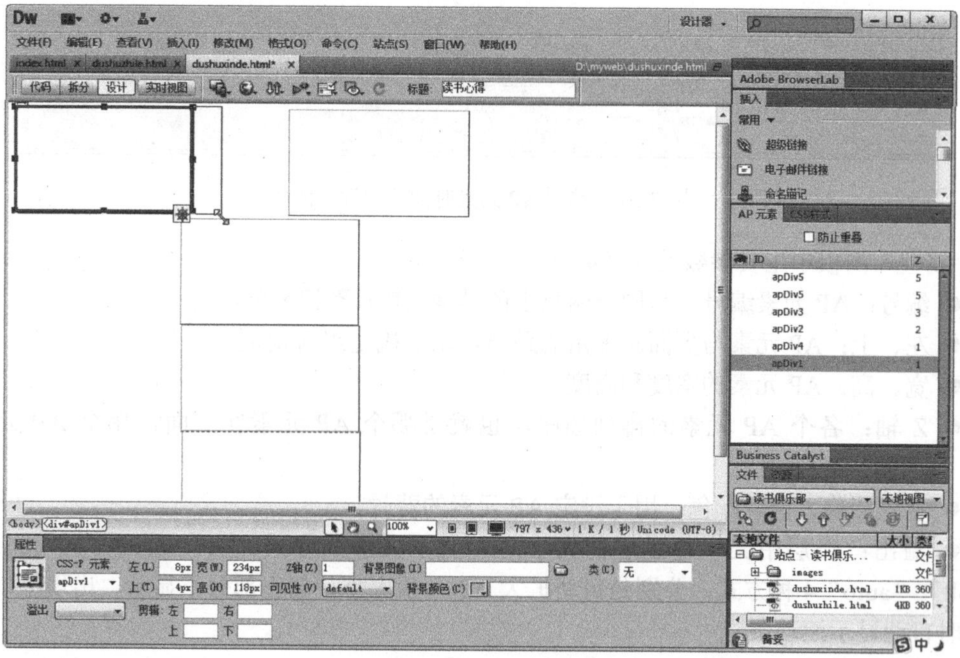

图 3.3.6　更改 AP 元素的大小

按照网页布局草图的样子，更改各个 AP 元素的位置和大小，结果如图 3.3.7 所示。

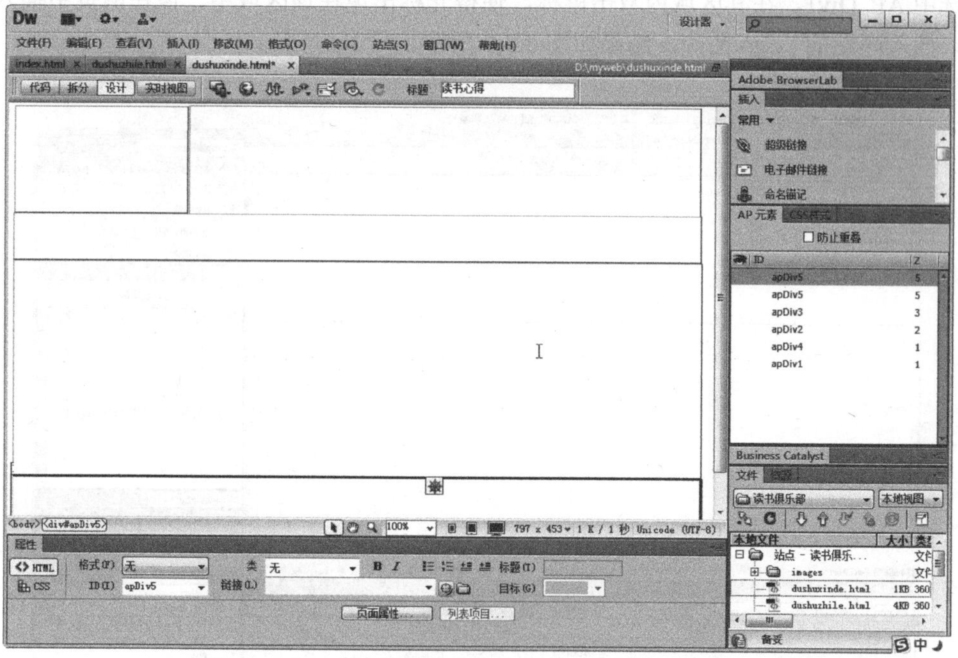

图 3.3.7　更改各个 AP 元素的位置和大小

当选中一个 AP 元素时，右端的 AP 元素选项卡中就突出显示该 AP 元素，同时“属性”面板也变成如图 3.3.8 所示的样子。

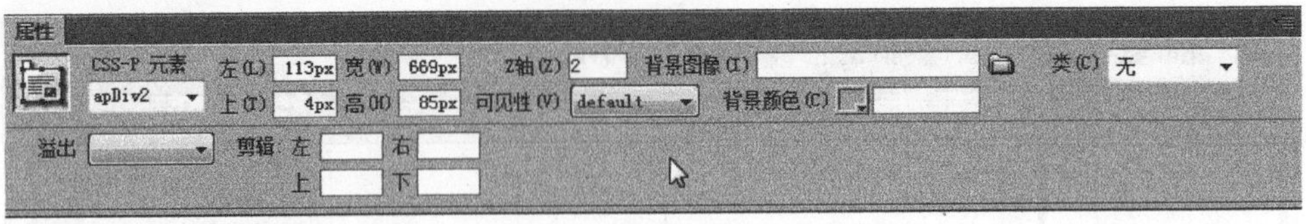

图 3.3.8　选中 AP 元素时的“属性”面板

“属性”面板中主要参数的含义如下。

- 编号：AP 元素编号，与同一网页上的其他 AP 元素相区分。
- 左、上：AP 元素与页面左上角的距离，用于确定绝对定位。
- 宽、高：AP 元素的宽度和高度。
- Z 轴：各个 AP 元素的排列顺序，也就是哪个 AP 元素在上面，哪个 AP 元素在下面。
- 背景图像、背景颜色：用于设定 AP 元素的背景。
- 溢出：当层中文字超过层的大小时，显示文字的方式。有“visible”、“hidden”、“scroll”、“auto” 4 种方式，分别是自动扩大 AP 元素大小、超出部分不显示、出现滚动条、需要时自动显示滚动条。

子项目 4　使用 AP Div 完成网页布局

选中 AP Div1，在其区域内双击鼠标，使得光标出现在该区域中，像在网页中插入图片一样，插入网站的 Logo 图片，结果如图 3.3.9 所示。

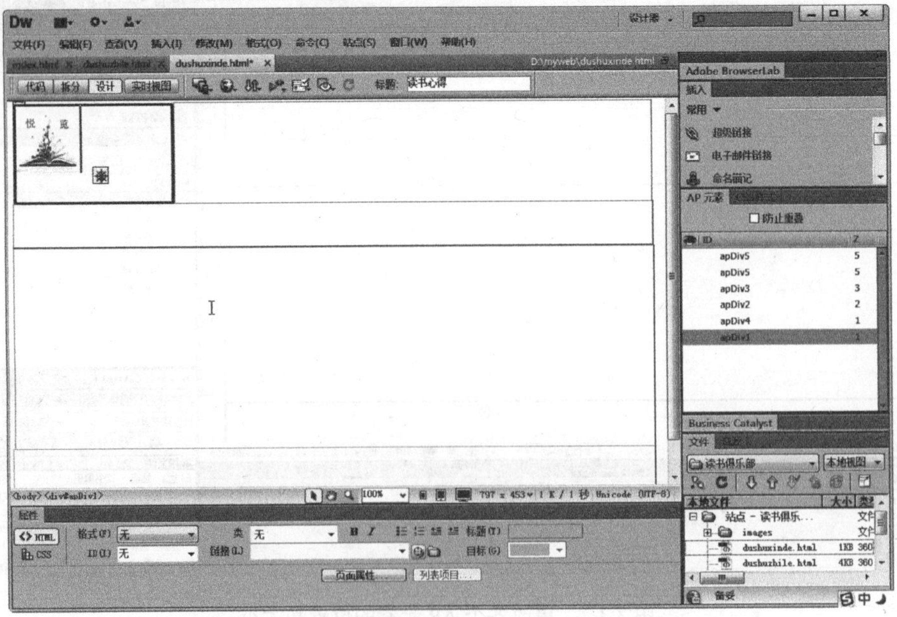

图 3.3.9　在 AP Div1 中插入图片

调整 AP Div1 的大小，使其与图片的大小相当，同时调整其他 AP 元素的位置和大小，结果如图 3.3.10 所示。

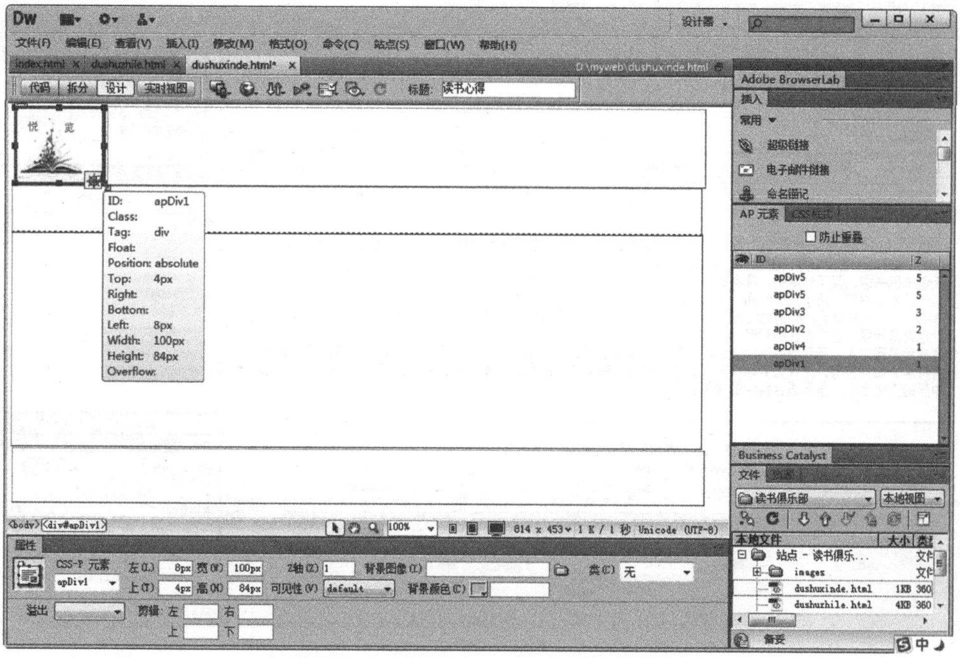

图 3.3.10　调整 AP 元素的位置和大小

再插入一个 1 行 5 列的表格，在表格中输入文字，更改表格框线宽度为 0，更改单元格的对齐方式为居中对齐，　结果如图 3.3.11 所示。

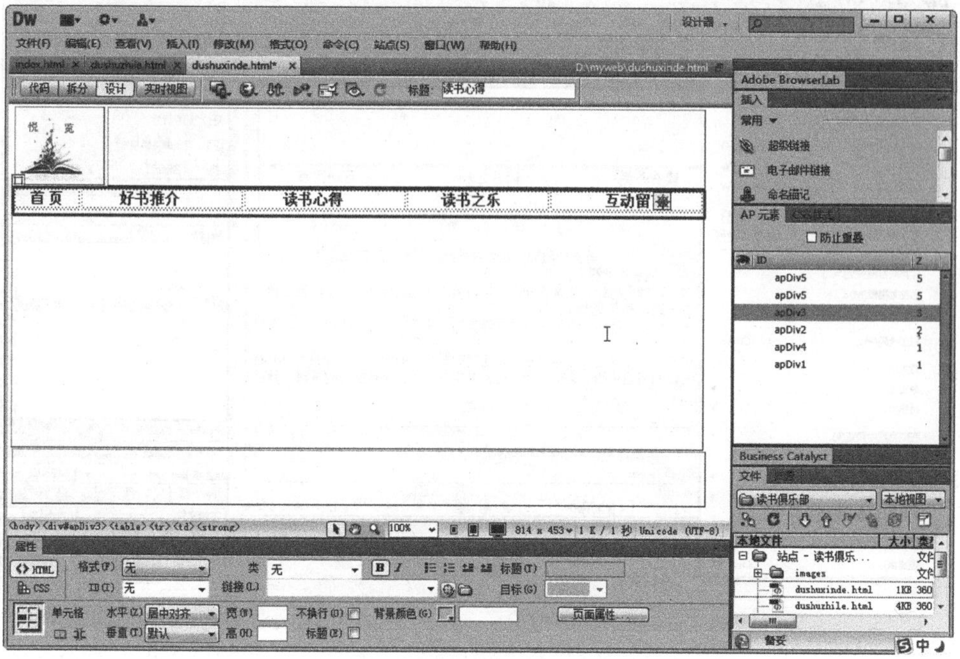

图 3.3.11　插入表格并输入文字

在第三行和第四行的 AP 元素中输入文字，结果如图 3.3.12。

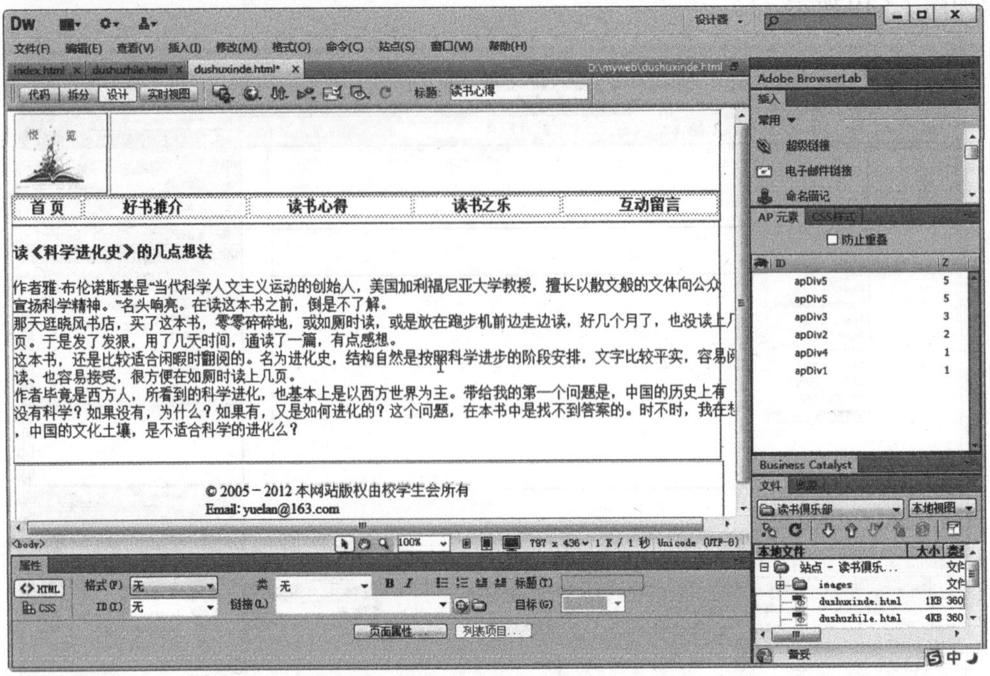

图 3.3.12　在 AP 元素中输入文字

设置网页的背景，然后单击“文件”菜单，在弹出的菜单中选择“保存”命令，将网页文件保存起来，如图 3.3.13 所示。

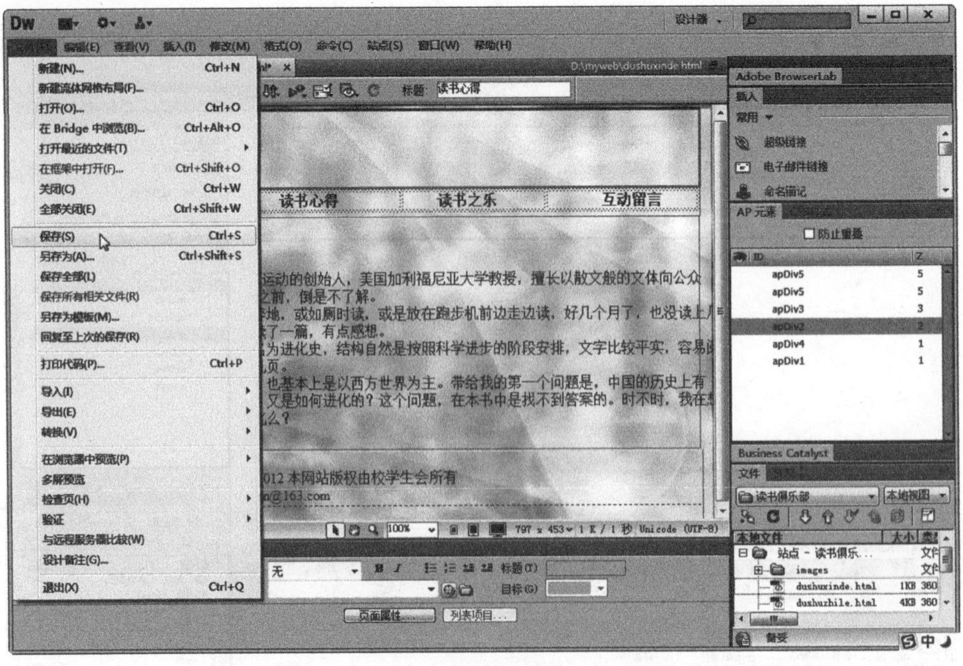

图 3.3.13　保存网页文件

灵活使用 AP 元素和表格，对于网页布局非常重要。在使用时要细细体味，灵活掌握，这样就能做出一个与众不同的网页。

习　题　3

1. 简答题

（1）“中央电视台”的网站与“微软中国”的网站在风格上有什么不同？实际上网去看一看。

（2）主要的网站主页布局有哪些？实际上网观察，举出每种主页布局的实例。

（3）在设计网站主页布局时需要注意哪些方面？

（4）怎样隐藏表格框线？

（5）Div 标签的主要作用是什么？

（6）AP Div 可以包含哪些内容？

（7）为什么在使用表格规划布局时一般采用多表格的形式？

2. 操作题

（1）打开爱护牙齿的网站，参照本章介绍的几种网页布局，选择其中的一种，画出布局草图。

（2）打开网页“index.html”，插入表格，通过设置使表格的样子与布局表格相类似。

（3）在表格的超链接热区文字区域中输入文字，其他区域通过按 Enter 键使表格呈竖的矩形，与布局草图相同。

（4）将表格删除，使用 AP Div 完成同样的效果。

第4章 使用框架

项目1 框架概述

网站由许多网页组成，这些网页中的一些内容经常是相同的。对于网页中重复的内容，如果不想重复制作，可以采用框架来解决这个问题。

子项目1 框架与框架集

框架由单个框架和框架集两部分组成。单个框架是指浏览器窗口中的一个区域，显示的是浏览器窗口中某一部分的内容，与浏览器中的其他内容没有直接关系。而框架集由若干单个框架组成，每个框架显示不同的内容，整个框架集占满整个浏览器的窗口。

一般情况下，我们说的框架指的是单个的框架。

可以这样理解框架：一个框架由几个独立的页面组成，在一般情况下，这些页面只显示全部内容的一部分，可以通过滚动条浏览页面的全部内容。或者可以说，框架实现了在一个窗口中浏览多个页面。

如图 4.1.1 所示是一个框架集的示意图，这个框架集由三个框架组成，顶端的框架是网页的 Banner，下面较窄的框架用于存放导航条，右边的大框架用于显示相应内容。

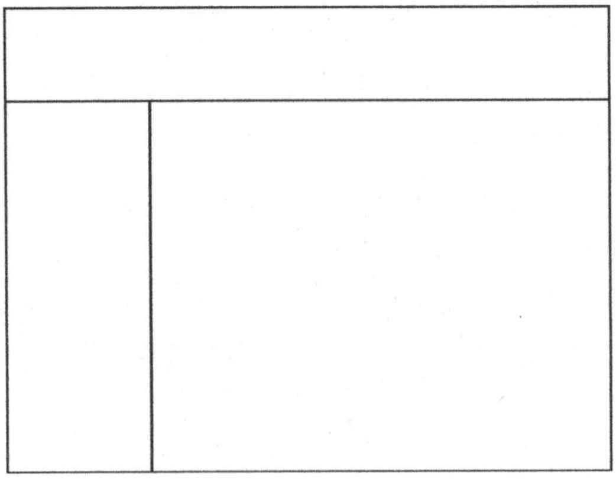

图 4.1.1　框架集示意图

提供电子邮件服务的网页就采用了这种框架结构，如图 4.1.2 所示。当我们浏览不同的电子邮件时，网页的顶端和左端不发生变化，如图 4.1.3 所示。

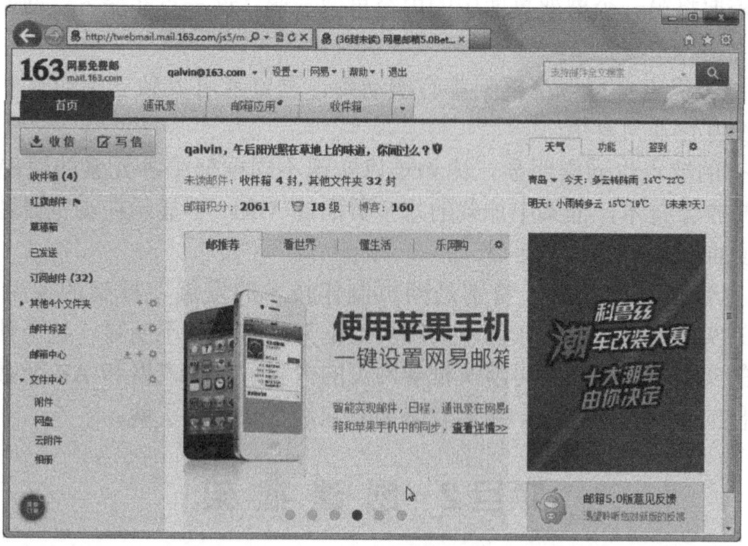

图 4.1.2　网易的免费邮箱界面

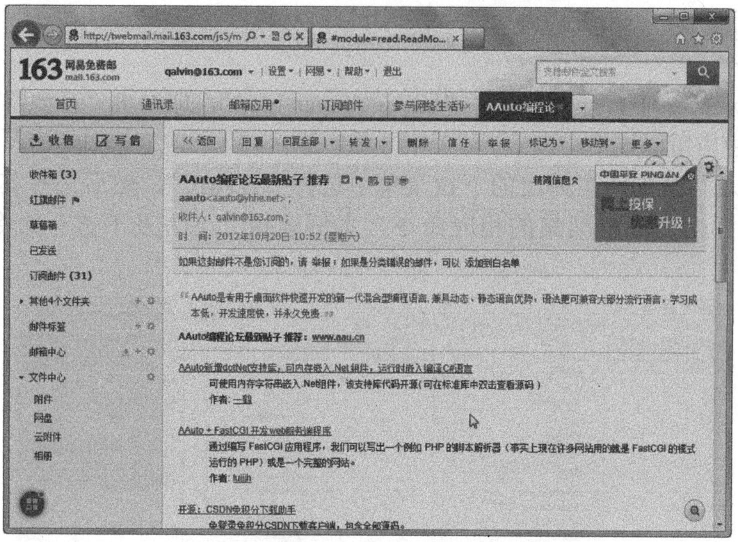

图 4.1.3　只有一个框架的内容发生变化

子项目 2　框架的优缺点

在学习表格时，我们知道用一个大的表格来规划网页，往往造成网页显示的速度比较慢。采用框架可以在一定程度上解决这个问题，它将页面分割为两个或两个以上的部分，各部分分别独立下载到本地计算机上并显示出来。这几个部分既相互独立，又可以相互链接，每一部分的显示速度不受其他页面的制约，这使得页面更加生动。

特别是，当我们打开网站内的超链接时，常常只需要更新一部分内容，而不必将整个页面的内容都重新下载一遍，这无疑极大地节省了时间。

框架的一个优点是，当在一个框架页面中单击超链接时，可以在另一个框架页面中显示内容，而不需要将第一个框架页面中的内容再做一遍。这一点在服务性网站的页面中非常有用。

框架的另一个优点是每一个框架都有滚动条，浏览者可以独立滚动每一个框架，这对于整个网页的交互性非常有用。

但框架具有的缺点也同样明显，比如难以实现不同框架中各元素的精确图形对齐，有的浏览器不支持框架技术，框架中加载的每个页面的 URL 不显示在浏览器地址栏中，浏览者很难将特定页面设为书签，等等。

目前随着宽带技术的使用，特别是网页制作技术的发展，框架的使用频率已经在变小。对于本书的实例这样内容比较简单的网页，框架的作用并不明显，甚至使网页布局变得麻烦。在后面的实例中，本书不再涉及框架网页的内容，采用表格和 AP 元素来布局网页。但作为网页制作的一项重要技术，我们有必要对它进行一定的了解。

项目2 创建框架

子项目1 插入框架

在 Dreamweaver 中打开网页文件“hudongliuyan.html”，即网页“互动留言”。下面在这个空白的网页中应用框架集。

单击“插入”菜单，在弹出的下拉菜单中选择“HTML”，然后选择其下一级菜单的“框架”，这时弹出多种框架集的相应命令，本例选择“上方及下方”命令，如图 4.2.1 所示。

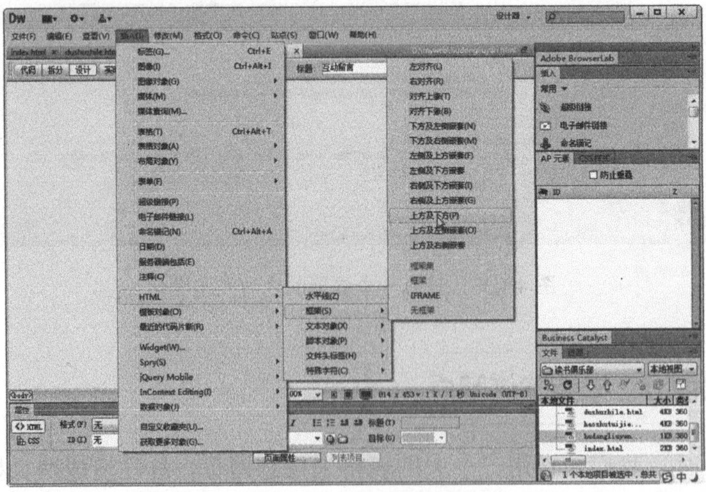

图 4.2.1 选择“上方及下方”命令

这时网页被分为三个区域，同时弹出如图 4.2.2 所示的“框架标签辅助功能属性”对话框。该对话框要求为每一个框架指定一个标题，可以看到系统默认的主题为“bottom-

Frame”，也就是底部框架的意思。可以更改框架标题，也可以采用默认值。单击“确定”按钮，该对话框被关闭。

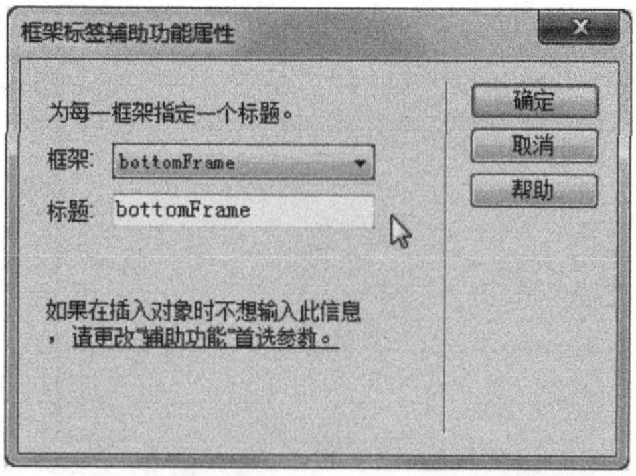

图 4.2.2 “框架标签辅助功能属性”对话框

如图 4.2.3 所示，网页被分为三部分。此时网页文件名的位置显示的是“Untitled Frameset-1”，这不是网页的文件名，是整个框架集的默认名。

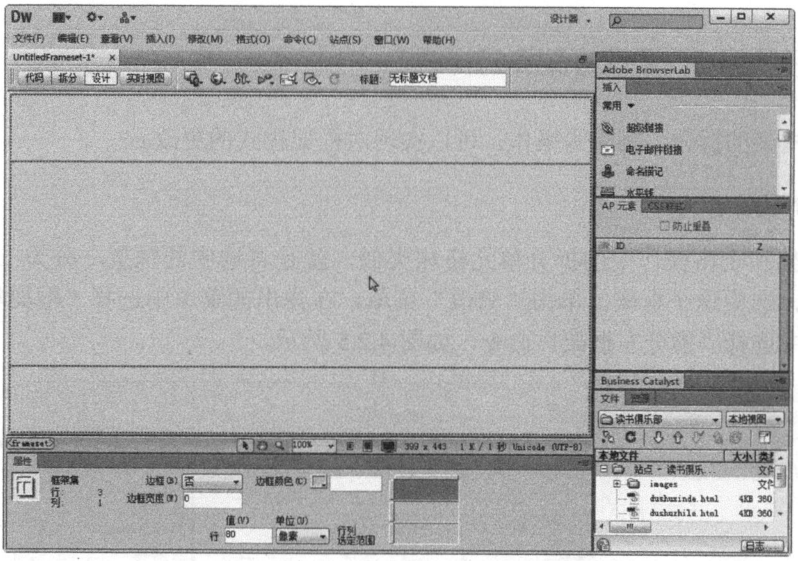

图 4.2.3　网页被分为三部分

在顶端区域中单击，可以发现网页名字变为“UntitledFrame-2”；而在网页下端单击，显示的网页名字为“UntitledFrame-3”；在中间那个大的区域单击，网页名字为“hudongliuyan.html”。

每一部分都有独立的名字，这就是使用框架与使用表格和 AP 元素布局网页的本质不同。

子项目 2　调整框架的大小

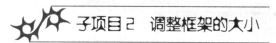

改变框架的大小是一件非常容易的事，只需将鼠标指针移至框架的分界处，当鼠标指针显示发生变化时，将其拖至适宜的位置即可，如图 4.2.4 所示。

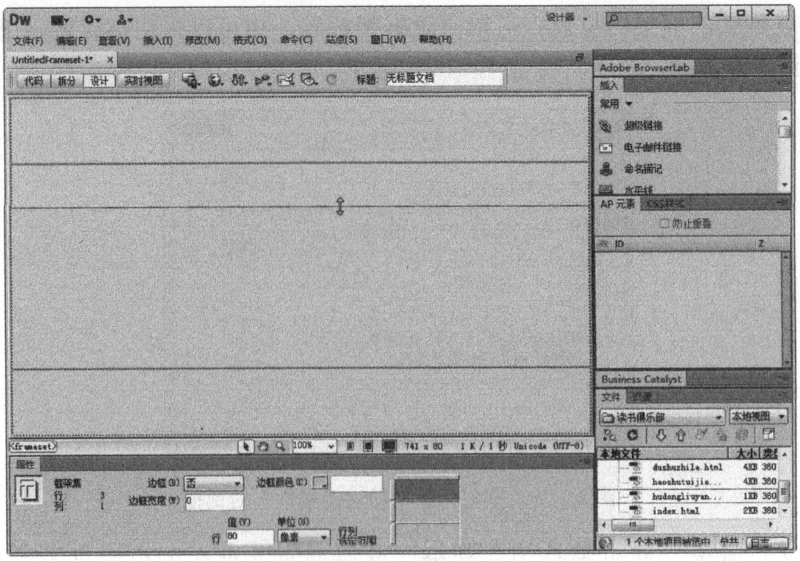

图 4.2.4　拖动鼠标更改框架大小

子项目 3　更改框架集的样式

通过对框架的拆分、删除等操作，可以实现对框架样式的更改。

1．拆分框架

拆分框架和表格操作中的拆分单元格相类似，就是将选中的框架一分为二。在中间的框架中单击，选中这个框架。单击“修改”菜单，在弹出的菜单中选择“框架集”，然后在下一级菜单中选择“拆分左框架”命令，如图 4.2.5 所示。

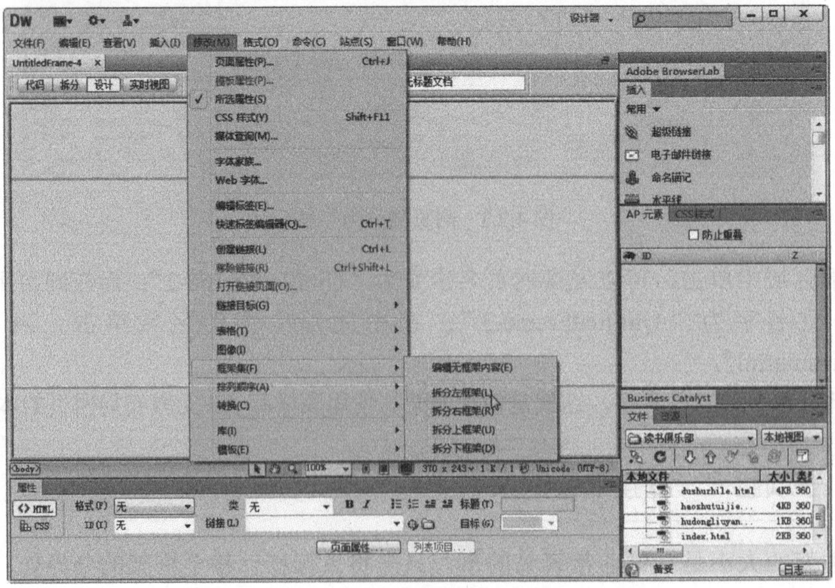

图 4.2.5　“拆分左框架”命令

“拆分左框架”的含义是拆分后原框架在新生成的框架左侧，“拆分右框架”的含义是拆分后原框架在新生成的框架右侧，“拆分上框架”的含义是拆分后原框架在新生成的框架上面，“拆分下框架”的含义是拆分后原框架在新生成的框架下面。如图 4.2.6 所示，中间的框架被一分为二。

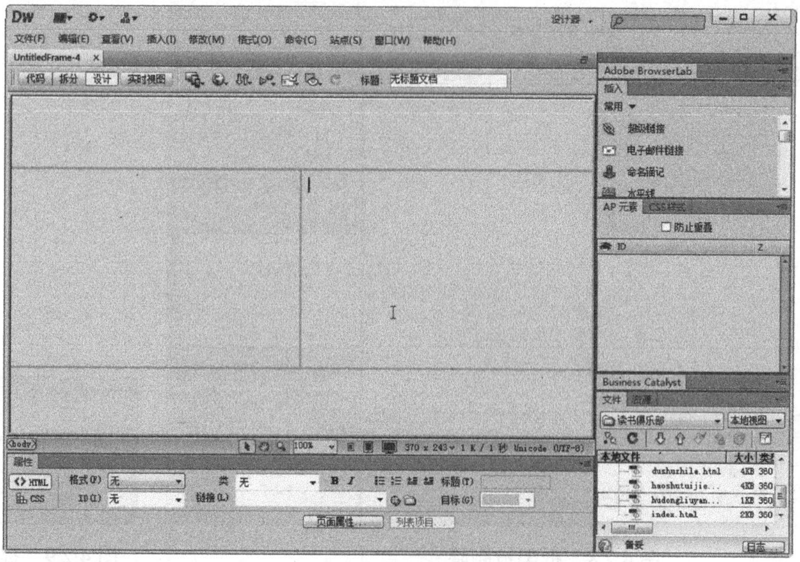

图 4.2.6　框架被一分为二

2. 删除框架

删除框架的操作和表格操作中的合并单元格相类似，下面的操作是将中间右边的框架删除，恢复拆分框架前的样子。

单击选中要删除的框架，此时是没有光标的。将鼠标指针移动到框线上，当鼠标指针变成双向箭头时，拖动鼠标到最左端，如图 4.2.7 所示。

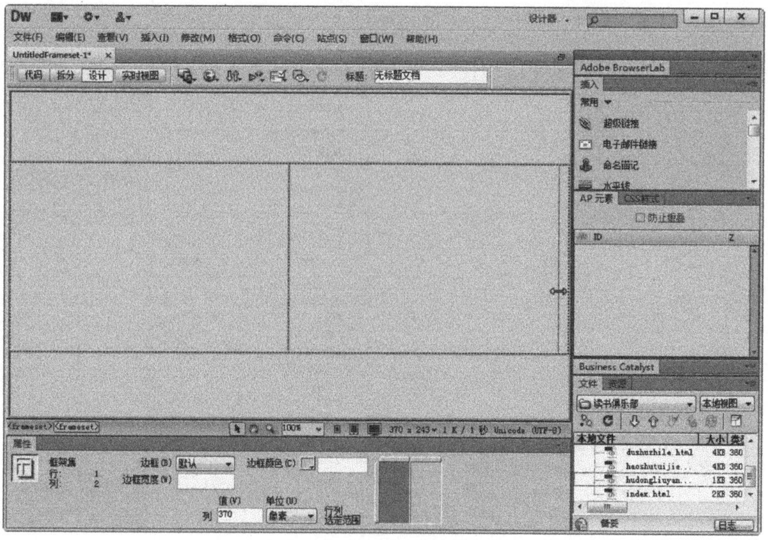

图 4.2.7　拖动框架框线到最左端

松开鼠标，会发现刚才拆分的框架被删除，如图 4.2.8 所示。

注意，拖动框线时，哪个框架的面积逐渐变小，该框架就被删除。如果拖动错了方向，会弹出如图 4.2.9 所示的提示对话框，若选择“是”，则原来的框架文件被删除，框架的内容也被删除。

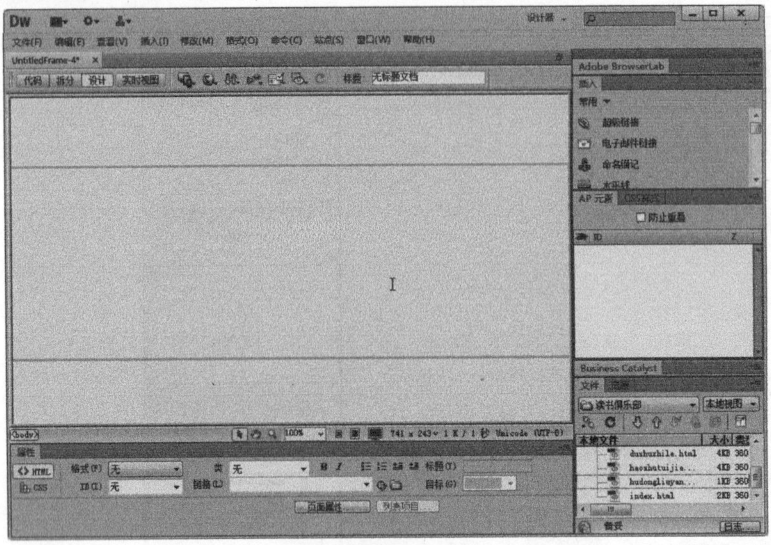

图 4.2.8　框架被删除

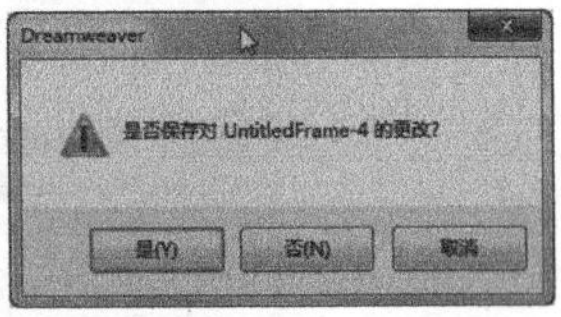

图 4.2.9　提示对话框

子项目 4　设置框架和框架集的属性

框架和框架集的属性都可以在“属性”面板中进行设置，在选中框架或框架集时，“属性”面板的相应内容会有所不同。由于在编辑区选择框架集比较困难，因此在设置前最好先显示“框架”面板的内容。

单击“窗口”菜单，在下拉菜单中选择“框架”命令，如图 4.2.10 所示。

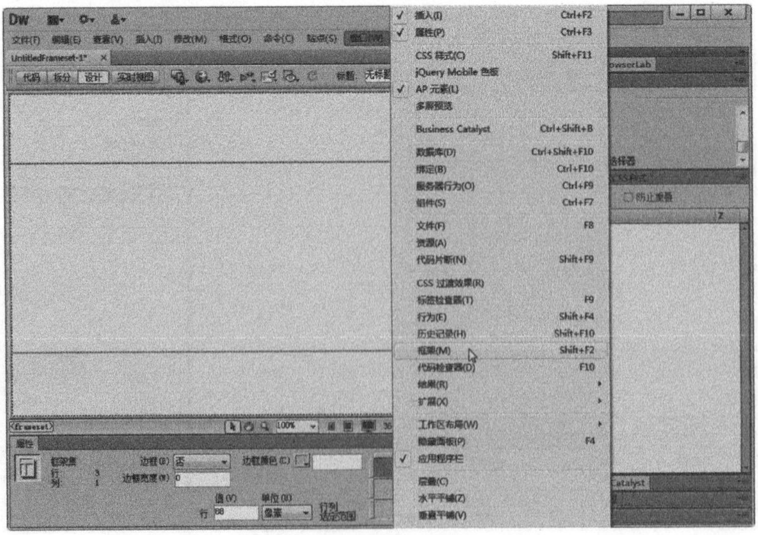

图 4.2.10　选择“框架”命令

此时，在窗口右边出现如图 4.2.11 所示的“框架”面板。

在“框架”面板中，单击最外面一层的框线，此时窗口底部显示关于框架集的“属性”面板，如图 4.2.12 所示。

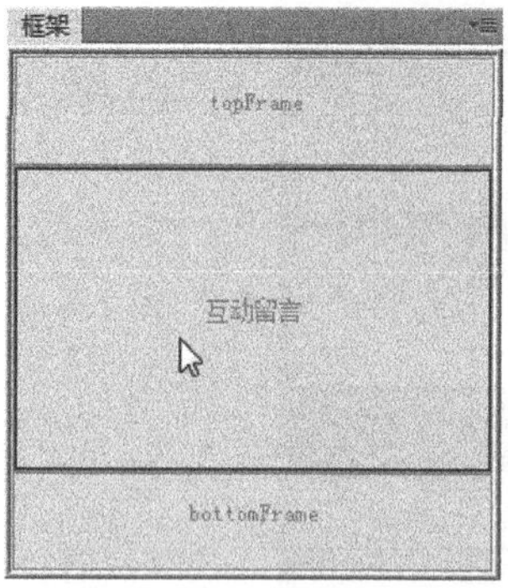

图 4.2.11 “框架”面板

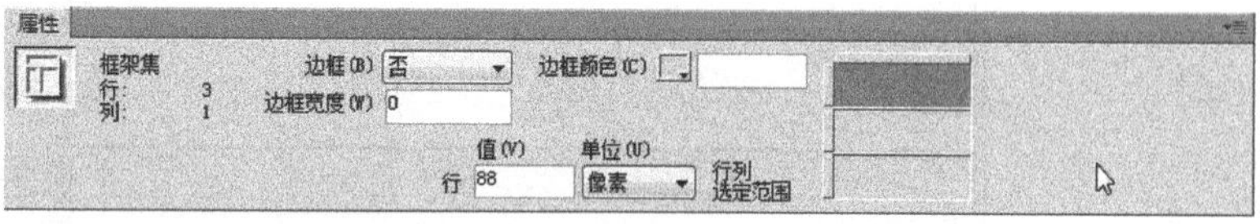

图 4.2.12 框架集“属性”面板

在面板中，可以设置是否显示框架集的边框，以及边框的颜色等。默认情况下边框的宽度是 0，也就是说框架集的框线是不显示的，如果将框线的宽度改为 1，结果如图 4.2.13 所示。

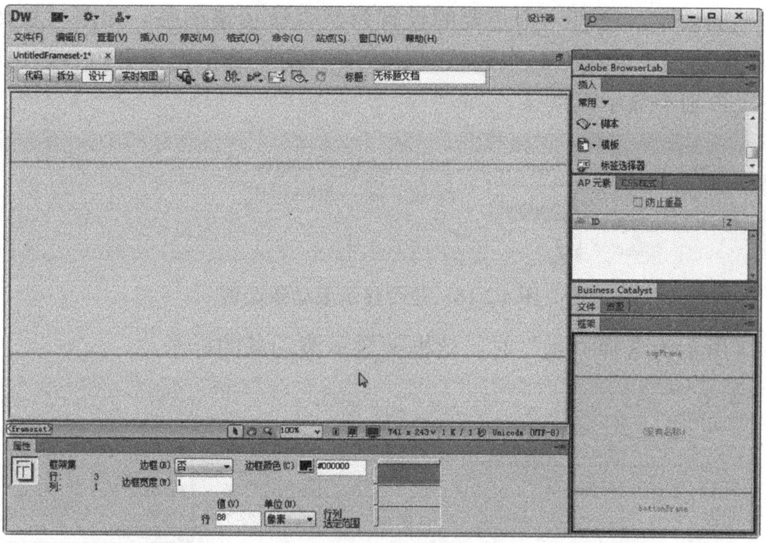

图 4.2.13 框架集框线宽度设置为 1 的效果

在框架面板中，单击中间的一个框架，此时窗口底部的“属性”面板显示关于这个框架的相关内容，如图 4.2.14 所示。

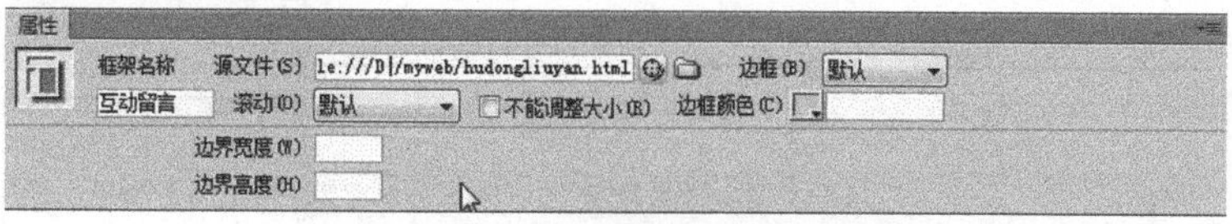

图 4.2.14 框架“属性”面板

在“属性”面板中，可以设置框架的名称、显示内容的源文件，以及是否显示框架的边框、边框的颜色，等等。

在默认情况下，框架的框线是隐藏的，也就是说在浏览器中是根本看不到框架存在的。在“属性”面板中，更改“边框”为“是”，结果如图 4.2.15 所示。

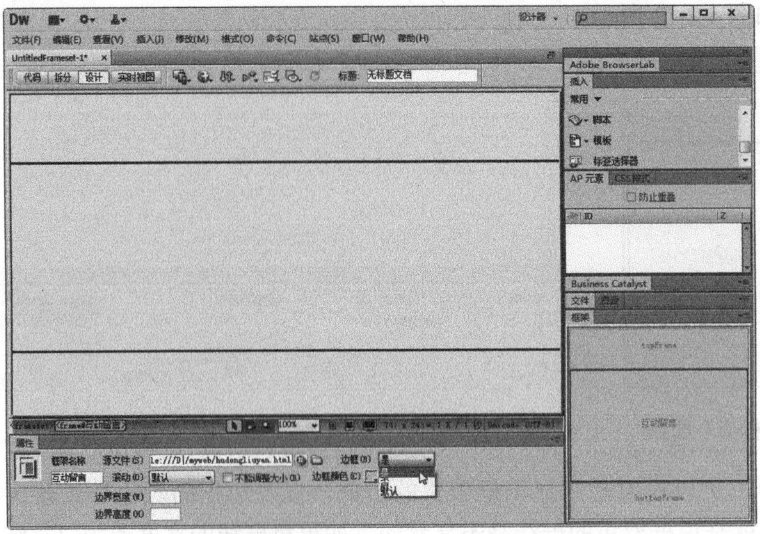

图 4.2.15　更改“边框”为“是”的效果

在“属性”面板中，还有一个重要的设置为是否显示滚动条。如图 4.2.16 所示，共有“是”、“否”、“自动”、“默认”4 个选项。其中“自动”是指当网页内容超出框架范围时自动显示滚动条，否则不显示滚动条。

图 4.2.16　是否显示滚动条选项

如图 4.2.17 所示为选择“是”时，该框架显示滚动条的样子。

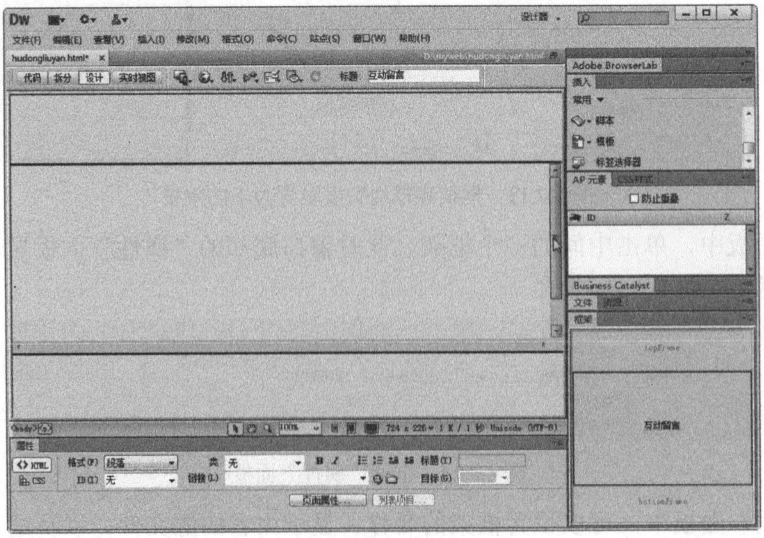

图 4.2.17　中间的框架显示出了滚动条

做一做

将下面一个框架的滚动设置为“自动”，观察是否出现滚动条，然后在该框架中单击，并多次按 Enter 键，直到出现滚动条为止。

子项目 5　保存框架

如图 4.2.18 所示，在框架集的各个框架中输入文字、插入图片，并设置网页的背景，然后对该框架及框架集进行保存。

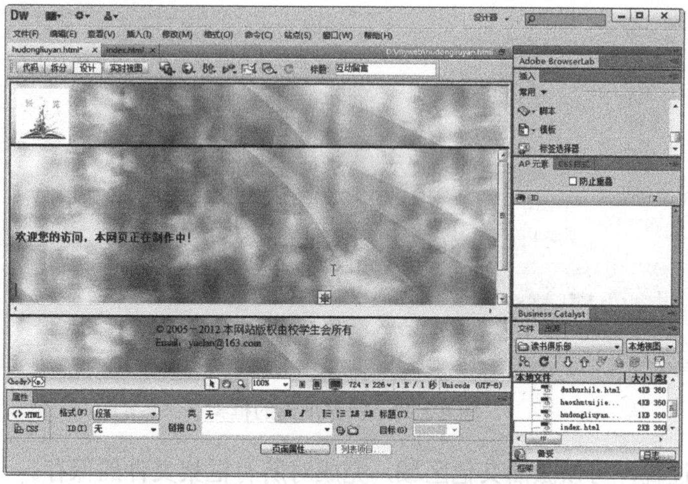

图 4.2.18　输入文字等内容后的框架集

保存框架与保存网页不同，Dreamweaver 为每一个框架和整个框架集各提供一个“保存”对话框。也就是说，有 *N* 个框架，就有 *N*+1 个“另存为”对话框。

单击菜单栏上的“文件”，可以发现“文件”菜单下的“保存”命令变成了“保存框架”和“框架另存为”等命令。单击“保存框架”命令，如图 4.2.19 所示，可以保存当前光标所在的框架。

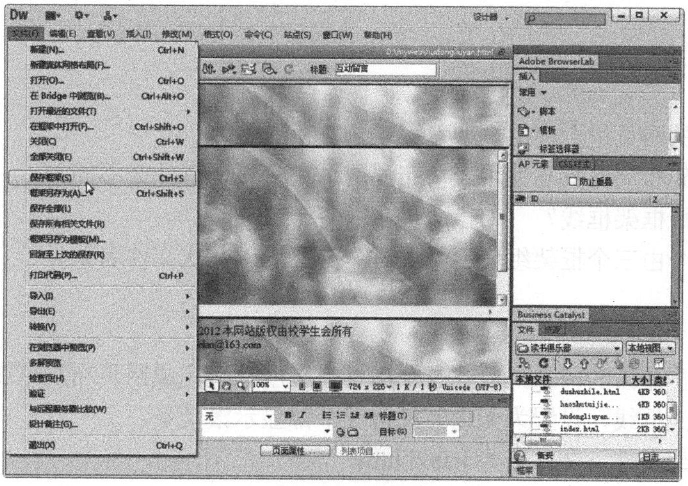

图 4.2.19　单击“保存框架”命令

在如图 4.2.20 所示的对话框中，可以发现默认的文件名是“UntitledFrame-2”，这是因为当前光标在网页的顶端区域中，“UntitledFrame-2”是顶部框架文件的默认文件名。输入新的文件名，单击“保存”按钮，完成对该框架文件的保存。

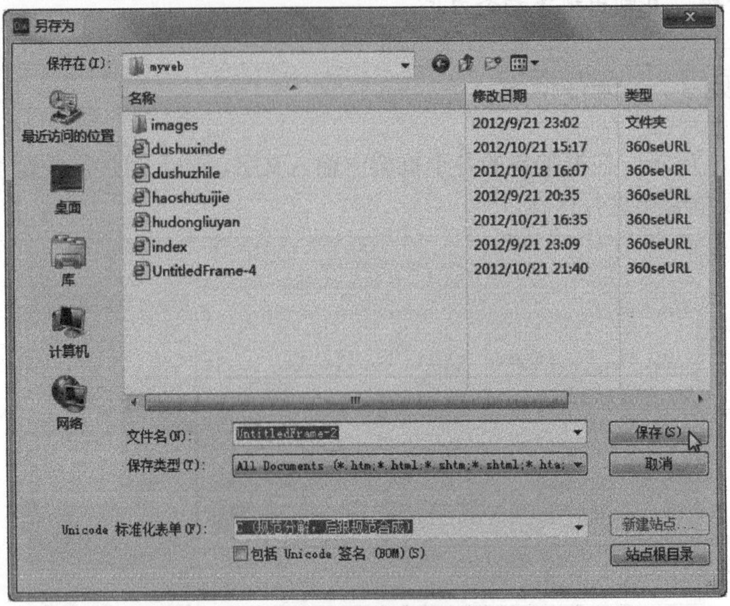

图 4.2.20　保存顶部的框架

改变光标的位置，可以激活其他区域，完成对所有框架文件的保存。

如果觉得这样保存太麻烦，可以选择“文件”菜单下的“保存全部”命令，它会依次提示用户将每一个没有保存的框架文件予以保存。

注意：虽然窗口被分为三部分，但却要保存四次，因为除了三个框架页面需要保存，整个框架集也需要保存。

习　题　4

1. 简答题

（1）什么样的网页适合使用框架？

（2）使用框架布局网页与使用表格布局网页在实质上有什么不同？

（3）怎样隐藏框架框线？

（4）保存一个由三个框架组成的网页时，需要输入几次文件名？

2. 操作题

（1）打开爱护牙齿的网站，新建一个网页，应用框架完成网页布局草图的样子。

（2）隐藏框架框线，设置为无论何种情况下都显示滚动条。

（3）保存框架文件，文件名为 lianxi.html。

第5章

使用超链接

WWW 浏览之所以如此流行，一个重要的原因是超链接这一概念的存在。超链接允许我们从自己的页面出发直接指向 Internet 上存在的任何一个其他页面，或者说，在一台计算机上可以打开 Internet 上成千上万的网页文件。

根据链接的范围，超链接可以分为内部超链接、外部超链接和锚记超链接。内部超链接是指打开的超链接对象在本网站内；外部超链接是指打开的超链接对象在 WWW 的其他网站中；而锚记超链接可以链接到同一网页中的不同位置，类似于书签。根据建立超链接的不同对象，超链接又可以分为文本超链接和图片超链接。

项目1　创建文本超链接

子项目1　创建网站内文本超链接

在创建超链接之前，先要完成各个网页的基本内容，通过前面几章的学习，特别是针对本书实例网站简单的特点，放弃使用框架，采用表格和 AP 元素布局，最终结果如图 5.1.1～图 5.1.5 所示。

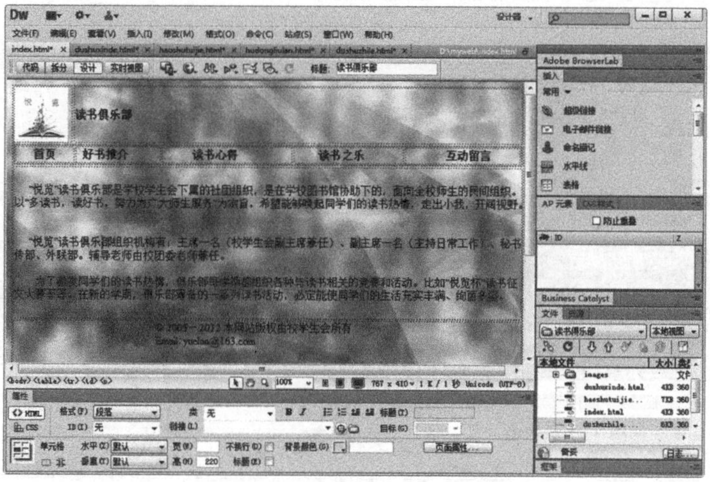

图 5.1.1　网页“index.html”

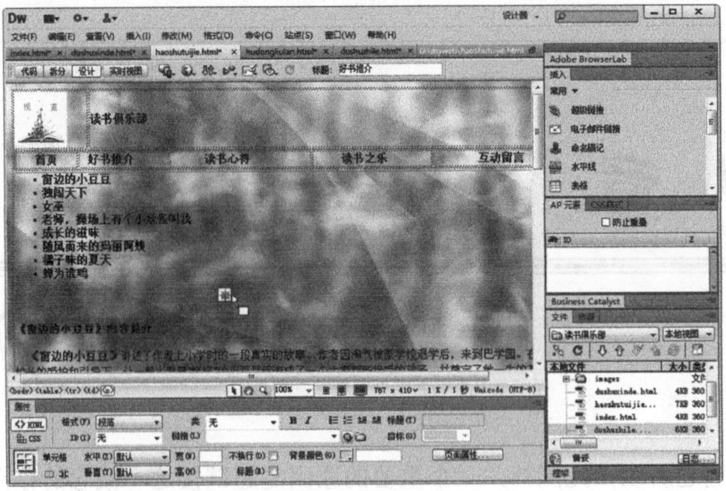

图 5.1.2　网页“haoshutuijie.html”

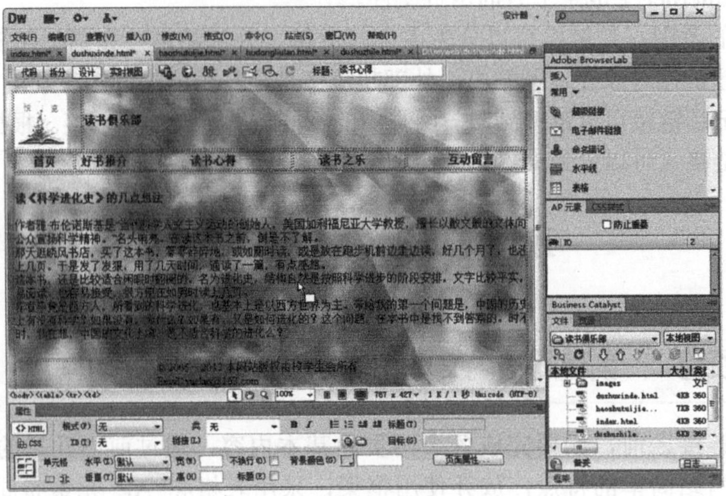

图 5.1.3　网页“dushuxinde.html”

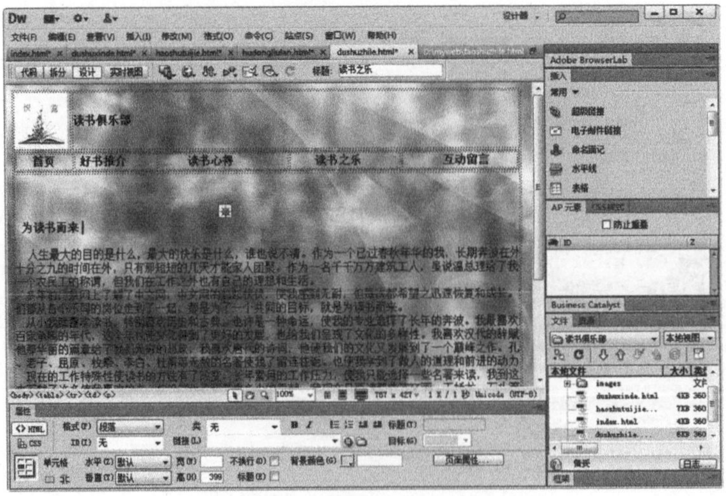

图 5.1.4　网页“dushuzhile.html”

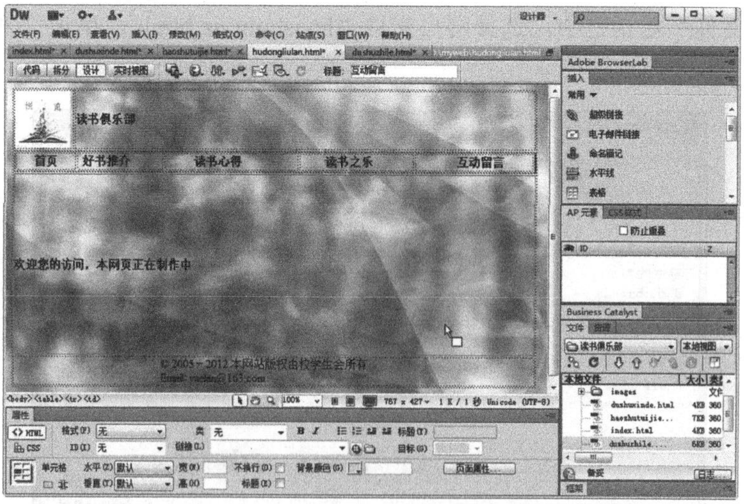

图 5.1.5　网页“hudongliuyan.html”

我们在浏览网页的时候，特别是使用手机上网或者浏览网络小说时，常常会看到一些蓝色带下画线的文字，将鼠标指针移动到这些文字上时，鼠标指针变成手形，单击鼠标会打开另一个网页。这个链接就是一个文本超链接，带下画线的文字称为热区文本。

创建文本超链接的一项重要工作是选择合适的热区文本。下面看一下如何选择热区文本，并设置超链接。

首先在网页“index.html”中选取“好书推介”这几个字，将其作为建立超链接的热区文本。单击“属性”面板中的“浏览文件”按钮，如图 5.1.6 所示，打开“选择文件”对话框。

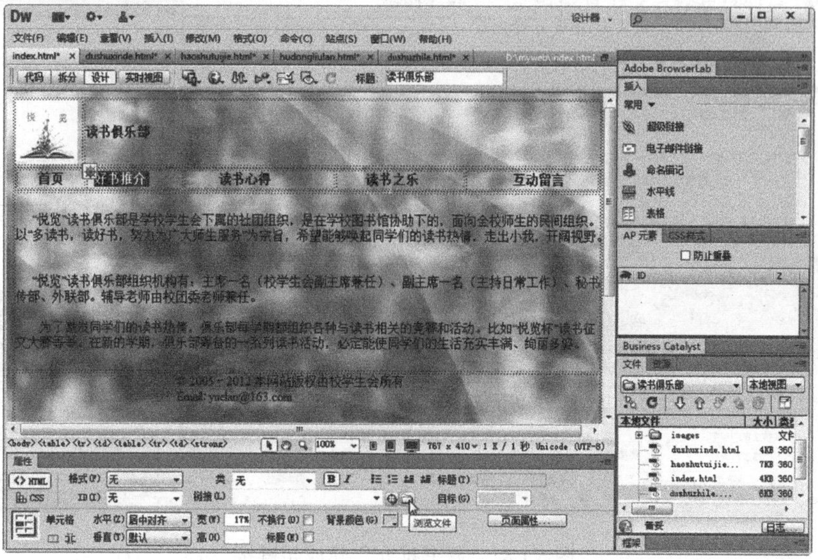

图 5.1.6　单击“浏览文件”按钮

注意，如果“属性”面板没有打开，可以使用三种方法将它打开：① 单击窗口底部的按钮；② 单击“窗口”菜单，在打开的下拉菜单中选择“属性”；③ 使用组合键 Ctrl+F3。

在“选择文件”对话框中，选择网页文件“haoshutuijie.html”，单击“确定”按钮，如图 5.1.7 所示。

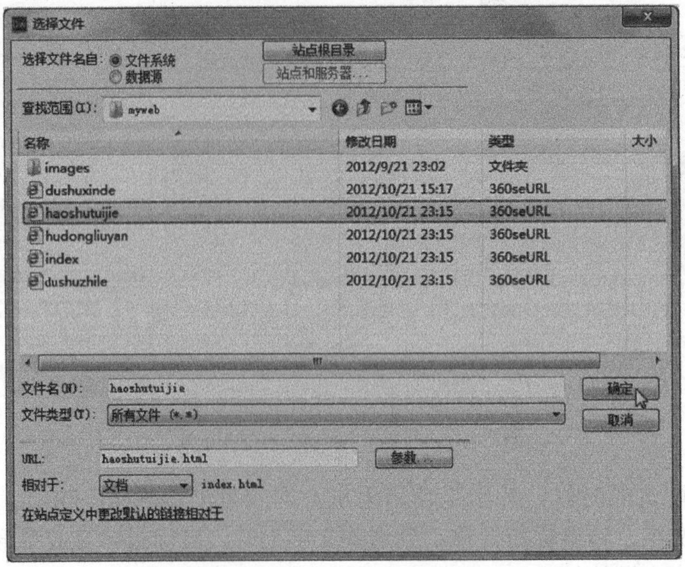

图 5.1.7　选择网页文件“haoshutuijie.html”

在编辑区域任意位置单击，取消热区文本的选取。可以发现“好书推介”几个字变成蓝色，并出现下画线，如图 5.1.8 所示。

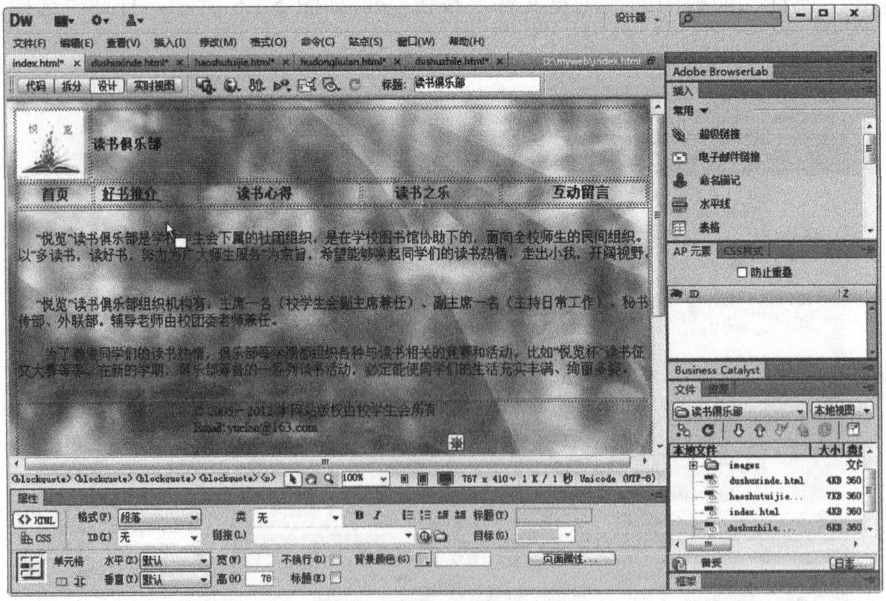

图 5.1.8　“好书推介”建成超链接

除了使用上面的方法以外，还可以使用拖曳的方法。选中热区文本“读书心得”，在“属性”面板中单击锚记标记，拖曳到右面“文件”面板中的网页“dushuxinde.html”上，松开鼠标，即完成超链接的建立，如图 5.1.9 所示。

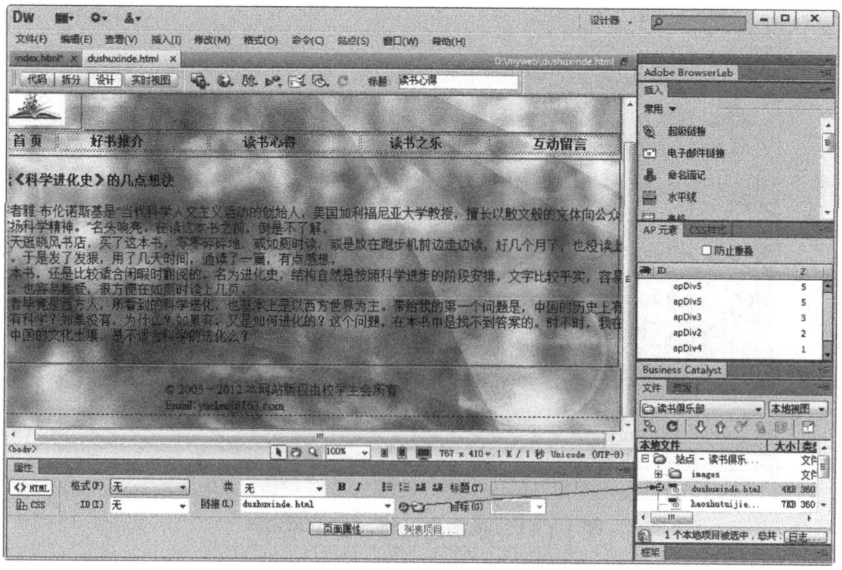

图 5.1.9　通过拖曳建立超链接

做一做

采用上面介绍的任何一种方法，为“淘书之乐”和“互动留言”建立超链接。

单击菜单栏上的“文件”，弹出“文件”菜单，单击“保存”命令保存网页。然后再次打开“文件”菜单，移动鼠标指针到“在浏览器中预览”上，在弹出的下一级子菜单中单击“IExplore”，如图 5.1.10 所示，将网页在浏览器中打开。

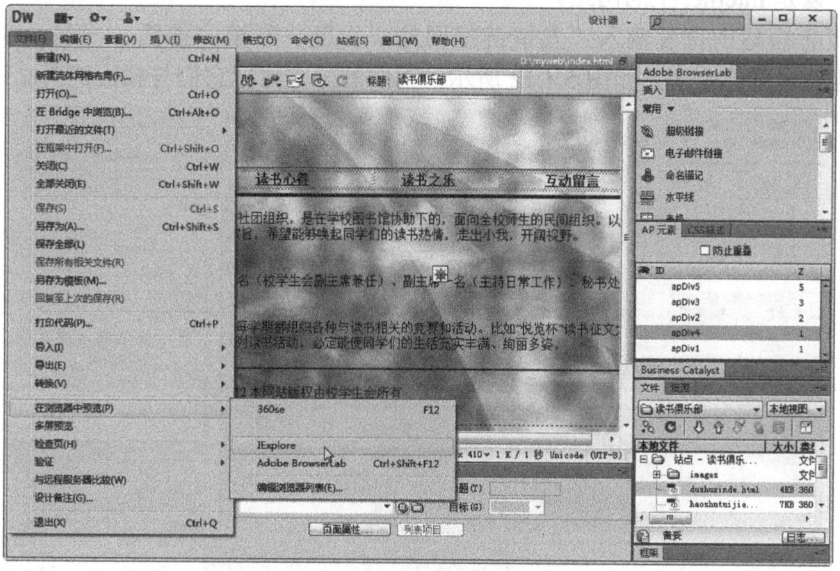

图 5.1.10　“文件”菜单

移动鼠标到“好书推介”上，鼠标指针变成手形，如图 5.1.11 所示。单击鼠标，网页“haoshutuijie.html”被打开。

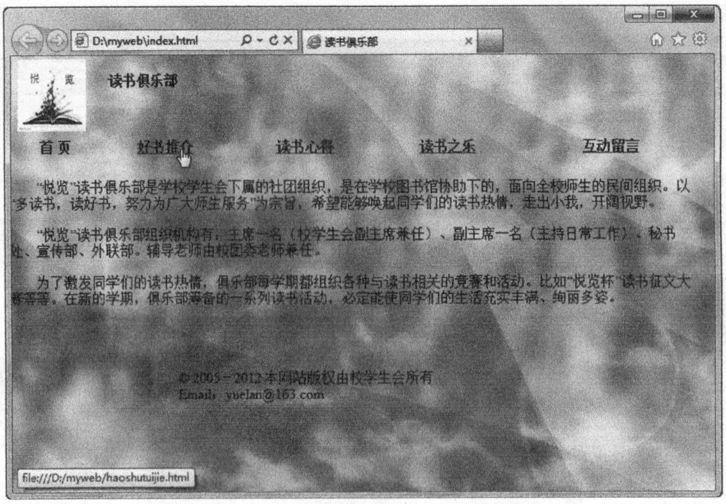

图 5.1.11　单击超链接"好书推介"

做一做

打开其他 4 个网页，为这些网页上的超文本文字建立超链接。然后保存网页，在浏览器中预览网页，验证网页的效果。

子项目 2　创建网站外文本超链接

除了可以将主页上的文字与网站中的网页链接起来以外，还可以与网站外的文件链接，甚至可以是 Internet 上的网站。

在主页上合适的位置输入"友情链接网站：百度、新浪、搜狐、网易、凤凰网、腾讯、中央电视台"几个字，如图 5.1.12 所示，下面的操作将把它们与相应的网站链接起来。

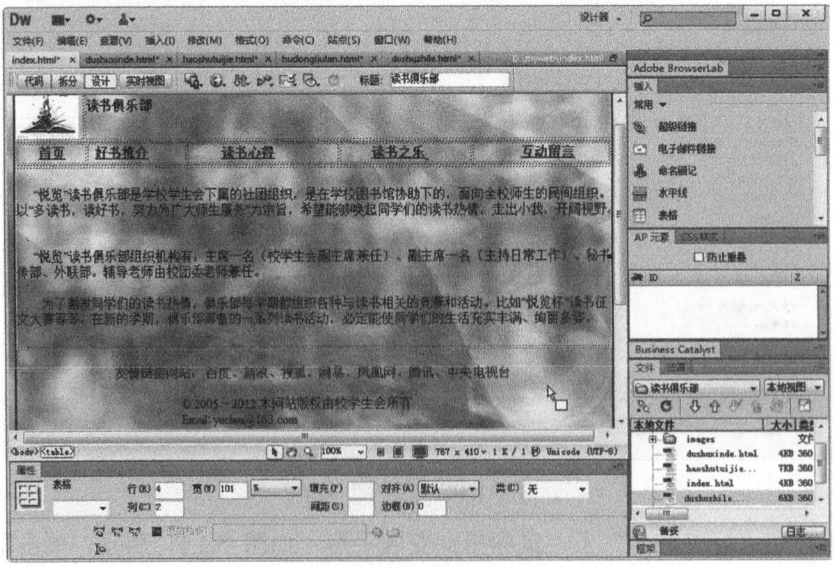

图 5.1.12　输入友情链接网站

首先选中“百度”两个字，然后在“属性”面板的“链接”栏中输入百度的 Internet 地址“http://www.baidu.com”，如图 5.1.13 所示。

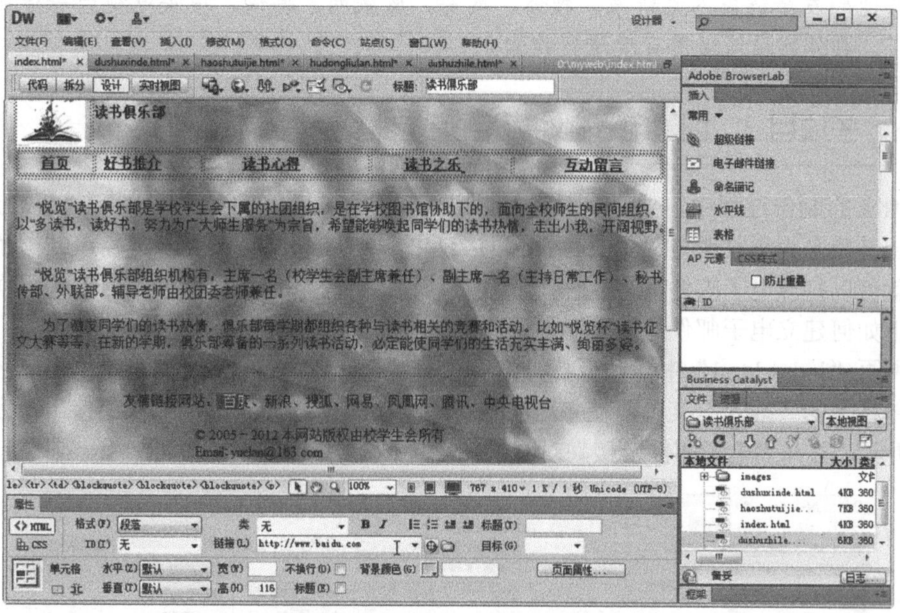

图 5.1.13　在“属性”面板中输入百度的网址

保存网页后，在浏览器中将网页打开。将鼠标指针移动到“百度”两个字上，可以看到鼠标指针变成手形，如图 5.1.14 所示，单击，如果已经连接到 Internet 上，则百度的主页会被打开。

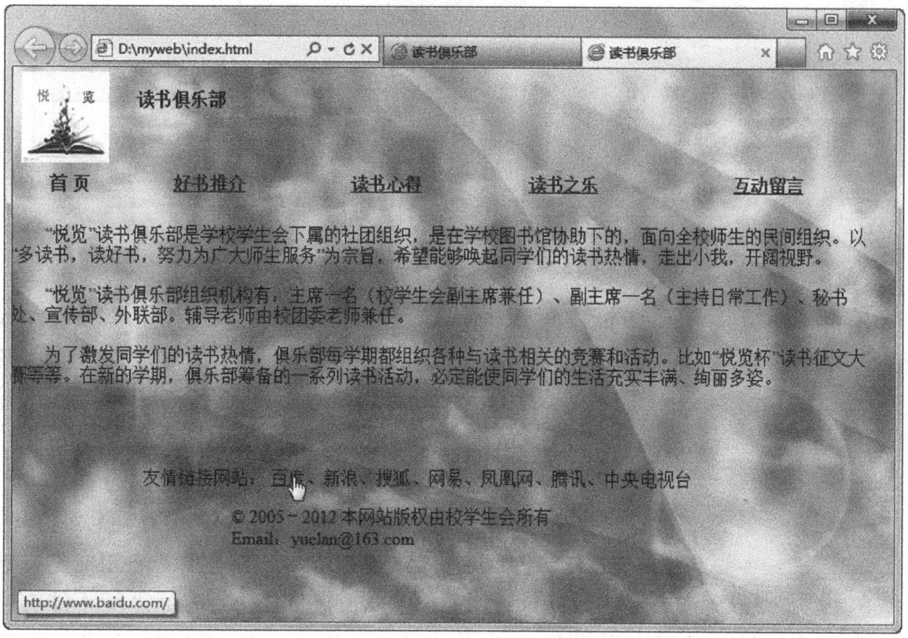

图 5.1.14　鼠标指针变成手形

做一做

为其他的友情链接网站新浪、搜狐、网易、凤凰网、腾讯、中央电视台等建立因特网的超链接，具体网址请使用百度进行搜索。

子项目 3　创建电子邮件超链接

在网页的制作过程中，要处处体现出以浏览者为中心，即处处为浏览者提供方便。电子邮件超链接是为浏览者与网页所有者之间架起的沟通的桥梁。浏览者只需单击电子邮件超链接，就可以打开电子邮件编写软件，并且自动输入电子邮件地址，非常方便。下面我们就来看一下如何建立电子邮件超链接。

在网页“index.html”中拖动鼠标，选择文字“Email：yuelan@163.com”为热区文本。单击菜单栏上的“插入”菜单，在弹出的下一级子菜单中选择“电子邮件链接”命令，如图 5.1.15 所示，打开“电子邮件链接”对话框。

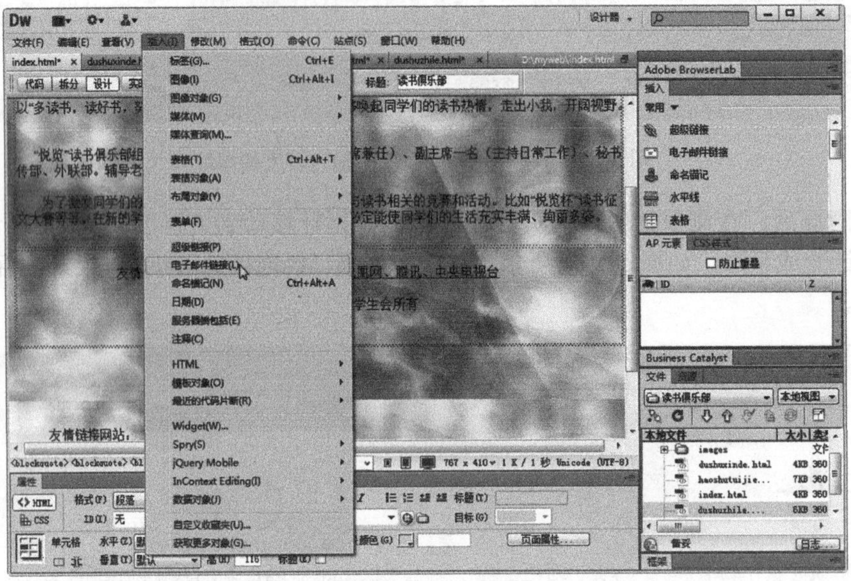

图 5.1.15　选择“电子邮件链接”命令

在“电子邮件链接”对话框中可以发现，“文本”栏中自动出现“Email：yuelan@163.com”几个字，也就是电子邮件超链接的热区文字。在“电子邮件”栏中输入网页制作者的电子邮件地址，如图 5.1.16 所示，图中输入的是“yuelan@163.com”，然后单击“确定”按钮。

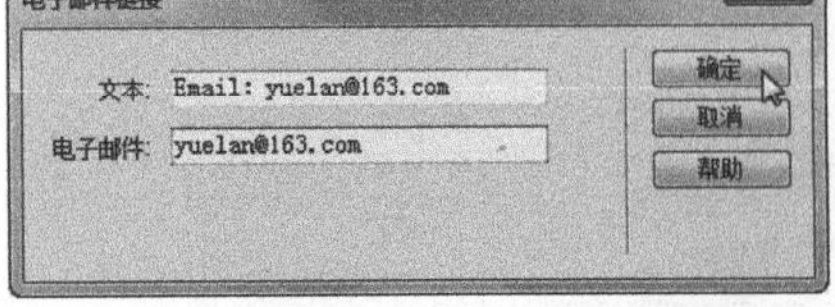

图 5.1.16 “电子邮件链接”对话框

另外，若直接在“属性”面板的“链接”栏中输入“mailto: yuelan@163.com”，也可以达到同样的效果，如图 5.1.17 所示。注意，“mailto:”与电子邮件地址（此处为 yuelan@163.com）之间不能有空格。

保存网页后，在浏览器中预览网页，单击“Email：yuelan@163.com”，如图 5.1.18 所示。

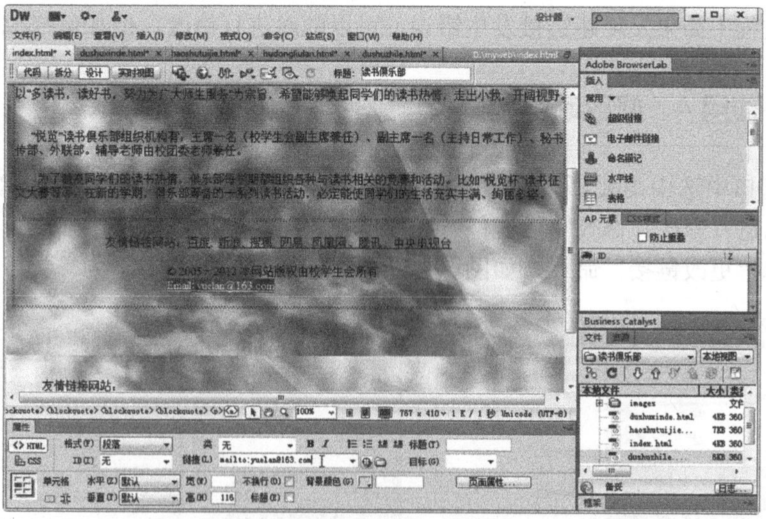

图 5.1.17 在“属性”面板中直接输入电子邮件地址

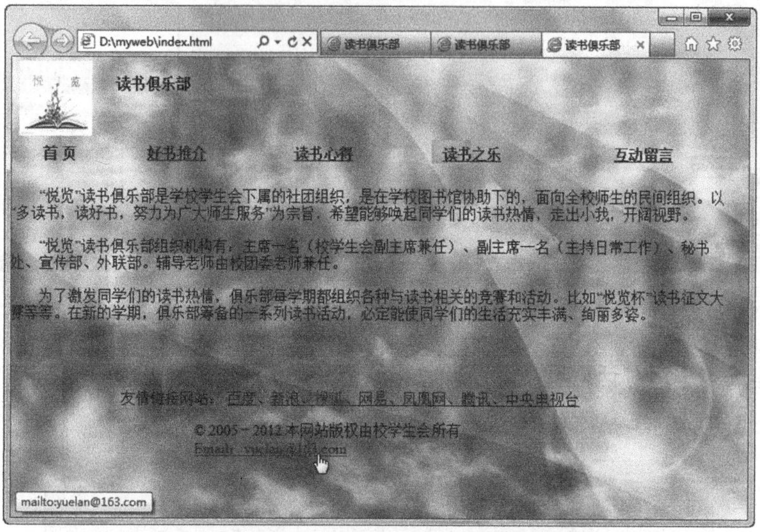

图 5.1.18 单击电子邮件超链接

此时电子邮件编辑软件运行，新邮件窗口被打开，同时收件人的电子邮件地址自动显示在“收件人”一栏中，如图 5.1.19 所示。由于每一台计算机默认的电子邮件编辑软件不同，所以打开的窗口也各不相同。图 5.1.19 显示的是 Windows Live Mail 的新邮件窗口。

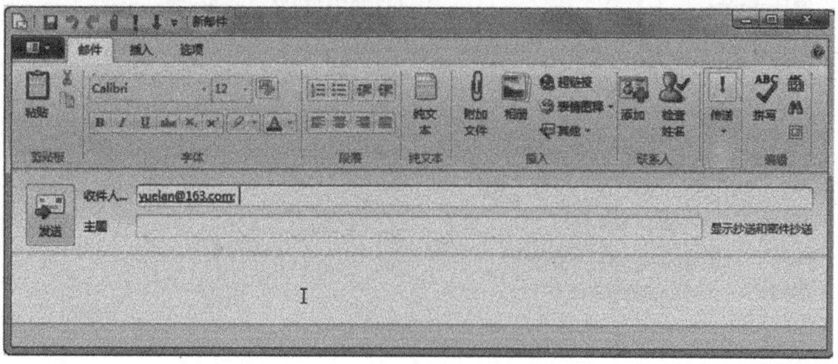

图 5.1.19 “新邮件”窗口自动打开

在预览过程中如果发现超链接发生错误，可以随时进行修改，但如何修改呢？

子项目 4　修改超链接

在编辑窗口中选中需要修改的超链接的热区文本，然后在“属性”面板的“链接”文本栏中便可以进行修改，修改完后在任意区域单击即可。也可以单击“修改”菜单，在弹出的菜单中选择“更改链接”命令，如图 5.1.20 所示。

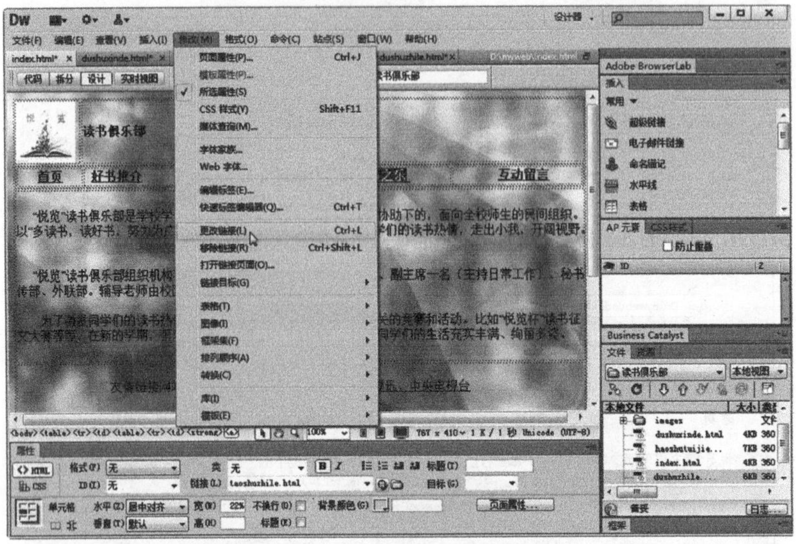

图 5.1.20　选择“更改链接”命令

打开“选择文件”对话框，如图 5.1.21 所示，在其中重新选择需要链接的文件或输入正确的网址，单击“确定”按钮完成修改。

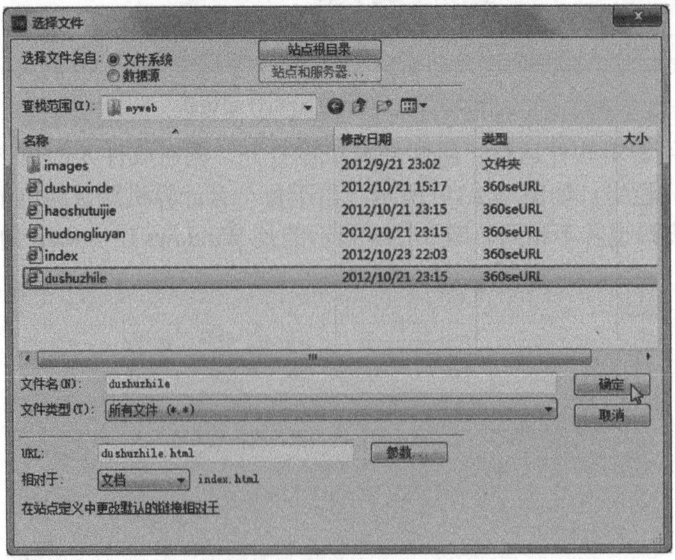

图 5.1.21　“选择文件”对话框

注意：每次修改完毕，都需要对修改结果进行保存。

子项目 5　创建打开一个新窗口的超链接

我们在浏览网页的时候，常常会遇到这种情况，在打开超链接时，网页内容并没有显示在已打开的 IE 窗口中，而是重新打开一个窗口，在新打开的窗口中显示所链接的内容。这种形式的超链接可以使浏览者非常方便地在各个窗口间查询信息。

在编辑窗口中建立超链接以后，选取“好书推介”，在“属性”面板中单击“目标”右边的▼，在下拉菜单中选择“_blank”，然后将网页保存，如图 5.1.22 所示。

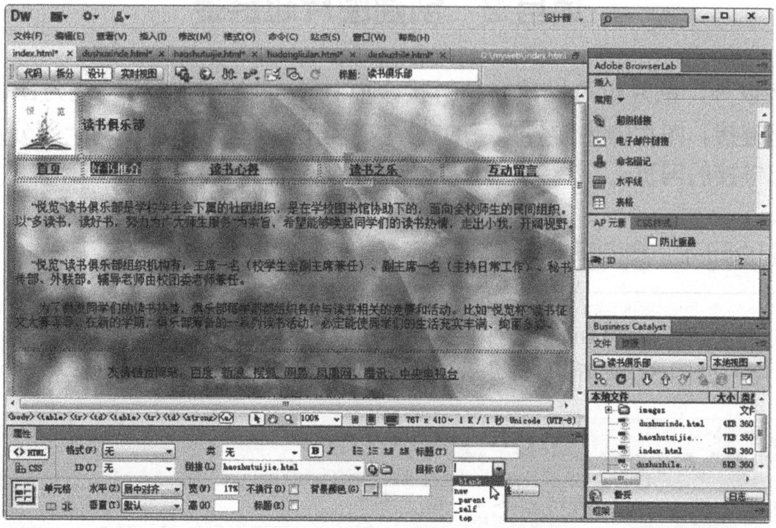

图 5.1.22　“目标”选择“_blank”

保存网页后，在浏览器中浏览并单击超链接热区文本，可以发现所链接的网页“好书推介”在新打开的窗口中显示出来，如图 5.1.23 所示。

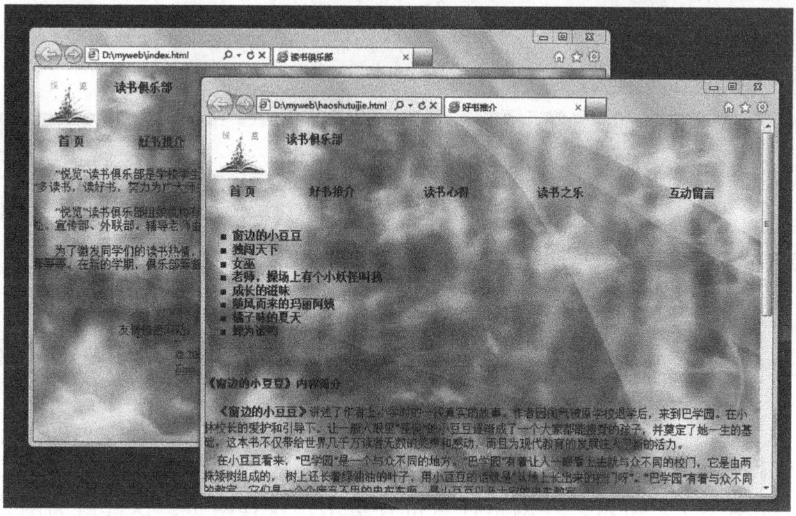

图 5.1.23 “好书推介”在新的窗口中打开

注意：如果所用浏览器采用选项卡模式，则新的网页将在新的选项卡中显示，而不是如图 5.1.23 所示的新打开一个窗口。

除了_blank 以外，“目标”还有三个选项，这三个选项都与框架有关。_parent 表示在显示链接框架的父框架集中打开链接的文档，同时替换整个框架集，也就是说整个框架文件被覆盖；_self 表示在当前框架中打开链接，同时替换该框架中的内容；_top 表示在当前浏览器窗口中打开链接的文档，同时替换所有框架。

其实在使用框架时还会显示框架的名称，这样可以选择一个命名框架以打开该框架中链接的文档，这是使用最广泛的一种方式。

项目 2　创建图片超链接

除了文字以外，图片也可以建立超链接，而且还可以利用热区功能为图片的不同位置建立不同的超链接。图片的热区与文字的热区文本相似，它是图片上的一部分，单击这一部分可以打开相链接的网页。

子项目 1　创建整个图片的超链接

下面，对网页“index.html”进行美化，将网页下面的友情链接文字删除，插入这些网站的 Logo 图片，如图 5.2.1 所示。

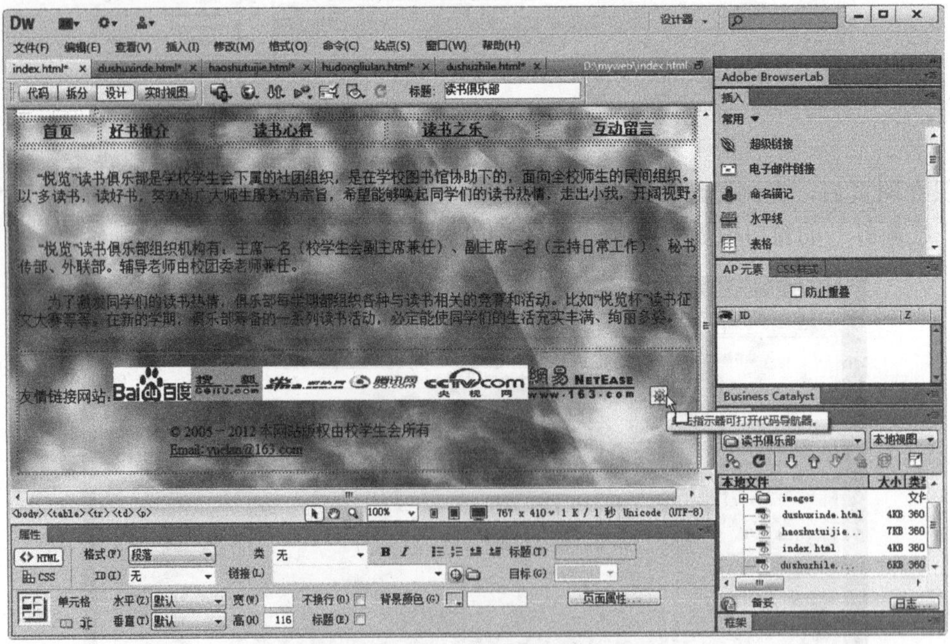

图 5.2.1　插入友情链接图片

选中百度网站的 Logo 图片，然后在“属性”面板的“链接”栏中输入“http://www.baidu.com”，如图 5.2.2 所示。在网页任意位置单击，保存网页。这样就为图片文件建立了超链接。

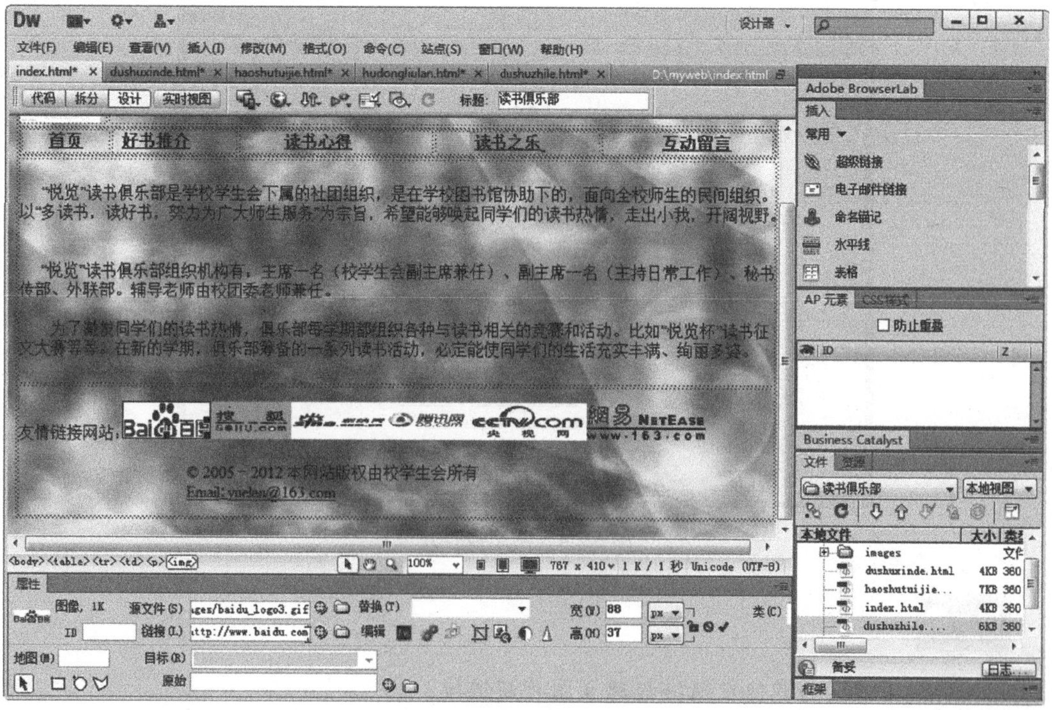

图 5.2.2　为图片文件建立超链接

在浏览器中预览网页，单击图片，如图 5.2.3 所示，百度的网站被打开，如图 5.2.4 所示。

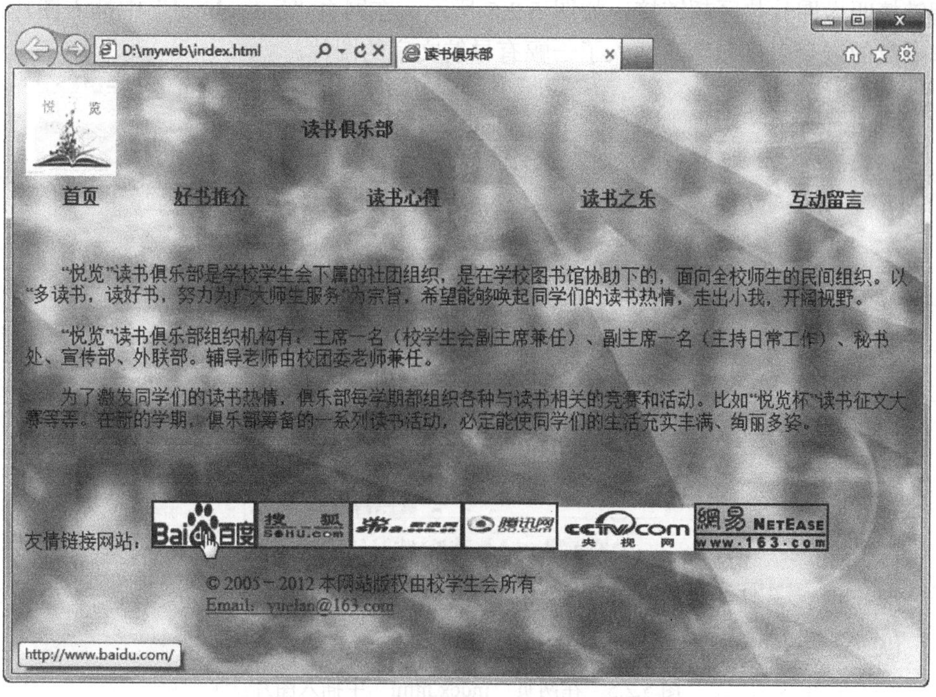

图 5.2.3　单击图片超链接

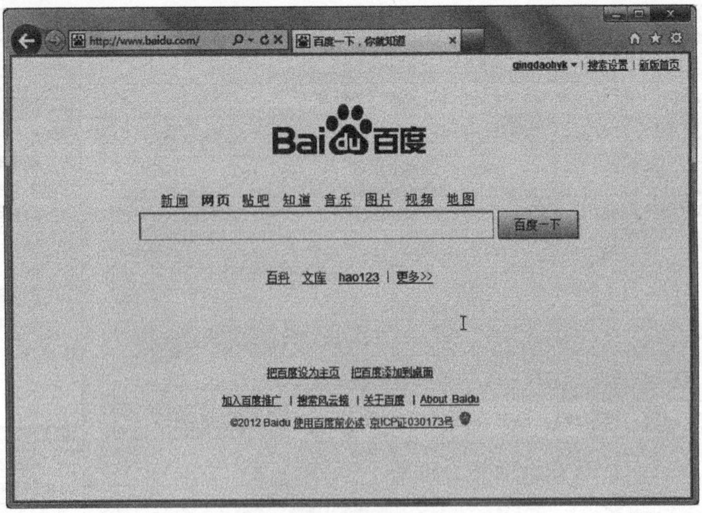

图 5.2.4　网站被打开

做一做

用同样的方法，为其他友情链接建立图片超链接。

子项目 2　创建图片热区超链接

不仅可以为一个图片建立超链接，而且还可以为图片的不同位置建立不同的超链接，这种超链接叫做图片热区超链接。如图 5.2.5 所示，在网页“index.html”中插入图片，注意是将作导航的嵌套表格删除，插入了一幅有导航文字的图片。

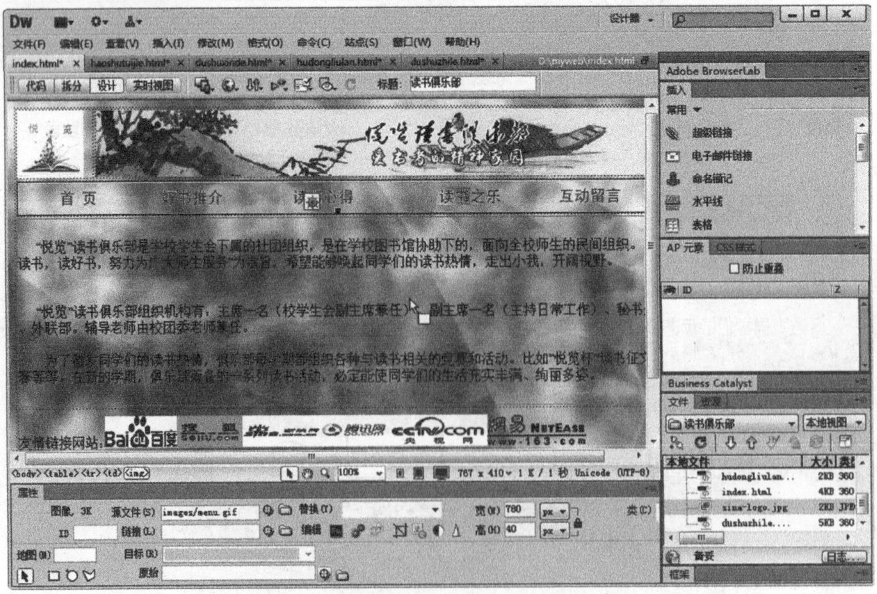

图 5.2.5　在网页“index.html”中插入图片

选中整个图片，单击“属性”面板中的“矩形热点工具”按钮，如图 5.2.6 所示。

图 5.2.6　单击“矩形热点工具”按钮

在被选中的整个图片上拖动鼠标指针，画一个虚框将“好书推介”四个字框住，可以发现被选区域变虚。单击“属性”面板中的“浏览文件”按钮，如图 5.2.7 所示，打开“选择文件”对话框。

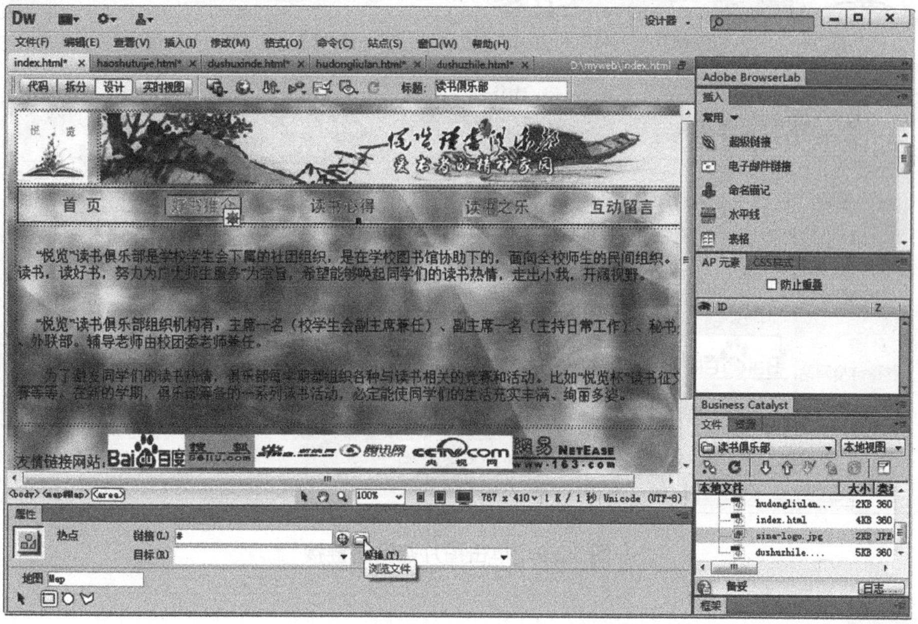

图 5.2.7　单击“浏览文件”按钮

在“选择文件”对话框中，选择网页文件“haoshutuijie.html”，单击“确定”按钮，如图 5.2.8 所示。

图 5.2.8　选择网页文件

保存网页后，在浏览器中预览网页，移动鼠标指针到图片中的“好书推介”几个字上时，鼠标指针变成手形，如图 5.2.9 所示。单击，网页“haoshutuijie.html”被打开。

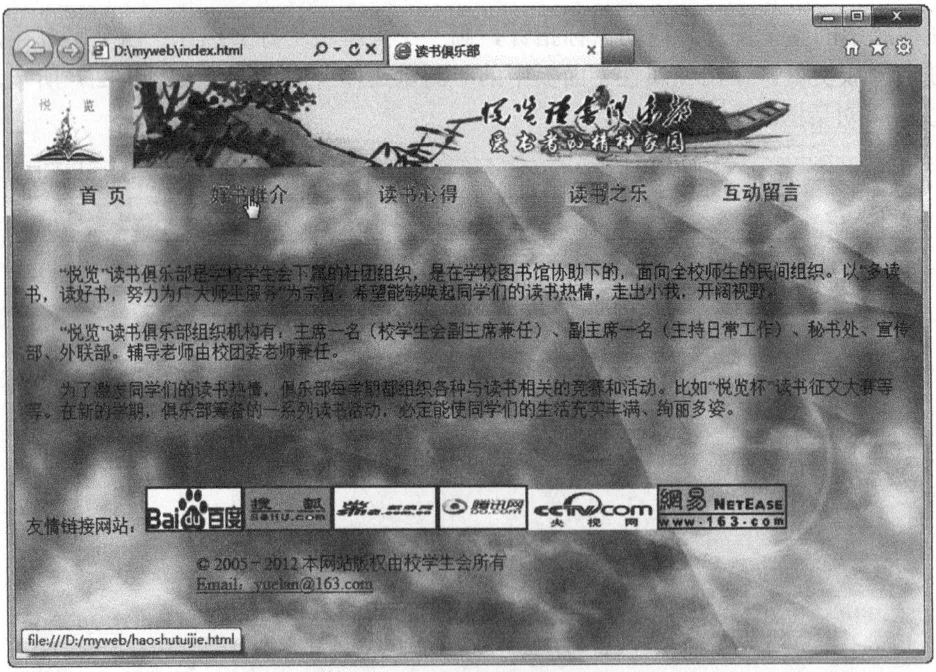

图 5.2.9　单击图片热区超链接

做一做

用同样的方法，重复上述操作，为图片上的其他文字建立链接到不同网页的超链接。保存后，在浏览器中预览网页效果。

子项目 3 鼠标经过图像

鼠标经过图像可以实现这样的效果：在网页上有一幅静态的图片，当鼠标移动到这幅图片上时，该图片变成另一幅图片，来提醒浏览者这一幅图片存在超链接。单击，即可打开一个网页。

要想实现鼠标经过图像功能，要事先准备两幅图片和一个准备打开的网页，如图 5.2.10～图 5.2.12 所示。

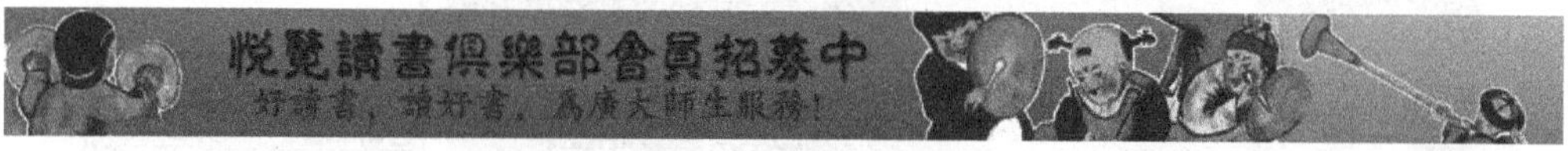

图 5.2.10 图片 1

图 5.2.11 图片 2

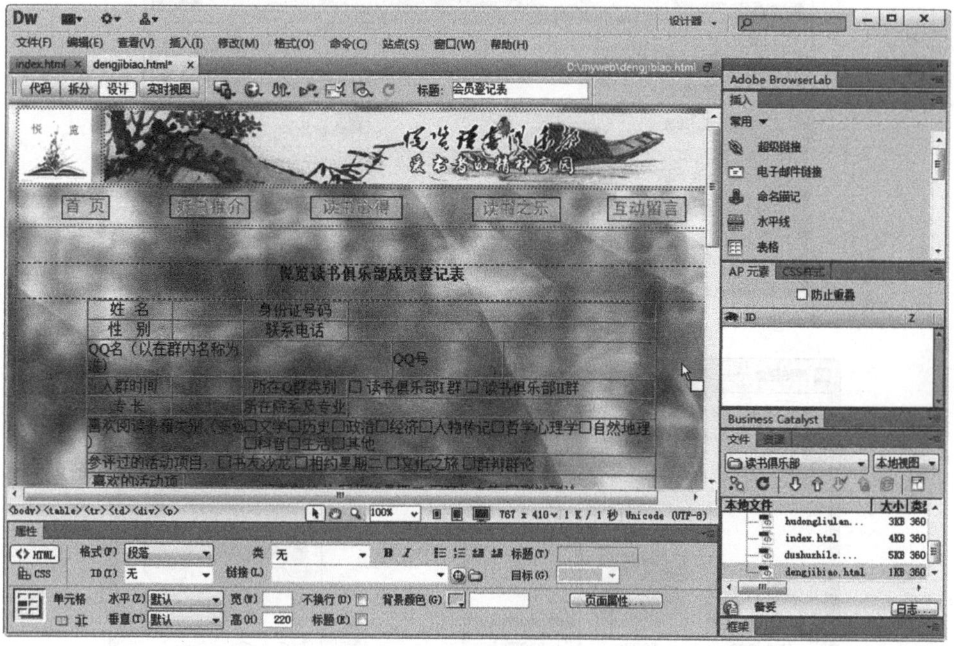

图 5.2.12 网页“会员登记表”

在 Dreamweaver 中打开网页“index.html”，单击鼠标确定光标的位置。然后单击“插入”菜单，在弹出的菜单中选择“图像对象”下的“鼠标经过图像”命令，如图 5.2.13 所示。

在如图 5.2.14 所示的“插入鼠标经过图像”对话框中，输入“zhaomu”作为图像名称，然后单击“原始图像”后面的“浏览”按钮，找到事先准备好的第一幅图片，单击“确定”按钮，如图 5.2.15 所示。

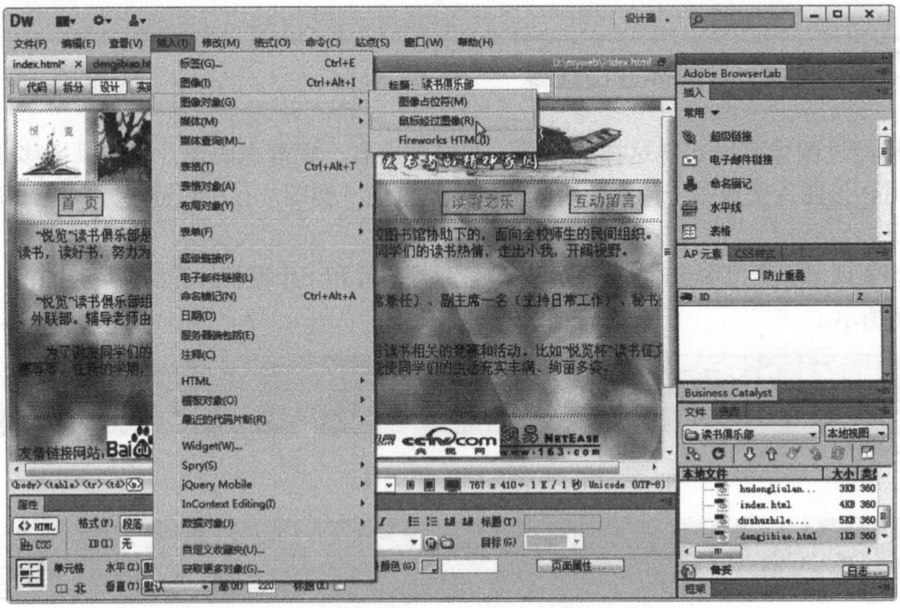

图 5.2.13　选择“鼠标经过图像”命令

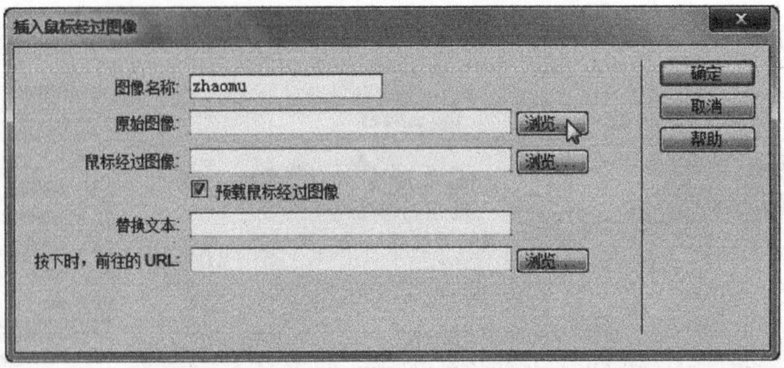

图 5.2.14　“插入鼠标经过图像”对话框

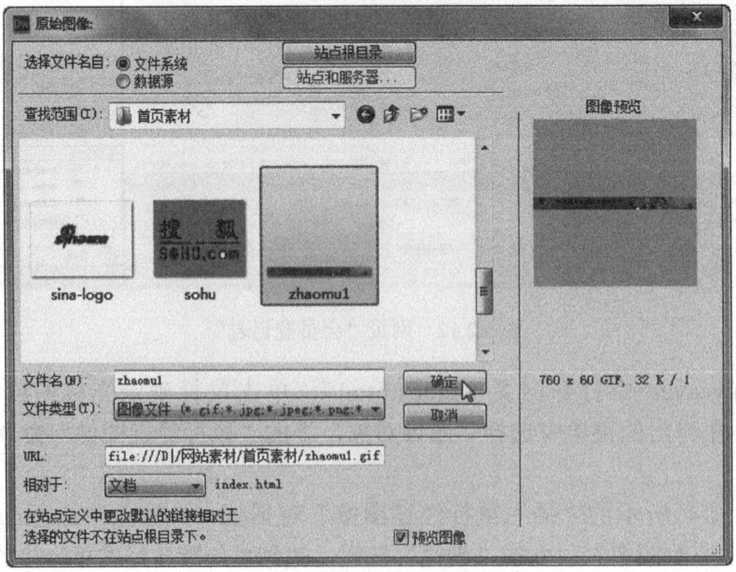

图 5.2.15　选择第一幅图片

重复上面的操作，为“鼠标经过图像”选择事先准备好的第二幅图像，在“替换文本”框中输入“单击下载会员申请表格”，然后单击“按下时，前往的 URL”后面的“浏览”按钮，如图 5.2.16 所示。

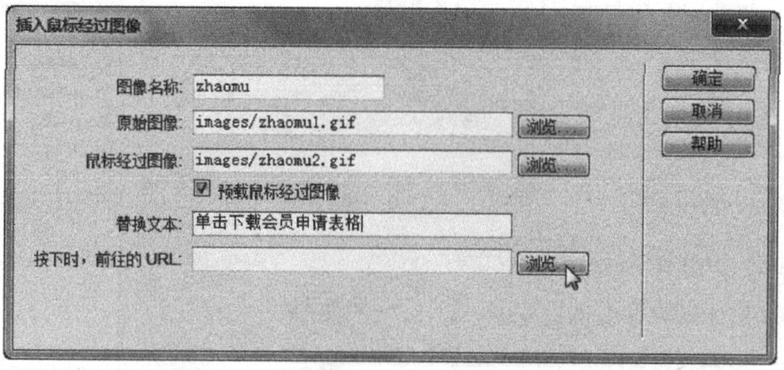

图 5.2.16　选择第二幅图片并设置替换文本

在如图 5.2.17 所示的对话框中，选择事先准备好的网页“dengjibiao.html”，单击“确定”按钮。

图 5.2.17　选择网页

在返回的“插入鼠标经过图像”对话框中单击“确定”按钮，如图 5.2.18 所示。

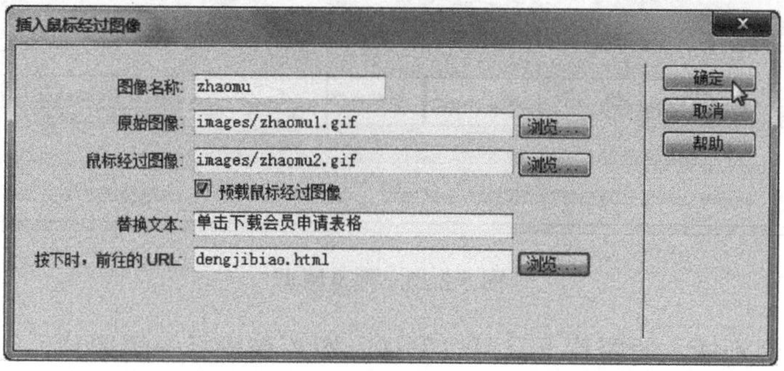

图 5.2.18　返回“插入鼠标经过图像”对话框

这时，在网页的确定位置出现第一幅图像，如图 5.2.19 所示。

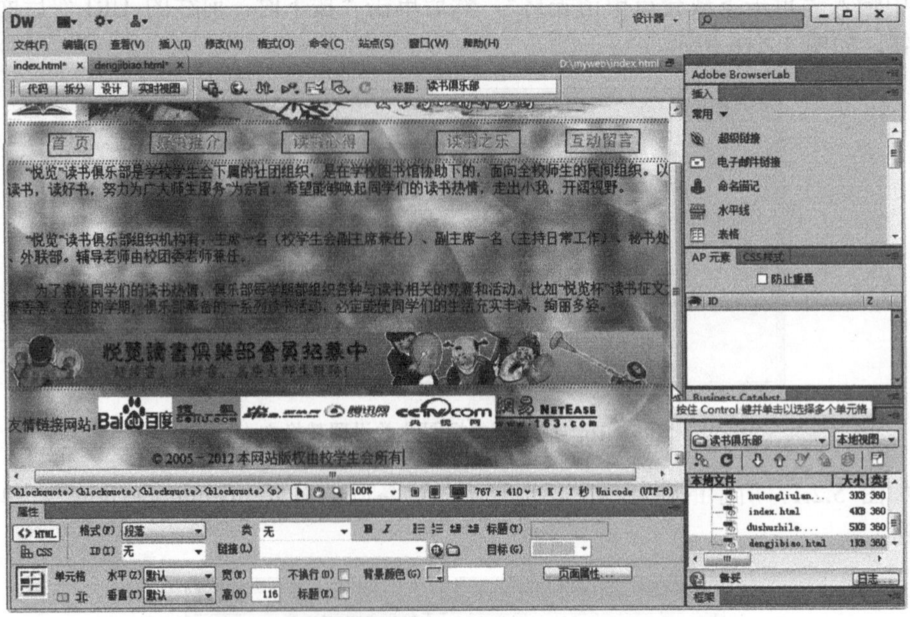

图 5.2.19　网页中出现第一幅图像

保存网页后预览网页，将网页在浏览器中打开，此时 IE 浏览器会弹出是否允许运行脚本的对话框，单击“允许阻止的内容”按钮，如图 5.2.20 所示。

图 5.2.20　预览网页

将鼠标移动到刚插入的图片上，可以发现，图片变成另一幅图片，同时鼠标指针变成手形，如图 5.2.21 所示。单击，网页“会员登记表”被打开。

图 5.2.21　网页预览修改

项目 3　创建锚记超链接

锚记超链接即网页中所谓的书签，就是到达网页中某个具体位置的链接。当网页内容过长时，使用书签可以快速地浏览所关心的信息。例如，在网页“好书推介”中介绍了多本书的相关信息，如果不使用滚动条，就只能看到第一本书的情况。下面为每一本书都建立锚记超链接，单击锚记超链接后，该书的介绍就会出现在屏幕顶端。

子项目 1　命名锚记

创建锚记超链接，首先要在网页的顶端输入书的名字，这些书的名字就是书签的热区文本，而网页中依次是各本书的情况介绍，每一本书的内容简介也输入书的名字，如图 5.3.1 所示。

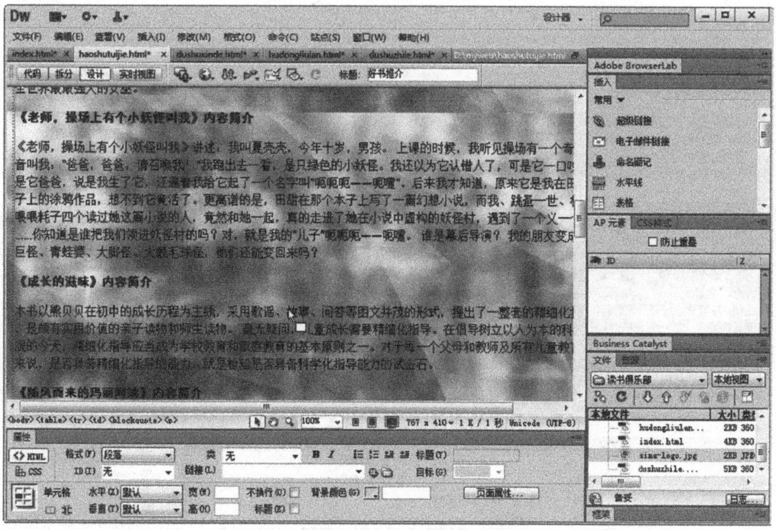

图 5.3.1　输入书签说明文本

下面的操作以给《蝉为谁鸣》建立锚记超链接为例，来学习如何创建锚记超链接。

拖动滚动条至网页底部，将光标置于“《蝉为谁鸣》内容简介”几个字的前面，单击菜单栏上的“插入”，在弹出的下拉菜单中选择“命名锚记”，如图 5.3.2 所示。也可以单击“插入”面板中“常规”选项卡下的“命名锚记”按钮。

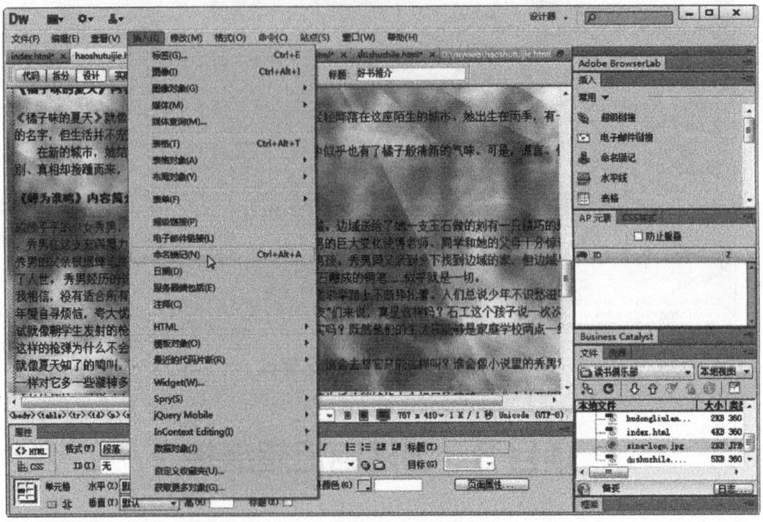

图 5.3.2　选择“命名锚记”命令

在打开的“命名锚记”对话框中输入“蝉为谁鸣”作为锚记的名称，如图 5.3.3 所示，单击“确定”按钮。则在刚才选中的“《蝉为谁鸣》内容简介”旁边出现一个锚记的标记，如图 5.3.4 所示。

图 5.3.3　输入锚记名称

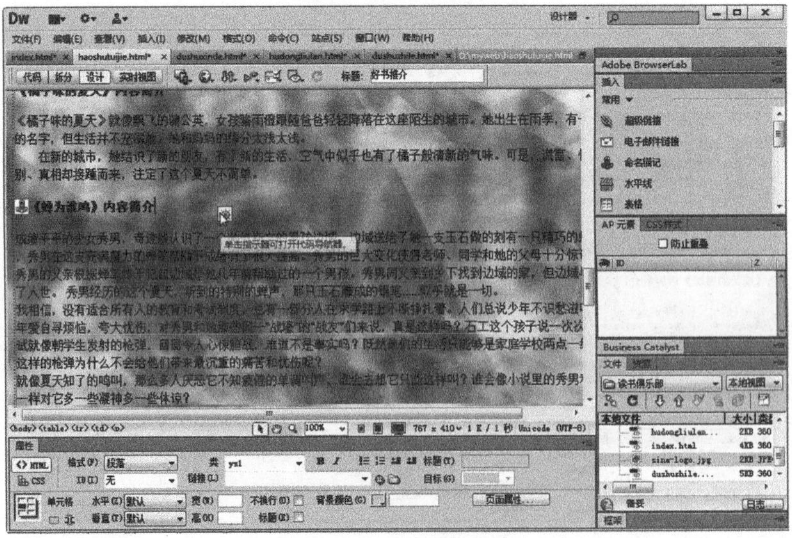

图 5.3.4　锚记标记出现在“《蝉为谁鸣》内容简介”旁边

子项目 2　使用锚记超链接

拖动滚动条到网页顶端，选中网页顶端的“蝉为谁鸣”几个字，用鼠标拖动“属性”面板中的◎到正文“《蝉为谁鸣》内容简介”旁边的锚记标记上。这时，可以发现“属性”面板的“链接”栏中出现“#蝉为谁鸣”，如图 5.3.5 所示。松开鼠标，网页顶端的“蝉为谁鸣”几个字变成蓝色并带有下画线，如图 5.3.6 所示。

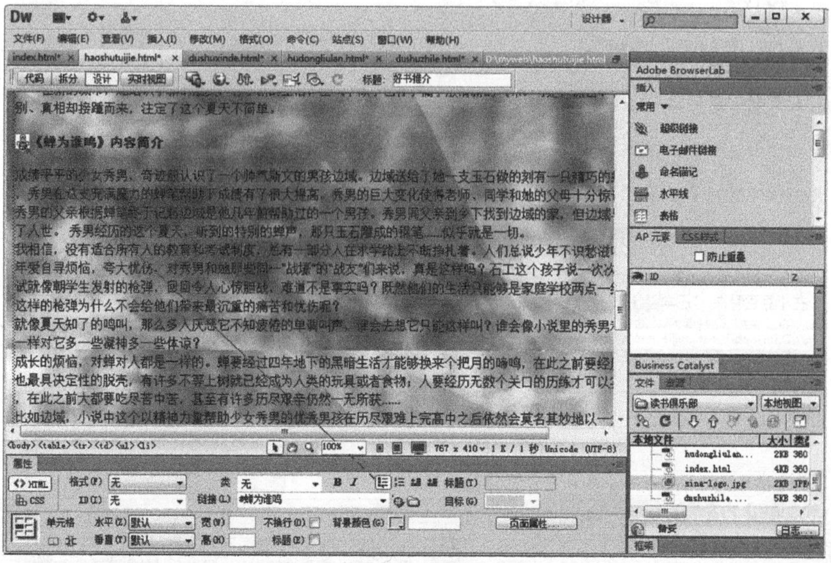

图 5.3.5　拖动锚记标记

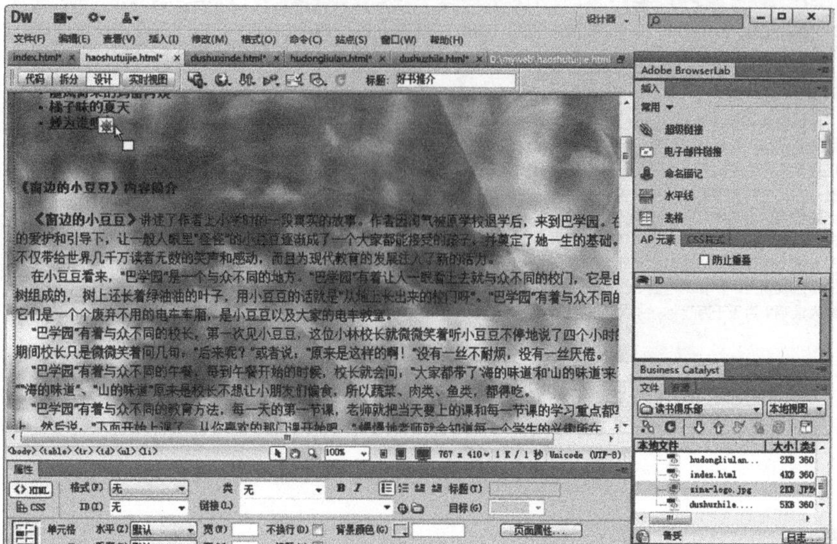

图 5.3.6　“蝉为谁鸣”锚记超链接制作完成

保存网页后，在浏览器中预览网页，单击网页顶端的“蝉为谁鸣”，如图 5.3.7 所示。

则正文中的“蝉为谁鸣”出现在窗口中，如图 5.3.8 所示。

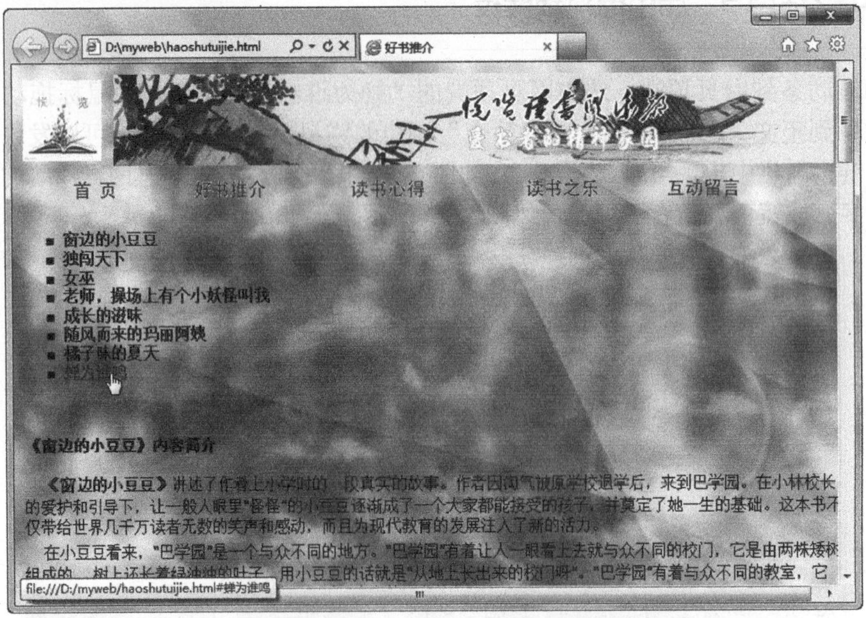

图 5.3.7　单击“蝉为谁鸣”

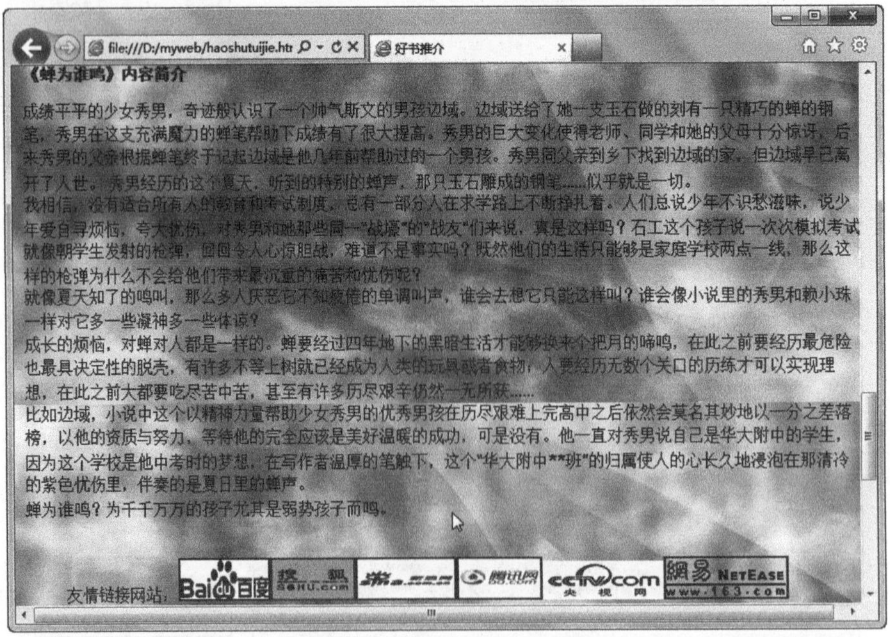

图 5.3.8　“蝉为谁鸣”出现在窗口中

做一做

用同样的方法，将网页顶端其他书的内容简介都制作成锚记超链接，保存后，在浏览器中预览网页效果。

习　题　5

1．简答题

（1）内部超链接和外部超链接有什么不同？
（2）什么叫热区文本？
（3）建立超链接有哪些方法？
（4）电子邮件超链接的作用是什么？
（5）用直接输入的方法建立电子邮件超链接时，需要在电子邮件地址前输入什么？
（6）怎样设置图片热区？
（7）什么叫锚记超链接？它有什么作用？

2．操作题

（1）打开爱护牙齿的网站，在网页“index.html”中选中作为热区链接的文字，设置超链接，将它们与相应的网页链接起来。

（2）选中作为电子邮件超链接的文字或图片，为其建立电子邮件超链接。电子邮件地址统一为 ya@163.com。

（3）通过画图制作超链接文本图片，设置图片热区超链接替换原有的文字超链接。

（4）建立或打开其他的网页，完成对超链接的设置，使它们和主页保持一致。

（5）选择一个文字内容较多而且可以分类介绍的网页，如“护牙工具”，将相关的文本复制到该网页中，并制作出网页书签。

第6章 CSS与行为

项目1 使用CSS

子项目1 CSS概述

样式表也称为样式，是目前网页制作中普遍应用的一项技术，它通过设置HTML代码标签来实现对网页文本的字体、颜色、填充、边距和字间距等进行格式化操作。在应用了样式表的网页中，如果要更改一些特定文本的样式风格，可以直接采用自定义的样式表，而不必频繁使用“属性”面板。而且，使用样式表还有一个好处，当别人浏览你的网页时，无论选择显示字体为何种大小，网页中的文字大小都不会变化。

样式表可以分为HTML样式表和CSS样式表，HTML样式表的功能比较弱，格式化文本的效率也不高。在Dreamweaver的早期版本中还有HTML样式的面板，现在只能在属性面板中看到HTML样式了。

CSS是Cascading Style Sheets（层叠样式表单）的简称。对于设计者来说它是一个非常灵活的工具，它允许设计者在HTML文档中加入样式，不但不必再把繁杂的样式定义编写在文档结构中，而且可以将所有关于文档的样式指定内容全部脱离出来，在行内定义，在标题中定义，甚至作为外部样式文件供HTML调用。CSS是当前网页设计中不可缺少的技术，现在最常见的去除链接文字的下画线就是CSS最简单的应用。

子项目2 使用CSS设置行间距

前面学习过使用Shift+Enter组合键更改行间距的方法，但那种方法太呆板，无法灵活应用。使用CSS样式可以轻松简单地增大行间距。

在Dreamweaver中打开网页“index.html”，单击窗口右边浮动面板中的“CSS”，在打开的面板中单击▤，在弹出菜单中选择“新建”命令，如图6.1.1所示。

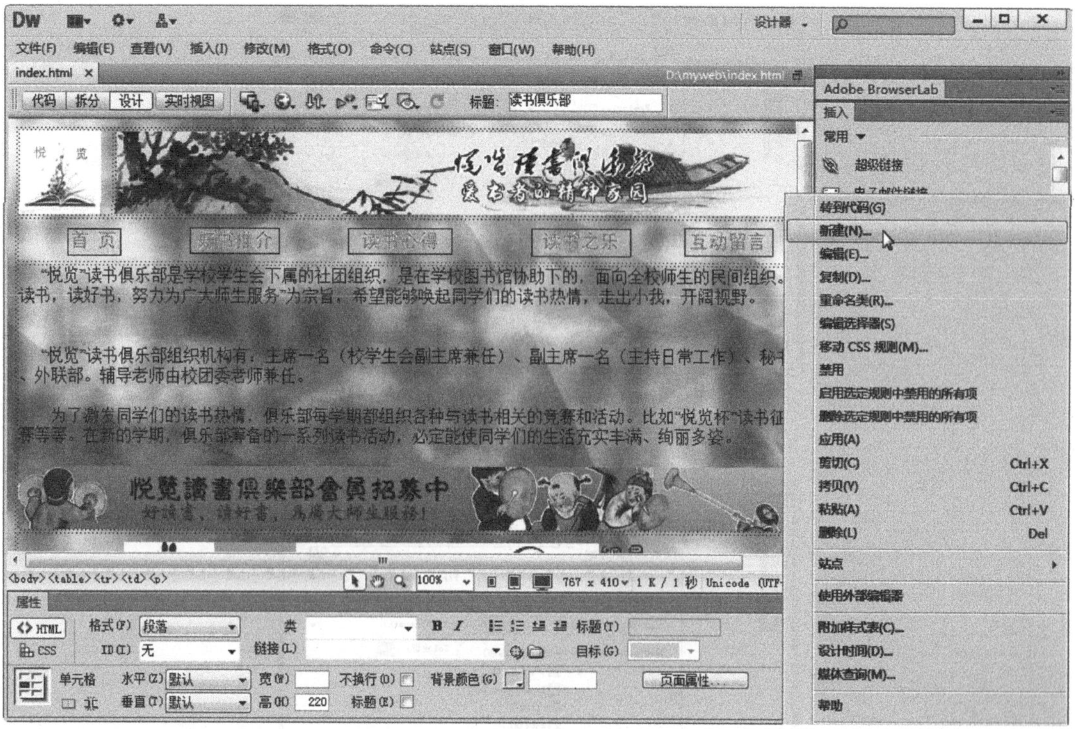

图 6.1.1　选择 “新建” 命令

在“新建 CSS 规则”对话框中输入“.hangjv”作为样式名称，注意前面有一个句点，目的是避免与其他标记混淆。选择“规则定义”为“(新建样式表文件)”，单击“确定”按钮，如图 6.1.2 所示。

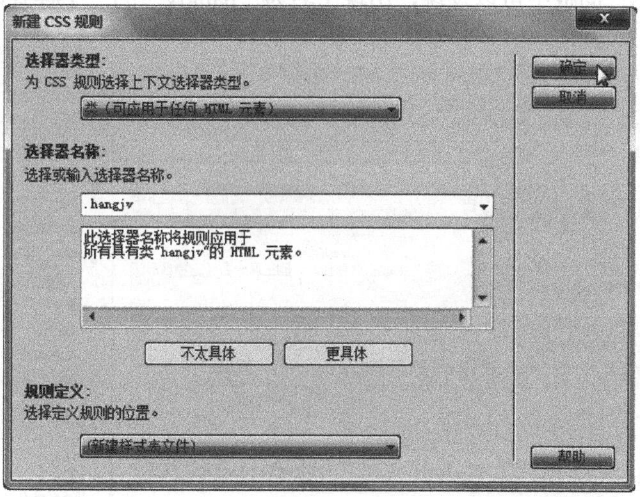

图 6.1.2　“新建 CSS 样式”对话框

在弹出的“.hangjv 的 CSS 规则定义”对话框中，单击行高右边的▼，在下拉选项中选择“(值)”，然后再将文本框中的“(值)”删除，输入“20”，将行高值设为 20 像素，单击“确定”按钮，如图 6.1.3 和图 6.1.4 所示。

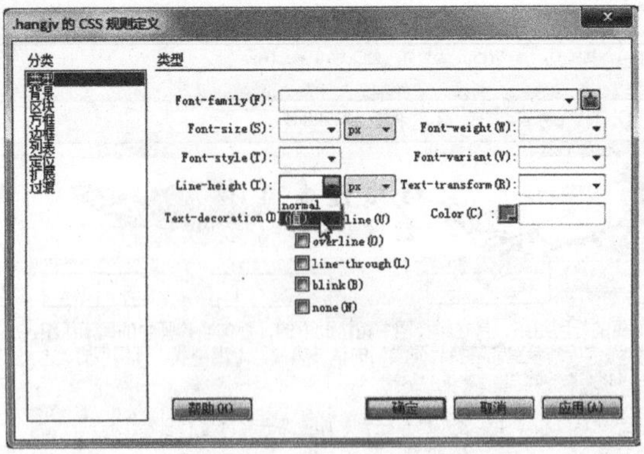

图 6.1.3　选择行高为“（值）”

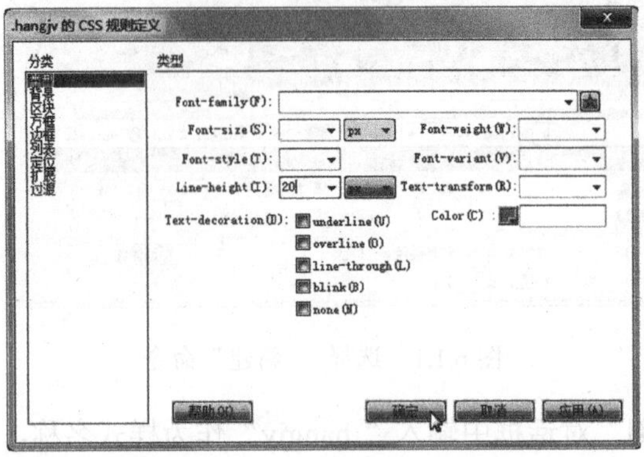

图 6.1.4　输入行高值为 20 像素

此时，在“CSS”面板中可以发现，出现了名为“hangjv”的一个样式，如图 6.1.5 所示。

图 6.1.5　CSS 样式建立成功

在网页“index.html”中单击，使光标出现在第一段文字中，右击样式表中的样式“hangjv”，在弹出的快捷菜单中选择“应用”，如图 6.1.6 所示，套用样式后第一段文字的行间距变成 20 像素，效果如图 6.1.7 所示。

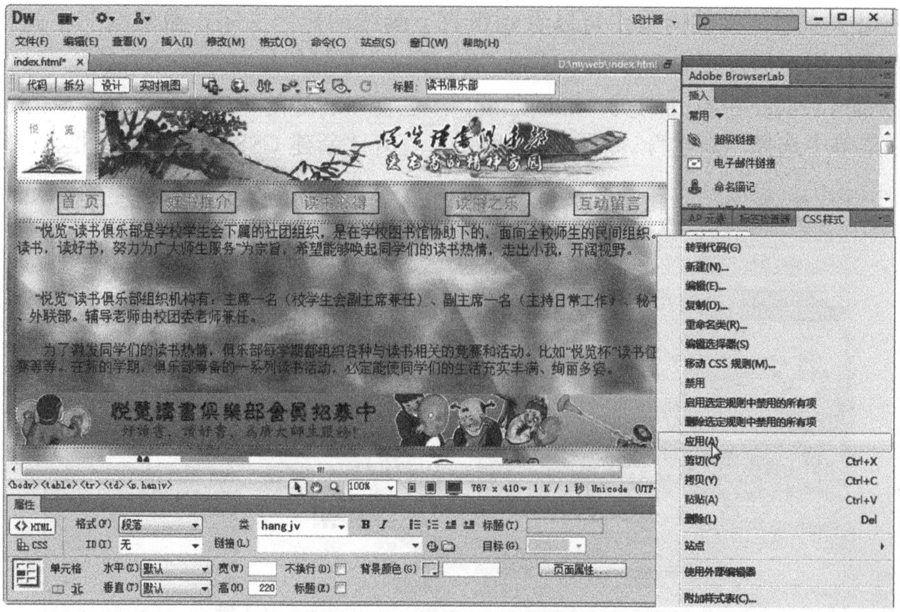

图 6.1.6　套用 CSS 样式

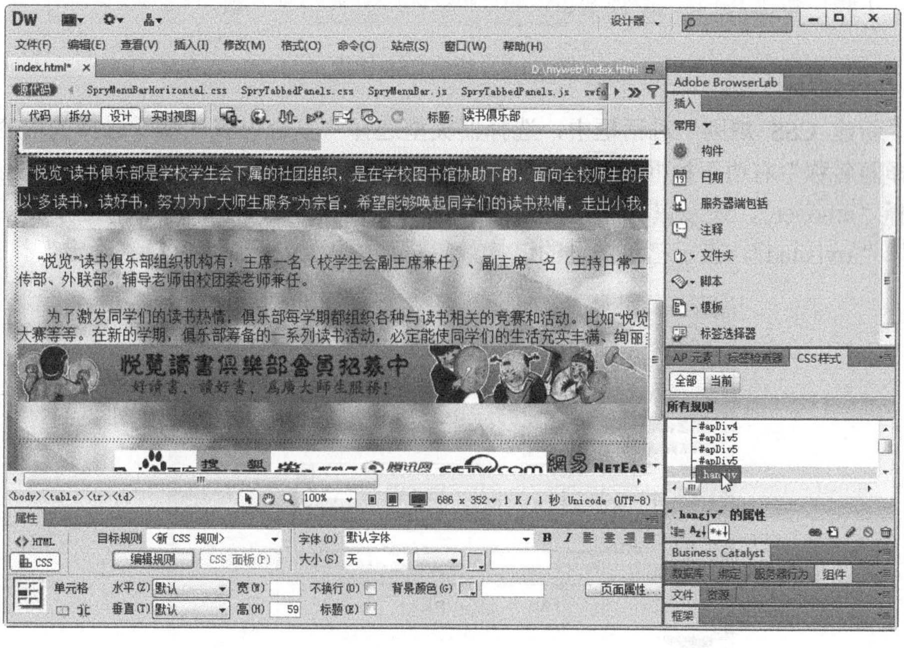

图 6.1.7　行间距发生变化

重复上面的操作，将网页中各段文字的行间距都改成 20 像素的宽度，这显然要比使用 Shift+Enter 组合键的方法设定行间距灵活多了。

子项目 3 使用 CSS 去掉文本超链接下画线

在使用文本超链接的网页中可以看到带有下画线的热区文字，虽然这些下画线对于超链接有提示作用，但往往影响美观。使用 CSS 可以非常轻松地将这些下画线隐藏起来。

在 Dreamweaver 中打开网页“index.html”，在窗口右边的“CSS”面板中单击▤，在弹出的快捷菜单中选择“新建”，如图 6.1.8 所示，打开“新建 CSS 规则”对话框。

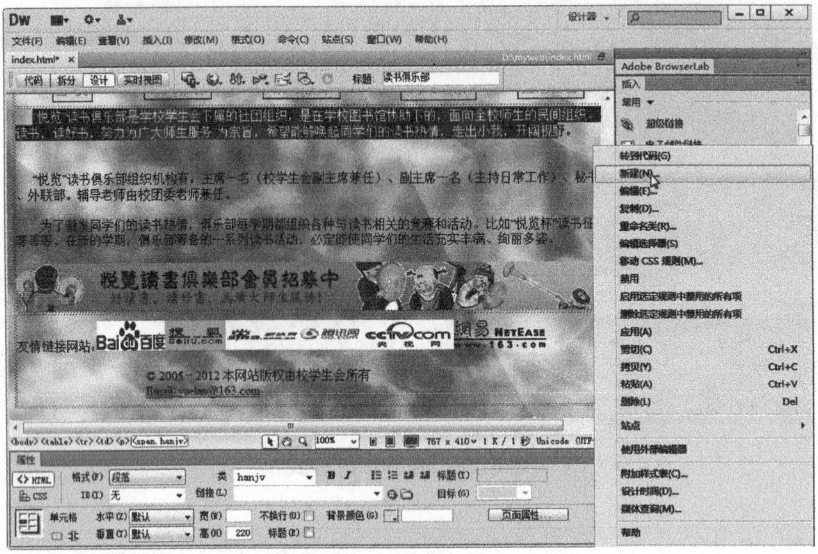

图 6.1.8 新建 CSS 样式

在“新建 CSS 规则”对话框中，选择器类型选择“复合内容（基于选择的内容）”，单击“选择器名称”右边下拉框的▾，在下拉列表中选择“a:link”，表示对超链接进行操作；如果选择“a:hover”，表示鼠标指向链接时的效果；选择“a:active”，表示链接激活时的效果；选择“a:visited”，表示已单击过的链接效果。如图 6.1.9 所示，单击“确定”按钮。

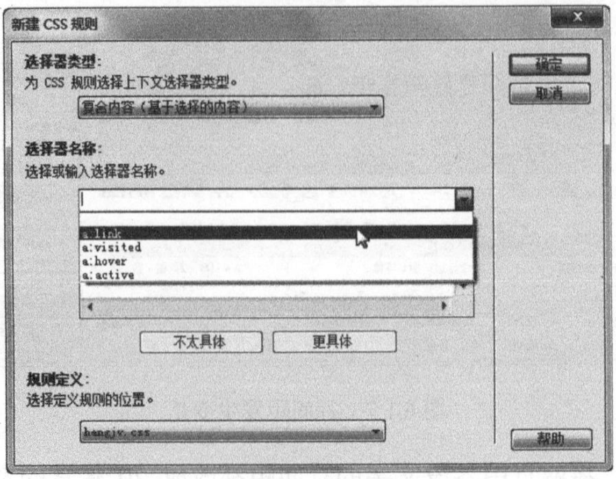

图 6.1.9 “新建 CSS 规则”对话框

在“a:link 的 CSS 规则定义”对话框中，选择“none”（也就是无），如图 6.1.10 所示，单击“确定”按钮。

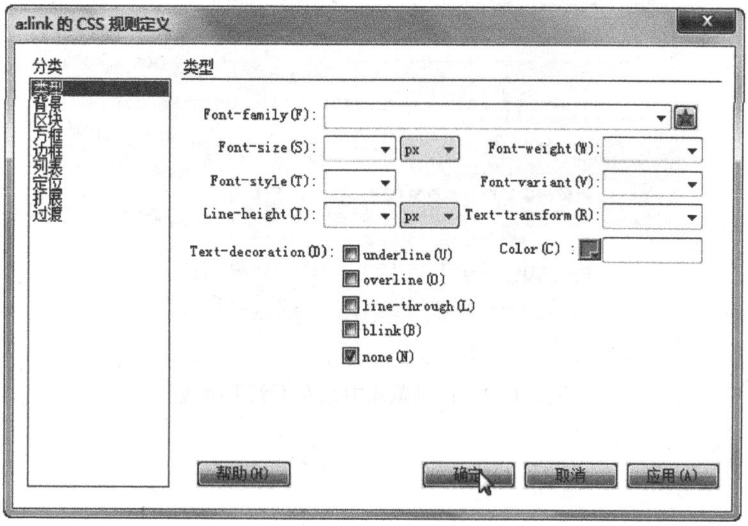

图 6.1.10　“a:link 的 CSS 规则定义”对话框

此时，可以发现网页下端电子邮件超链接热区文字下的下画线已经消失，如图 6.1.11 所示。

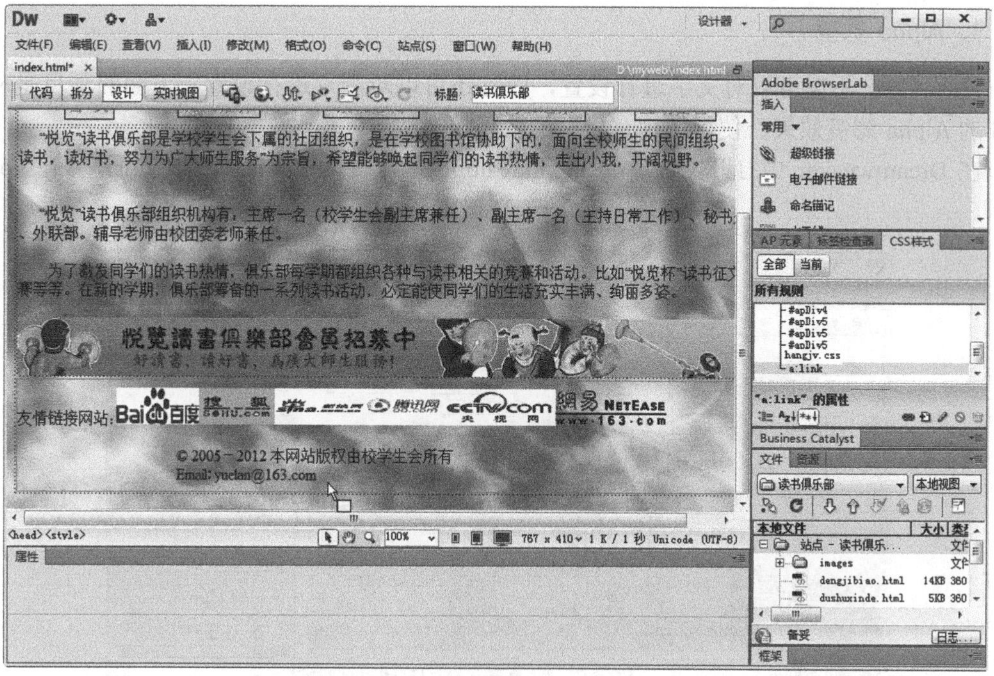

图 6.1.11　超链接热区文本下画线消失

在 IE 浏览器中将网页打开，可以发现超链接热区文本都没有下画线，如图 6.1.12 所示。

图 6.1.12　在浏览器中也看不到下画线

做一做

打开网页“好书推介”，将网页顶端锚记超链接的热区文本的下画线去掉。

子项目 4　使用 CSS 滤镜处理图片

1. Alpha 滤镜

使用 CSS 不仅可以对文字进行设置，而且还可以对图片进行设置。下面的项目是应用 CSS 的 Alpha 滤镜效果，使得图片有模糊的效果。

在 Dreamweaver 中打开文件“dushuxinde.html”，在网页中间插入书的封面，如图 6.1.3 所示。

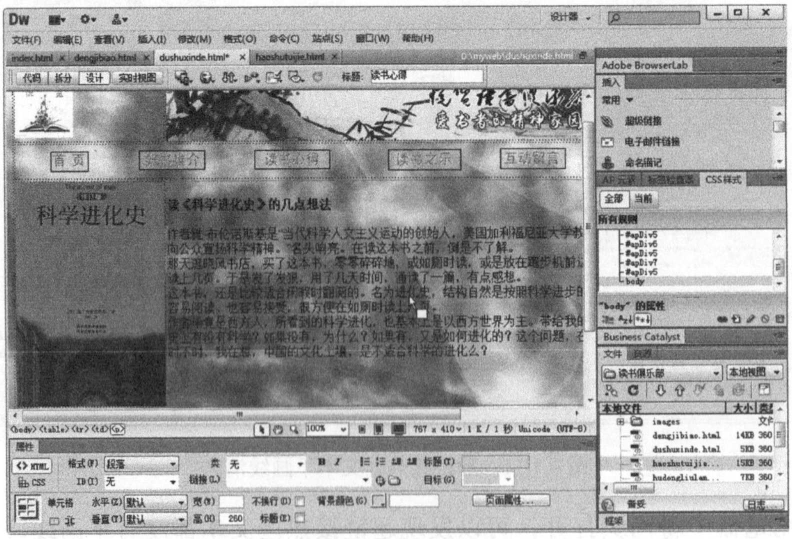

图 6.1.13　网页文件“dushuxinde.html”

单击窗口右边浮动面板中“CSS”，在打开的面板中单击，在弹出菜单中选择“新建”命令，如图 6.1.14 所示。

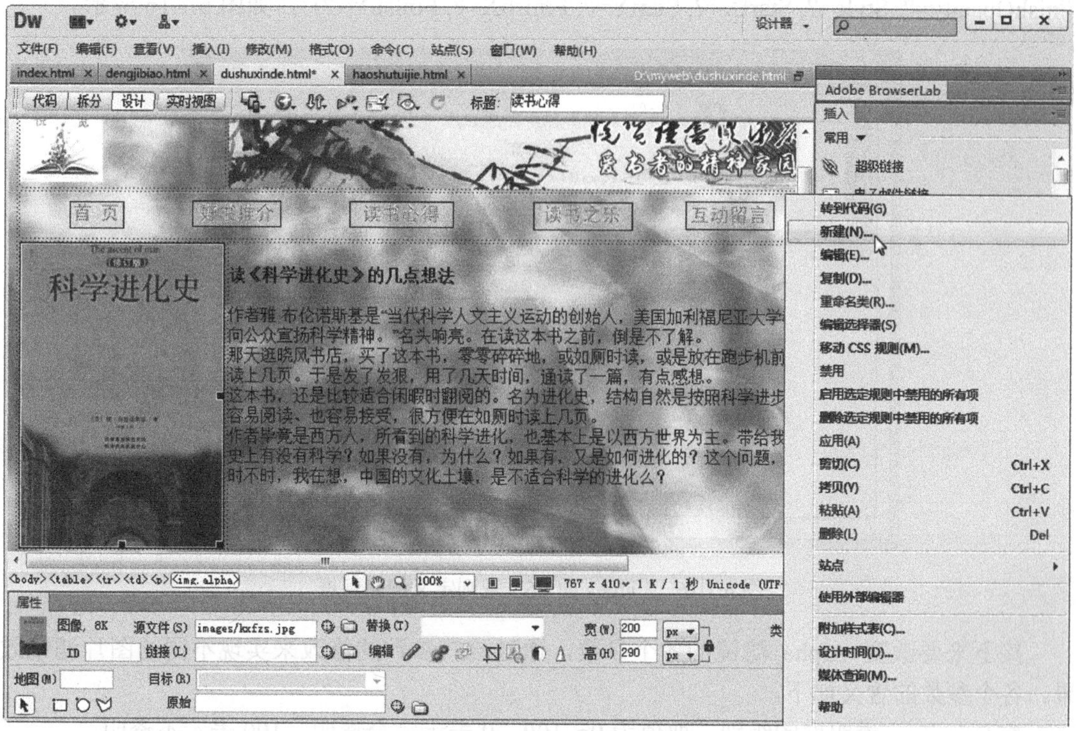

图 6.1.14　新建 CSS

在“新建 CSS 规则”对话框中，“选择器类型”选择“类（可应用于任何 HTML 元素）”，在“选择器名称”栏中输入“.alpha”作为名字，如图 6.1.15 所示，单击“确定”按钮。

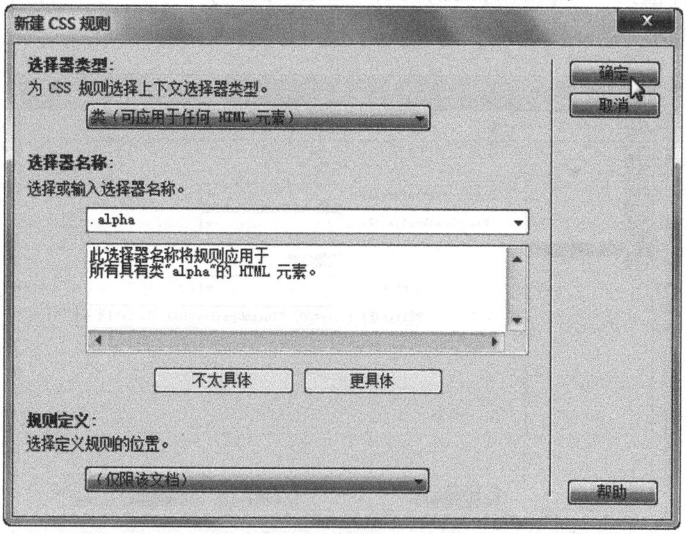

图 6.1.15　“新建 CSS 规则”对话框

在弹出的“.alpha 的 CSS 规则定义”对话框中，选择左边“分类”下的“扩展”，然后在右边区域单击 Filter（滤镜）右边的▼，在弹出的下拉菜单中选择“Alpha(Opacity=?, FinishOpacity=?, Style=?, StartX=?, StartY=?, FinishX=?, FinishY=?)”，如图 6.1.16 所示。

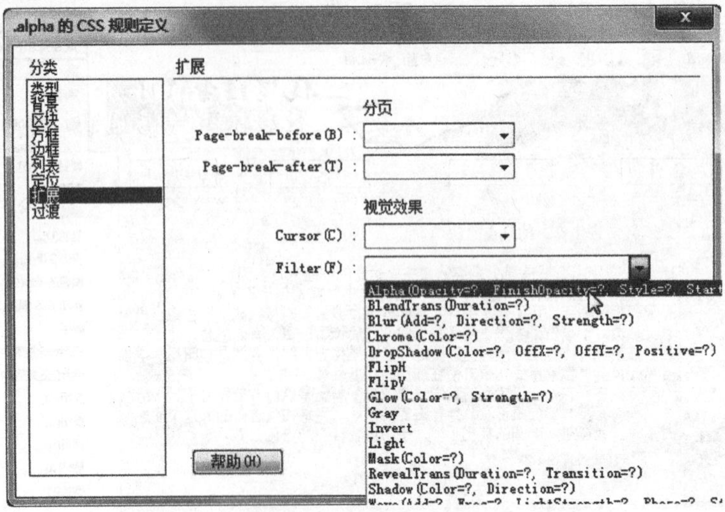

图 6.1.16 “.alpha 的 CSS 规则定义”对话框

接下来要改变 Alpha 滤镜的各个参数，通过这些参数的修改来实现不同的图片滤镜效果。各个参数的含义如下。

- Opacity：透明度的级别，取值为 0～100，0 表示完全透明，100 表示不透明。
- FinishOpacity：设置渐变透明效果结束时的透明度，取值为 0～100。
- Style：渐变透明度的样式。值为 0 代表同一形状，1 代表线形，2 代表放射形，3 代表长方形。
- StartX, StartY，FinishX, FinishY：表示渐变透明度的开始和结束坐标。

此处，更改各值为“Alpha(Opacity=30, FinishOpacity=100, Style=1)”，单击“确定”按钮，如图 6.1.17 所示。

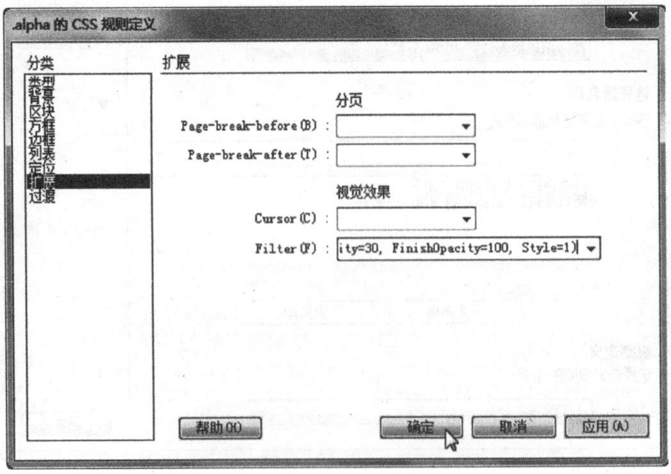

图 6.1.17 设置 Alpha 滤镜的参数

将鼠标指针移动到图片上，单击鼠标右键，在弹出的快捷菜单中选择“CSS 样式”下的“alpha”，如图 6.1.18 所示。

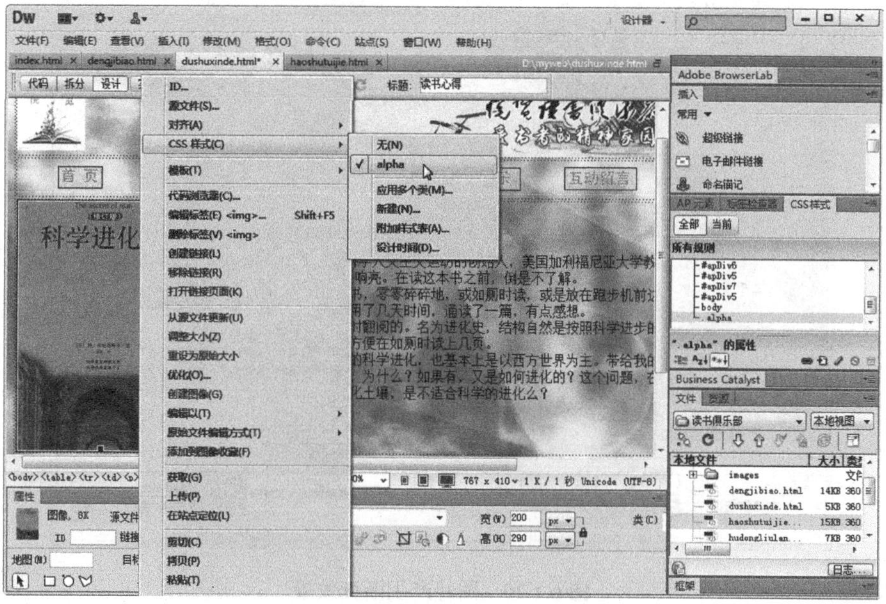

图 6.1.18　选择“alpha”命令

此时发现图片似乎没有什么变化，这是因为 Alpha 滤镜的效果要在浏览器中才能显示出来。保存网页，在 IE 浏览器中预览该网页，在弹出的对话框中单击“允许阻止的内容”按钮，如图 6.1.19 所示。

图 6.1.19　预览网页

这时可以发现，图片产生了渐变效果，如图 6.1.20 所示。

图 6.1.20　图片产生渐变效果

做一做

修改 Alpha 滤镜的各个值，特别是 Style 的值。保存后预览网页，观察效果。

2. Wave 滤镜

在网页“dushuxinde.html”中，再次插入一本书的封面和读这本书的心得，如图 6.1.21 所示。

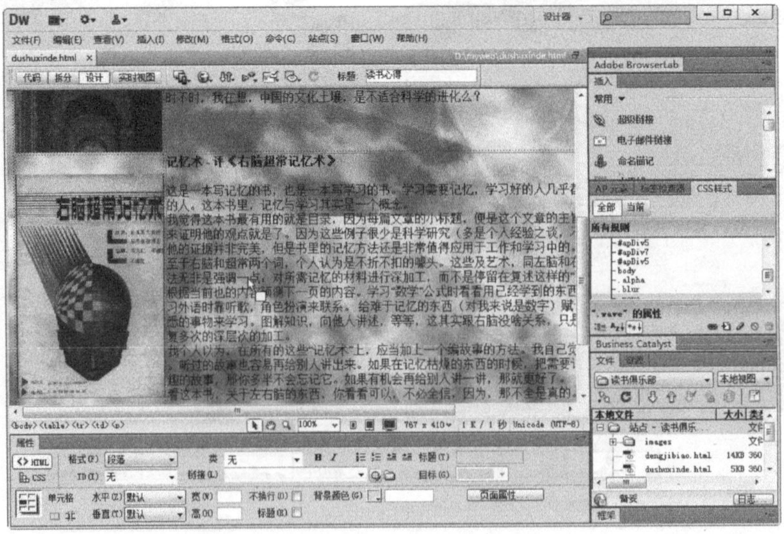

图 6.1.21　网页文件“dushuxinde.html”

单击窗口右边浮动面板中的“CSS”，在打开的面板中单击，在弹出菜单中选择“新建”命令，如图 6.1.22 所示。

图 6.1.22 新建 CSS

在“新建 CSS 规则”对话框中，“选择器类型”选择“类（可应用于任何 HTML 元素）”，在“选择器名称”栏中输入“.wave”作为名字，如图 6.1.23 所示，单击“确定”按钮。

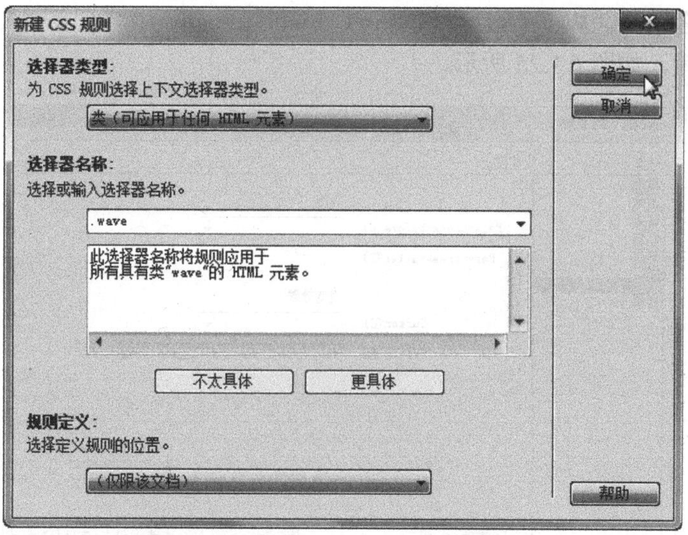

图 6.1.23 “新建 CSS 规则”对话框

在弹出的“.wave 的 CSS 规则定义”对话框中，选择左边“分类”下的“扩展”，然后在右边区域单击 Filter（滤镜）右边的，在弹出的下拉菜单中选择“Wave(Add=?, Freq=?, LightStrength=?, Phase=?, Strength=?)”，如图 6.1.24 所示。

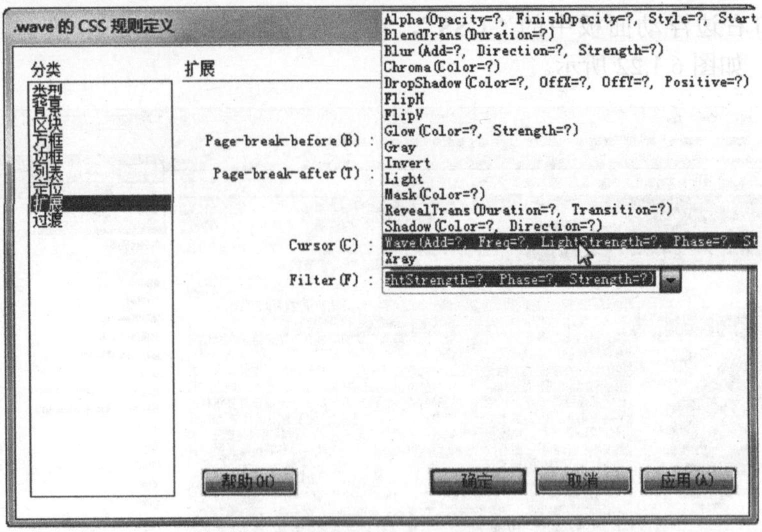

图 6.1.24 “.wave 的 CSS 规则定义”对话框

接下来要改变 Wave 滤镜的各个参数，通过这些参数的修改来实现不同的图片滤镜效果。各个参数的含义如下。

- Add：是否显示原对象，0 代表不显示，非 0 则显示原对象。
- Freq：设置波动的个数。
- LightStrength：设置波动效果的亮度，0 代表最弱，100 代表最强。
- Phase：设置波动的起始角度，取值为 0～100，25 代表 90°，依次类推。
- Strength：设置摇摆幅度。

此处，更改各值为“Wave(Add=0, Freq=3, LightStrength=10, Phase=25, Strength=10)”，单击“确定”按钮，如图 6.1.25 所示。

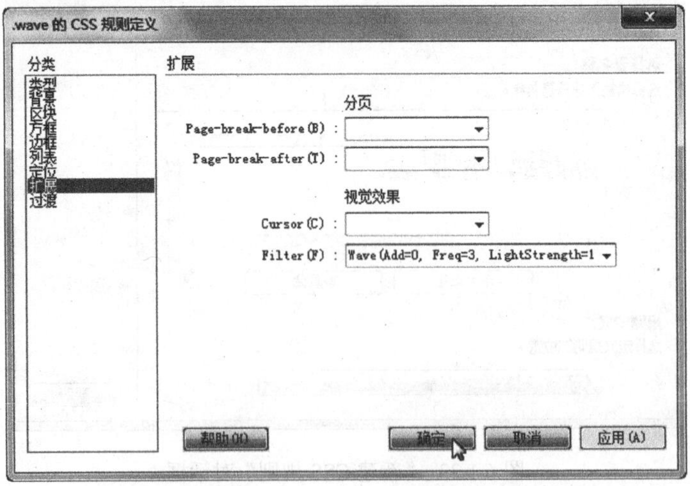

图 6.1.25 设置 Wave 滤镜的参数

将鼠标指针移动到图片上，单击鼠标右键，在弹出的快捷菜单中选择“CSS 样式”下的“wave”，如图 6.1.26 所示。

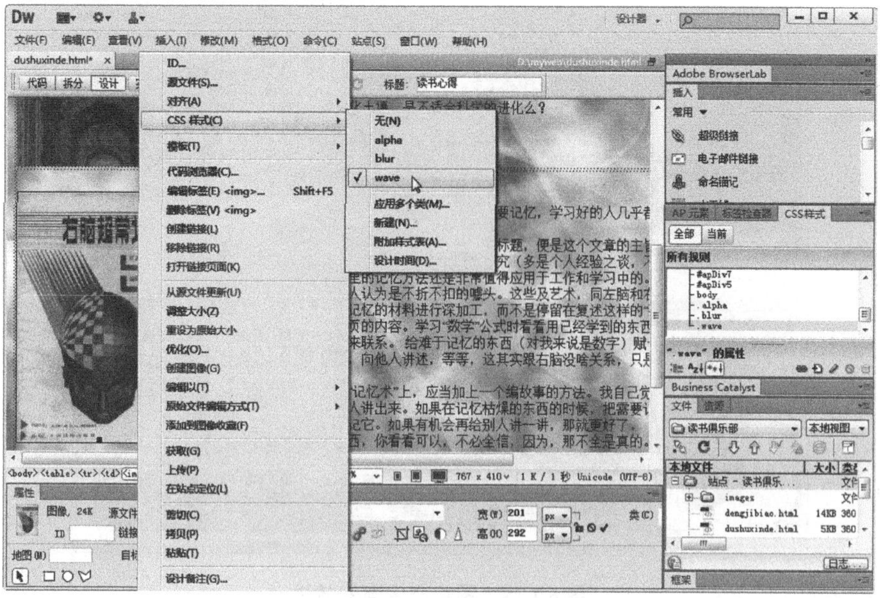

图 6.1.26　选择“wave”命令

此时发现图片似乎没有什么变化，这是因为 Wave 滤镜的效果要在浏览器中才能显示出来。保存网页，在 IE 浏览器中预览该网页，在弹出的对话框中单击“允许阻止的内容”按钮，如图 6.1.27 所示。

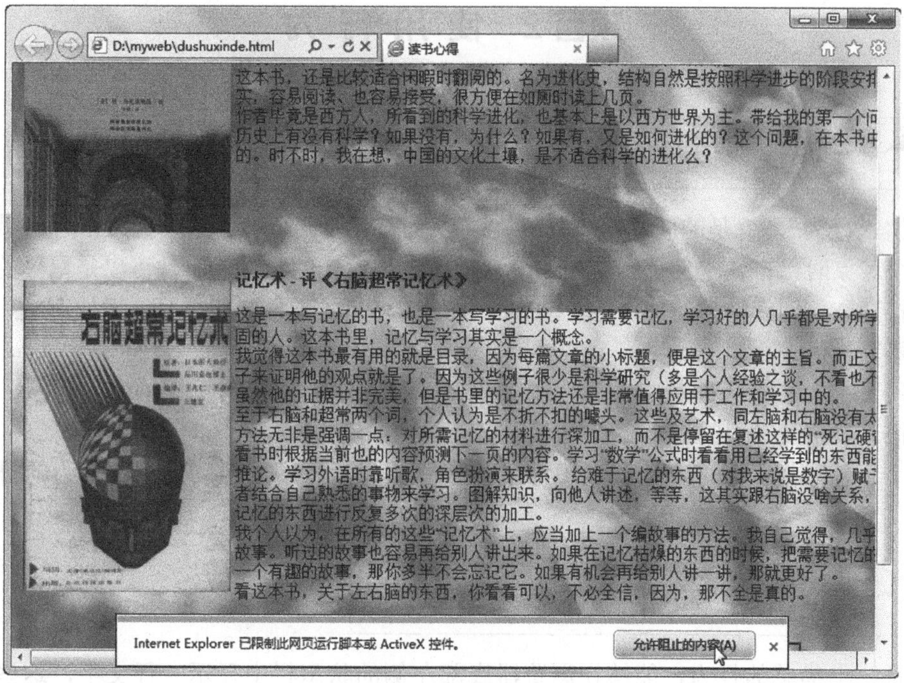

图 6.1.27　预览网页

这时可以发现，图片产生了渐变效果，如图 6.1.28 所示。

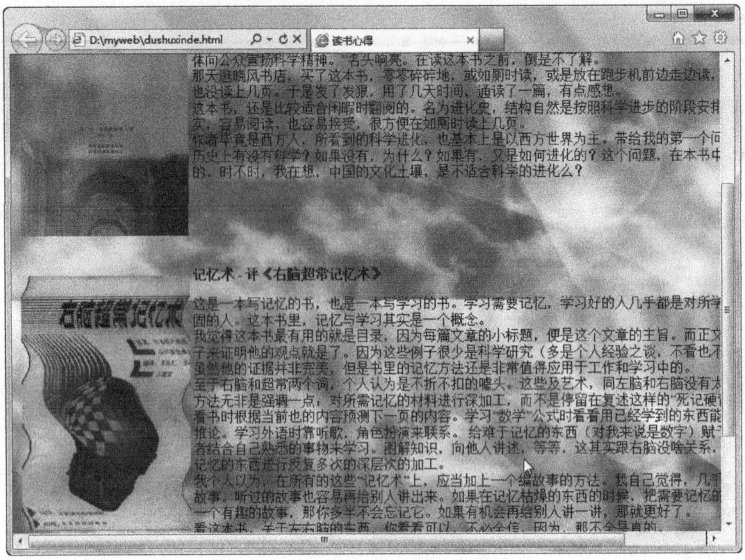

图 6.1.28　图片产生渐变效果

做一做

修改 Wave 滤镜的各个值，保存后预览网页，观察效果。

项目 2　使用行为

子项目 1　行为概述

所谓“行为”，就是响应网页中的某一事件而采取的一个动作。当把某个行为赋予网页中的某个对象时，也就定义了一个动作，以及与之相对应的事件。事件可以是鼠标的移动、网页的打开与关闭、键盘的使用等，动作可以是弹出问候语、刷新页面、播放声音、检查用户浏览器等。

在网页中添加行为即可将该行为附加到整个文档中，同时网页中的所有元素，包括链接、图像、表格及其他的 HTML 对象都被赋予这个行为。

一个事件可以关联多个动作，每个动作执行的先后次序由浮动面板中行为的排列顺序决定。

子项目 2　使用行为设置状态栏信息

这是一个简单的行为，能够在浏览器底部左侧的状态栏中显示一行文字，这些文字可以是与网页内容有关的内容，也可以是一些欢迎性的文字。

在 Dreamweaver 中打开网页“index.html”。默认情况下，浮动面板组中并没有“行为”选项卡，单击“窗口”菜单，选择“行为”命令，如图 6.2.1 所示，可以调出“行为”选项卡。

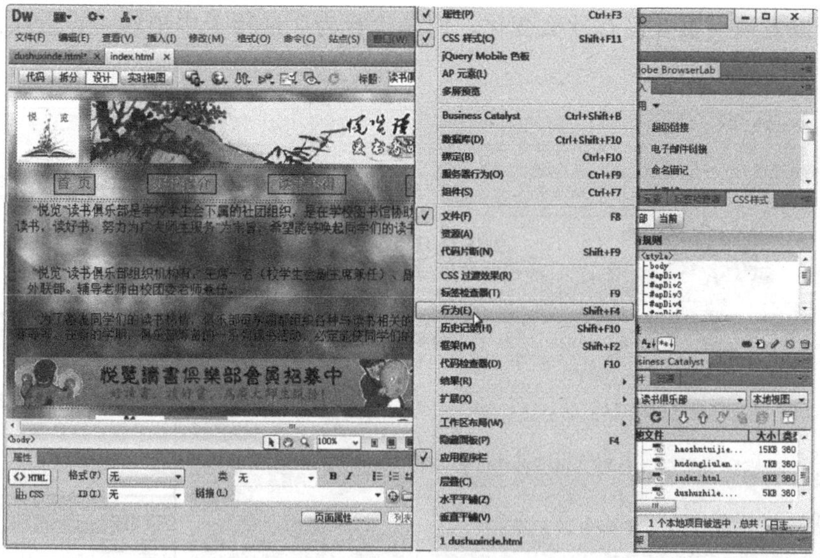

图 6.2.1 “窗口”菜单

在浮动面板的“行为”选项卡中单击 +，在弹出的菜单中选择“设置文本”下的“设置状态栏文本”命令，如图 6.2.2 所示。

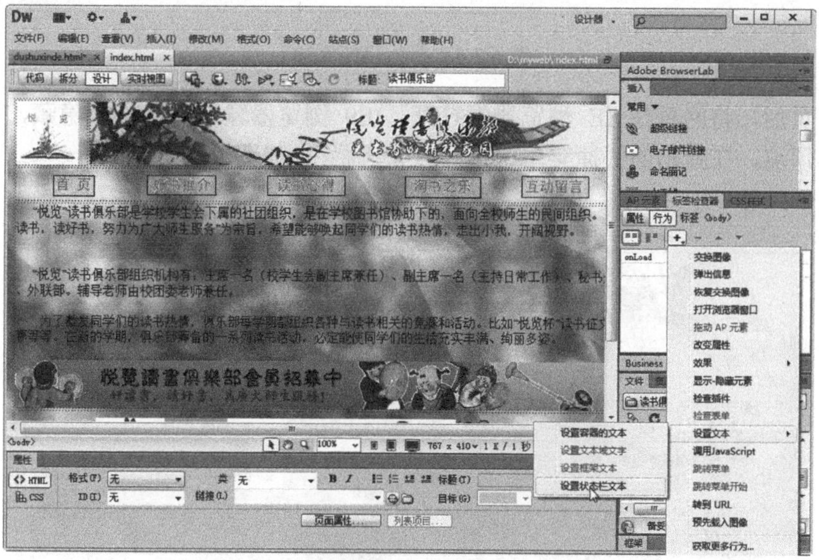

图 6.2.2　添加行为

在弹出的“设置状态栏文本”对话框中，输入“欢迎您参加悦览读书俱乐部”，单击“确定”按钮，如图 6.2.3 所示。

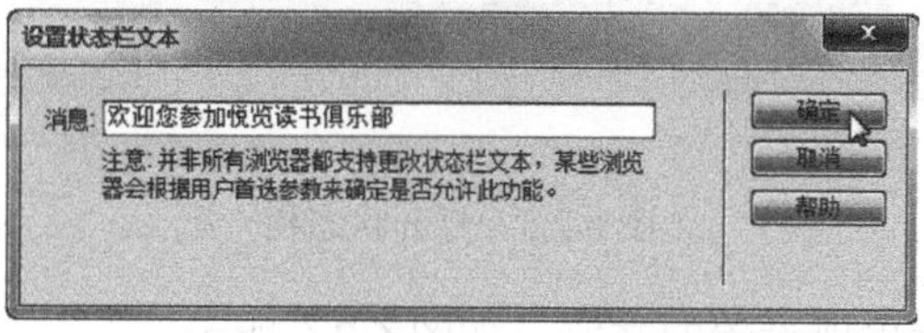

图 6.2.3 “设置状态栏文本”对话框

此时可以发现网页并没有什么变化，但是“行为”选项卡中出现“设置状态栏文本”的行为，如图 6.2.4 所示。

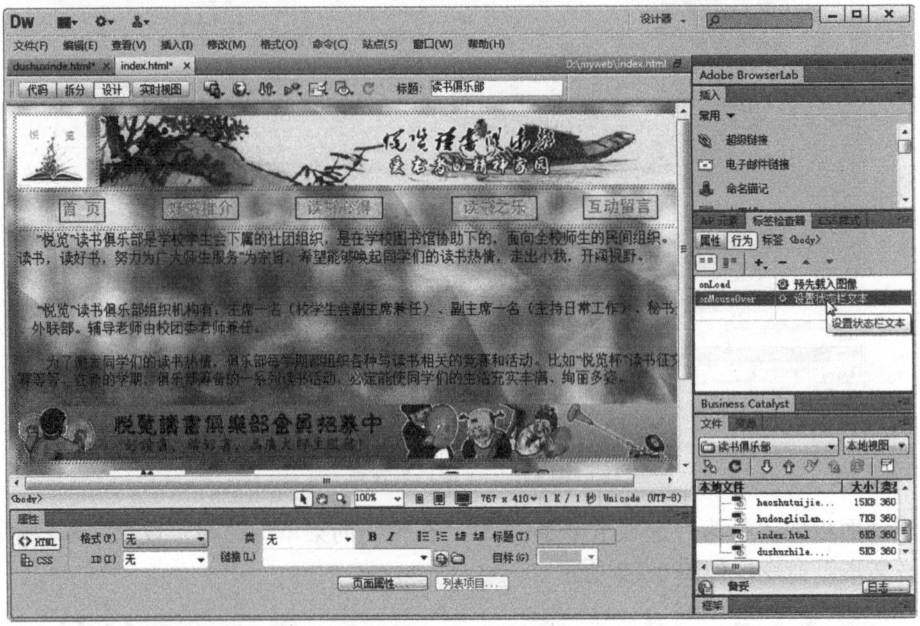

图 6.2.4　行为已经添加

保存网页后，将网页在 IE 浏览器中打开。IE9 浏览器默认将状态栏隐藏，可以用鼠标右击浏览器顶端，在弹出的快捷菜单中选择“状态栏”，如图 6.2.5 所示。

图 6.2.5　打开状态栏

此时可以看到状态栏出现设置的文字，如图 6.2.6 所示。

图 6.2.6 状态栏出现设置的文字

子项目 3 使用行为弹出对话框

有一些网页常常自动弹出一些信息供浏览者阅读，这些信息可以是一些友好的问候语，也可以是与网页相关的提示语。

实现这一功能有两种方法，一种是采用“弹出信息”行动，另一种是采用“调用 JavaScript”行为。

先看第一种方法。

在 Dreamweaver 中打开网页文件“index.html”，单击窗口右下角的按钮<body>，如图 6.2.7 所示。

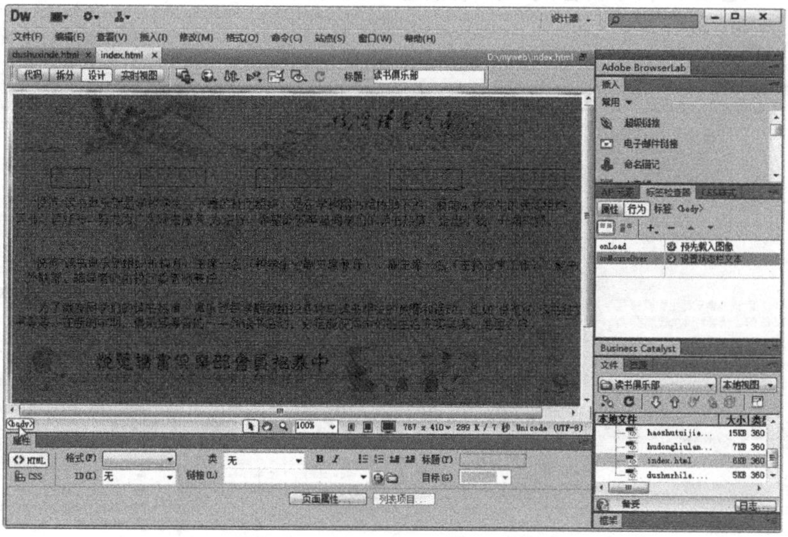

图 6.2.7 单击“<body>”按钮

在“行为”选项卡中单击+，在弹出的菜单中选择“弹出信息”命令，如图 6.2.8 所示。

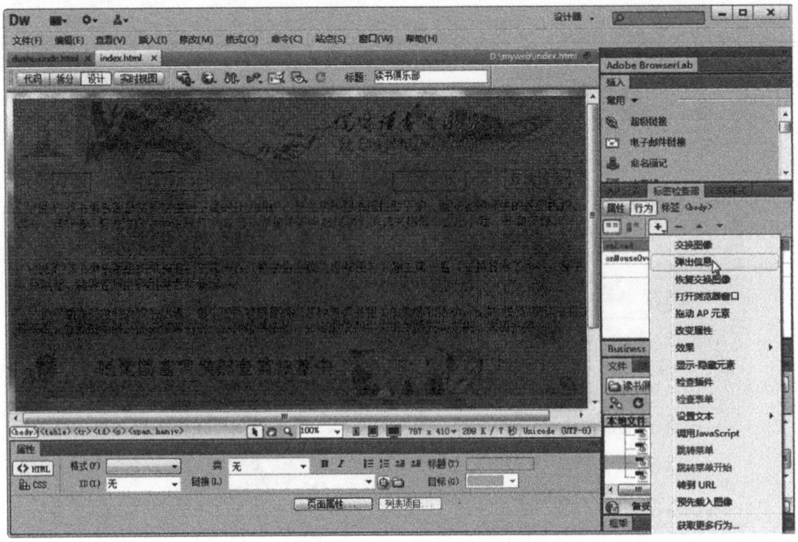

图 6.2.8　选择“弹出信息”命令

在打开的“弹出信息”对话框中输入要显示的信息，单击“确定”按钮，如图 6.2.9 所示。

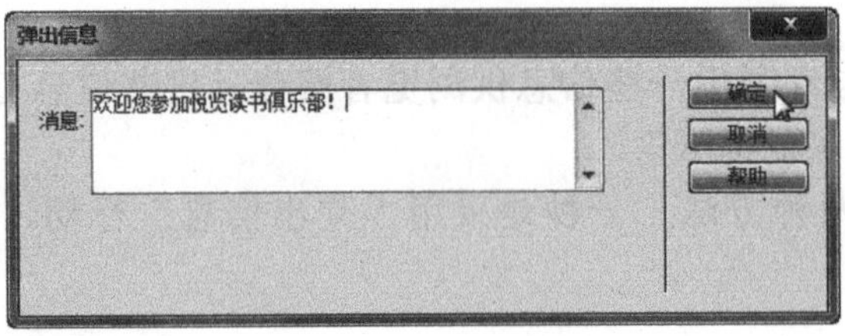

图 6.2.9　输入信息

在“行为”选项卡中可以看到“弹出信息”的行为已经添加上了，如图 6.2.10 所示。

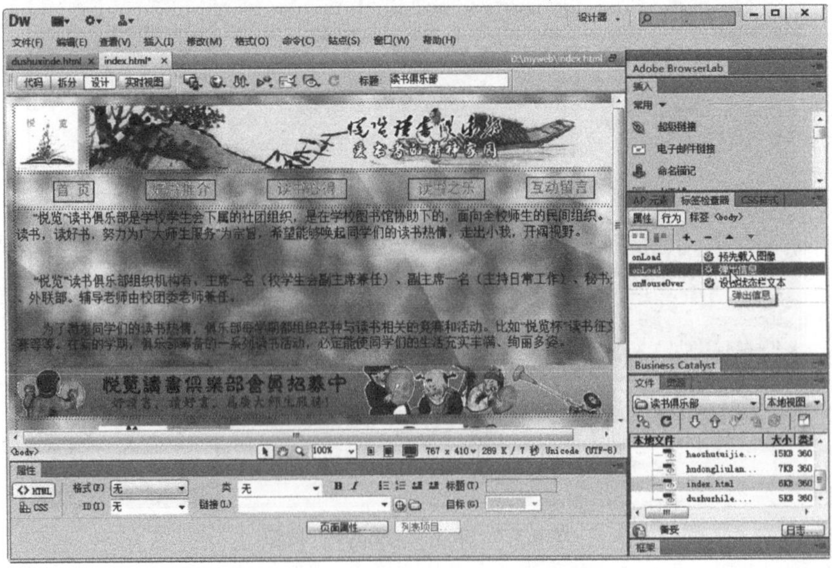

图 6.2.10　“弹出信息”行为已添加

保存网页后预览网页，可以看到在浏览器中弹出一个对话框，如图 6.2.11 所示。只有单击“确定”按钮关闭该对话框，才能继续浏览网页。

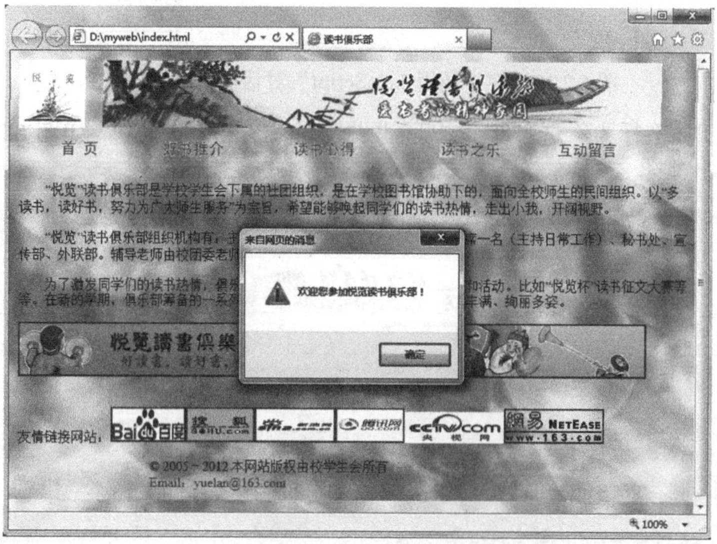

图 6.2.11　弹出信息对话框

第二种方法是采用“调用 JavaScript”行为，也可以达到同样的效果。

首先在“行为”选项卡中将刚建立的行为删除（单击右键，选择“删除行为”命令），然后重复前面的操作至打开“行为”选项卡，在 + 的下拉菜单中选择 “调用 JavaScript”命令，如图 6.2.12 所示。

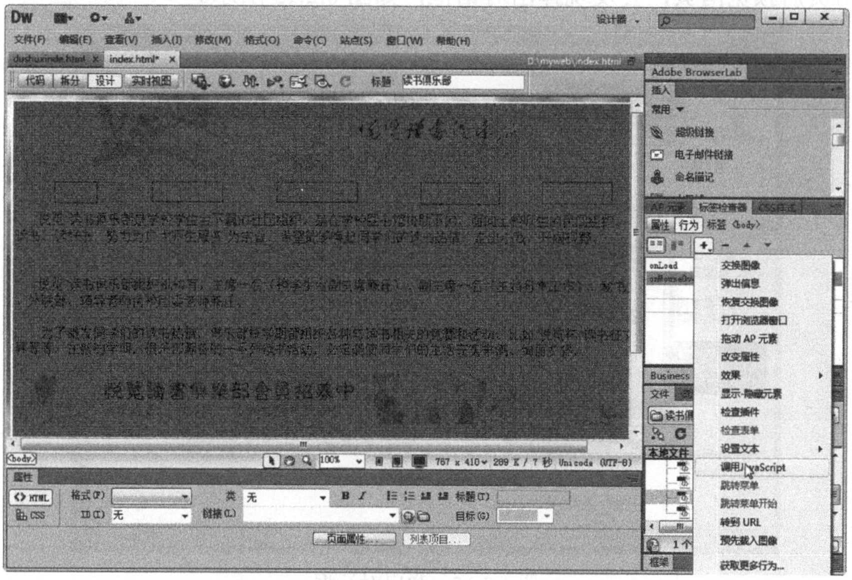

图 6.2.12　选择“调用 JavaScript”命令

在打开的“调用 JavaScript”对话框中输入“alert（‘请确认您所使用的浏览器为 IE5.5 以上版本，否则无法正常显示网页的动态效果！’）”，如图 6.2.13 所示，最后单击“确定”按钮。

图 6.2.13 在“调用 JavaScript”对话框中输入信息

此时可以发现，“行为”选项卡里出现“调用 JavaScript”行为，如图 6.2.14 所示。

图 6.2.14 “调用 JavaScript”行为已添加

保存网页后预览网页，会发现弹出对话框，如图 6.2.15 所示。

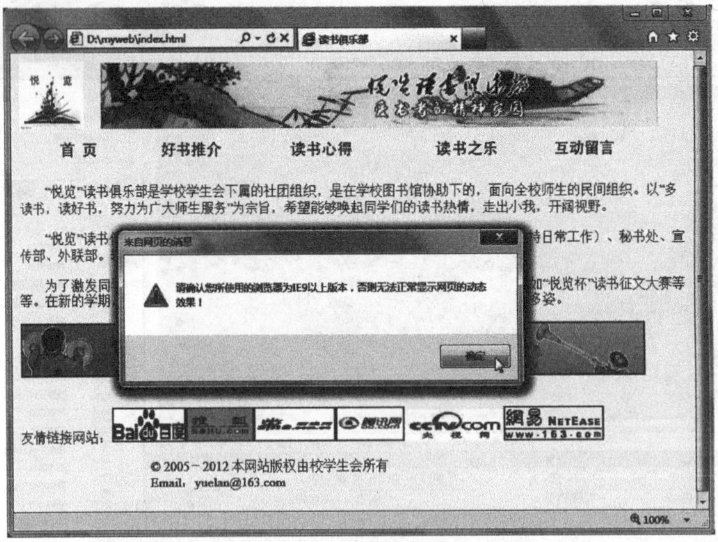

图 6.2.15 弹出对话框

弹出对话框虽然可以让浏览者在浏览网页时注意到其他的信息，但也有一些缺点。一是该方法过于呆板，不关闭对话框就无法浏览网页；二是表现方法单一，只能是文本，效果不够生动。

子项目 4 使用行为弹出网页窗口

我们在浏览新浪、搜狐等网站时可以发现，在打开主页时会自动弹出一些广告窗口，这些窗口就是一个小的网页，通常是 Flash 动画或颜色鲜艳的静态网页。

利用行为中的“打开浏览器窗口”可以实现上述功能。下面就来学习具体的设置方法。

在 Dreamweaver 中打开网页文件“index.html”，移动鼠标到窗口右边的“文件”浮动面板中，打开“站点”选项卡，在该选项卡中单击鼠标右键，在弹出的快捷菜单中选择“新建文件”命令，如图 6.2.16 所示。

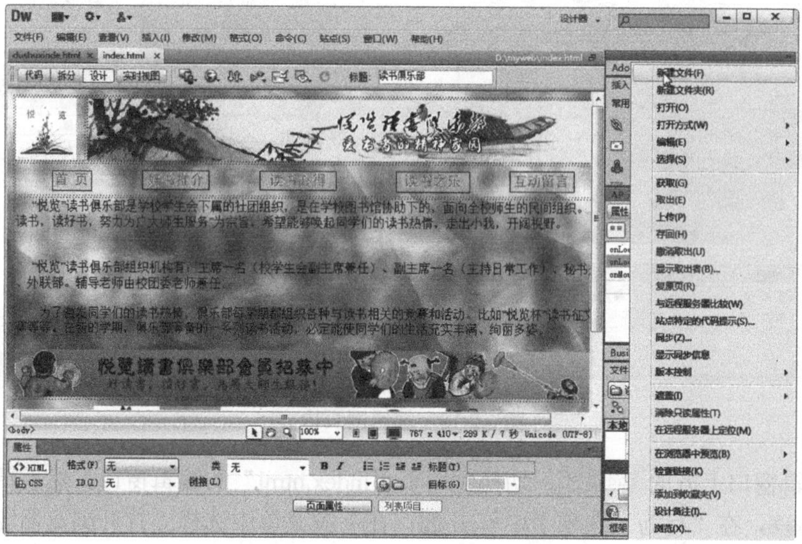

图 6.2.16 选择“新建文件”命令

将新建的网页文件改名为“hello.html”，如图 6.2.17 所示。

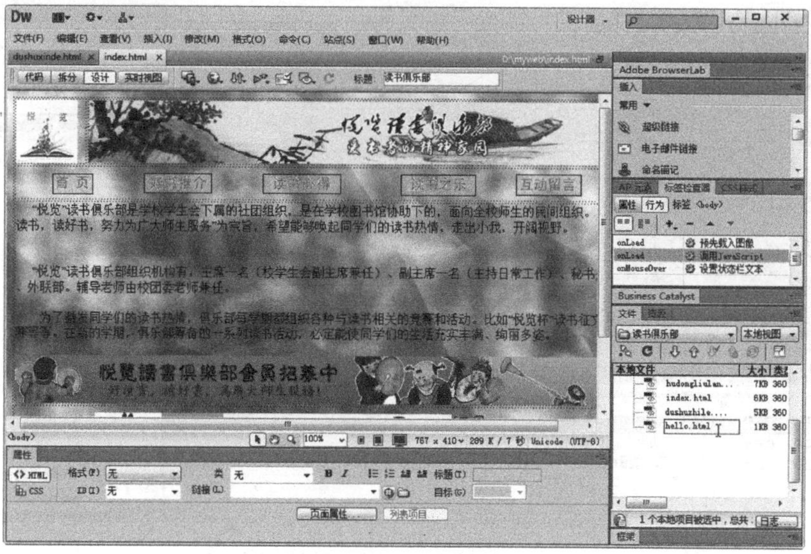

图 6.2.17 更改文件名

双击网页文件“hello.html”，将它打开，编辑网页的内容并保存，注意内容不要过多，结果如图 6.2.18 所示。

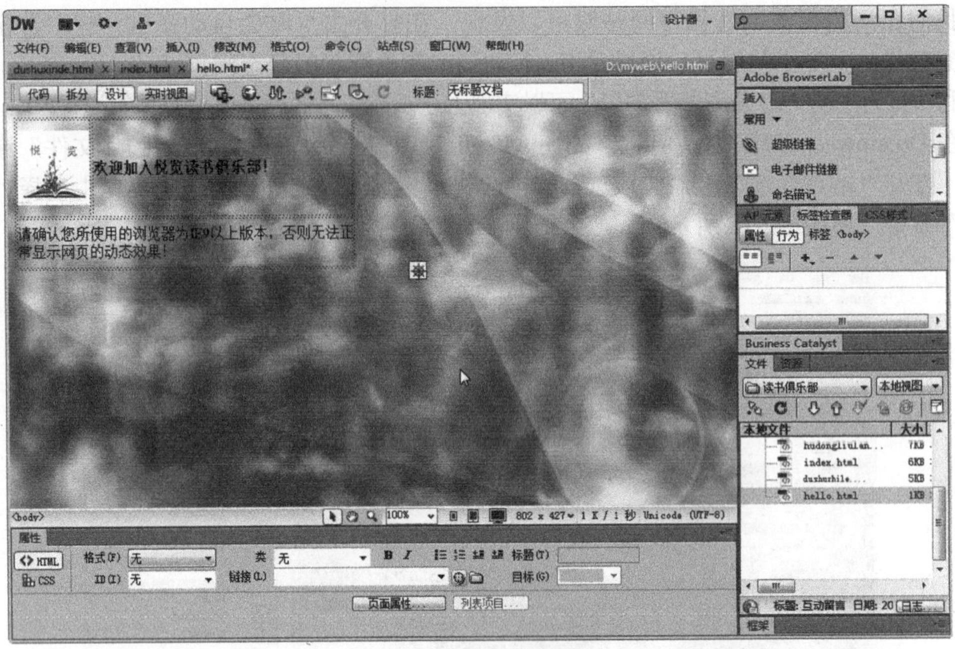

图 6.2.18　编辑网页内容

单击编辑窗口上方的 index * ，切换到网页“index.html”的编辑窗口。然后单击编辑窗口左下方的<body>，在“行为”选项卡中单击+，在下拉菜单中选择“打开浏览器窗口”命令，打开“打开浏览器窗口”对话框，如图 6.2.19 所示。

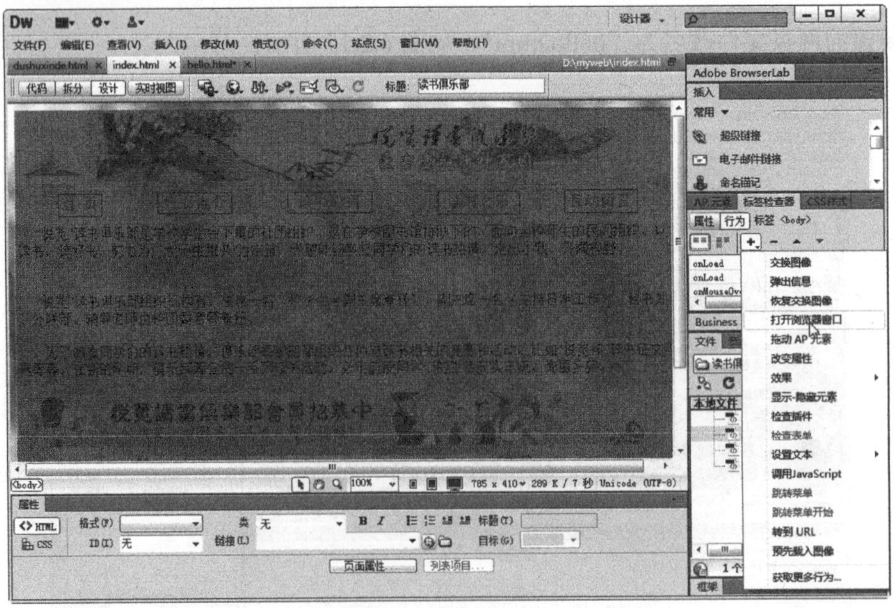

图 6.2.19　选择“打开浏览器窗口”命令

在“打开浏览器窗口”对话框中单击“浏览”按钮，打开“选择文件”对话框，如图 6.2.20 所示。

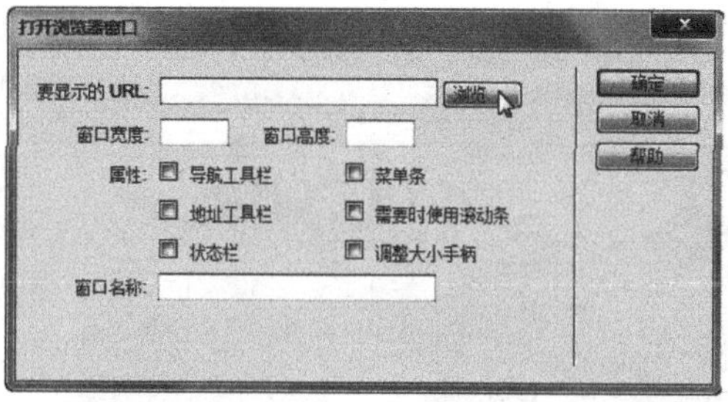

图 6.2.20 “打开浏览器窗口”对话框

在“选择文件”对话框中选择“hello”文件，如图 6.2.21 所示。单击“确定”按钮，返回“打开浏览器窗口”对话框。

图 6.2.21　选择“hello”文件

在“打开浏览器窗口”对话框中，输入弹出窗口的大小及窗口名称，窗口大小的值并不是网页窗口的实际大小，而是它显示时的大小。如图 6.2.22 所示，单击“确定”按钮。

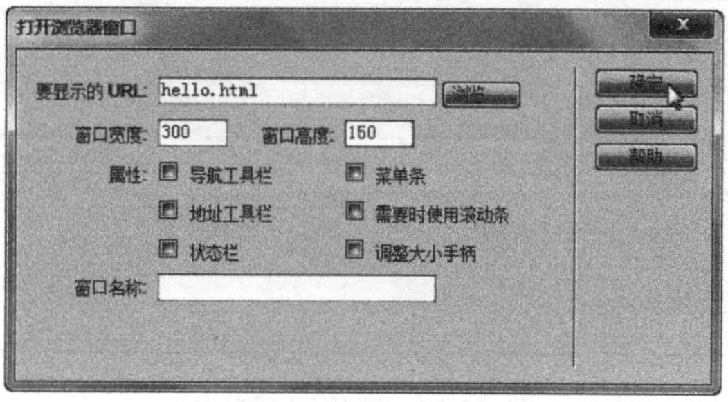

图 6.2.22　输入窗口属性

在 Dreamweaver 窗口中可以发现，“打开浏览器窗口”已经出现在“行为”选项卡中，如图 6.2.23 所示。

图 6.2.23 “打开浏览器窗口”行为已添加

按 F12 键，在浏览器中预览该网页，可以看到在打开主页的同时弹出小窗口“hello.html”，如图 6.2.24 所示。

图 6.2.24 弹出网页窗口

习　题　6

1．简答题

（1）样式在网页制作过程中有什么作用？
（2）CSS 是什么含义？
（3）什么是行为？有什么作用？
（4）“弹出窗口”行为与“弹出对话框”行为相比有什么优点？

2．操作题

（1）打开爱护牙齿的网站，创建一个样式，要求字体为仿宋，其他的风格自己决定。
（2）将样式应用到网页的正文中。
（3）将网页的正文行间距扩大到原来的 1.5 倍。
（4）将网页中文本超链接热区文字的下画线去掉。
（5）选择网页上的一幅图片，应用一种合适的滤镜。
（6）设置状态栏文本为“爱护牙齿，从每一次刷牙开始！”。
（7）为主页添加弹出窗口，弹出窗口的内容为“本周末将举行护齿讲座，欢迎参加！”，背景、字体等与主页一致。

第 7 章

制作多媒体网页

项目 1　在网页中插入多媒体文件

子项目 1　插入音乐

在浏览网页时，我们经常可以遇到这样的情况：当打开关于森林的网页时，音箱里会传出几声鸟鸣，打开关于书法、国画的网页时又听到优美的古乐曲。这都是使用了背景音乐的缘故。

添加背景音乐可以使网页突出多媒体功能。但考虑到网络传输速度，采用的声音文件最好是 MIDI 格式的，不要用 WAV 文件。音乐也最好采用轻音乐、流水声、鸟叫声或者其他与网页内容相关的声音文件，并且声音文件要提前复制到“网站素材”文件夹中。

下面就来学习如何为网页添加音乐。

在 Dreamweaver 中打开网页文件“index.html”，拆分第三行，确定音乐播放器的位置。单击“插入”菜单，选择“媒体”下的“插件”命令，如图 7.1.1 所示。

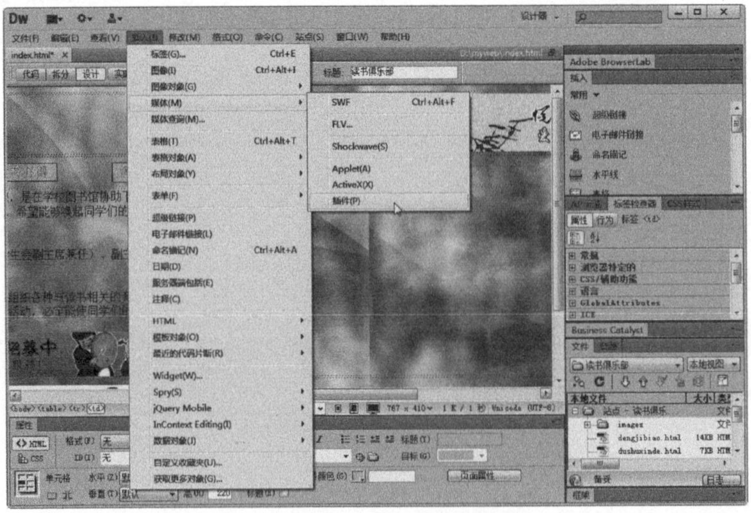

图 7.1.1　“插入”菜单

在弹出的“选择文件”对话框中，选择存放音乐文件的文件夹，选择事先确定好的音乐文件，单击“确定”按钮，如图 7.1.2 所示。

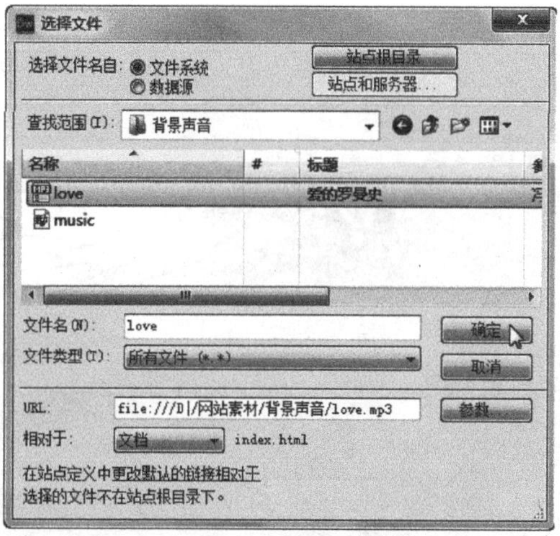

图 7.1.2 “选择文件”对话框

由于该文件并不属于网站内文件，因此会弹出如图 7.1.3 所示的“Dreamweaver”对话框，单击“是”按钮，关闭该对话框。

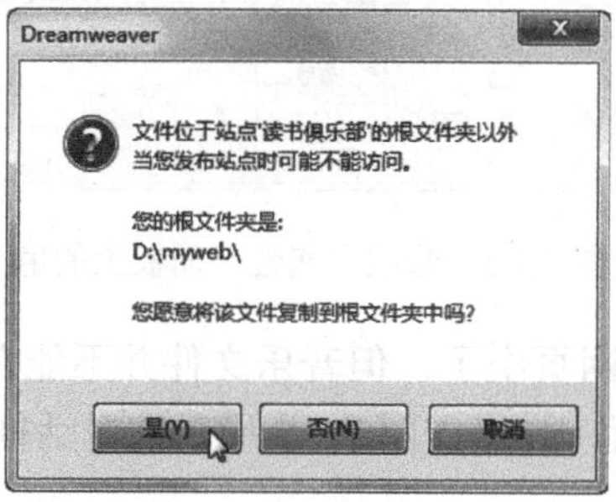

图 7.1.3 “Dreamweaver”对话框

在“复制文件为”对话框中，双击打开“images”文件夹，将音乐文件存放到该文件夹中，如图 7.1.4 所示。

图 7.1.4 “复制文件为”对话框

此时在网页上出现一个插件图标，选中该图标，修改“属性”面板上的宽为 230，高为 50。这样网页上将会出现一个宽为 230，高为 50 的区域来显示音乐播放器，如图 7.1.5 所示。

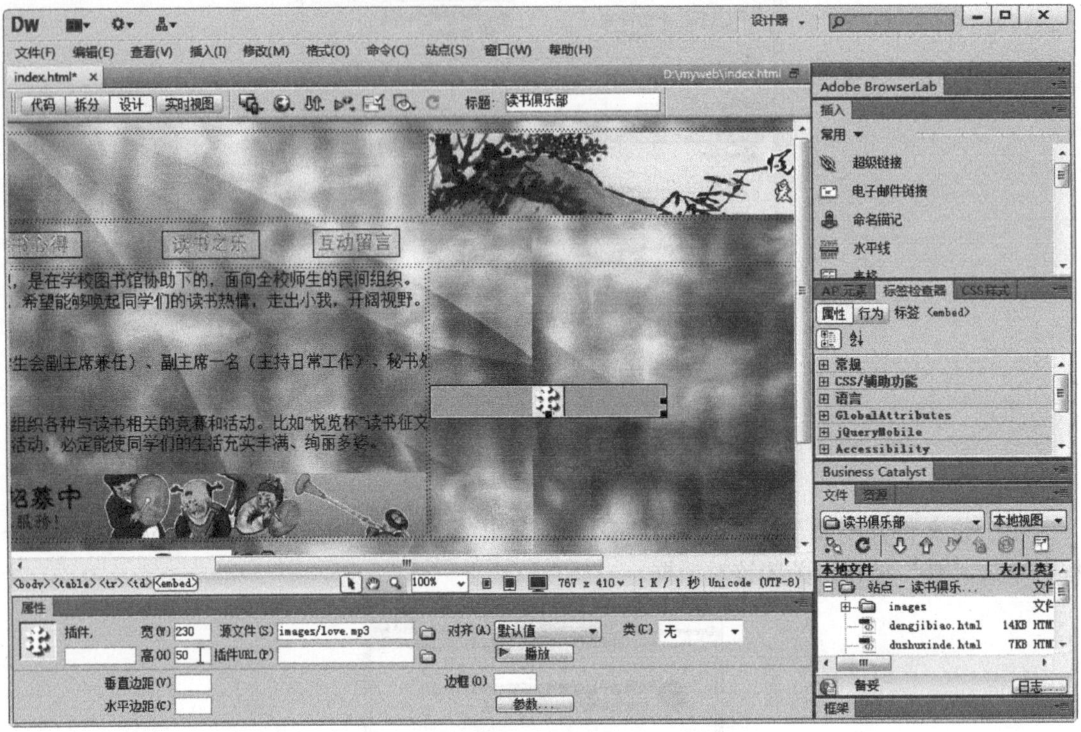

图 7.1.5　修改“属性”面板上的值

此时音乐文件已经插入到网页中了，但音乐文件并不能在 Dreamweaver 中播放，单击“属性”面板上的“播放”按钮，弹出如图 7.1.6 所示的对话框。

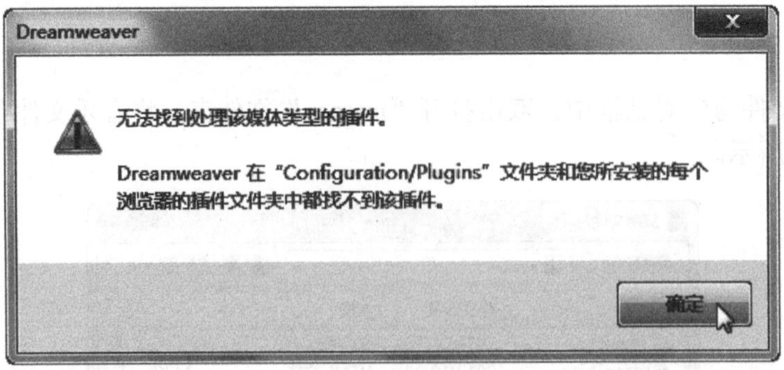

图 7.1.6　警告对话框

要想使音乐文件播放，需要将网页在浏览器中打开。首先保存网页，然后预览网页，结果如图 7.1.7 所示。此时音乐播放器并没有显示出来，这是由于 IE 浏览器阻拦的结果。单击“允许阻止的内容”按钮，就可以看到播放器了，同时听到悦耳的音乐声，如图 7.1.8 所示。

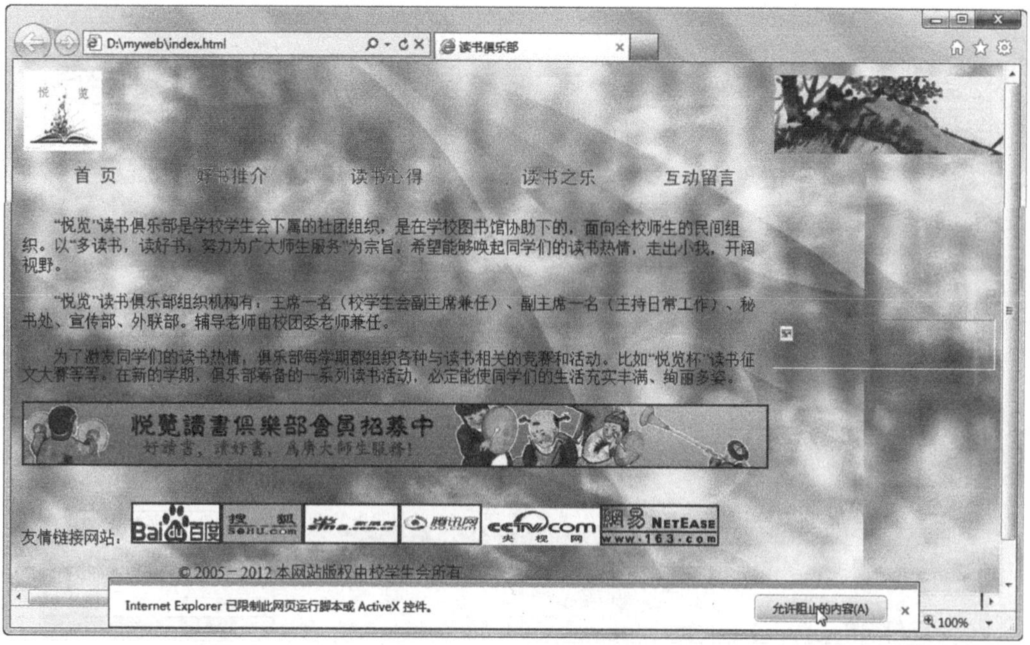

图 7.1.7 预览网页

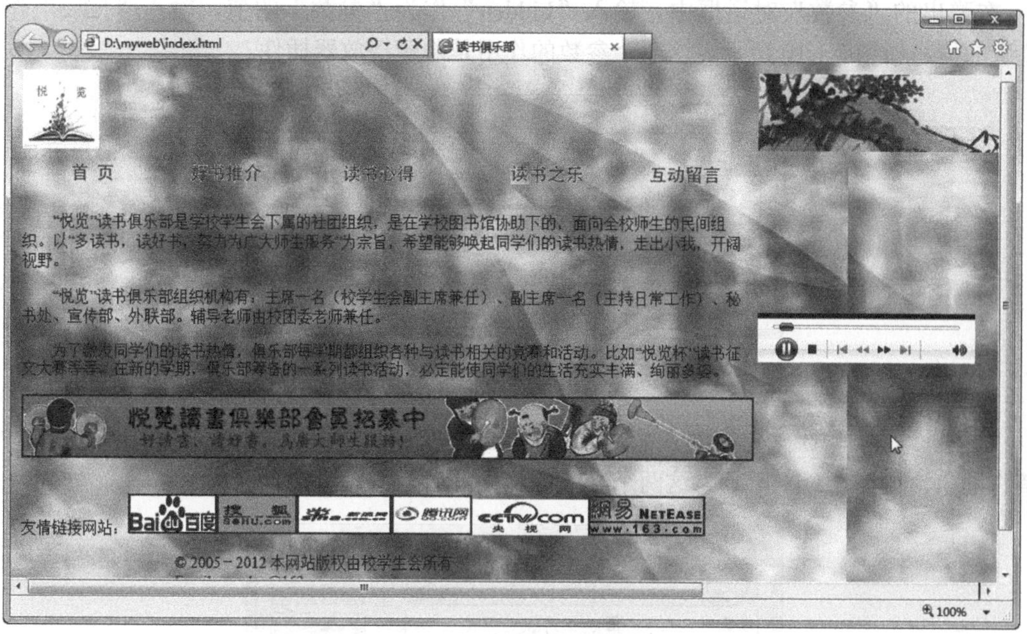

图 7.1.8 音乐播放器开始工作

使用音乐播放器可以非常方便地对音乐进行暂停、停止、播放等操作。但如果仅仅是作为背景音乐，则显示播放器是没有必要的。

下面的操作可以隐藏播放器：首先在 Dreamweaver 中选择该插件，然后在"属性"面板中单击"参数"按钮，如图 7.1.9 所示。

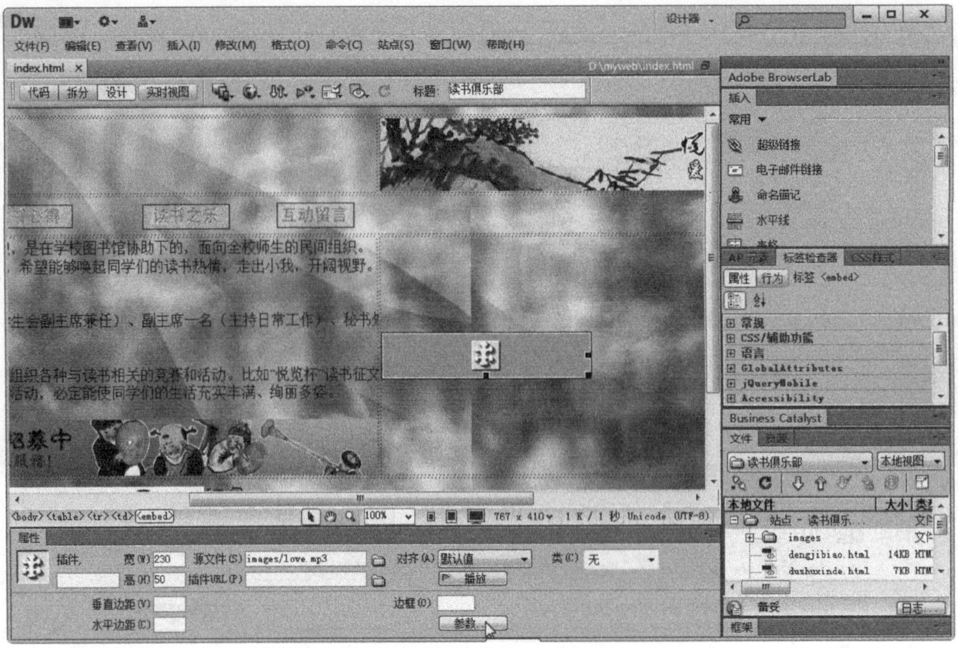

图 7.1.9　单击“参数”按钮

在弹出的“参数”对话框中，输入“hidden”作为“参数”的值，输入“false”作为“值”的值，如图 7.1.10 所示。这两个参数的作用是隐藏播放器插件。

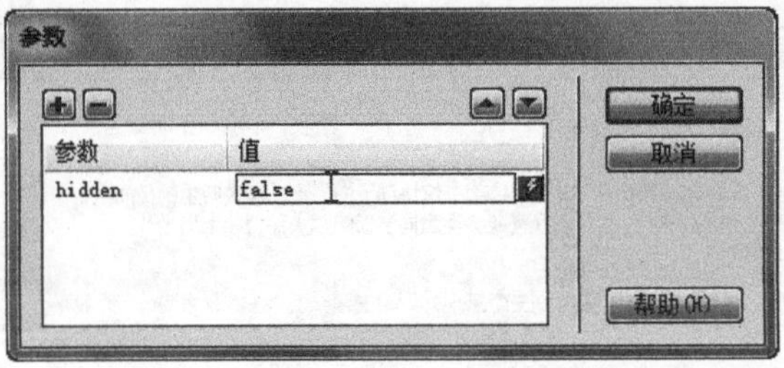

图 7.1.10　输入一组参数

单击+，再增加一组参数，输入“autostart”作为“参数”的值，输入“true”作为“值”的值，如图 7.1.11 所示。这两个参数的作用是音乐开始播放。

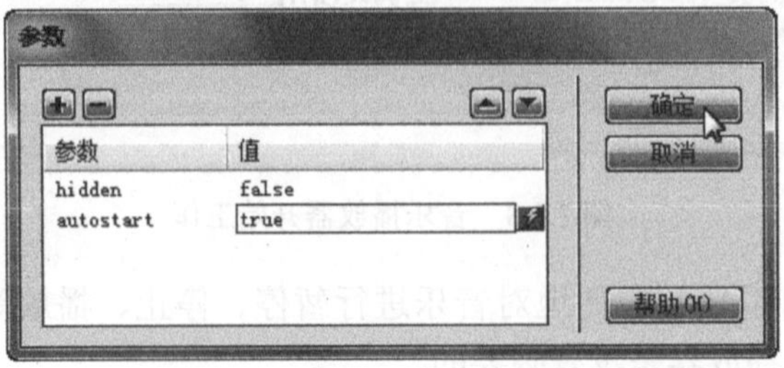

图 7.1.11　输入另一组参数

保存网页，在浏览器中预览网页，可以发现音乐自动开始播放，但播放器被隐藏了。

子项目 2　插入 Flash 动画

Flash 和 Dreamweaver 是同一家公司的产品，两者之间有很好的接口，也就是说在 Dreamweaver 中插入 Flash 动画非常简单。

应用广泛的 Flash 文件主要有两种：SWF 文件（主要是动画文件）；FLV 文件（主要是视频文件）。下面的操作是插入 SWF 文件的过程。

首先确定 Flash 动画文件的位置，然后单击“插入”菜单，选择“媒体”下的“SWF”命令，如图 7.1.12 所示。

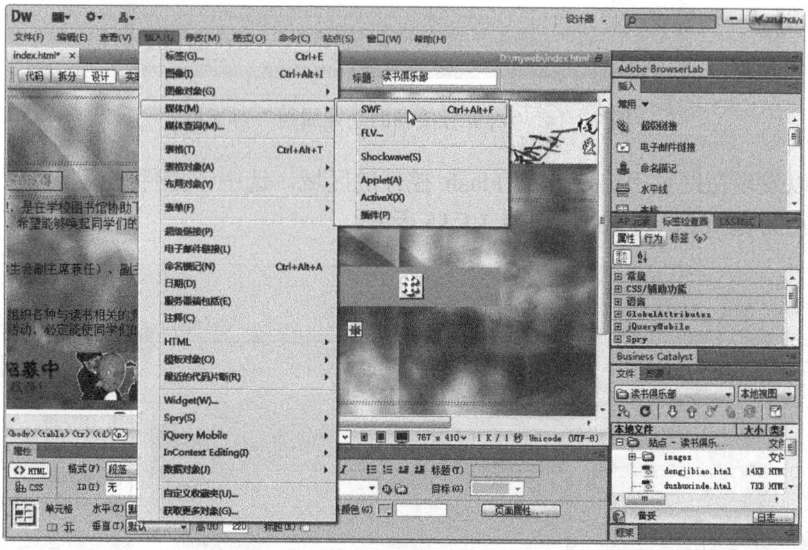

图 7.1.12　“插入”菜单

在弹出的“选择 SWF”对话框中，打开存放网页素材的文件夹，选择要插入的 SWF 文件，单击“确定”按钮，如图 7.1.13 所示。

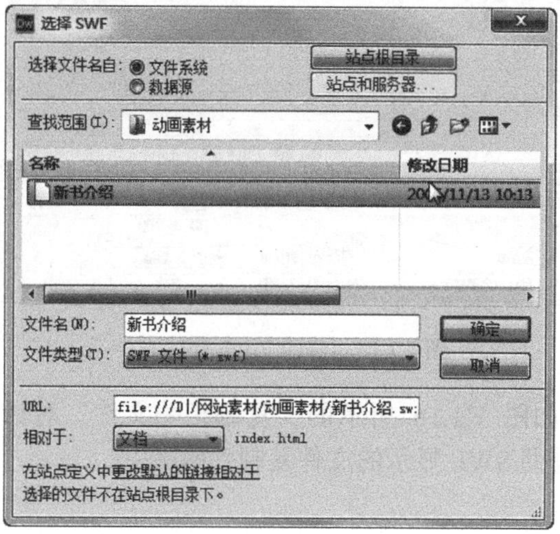

图 7.1.13　“选择 SWF”对话框

在将文件保存到网站的“images”文件夹后，会弹出如图 7.1.14 所示的“对象标签辅助功能属性”对话框。在该对话框中可以为插入的 SWF 文件设定标题，本例不输入内容，直接单击“确定”按钮。

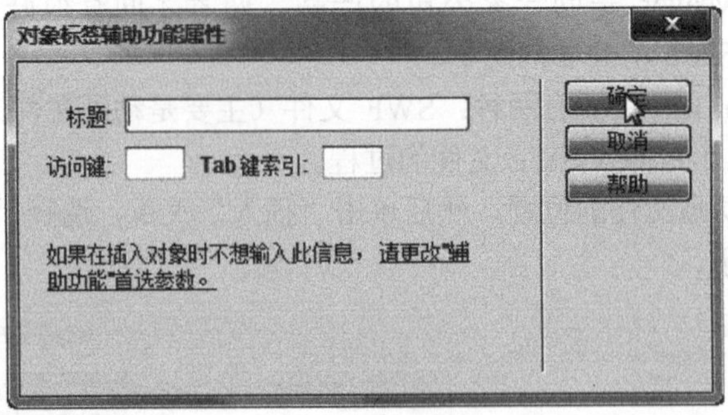

图 7.1.14 “对象标签辅助功能属性”对话框

此时可以发现在网页上出现一个 Flash 控件的区域，选中该控件图标，在“属性”面板上修改其大小为宽 300、高 300，如图 7.1.15 所示。

图 7.1.15 修改 Flash 控件大小

保存网页时会弹出如图 7.1.16 所示的“复制相关文件”对话框，单击“确定”按钮后，Dreamweaver 会将辅助 SWF 显示的文件复制到网站中。

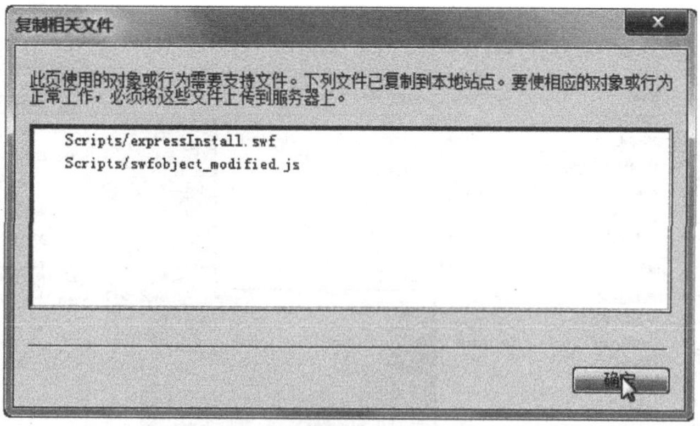

图 7.1.16 “复制相关文件”对话框

在浏览器中预览网页，可以发现 SWF 文件在网页中正确显示，如图 7.1.17 所示。

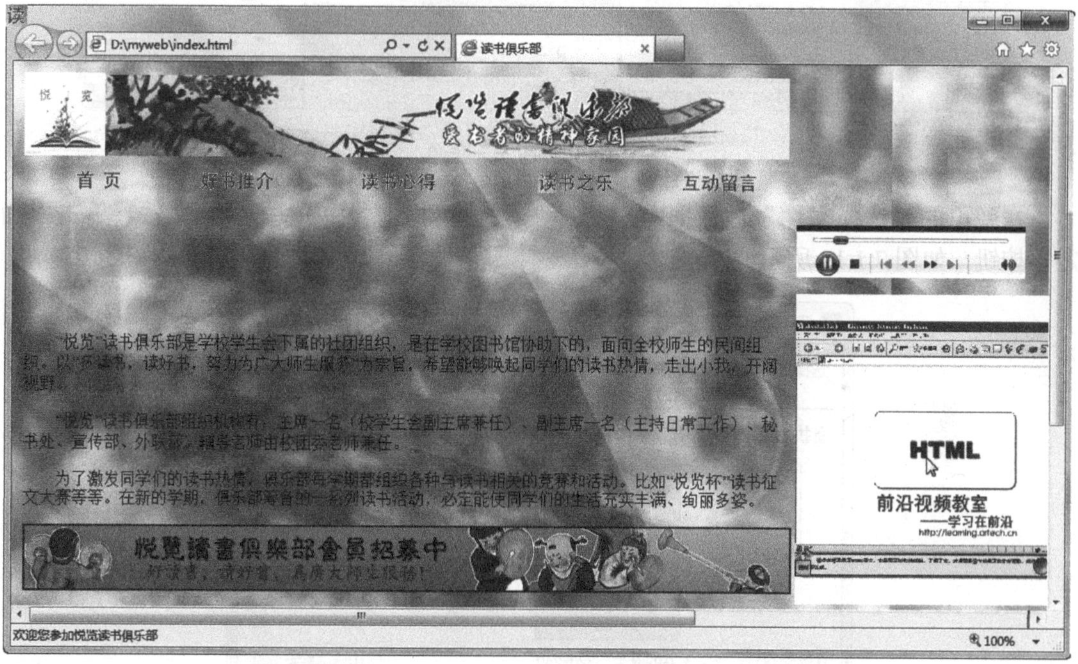

图 7.1.17 预览网页

子项目 3　插入视频

在网页上插入视频主要分为两类，一类是 FLV 文件，一类是通用的 AVI、MPG 等文件。在网页中插入 FLV 文件的方法和插入 SWF 文件的方法相似，本项目只演示插入 AVI 文件的过程。

首先确定视频文件的位置，然后单击“插入”菜单，选择“媒体”下的“插件”命令，如图 7.1.18 所示。

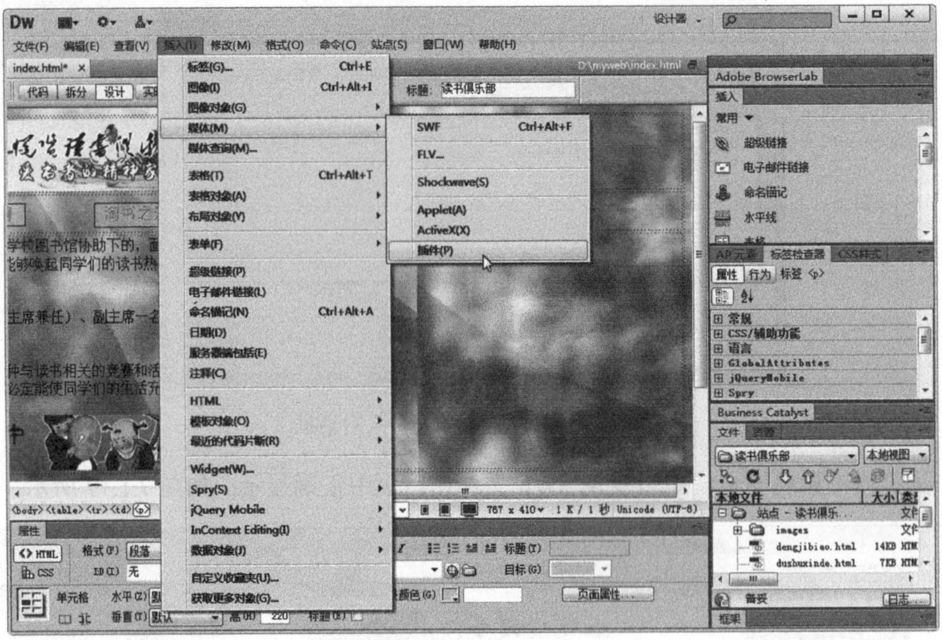

图 7.1.18 “插入”菜单

在弹出的“选择文件”对话框中，找到“网站素材”文件夹中的视频文件，单击“确定”按钮，如图 7.1.19 所示。

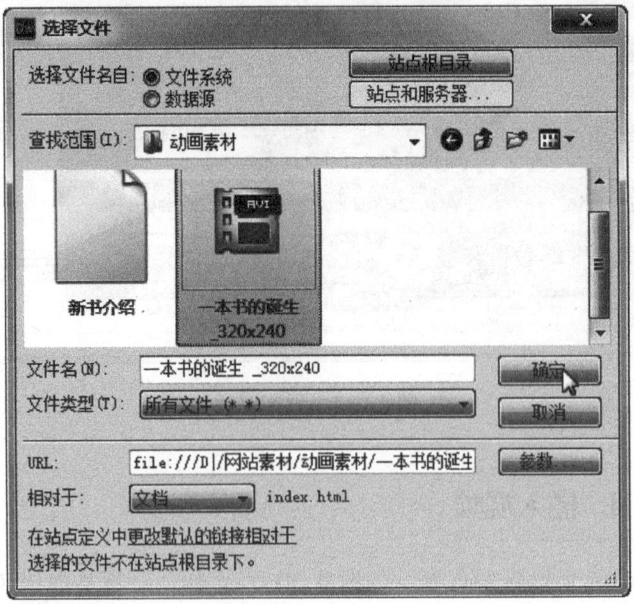

图 7.1.19 “选择文件”对话框

在弹出的“复制文件为”对话框中进行操作，将该视频文件保存到网站中，可以发现网页中出现一个插件的区域。选中该插件区域，在“属性”面板中修改插件大小为视频大小，如图 7.1.20 所示，输入的是宽 320、高 240。

图 7.1.20　修改插件大小

保存网页，在浏览器中预览网页，单击“允许阻止的内容”按钮，让浏览器允许视频播放插件运行，如图 7.1.21 所示。

图 7.1.21　单击“允许阻止的内容”按钮

图 7.1.22 所示是视频自动播放的过程。

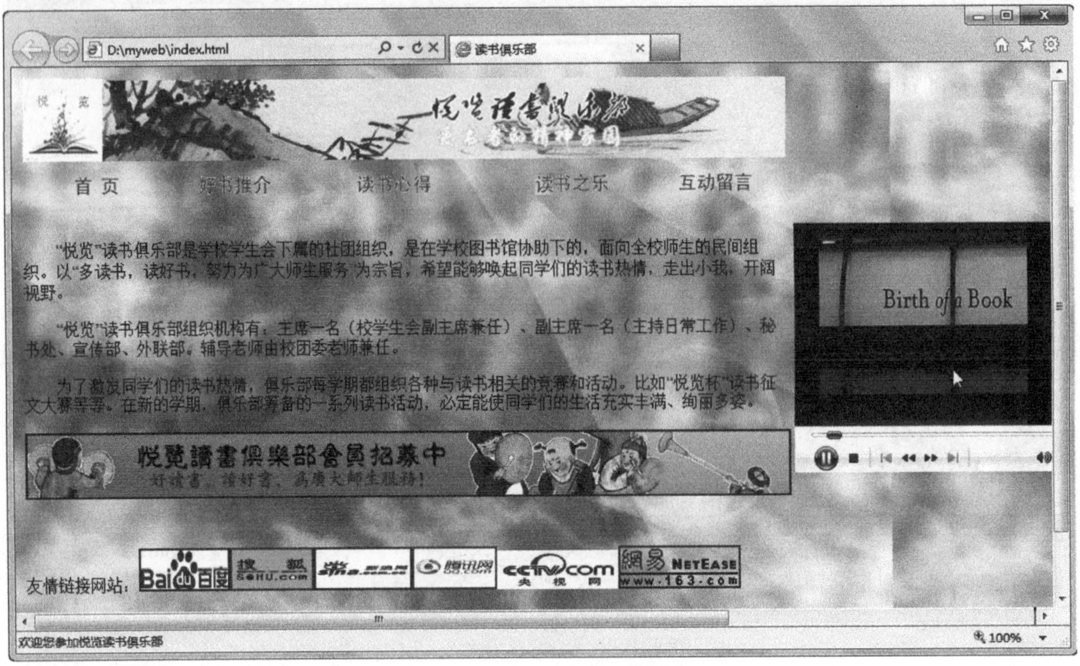

图 7.1.22　视频自动播放

项目 2　Spry 页面特效

在前面的学习中，主要学习了两种超链接样式，即文本超链接和图像超链接。这两种超链接的样式都是最基本、最常用的方式。但随着网络速度的提高，网络技术的进步，一些更具观赏性、更具交互性、更具亲和力的超链接样式逐渐成为主流。

本项目主要介绍两种 Spry 网页特效，一种是菜单栏，一种是选项卡式面板。

子项目 1　创建 Spry 菜单栏

Spry 属于一组 Ajax 框架，实质上是一组 JavaScript 库。有了它就可以使用 HTML、CSS 和简单的 JavaScript 实现一些特殊的网页效果。Spry 菜单栏可以应用于网站的网页导航，它可以制作出多级菜单栏的效果。

在 Dreamweaver 中打开网页“index.html”，将原来插入的超链接图像删除，插入一个 1 行 1 列、框线为 0 的表格，如图 7.2.1 所示。

将光标移动到刚插入的表格中，单击“插入”菜单，选择“Spry”下的“Spry 菜单栏”命令，如图 7.2.2 所示。

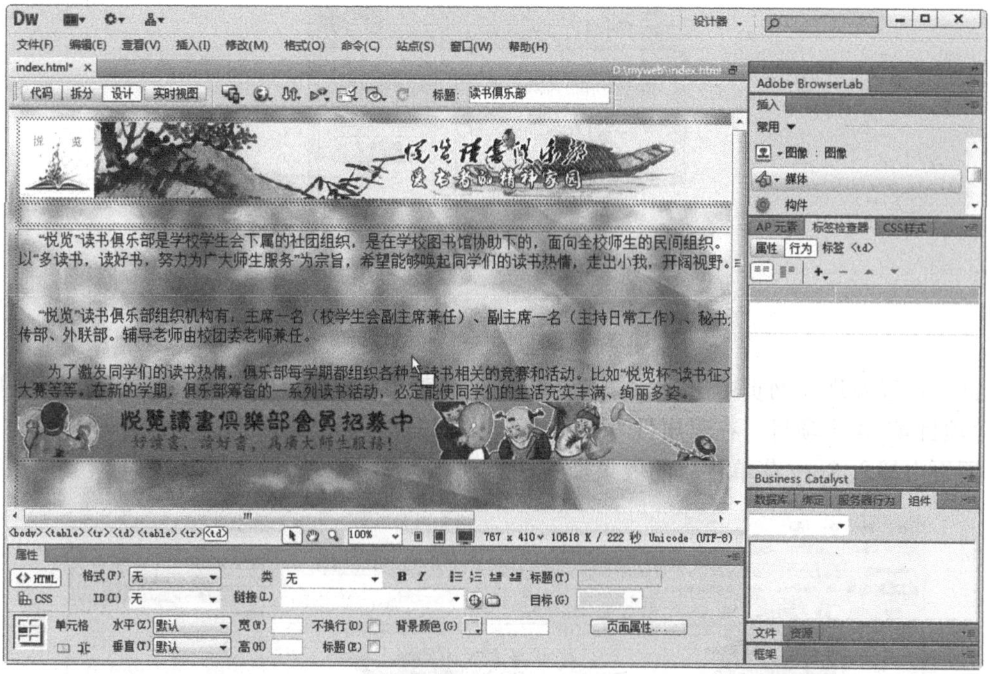

图 7.2.1　在网页“index.html”中插入表格

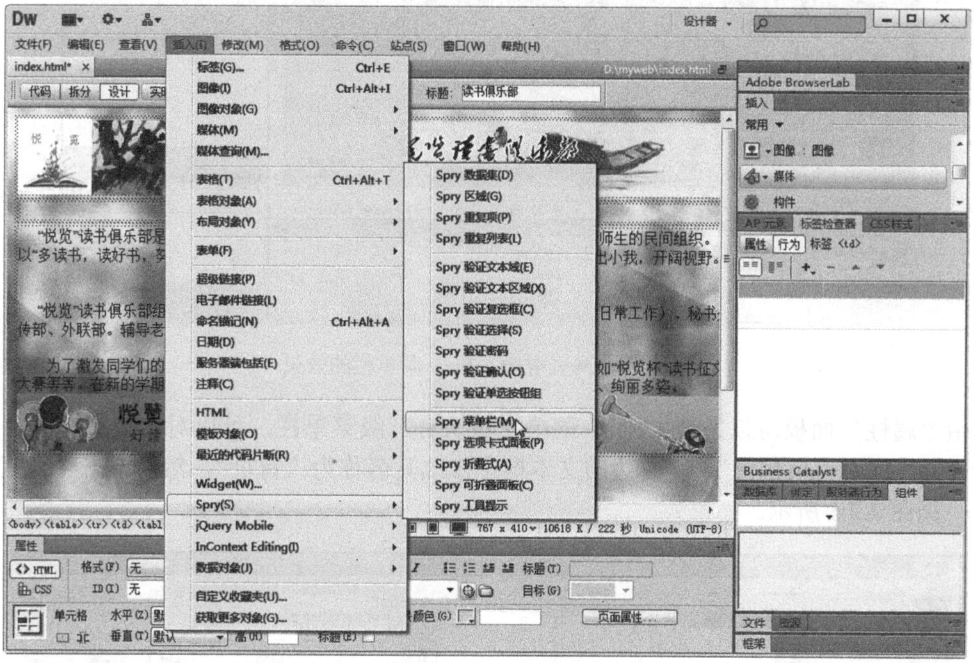

图 7.2.2　选择“Spry 菜单栏”命令

在弹出的“Spry 菜单栏”对话框中，选择水平的布局样式。注意，由于本样式涉及整个网页的布局样式，一旦选取就不容易更改了，所以一定要事先规划好。单击“确定”按钮，如图 7.2.3 所示。

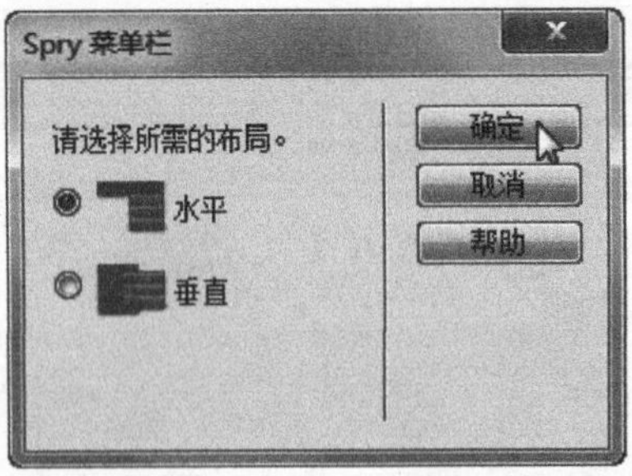

图 7.2.3 “Spry 菜单栏”对话框

此时可以发现在网页中出现 Spry 菜单栏，该菜单栏共有“项目 1”、“项目 2”、“项目 3”、“项目 4”4 个项目。在“属性”面板上可以对这些项目的名称和内容进行设置。

网页中插入 Spry 菜单栏后的效果如图 7.2.4 所示。

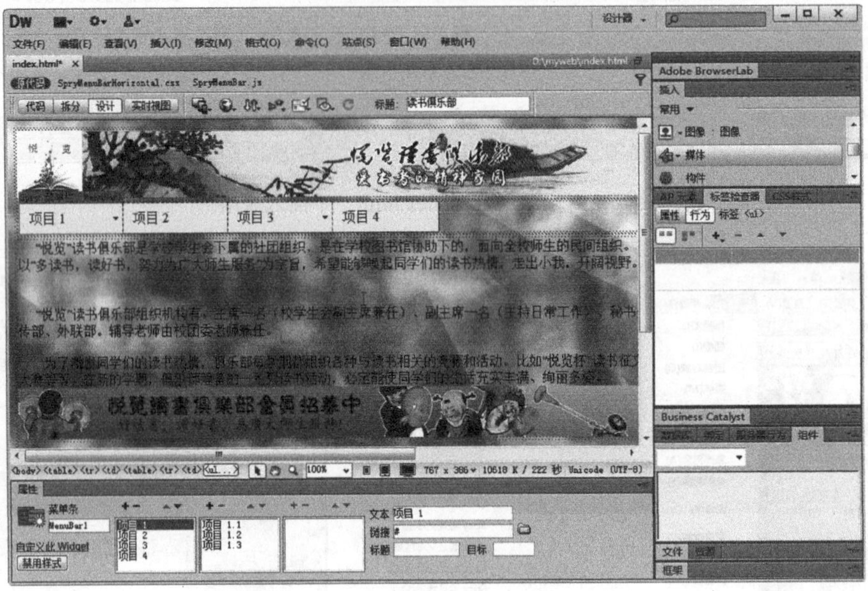

图 7.2.4 网页中插入 Spry 菜单栏的效果

由“属性”面板可以发现，Spry 菜单栏默认有三级菜单栏，可以对这些菜单栏的项目进行设置。选中“项目 1”，在右边的文本框中修改其名称为“首页”，然后单击“浏览”按钮，如图 7.2.5 所示。

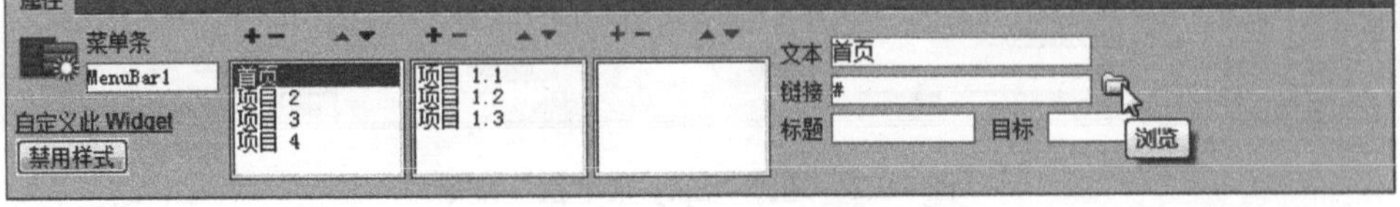

图 7.2.5 “属性”面板

在弹出的“选择文件”对话框中选择“index”，如图 7.2.6 所示，这样当单击菜单栏上的“首页”时，网页“index.html”被打开。

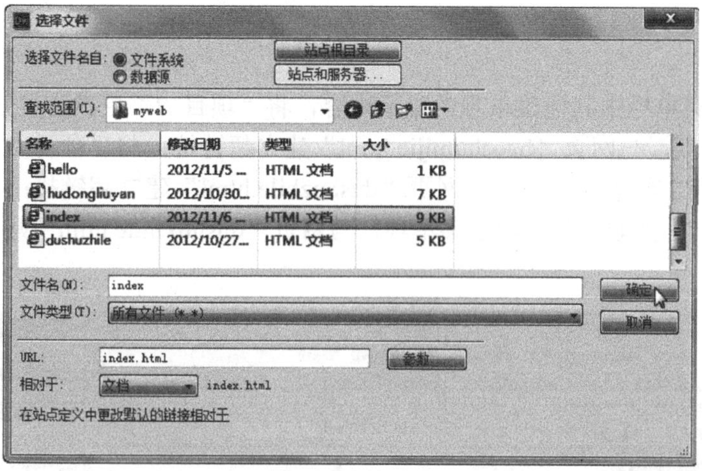

图 7.2.6　“选择文件”对话框

由于菜单“首页”下并没有下一级菜单项，因此需要将二级菜单“项目 1.1”、“项目 1.2”、“项目 1.3”删除。选中第二栏中的“项目 1.1”，单击其上方的“删除菜单项”按钮 ，可以将该菜单项删除，如图 7.2.7 所示。

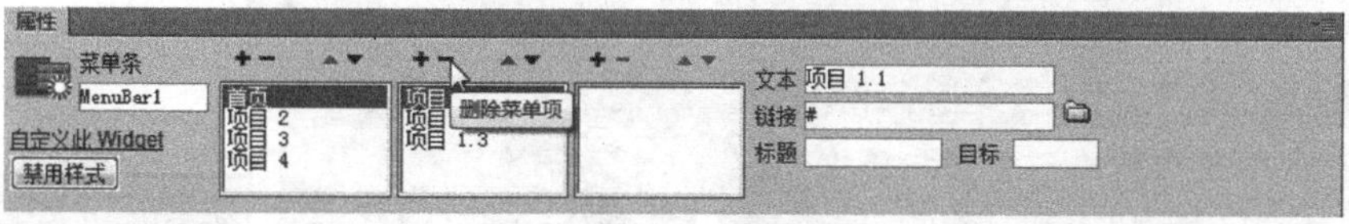

图 7.2.7　删除菜单项

用同样的方法将“项目 1.2”、“项目 1.3”删除，可以发现网页上 Spry 菜单栏中相应的菜单项都删除了，结果如图 7.2.8。

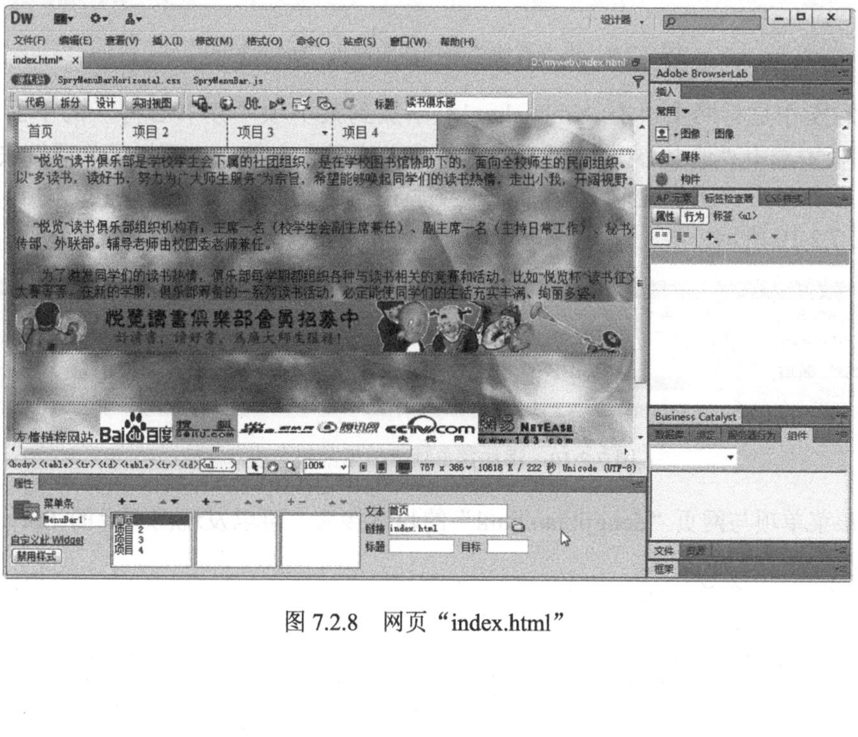

图 7.2.8　网页“index.html”

做一做

更改 Spry 菜单栏中其他菜单项的显示内容，将“项目 2”更改为“好书推介”，并删除其二级子菜单项，与网页“haoshutuijie.html”建立超链接；将“项目 3”更改为“读书之乐”，并删除其二级子菜单项，与网页“dushuzhile.html”建立超链接；将“项目 4”更改为“读书心得”，并删除其二级子菜单项，与网页“dushuxinde.html”建立超链接。结果如图 7.2.9 所示。

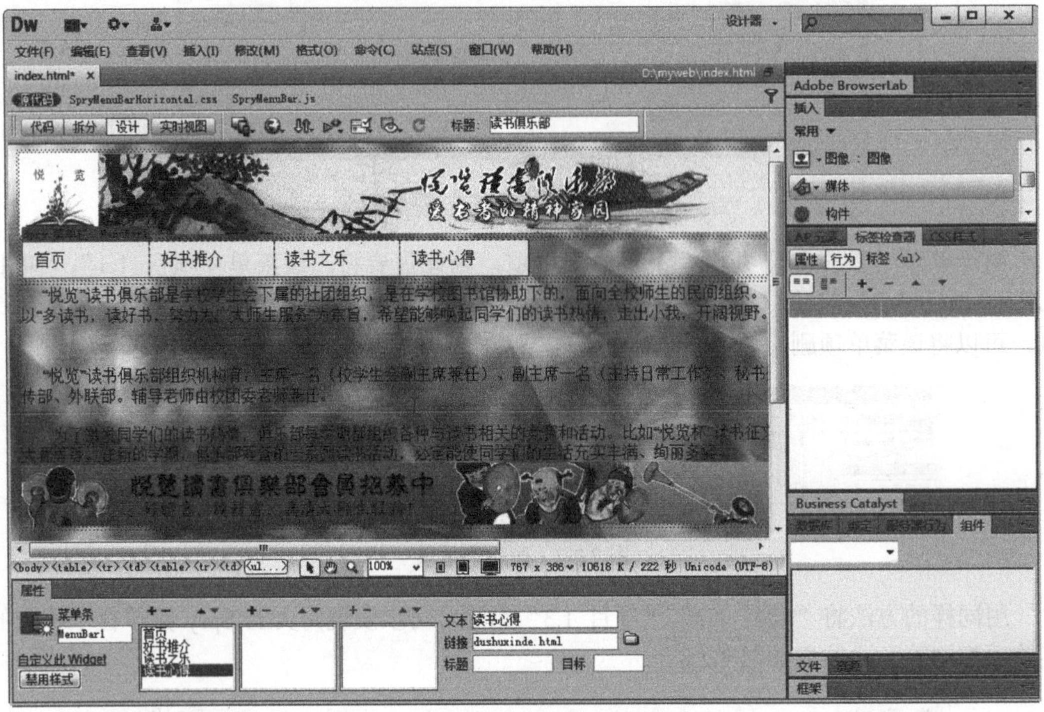

图 7.2.9　更改其他菜单项后的网页“index.html”

下面的操作是将网页“dengjibiao.html”添加到菜单项“读书心得”的下面。首先在“属性”面板中选中“读书心得”，然后在二级菜单栏目上方单击“添加菜单项”按钮+，此时会出现一个名为“无标题项目”的菜单项，在右端的文本框中更改其为“俱乐部报名表”，如图 7.2.10 所示。

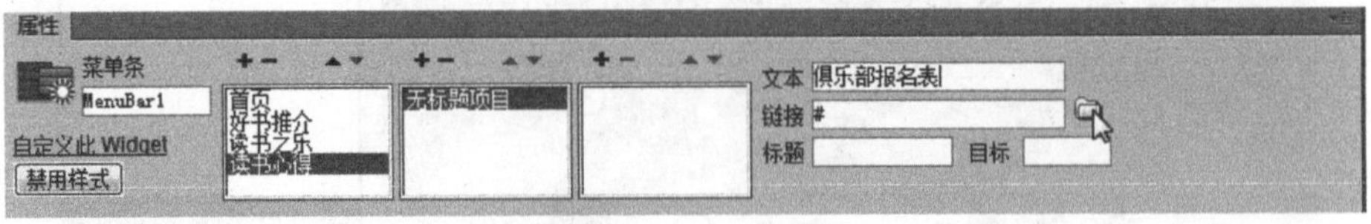

图 7.2.10　添加菜单项“俱乐部报名表”

建立该菜单项与网页“dengjibiao.html”的超链接后，可以发现网页上的 Spry 菜单栏也发生变化，如图 7.2.11 所示。

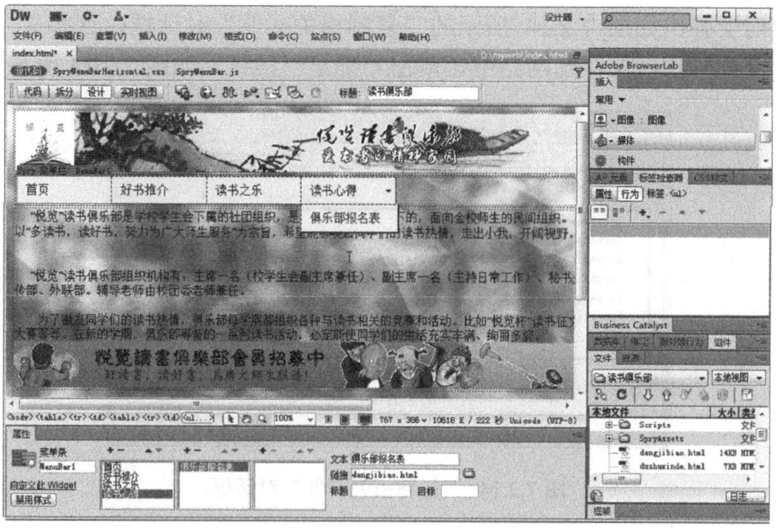

图 7.2.11　添加“俱乐部报名表”后的网页“index.html”

下面的操作是为 Spry 菜单栏增加一个一级菜单“互动留言”。在“属性”面板中的一级菜单栏目上方单击“添加菜单项”按钮，此时会出现一个名为“无标题项目”的菜单项，在右端的文本框中更改其为“互动留言”，如图 7.2.12 所示。

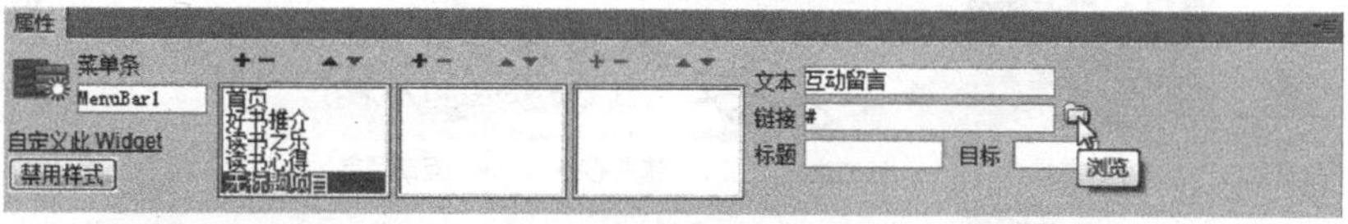

图 7.2.12　添加菜单项“互动留言”

建立该菜单项与网页“hudongliuyan.html”的超链接后，可以发现网页上的 Spry 菜单栏也发生变化，如图 7.2.13 所示。

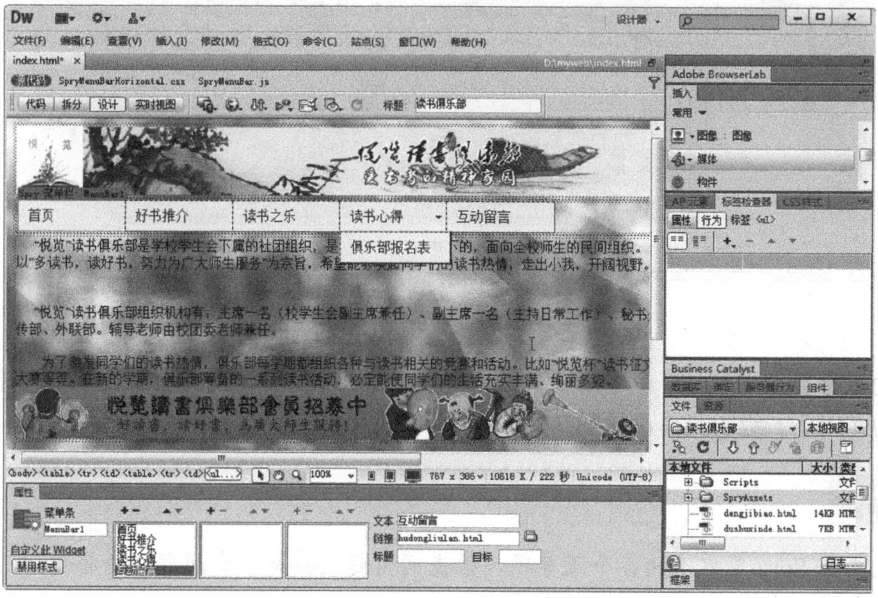

图 7.2.13　添加“互动留言”后的网页“index.html”

保存网页时会弹出如图 7.2.14 所示的“复制相关文件”对话框，这些文件是支持 Spry 菜单栏的必要文件，将被保存到网站中。单击“确定”按钮，如图 7.2.14 所示。

图 7.2.14 “复制相关文件”对话框

在浏览器中预览网页，会弹出阻止运行的对话框，单击“允许阻止的内容”按钮，如图 7.2.15 所示。

图 7.2.15 预览网页

移动鼠标到菜单栏上，可以发现菜单栏中的菜单项发生了变化，在“读书心得”菜单项下自动弹出下一级子菜单，如图 7.2.16 所示。

做一做

依次单击 Spry 菜单下的各个菜单项，检查网页超链接是否有问题，并将 Spry 菜单应用到其他几个网页中去。

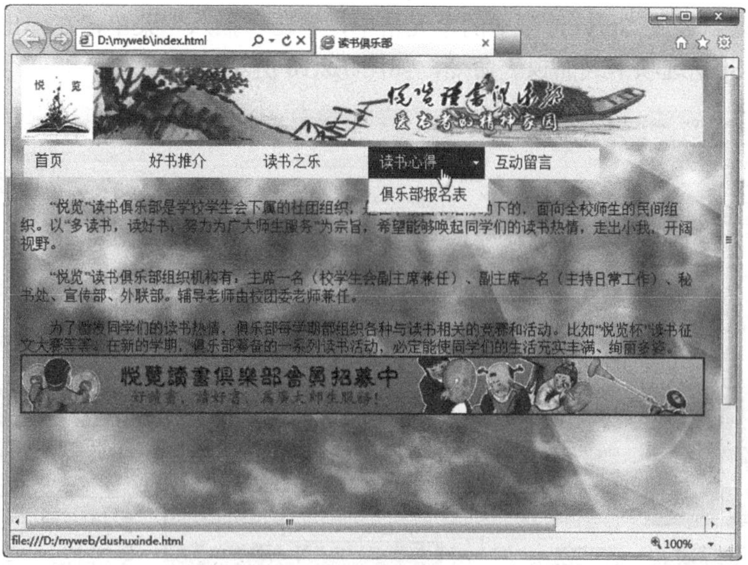

图 7.2.16　Spry 菜单产生特殊效果

子项目 2　创建 Spry 选项卡面板

Spry 选项卡在网页中比较常见，它使得浏览者在不刷新网页的情况下，可以在同一位置显示不同的内容。

首先，为 Spry 选项卡设置一个存放的位置。通过拆分单元格的方法，将表格的第三行拆分为两行，使 Spry 菜单栏和网页之间空出一个单元格，这个单元格将作为 Spry 选项卡的存放位置，结果如图 7.2.17 所示。

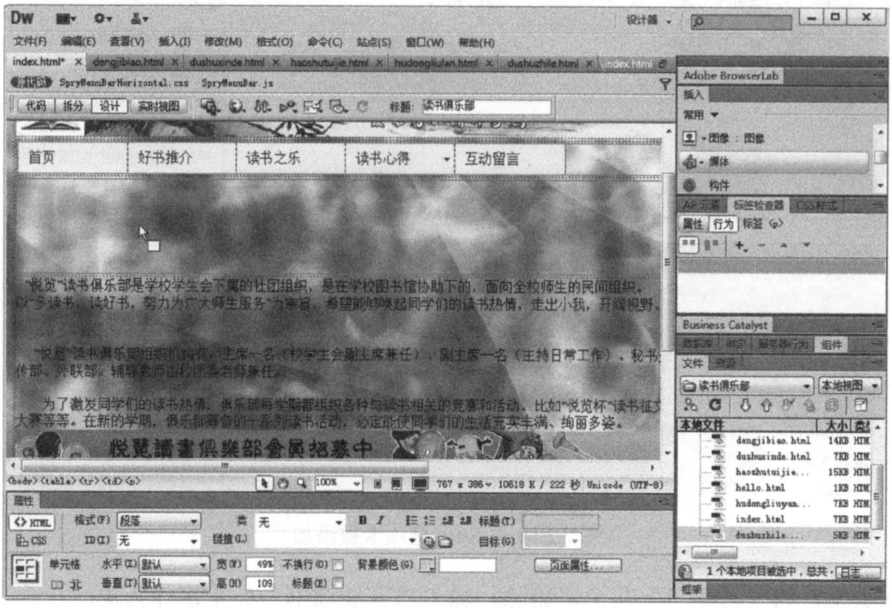

图 7.2.17　在网页中空出一行

将光标移动到存放 Spry 选项卡的单元格中，单击“插入”菜单，在弹出的菜单中选择“Spry”下的“Spry 选项卡式面板”命令，如图 7.2.18 所示。

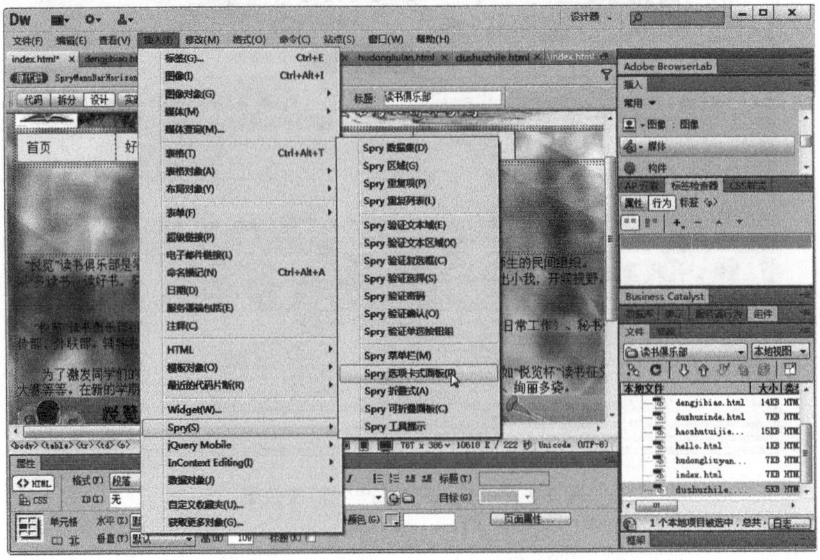

图 7.2.18 选择“Spry 选项卡式面板”命令

此时可以发现，网页上出现 Spry 选项卡，同时“属性”面板中显示与之相关的内容。在默认情况下，Spry 选项卡共有两项，其中“标签 1”是默认的显示内容，如图 7.2.19 所示。

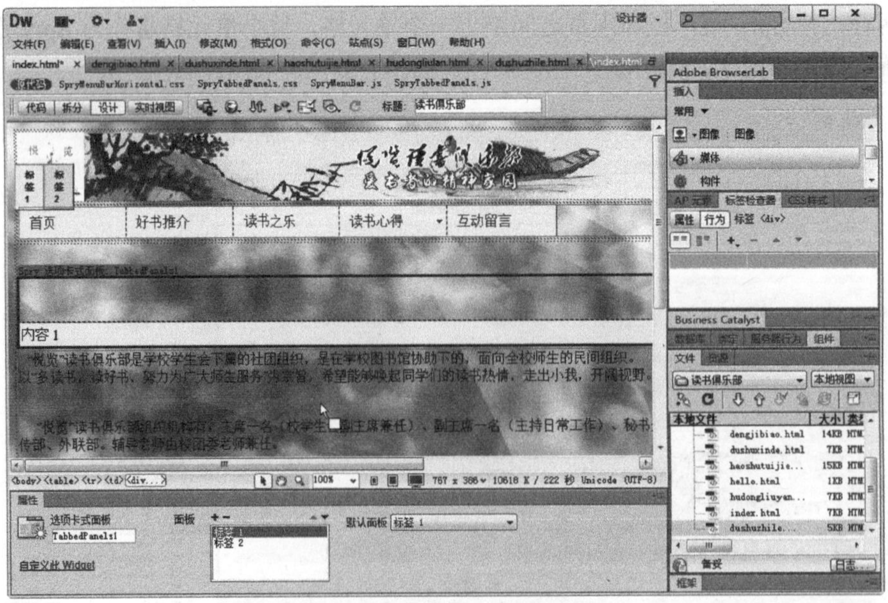

图 7.2.19 Spry 选项卡被添加

在网页上，将“标签 1”几个字删除，输入“在线读书”4 个字作为第一个选项卡的标签文字，如图 7.2.20 所示。

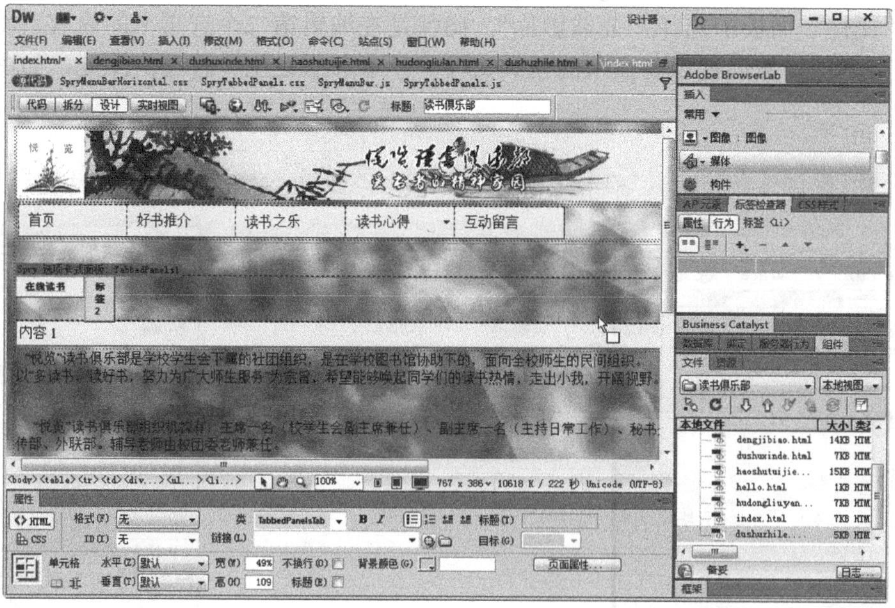

图 7.2.20　更改选项卡标签

做一做

将“标签 2”更改为“公益影片”，观察“属性”面板上的相应内容是否发生相应变化。

在“属性”面板中选择“在线读书”，确保是在编辑第一个选项卡的内容。将“内容 1”几个字删除，然后把以前插入的 SWF 格式的图书插入到此处，如图 7.2.21 所示。

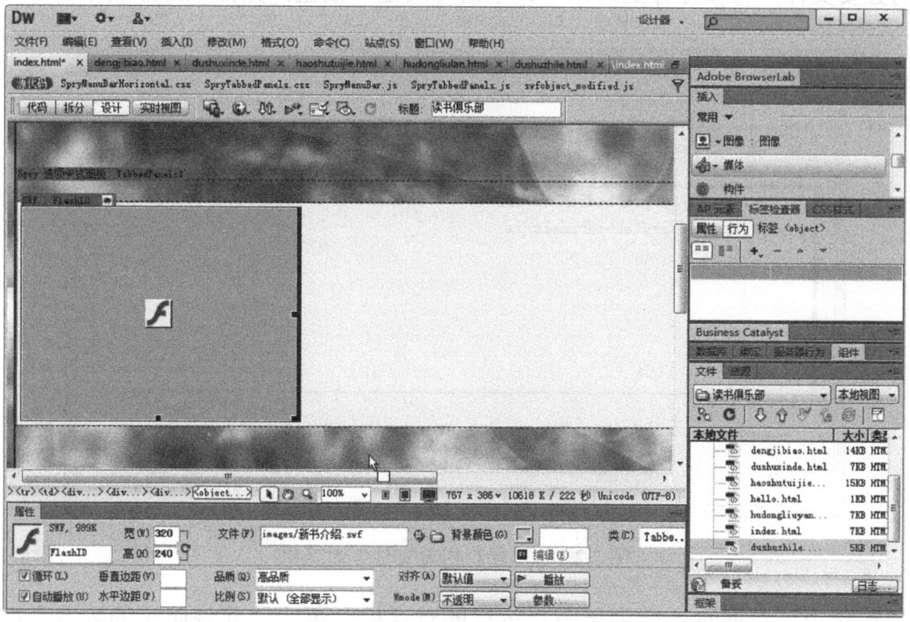

图 7.2.21　插入 SWF 格式的图书

在“属性”面板中选择“公益影片”，确保是在编辑第二个选项卡的内容。将“内容2”几个字删除，然后把以前插入的视频文件“一本书的诞生”移动到此处，如图 7.2.21 所示。

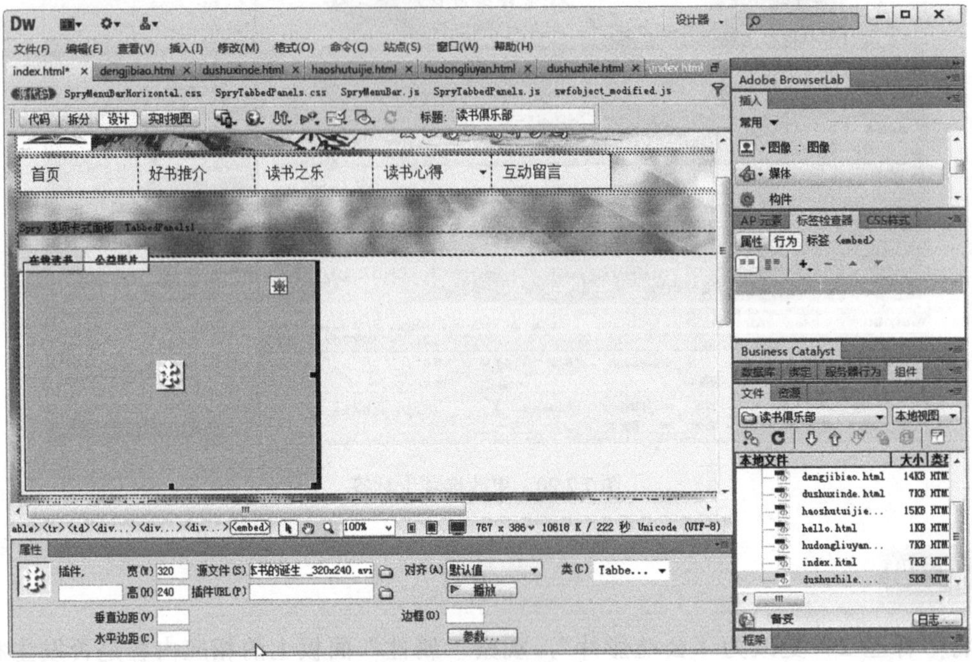

图 7.2.22　插入视频

保存网页时会弹出如图 7.2.23 所示的“复制相关文件”对话框，这些文件是支持 Spry 选项卡的必要文件，将被保存到网站中。单击“确定”按钮，如图 7.2.14 所示。

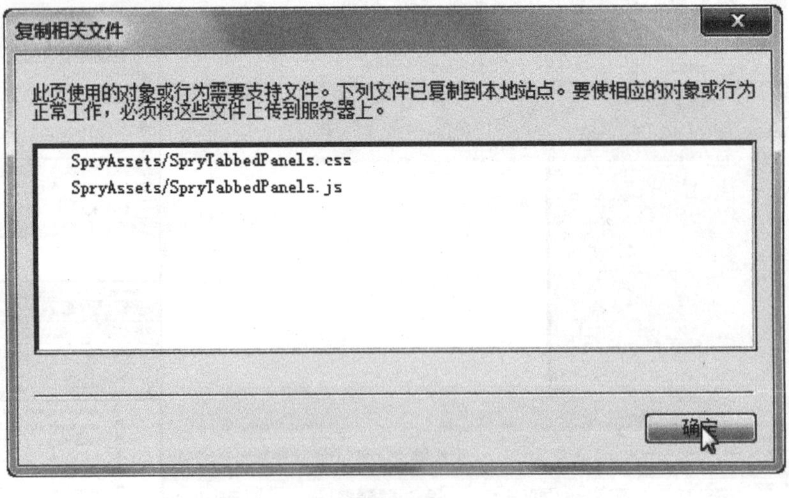

图 7.2.23　“复制相关文件”对话框

在浏览器中预览网页，会弹出阻止运行的对话框，单击“允许阻止的内容”按钮，如图 7.2.24 所示。

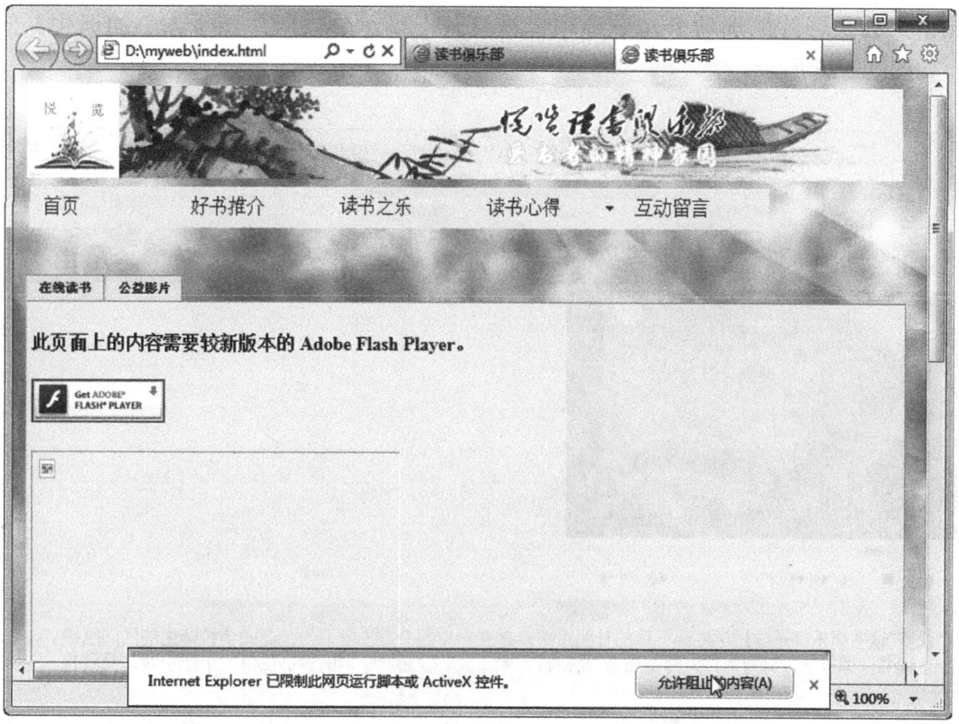

图 7.2.24　单击“允许阻止的内容”按钮

此时网页上的“在线读书”选项卡自动打开并播放，如图 7.2.25 所示。

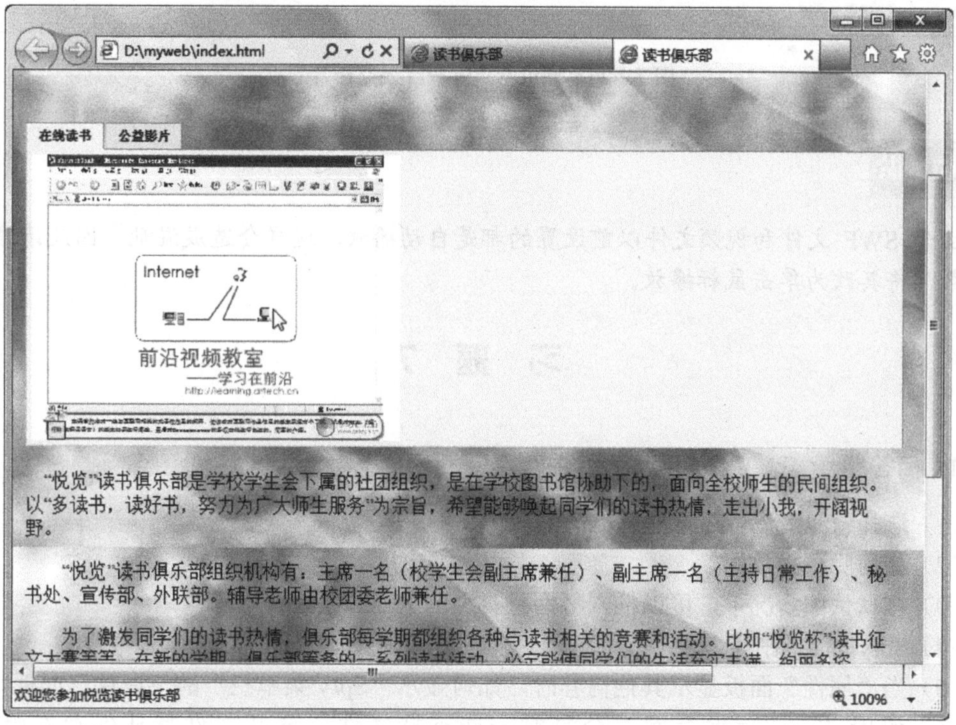

图 7.2.25　预览网页——“在线读书”

单击“公益影片”选项卡，该选项卡被打开，显示公益影片《一本书的诞生》的相关内容，如图 7.2.26 所示。

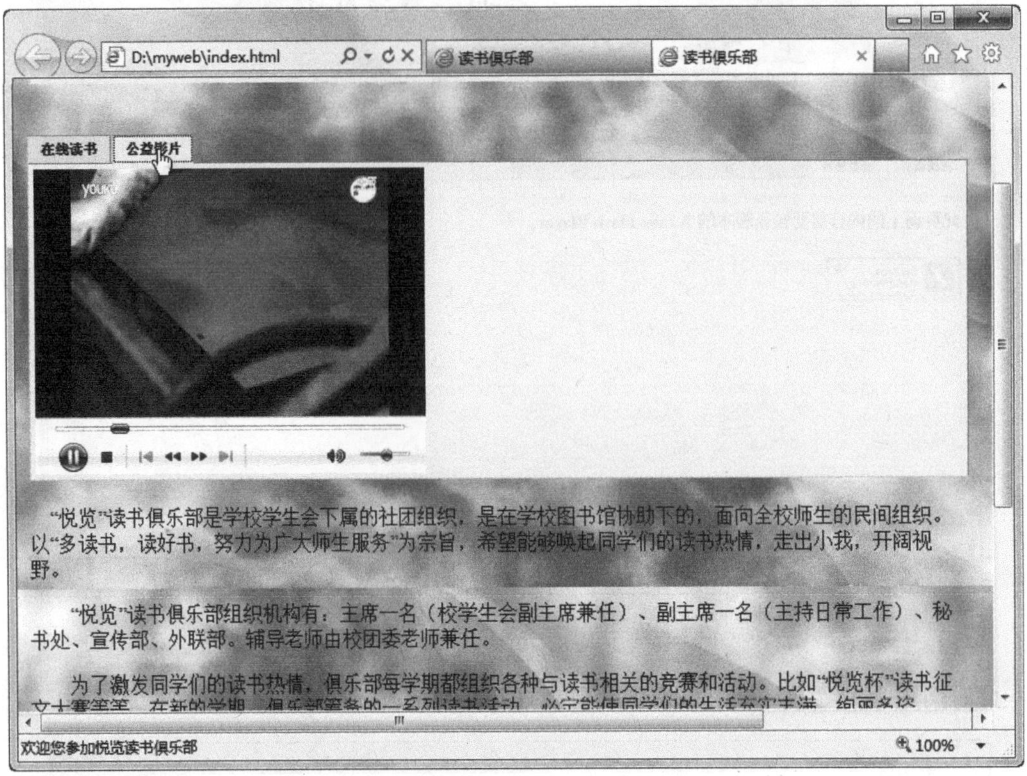

图 7.2.26　预览网页——“公益影片”

做一做

由于 SWF 文件和视频文件以前设置的都是自动播放，这样会造成混乱，因此请修改相应参数，将其改为单击鼠标播放。

习　题　7

1．简答题

（1）选择背景音乐应注意些什么？

（2）如何隐藏播放器？

（3）在默认的情况下，可以插入哪两种类型的 Flash 动画？

（4）Spry 的实质是什么？

（5）当“属性”面板显示其他内容时，如何显示“Spry 菜单栏”的“属性”面板？

（6）使用 Spry 后保存网页会复制一些支持文件，这些文件默认保存在哪个文件夹？

2. 操作题

（1）打开爱护牙齿的网站，设置一段背景音乐。
（2）插入一个 FLV 形式的动画。
（3）在网站各个网页中使用 Spry 菜单栏。
（4）在主页中使用 Spry 选项卡。
（5）保存后，在浏览器中预览网页。

第8章 使用表单

项目1　创建表单网页

我们在 WWW 上浏览时，常常会看到一些网页具有留言簿，它方便了浏览者与网页制作者之间的交流，实现了网页的互动。

留言簿等功能可以采用表单来实现。表单是用来收集站点访问者信息的域集，可实现网页与浏览者间的交互，达到收集浏览者输入信息的目的。它往往采用单选按钮、复选框、下拉选项按钮等方式，这样不仅减少了浏览者的文本输入，而且有利于数据的收集和反馈，能够尽可能地为浏览者提供方便。

子项目1　表单域

简单地说，表单就是用户可以在网页中填写信息的表格，它的作用是接收用户信息并将其提交给 Web 服务器上特定的程序进行处理。表单域也称为表单控件，是表单上的基本组成元素，用户通过表单中的表单域输入信息或选择项目。

在建立表单网页之前，首先要建立一个表单域。Dreamweaver 提供了大量的表单标签，在“插入”面板上选择“表单”选项卡，就能看到各种表单标签，使用这些表单标签便可以制作一个简单的表单网页。

在 Dreamweaver 中打开网页“hudongliuyan.html”，如图 8.1.1 所示，将中间表格里的说明文字“欢迎您的访问，本网页正在制作中”删除。

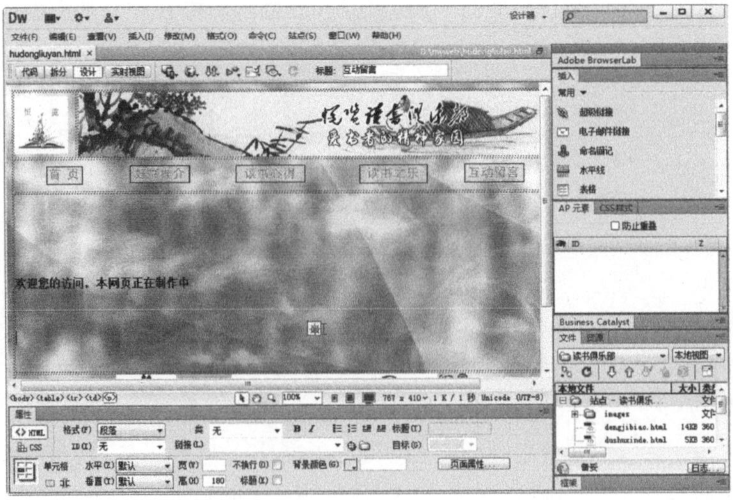

图 8.1.1　网页“hudongliuyan.html”

单击“插入”菜单，选择“表单”下的“表单”命令，如图 8.1.2 所示。

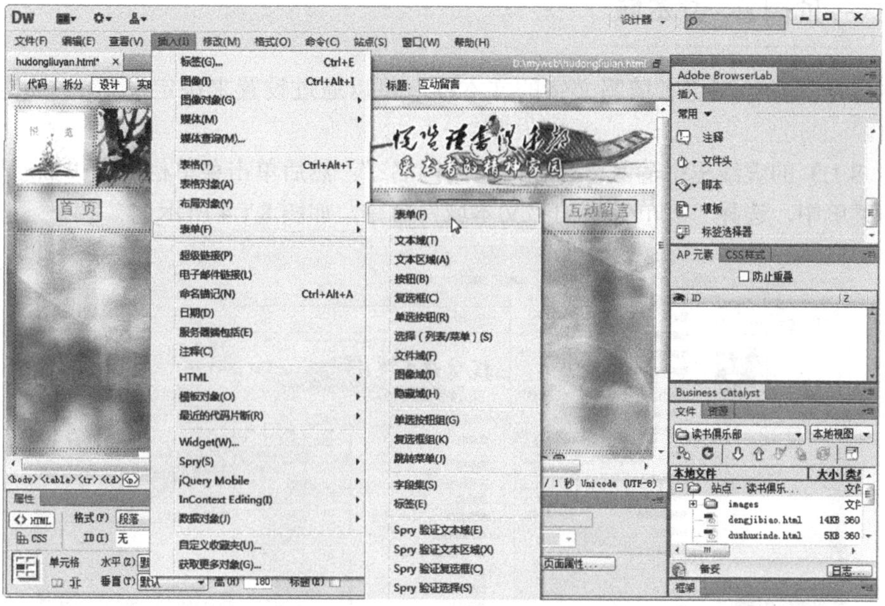

图 8.1.2　选择“表单”命令

可以发现在网页中出现一个红色的虚线框，框中的区域称为表单域。此后所有的表单标签都要插入这个虚线框中，这样所有的信息将一起得到处理，如图 8.1.3 所示。

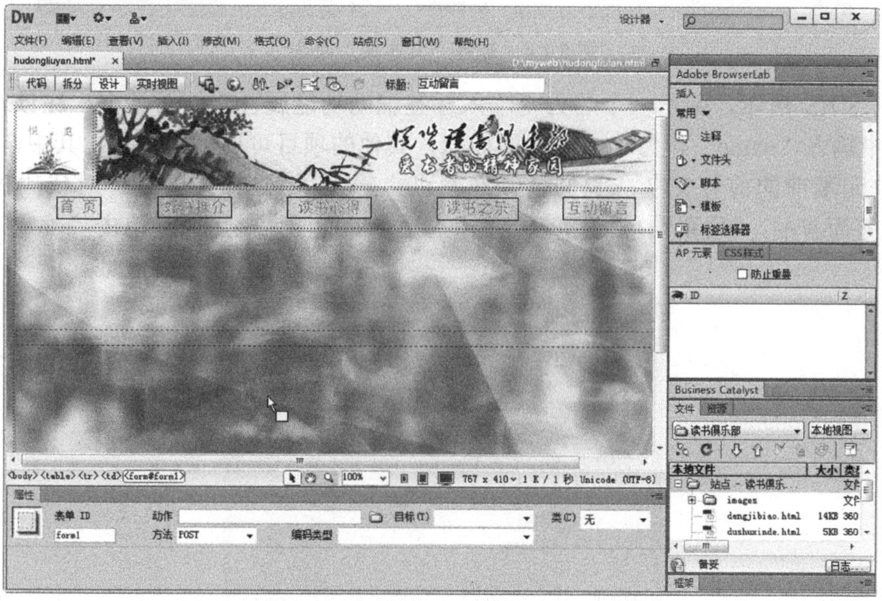

图 8.1.3　插入表单域

在插入其他表单元素时 Dreamweaver 会自动生成一个表单域。之所以介绍表单域这个概念，是为了提醒使用者：所有的表单元素必须在同一个域中，否则，在处理表单信息时会遇到很大的麻烦。

子项目2 文本域

文本域是提供给浏览者填写文字的文本框，可以通过设置来决定文本框中最多可以输入的字数。

在图 8.1.3 的虚线框中输入“请输入您的网名:”，然后单击菜单栏上的“插入”命令，在弹出的菜单中，选择“表单”下的“文本域”命令，如图 8.1.4 所示。

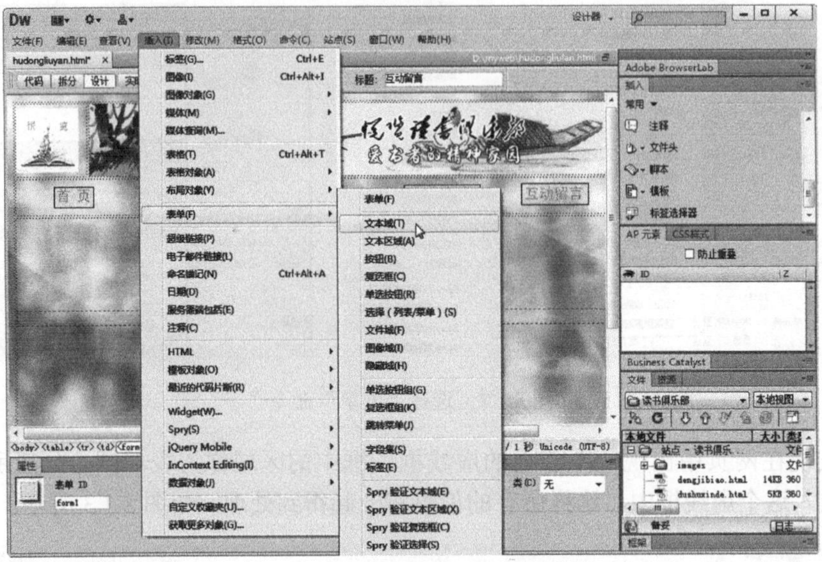

图 8.1.4　选择“文本域”命令

如图 8.1.5 所示，弹出一个名为“输入标签辅助功能属性”的对话框。在该对话框的“ID”项中输入“name”作为该文本域的标识，其他的项目可以不用输入。其中，“标签”是指表单元素前的前导文字，我们已经在网页上输入了；“样式”是针对代码视图中的 Label 标签而言的；“位置”是指标签放在标签元素的前面还是后面。单击“确定”按钮，完成设置。

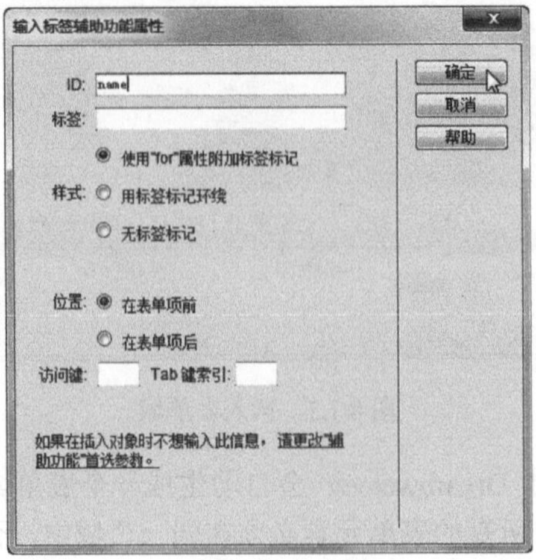

图 8.1.5 “输入标签辅助功能属性”对话框

此时可以发现在文字后面出现一个文本框，如图 8.1.6 所示。

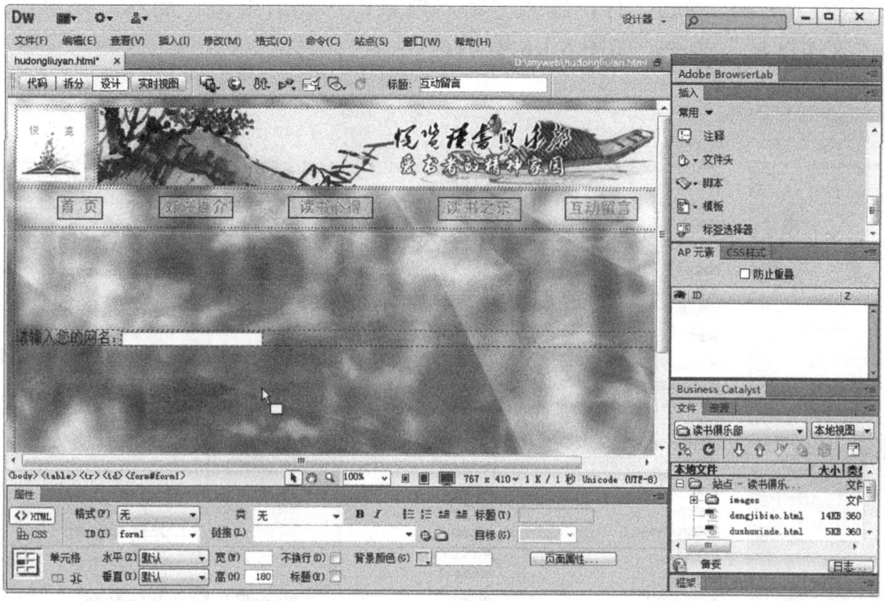

图 8.1.6　文本域被插入

选中插入的文本框，在“属性”面板中更改“字符宽度”为“10”，这样允许浏览者输入昵称的长度为 10 个字符，即 5 个汉字。这时可以发现文本域的长度缩短了，如图 8.1.7 所示。

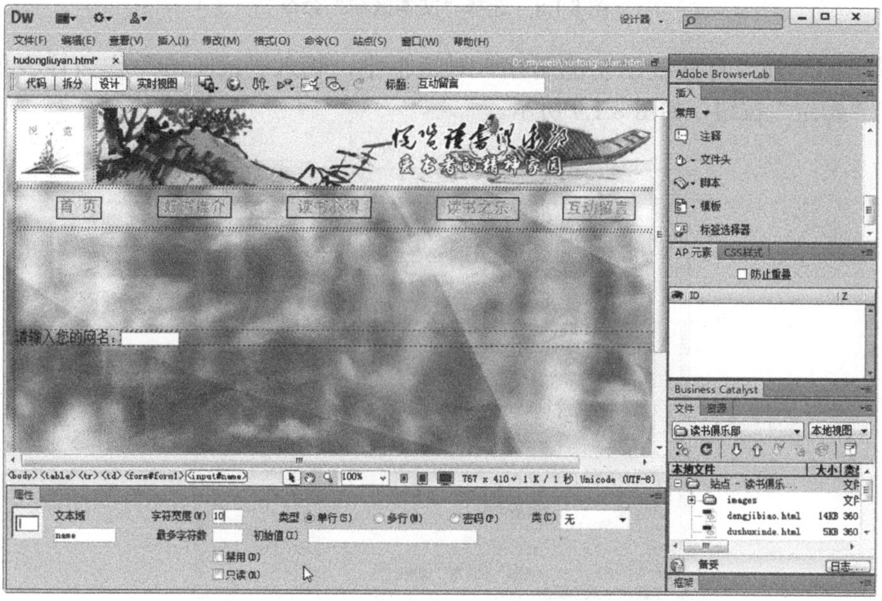

图 8.1.7　更改文本域的属性

子项目 3　文本区域

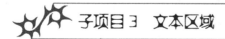

有时需要输入多行文字，而且在输入栏的右侧和下方都出现滚动条。这就需要将文本

设置成文本区域，也就是多行文本框。

在文本域后回车，另起一行，输入“输入留言:”，然后单击“插入”菜单，选择“表单”下的“文本区域”命令，如图 8.1.8 所示。

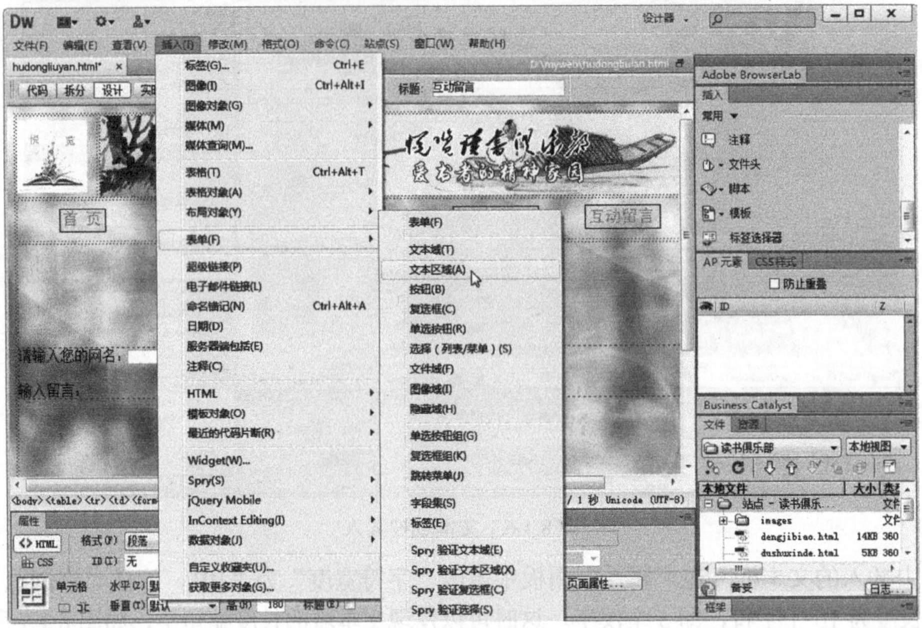

图 8.1.8 选择“文本区域”命令

在弹出的“输入标签辅助功能属性”对话框中，输入“neirong”作为该表单元素的 ID，单击“确定”按钮，如图 8.1.9 所示。

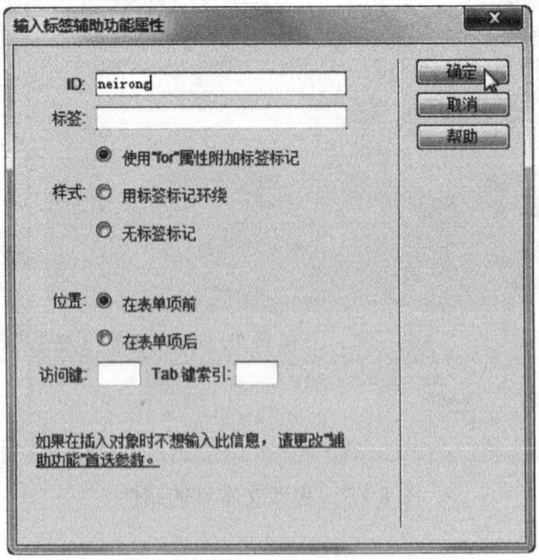

图 8.1.9 输入表单元素的 ID“neirong”

此时可以发现在文字后面出现一个文本区域，如图 8.1.10 所示。

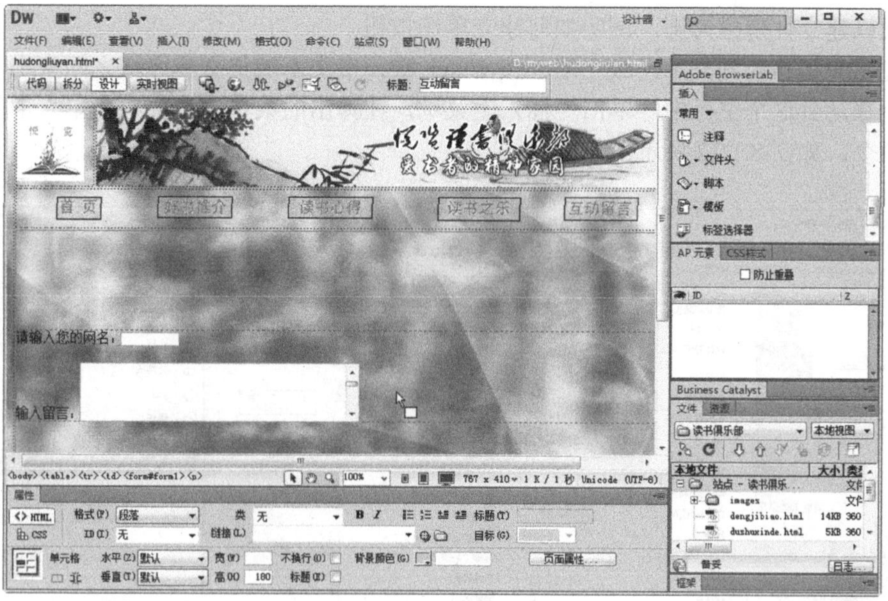

图 8.1.10　文本区域被插入

选中文本区域框，在“属性”面板中，更改“字符宽度”为“50”，“行数”为“10”，“类型”为“多行”，“初始值”为“请输入对俱乐部的意见和建议！”，注意要将“禁用”前的“√”去掉。在网页任意位置单击，可以发现文本区域框变大，而且在其中出现“请输入对俱乐部的意见和建议！”几个字，如图 8.1.11 所示。

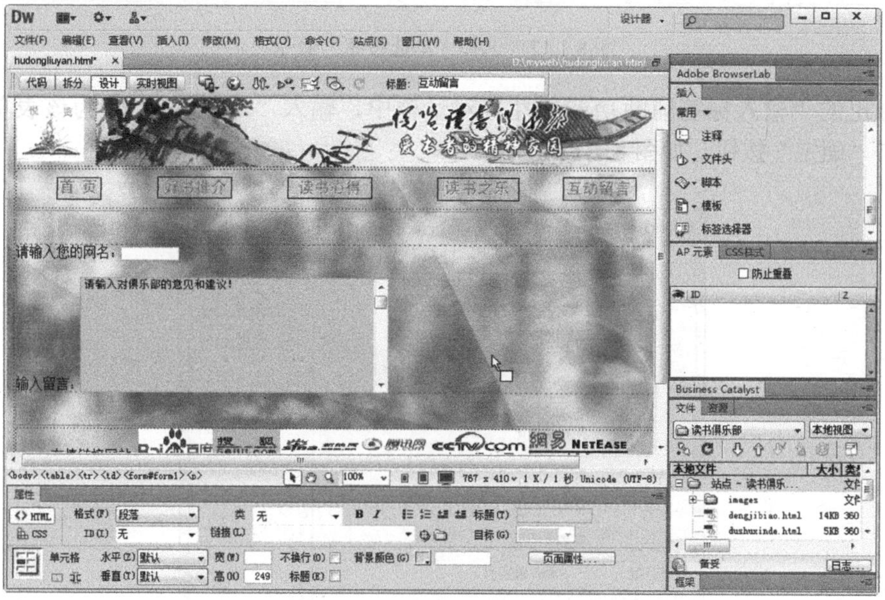

图 8.1.11　更改文本区域的属性

子项目 4　单选按钮

单选按钮就像单选题，浏览者只能在各种选项中选择一种。单选按钮的应用十分广泛，下面以建立性别栏为例，说明如何建立单选按钮。

首先将光标移动到文本区域左端，按 Enter 键，在文本域与文本区域之间空出一行。然后将光标移动到这个空行中，单击“插入”菜单，在弹出的菜单中选择“表单”下的“单选按钮”命令，如图 8.1.12 所示。

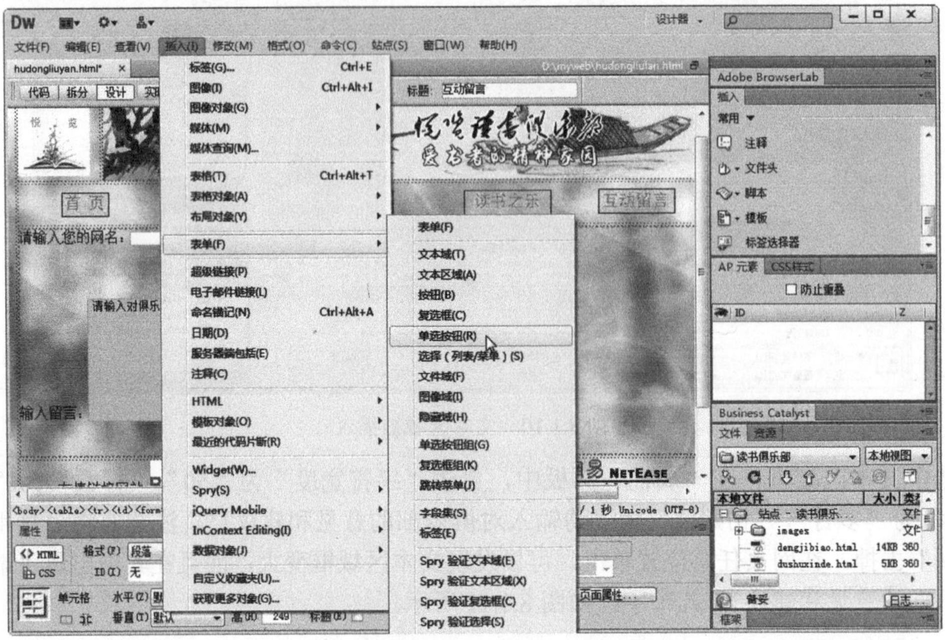

图 8.1.12　选择“单选按钮”命令

在弹出的“输入标签辅助功能属性”对话框中，输入“xingbie1”作为该表单元素的 ID，单击“确定”按钮，如图 8.1.13 所示。

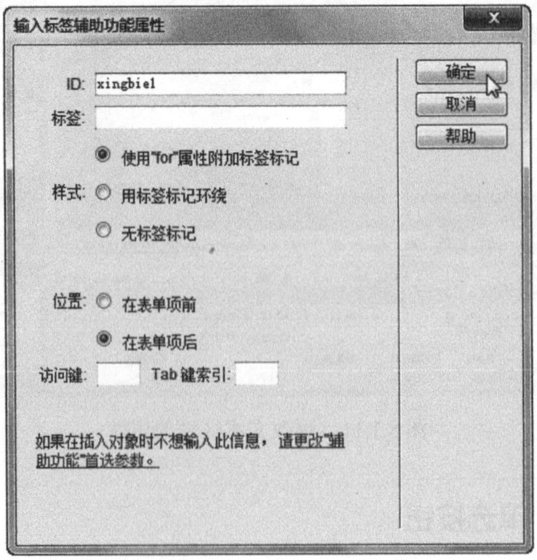

图 8.1.13　输入表单元素的 ID“xingbie1”

此时可以发现光标所在处出现一个单选按钮，如图 8.1.14 所示。

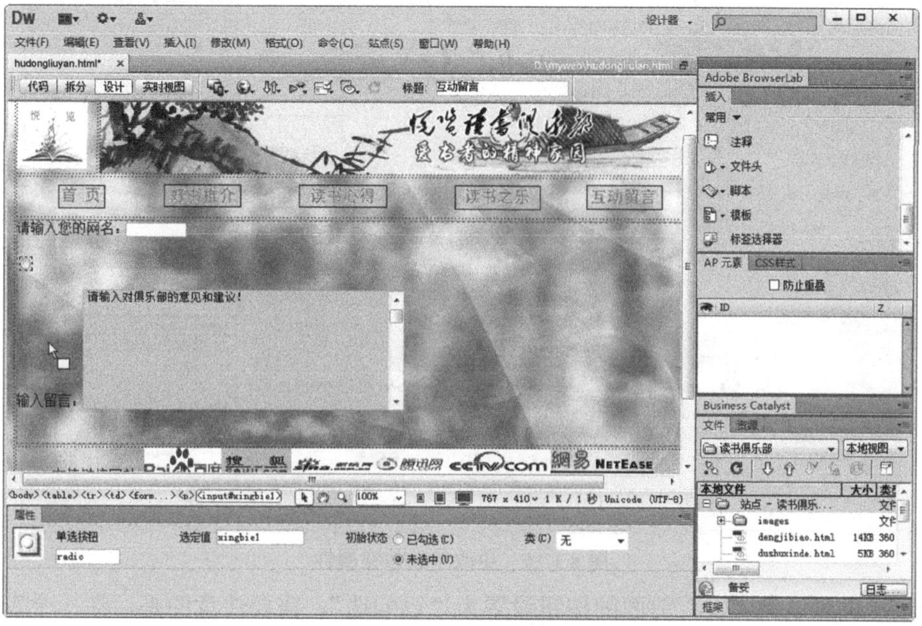

图 8.1.14　单选按钮被插入

重复上面的操作，再插入一个单选按钮，ID 为 xingbie2，并在适当的位置输入文字“性别:”、“男”、“女”，结果如图 8.1.15 所示。

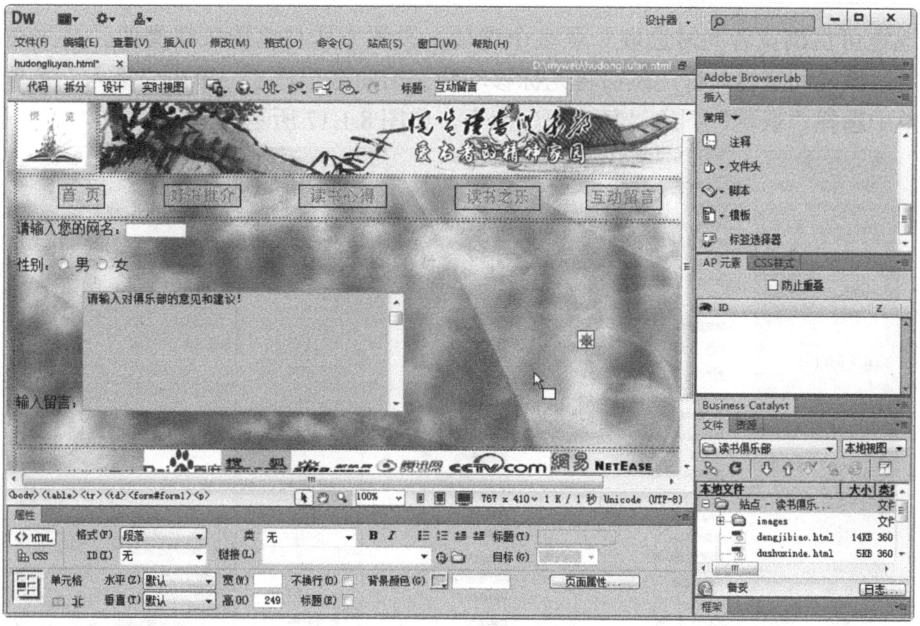

图 8.1.15　插入单选按钮并输入文字

单击“男”前面的按钮，在“属性”面板中将“初始状态”改为“已勾选”。这时可以发现“男”前面的按钮中出现一个黑点，如图 8.1.16 所示。

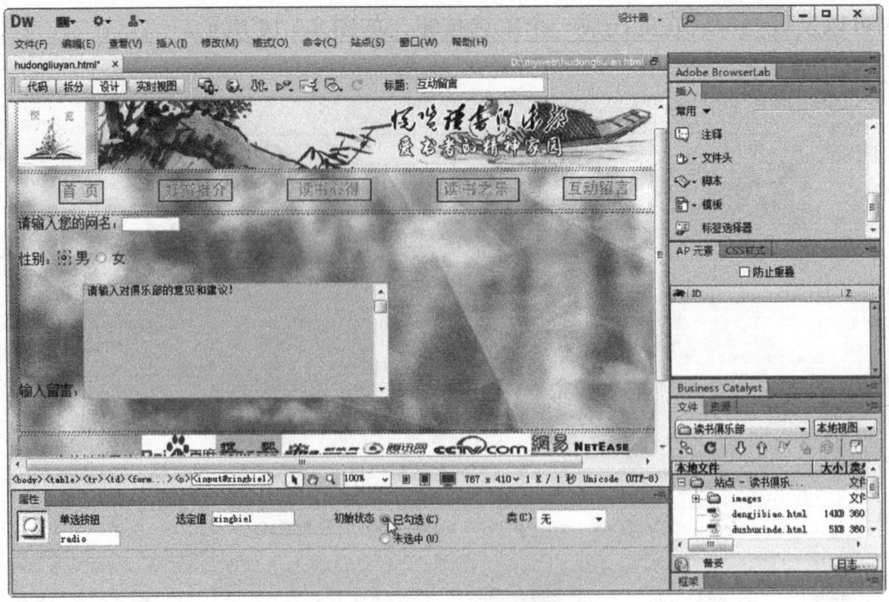

图 8.1.16　更改单选按钮属性

当然，也可以将“女”前面的按钮设置为“已勾选”。需要注意的是，在一个表单域中只允许一个单选按钮被选中。如果有多组单选按钮，则需要插入多个表单域，每一个表单域中插入一组单选按钮。

子项目 5　复选框

复选框可供浏览者同时选取一至多个选项，设置方法与单选按钮类似。首先在单选按钮和文本区域之间空出一行，然后将光标移动到空出的这一行上，单击“插入”菜单，在弹出的菜单中选择“表单”下的“复选框”命令，如图 8.1.17 所示。

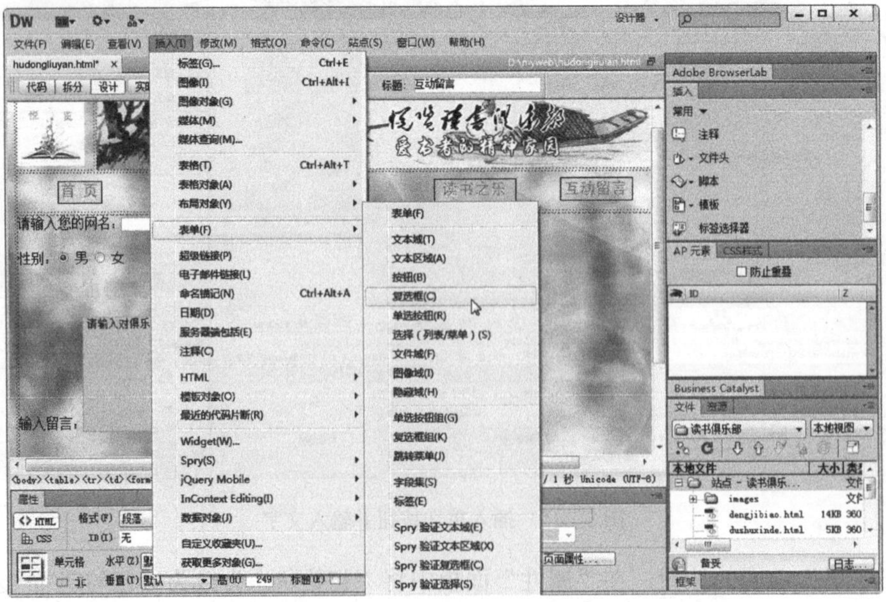

图 8.1.17　选择“复选框”命令

在弹出的“输入标签辅助功能属性”对话框中，输入“fuxuan1”作为该表单元素的 ID，单击“确定”按钮，可以发现在文字后面出现一个复选框，如图 8.1.18 所示。

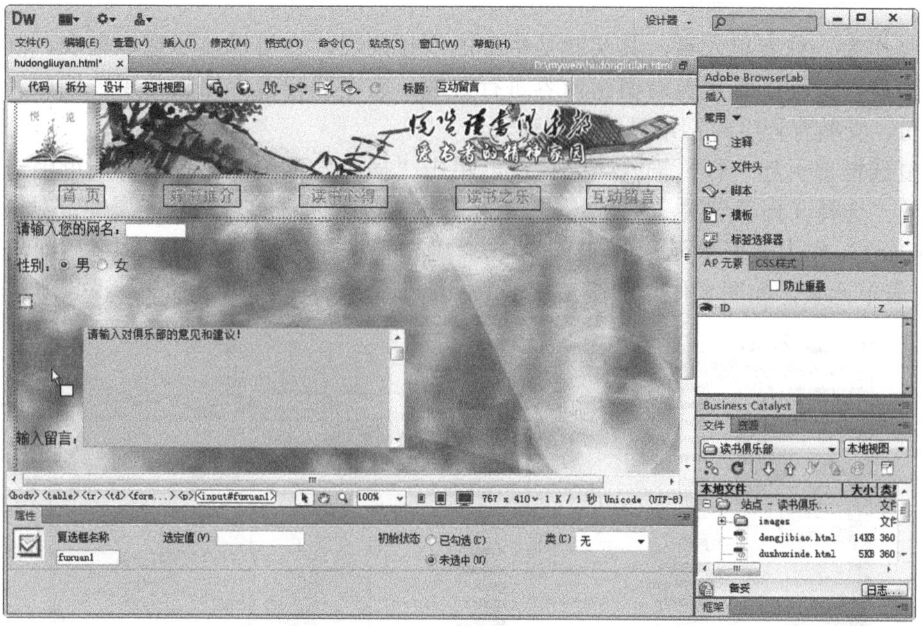

图 8.1.18　复选框被插入

重复上面的操作，再插入几个复选框，ID 为 fuxuan2、fuxuan3……输入相关的文字，结果如图 8.1.19 所示。

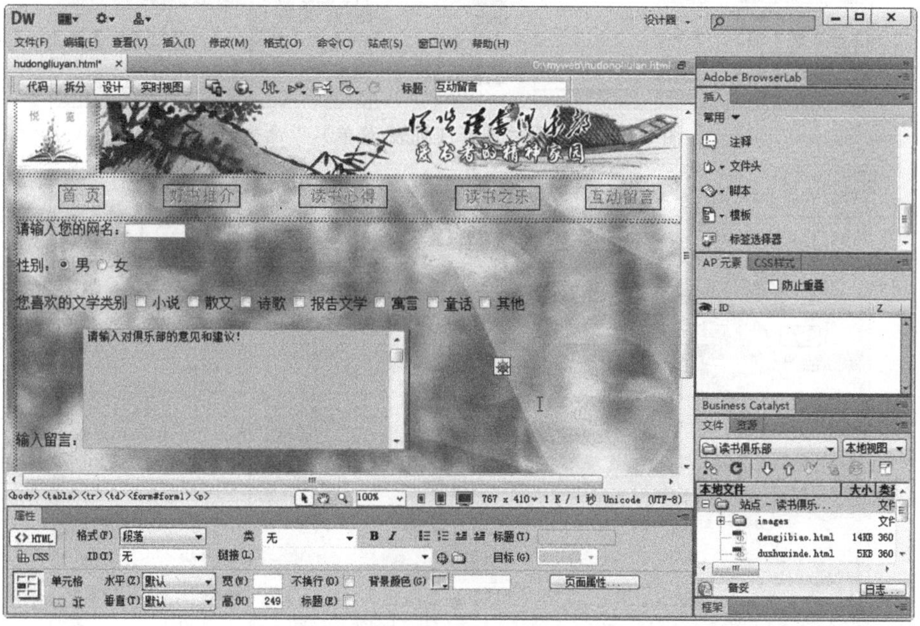

图 8.1.19　插入复选框并输入文字

复选框的属性也可以进行设置，如设置初始状态等，方法和设置其他的表单元素差不多，大家可以自己设置一下。

子项目 6　选择

选择作为一种表单元素，其实就是俗称的下拉列表。它可以显示选项列表，既为留言者提供方便，又便于管理员对留言内容进行管理。它在登记表上比较常用，例如，询问国家、省份、受教育程度时常常见到下拉列表。

在复选框前另起一行，输入“来自:”，单击“插入”菜单，在弹出的菜单中选择“表单”下的“选择（列表/菜单）”命令，接着在弹出的“输入标签辅助功能属性”对话框中输入“liebiao1”作为该表单元素的 ID。单击“确定”按钮，可以看到在文字后面出现一个“选择”表单元素，如图 8.1.20 和图 8.1.21 所示。

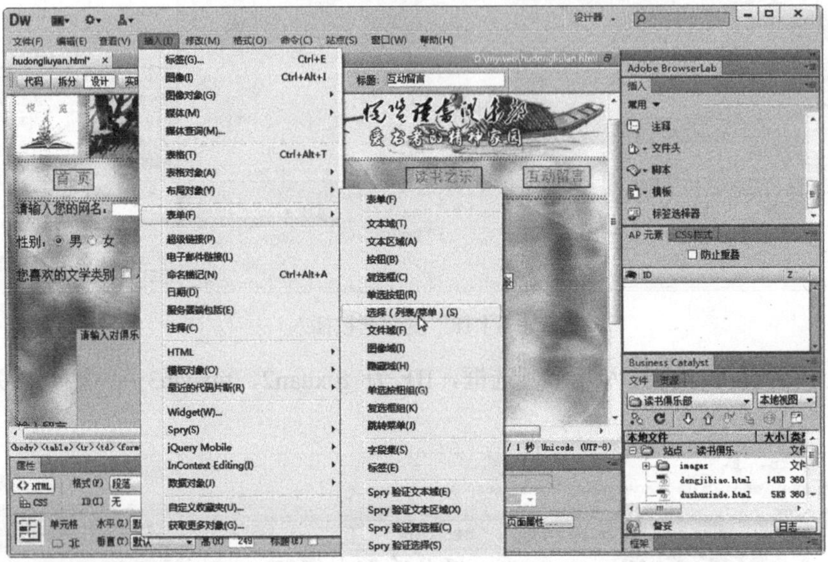

图 8.1.20　选择“选择（列表/菜单）”命令

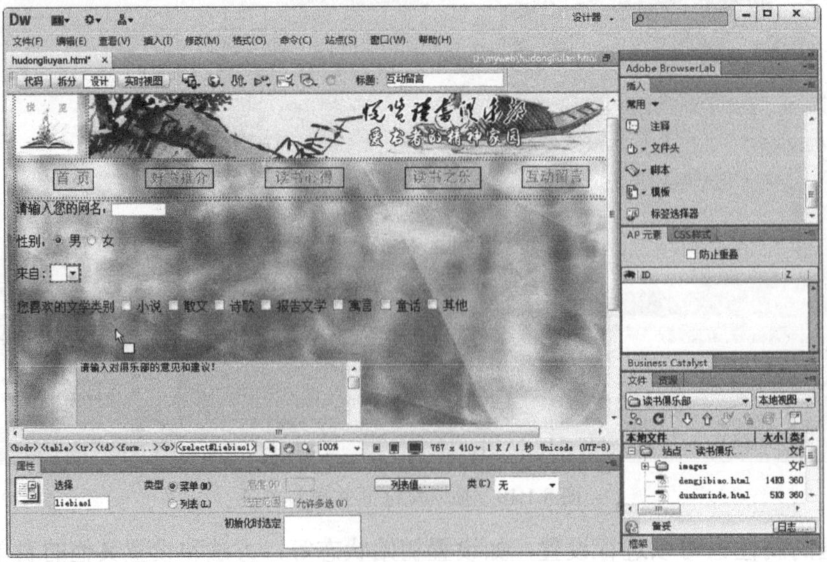

图 8.1.21　插入一个“选择”表单元素

选中下拉列表框，在“属性”面板中选择“类型”为“列表”，单击“列表值”按钮，如图 8.1.22 所示。

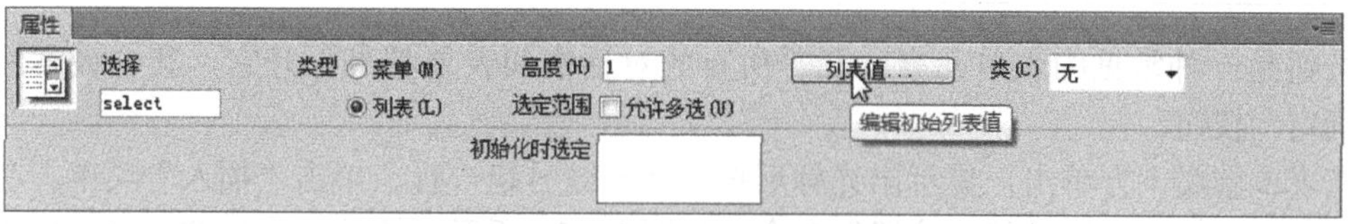

图 8.1.22 设置下拉列表框的属性

在弹出的“列表值”对话框中输入“文学院”，单击左上角的+按钮，如图 8.1.23 所示。

重复上面的操作，输入其他学院名称如图 8.1.24 所示，最后单击“确定”按钮，返回网页编辑窗口。

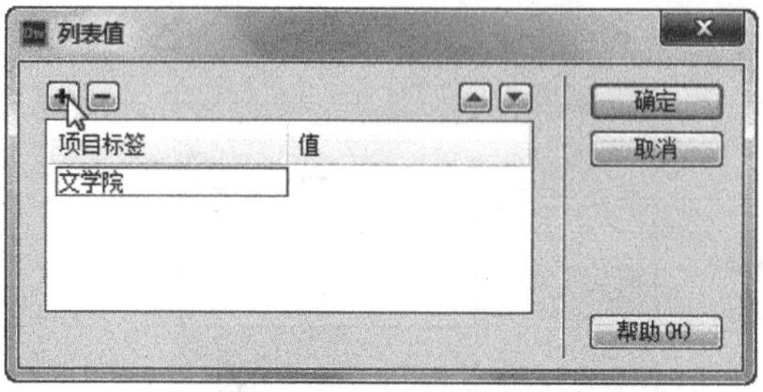

图 8.1.23 输入列表值

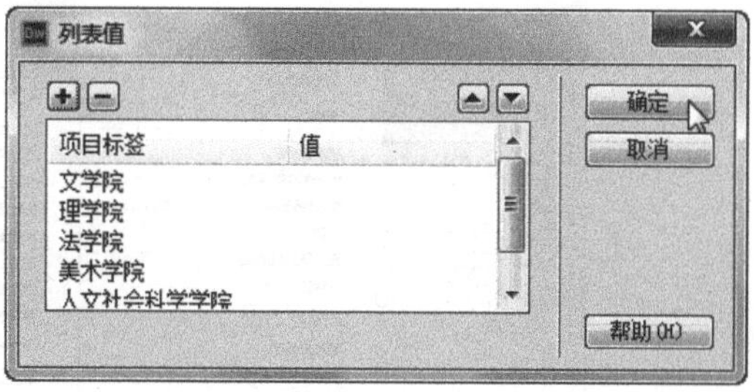

图 8.1.24 输入其他学院名称

选中下拉列表框，在“属性”面板的“初始化时选定”栏中选择“文学院”，于是表单域里“来自：”右边的栏中出现“文学院”，可以为来自文学院的浏览者提供方便，如图 8.1.25 所示。

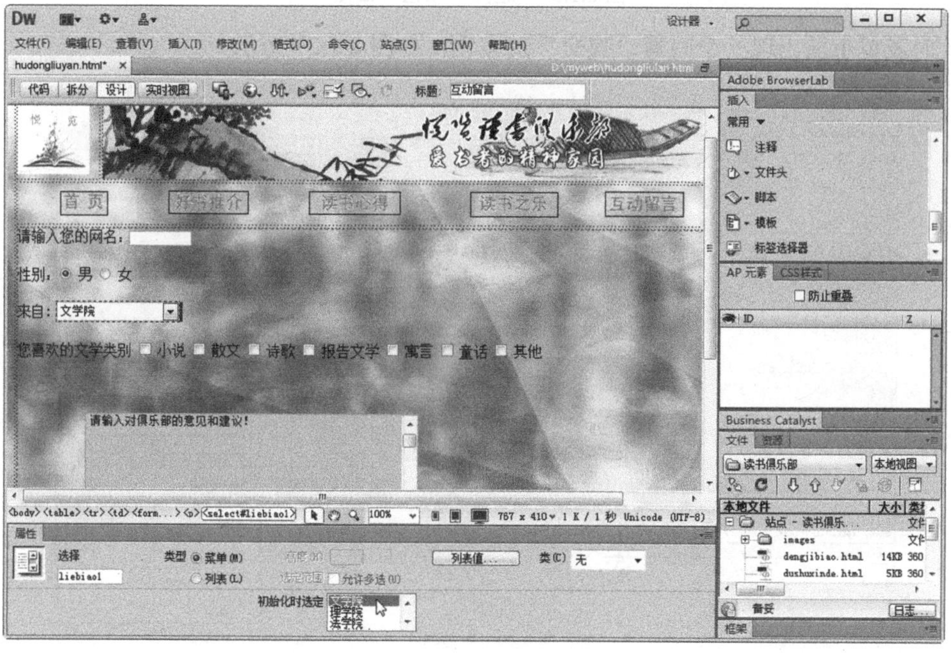

图 8.1.25 设置初始化时选定值

子项目 7　按钮

按钮是一种常见的表单元素，几乎所有的对话框和表单都离不开它，其中最常用的就是“确定”按钮。

在表单域最下方单击，显示出光标后按 Enter 键另起一行。单击“插入”菜单，在弹出的菜单中选择“表单”下的“按钮”命令，如图 8.1.26 所示，接着在弹出的“输入标签辅助功能属性”对话框中输入“anniu1”作为该表单元素的 ID，单击“确定”按钮。

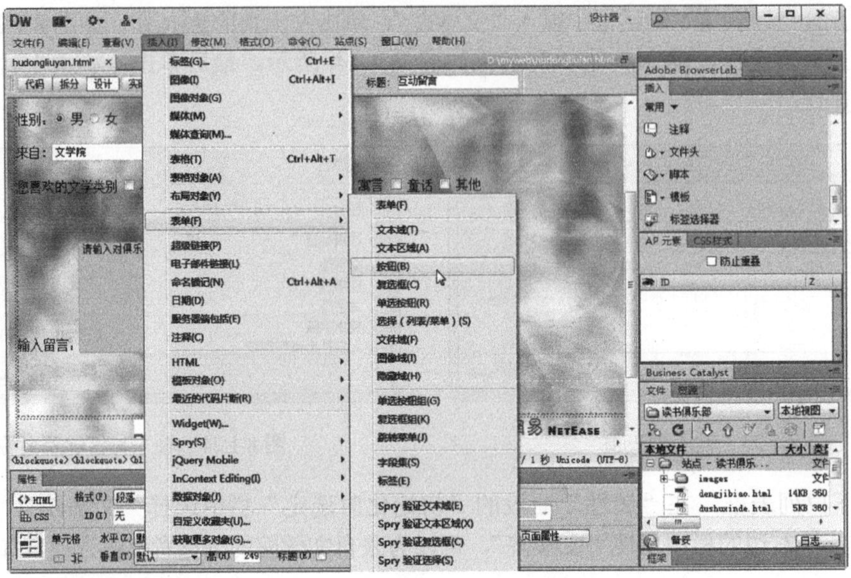

图 8.1.26　选择“按钮”命令

此时表单下面出现一个写着“提交”的按钮，如图 8.1.27 所示。

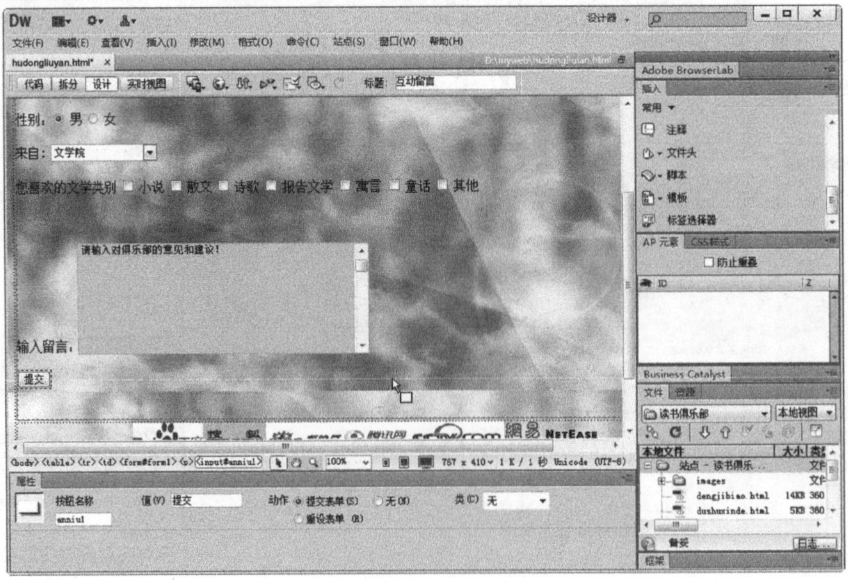

图 8.1.27　插入按钮

重复上面的操作，再插入一个按钮，在弹出的“输入标签辅助功能属性”对话框中输入“anniu2”作为该表单元素的 ID。此时，表单域中出现如图 8.1.28 所示的两个按钮。

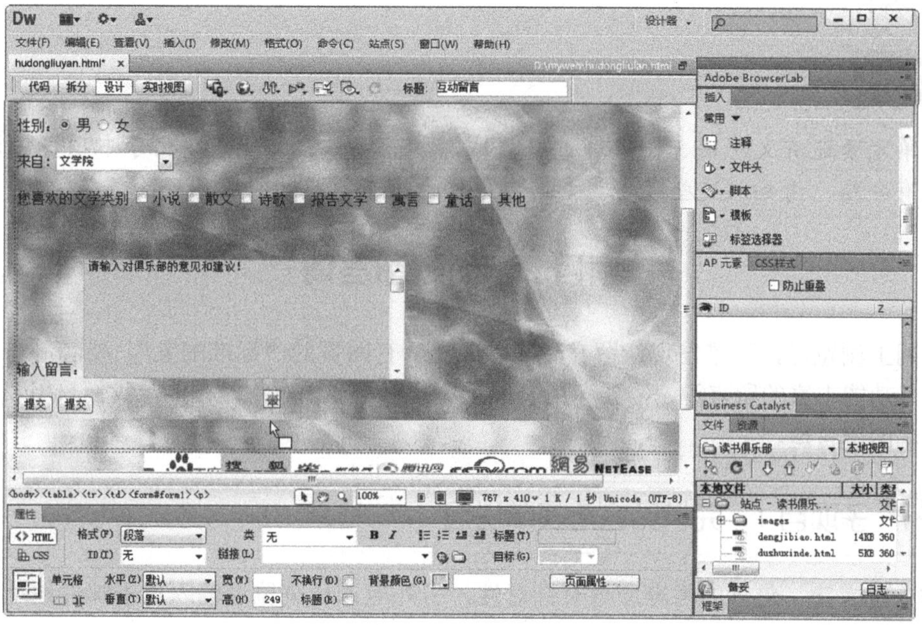

图 8.1.28　再插入一个按钮

选中第二个按钮，在“属性”面板中改“动作”为“重设表单”，此时按钮上的文字由“提交”改为“重置”，如图 8.1.29 所示。这样当按下“提交”按钮时，表单内容被提交，按下“重置”按钮，则所有填写内容被清空，等待重新填写。

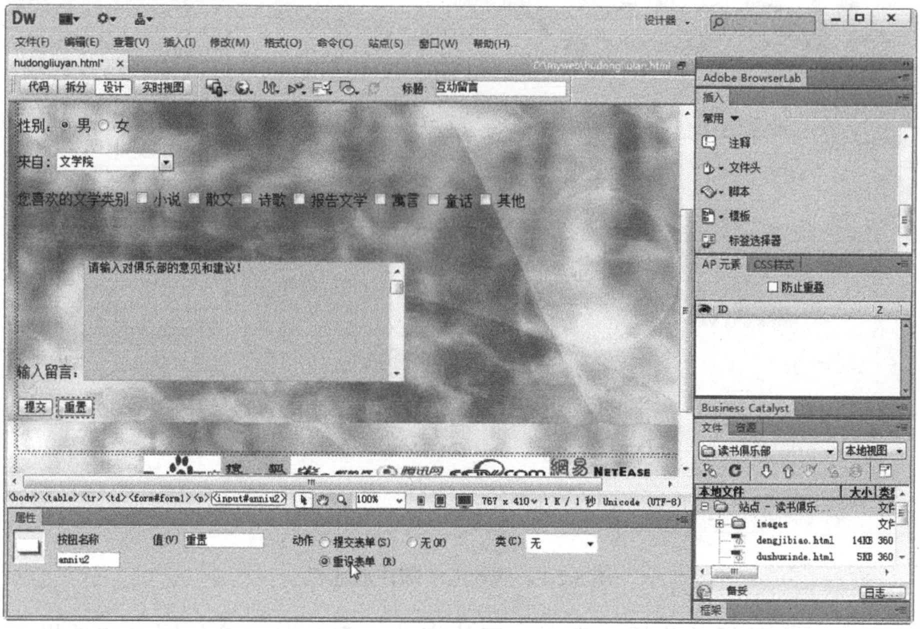

图 8.1.29　更改按钮动作类型

按钮共有三种类型："提交"按钮将表单资料传送到相应位置；"重置"按钮将表单资料全部清除，等待重新输入；"无"是常规按钮，可以与别的程序相连，作为启动其他程序的按钮。

做一做

表单元素还有文件域、图像域、隐藏域、单选按钮组，等等，由于本项目不涉及，因此没有介绍。请插入这些表单元素，自己体会一下，最后将它们删除。

项目 2　创建留言簿

在网上浏览时，不难发现，留言簿几乎成了所有网页的"标准配置"。要想制作一个个性鲜明、功能丰富的留言簿，需要使用表单、数据库等多种对象，在此，我们只用表单制作一个简单的留言簿。

子项目 1　完善留言簿表单栏目

作为留言簿，包含的内容应该有针对性，另外应该让浏览者输入电子邮件地址，以备以后与他们联系。

另起一行，输入"电子邮件地址："几个字，然后插入一个文本框，在"属性"面板中更改"字符宽度"为"25"，结果如图 8.2.1 所示。

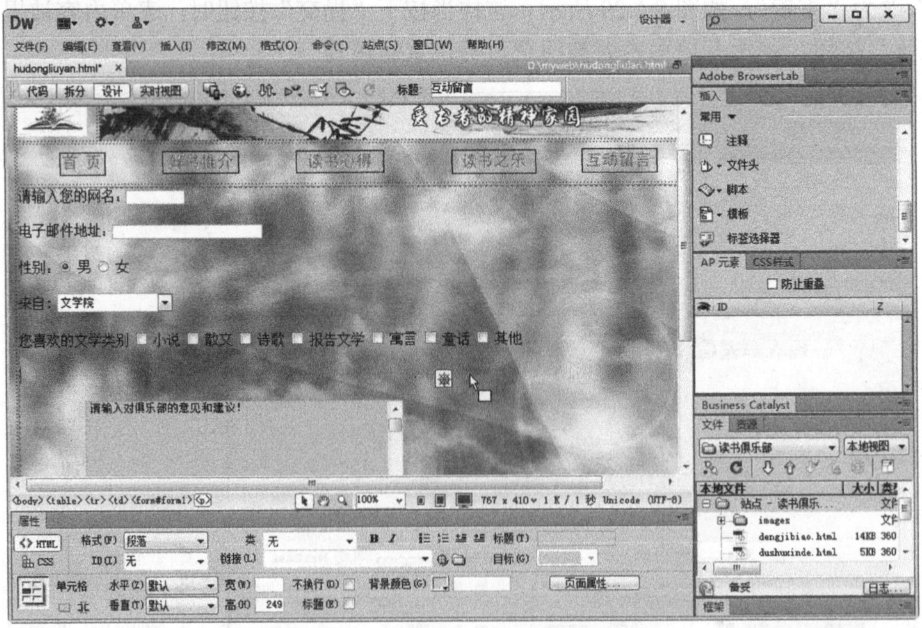

图 8.2.1　插入电子邮件地址栏

调整文本域和按钮的位置，设置文字的字体、字间距等美化网页的效果，结果如图 8.2.2 所示。

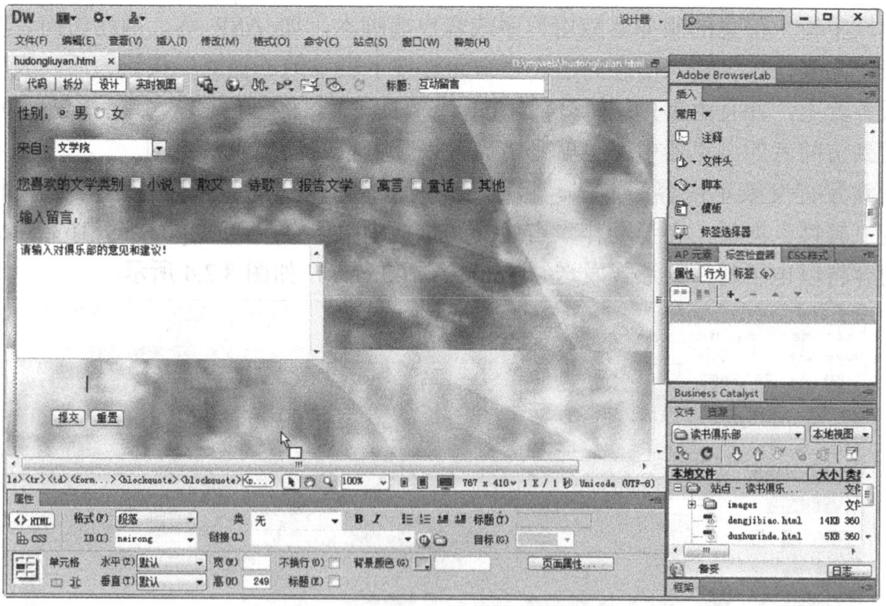

图 8.2.2　美化网页

保存网页，在浏览器中将网页打开，效果如图 8.2.3 所示。

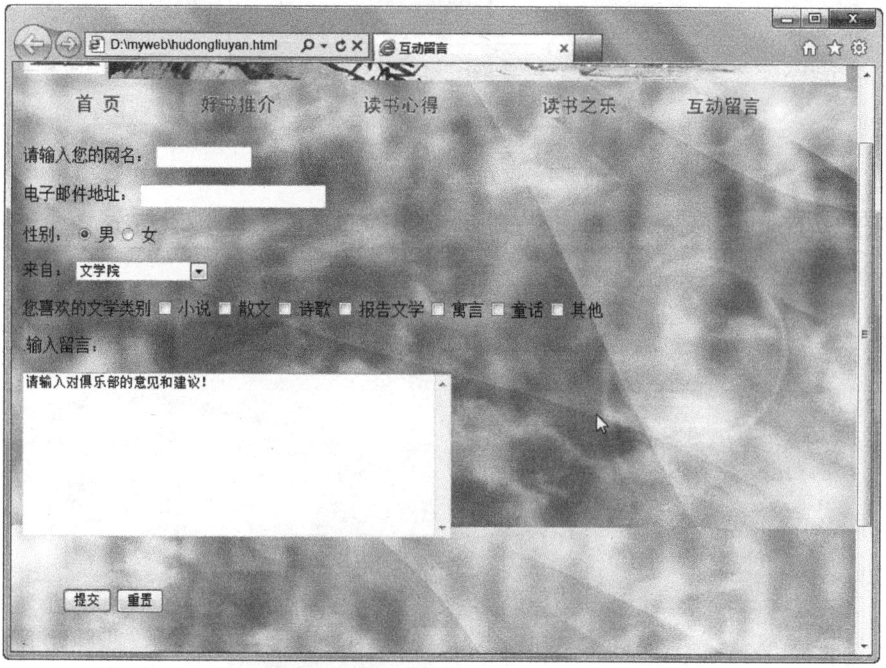

图 8.2.3　在浏览器中预览网页

对于不满意的地方，返回 Dreamweaver 进行修改，然后再保存后预览，直到满意为止。

子项目 2　提交表单信息

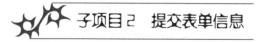

表单有两个重要的组成部分，一个是描述表单的 HTML 源代码，另一个是用于处理用

户在表单域中输入信息的服务器应用程序或客户端脚本，如 ASP 等。网站访问者在页面上看到的表单元素，仅供输入信息而已。当访问者按下表单的“提交”按钮之后，表单内容会上传到服务器上，并且由事先编辑好的 CGI 或 ASP 程序来接手处理，最后服务器再将处理结果发送到访问者的浏览器中，也就是访问者提交表单之后出现的页面。

下面设置提交表单内容的方法。将鼠标指针移动到表单域虚线上，单击选中整个表单域，打开“属性”面板，在“动作”右边的文本栏中输入“mailto: yuelan@163.com”，表示表单的内容将以电子邮件的形式发送给 yuelan@163.com，如图 8.2.4 所示。

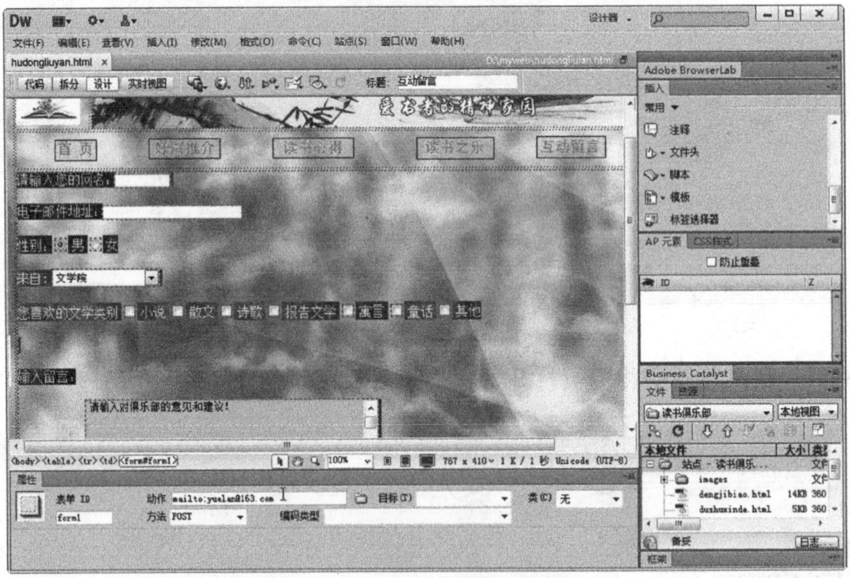

图 8.2.4　设置表单内容的提交方法

保存网页后，在浏览器中预览网页，输入表单的内容，如图 8.2.5 所示。

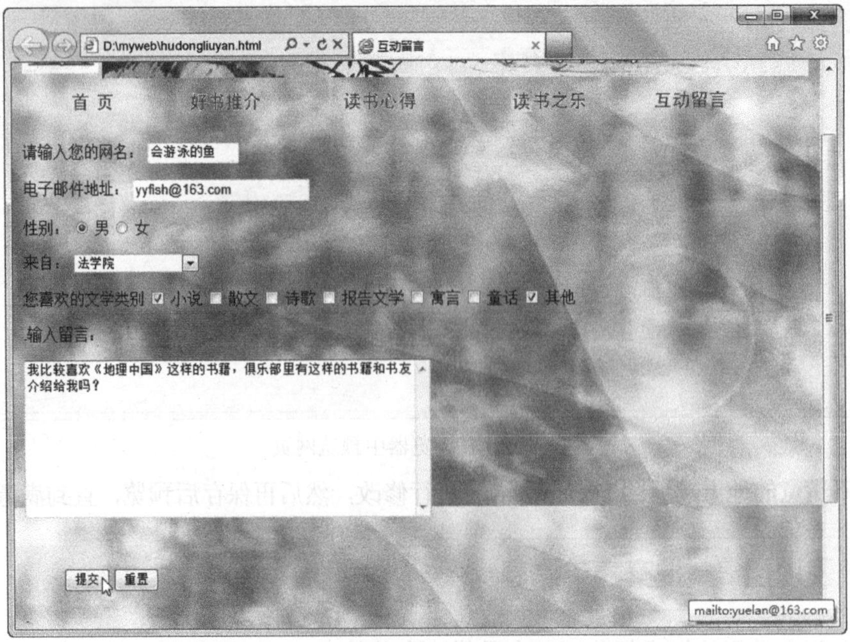

图 8.2.5　输入留言内容并提交

输入完毕，单击“提交”按钮，弹出警告信息对话框，如图 8.2.6 所示。单击“确定”按钮，表单内容被发送给 yuelan@163.com。

在实际的网站中，留言簿的内容通常并不是通过电子邮件来传递的，而是通过后台数据库的支持存放到相应的数据库文件中。作为基础教程，本书没有相关内容，读者可以自己学习数据库的相关知识，阅读 ASP 相关书籍，完成相应的设置。

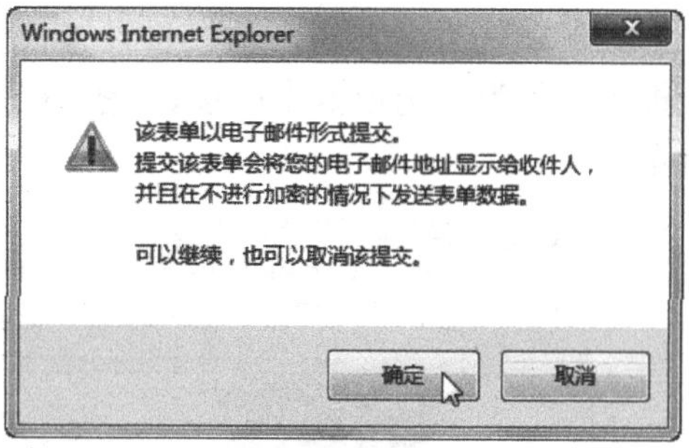

图 8.2.6　警告信息对话框

子项目 3　使用行为检查表单项

留言簿是浏览者与网页所有者之间的桥梁，通过它可以大大缩短两者之间的距离，但在得到浏览者提供信息的同时，也要防止无效信息和错误信息的输入。例如，在需要输入电子邮件地址的表单栏里，输入的不是电子邮箱的格式，等等。“验证表单”可以在一定程度上防止空信息和错误信息的产生。

首先，确定有哪些表单对象需要验证。在我们制作的留言簿上，“网名”、“电子邮件地址”、“留言内容”需要验证。其中“电子邮件地址”需要验证输入的格式是否为合法格式，其余两者需要验证是否为空。然后，确定每一个需验证表单对象的名字，以免发生混淆。

选中需要输入网名的文本域，在“属性”面板中检查它的 ID 是否为“name”，检查电子邮件的文本域 ID 是否为“email”，留言内容的文本区域 ID 是否为“neirong”，这样可以将它们与其他表单元素区别开来。如图 8.2.7 所示是更改电子邮件文本域名称的情形。

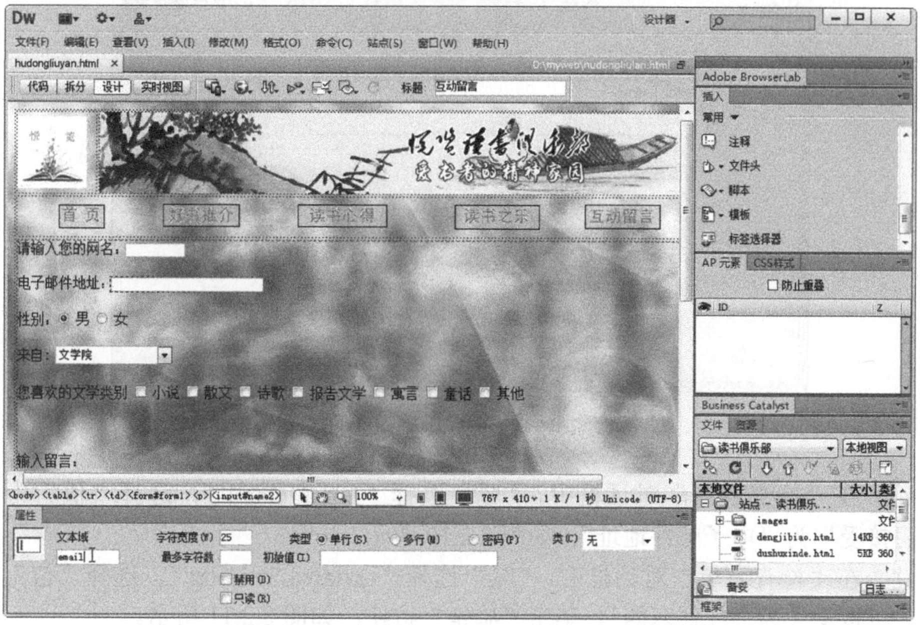

图 8.2.7　更改电子邮件文本域名称

接下来就为以上的表单栏目设置检查表单。选中任意一个表单对象，单击“设计”面板下“行为”选项卡中的按钮 +，在弹出的菜单中选择“检查表单”命令，如图 8.2.8 所示。

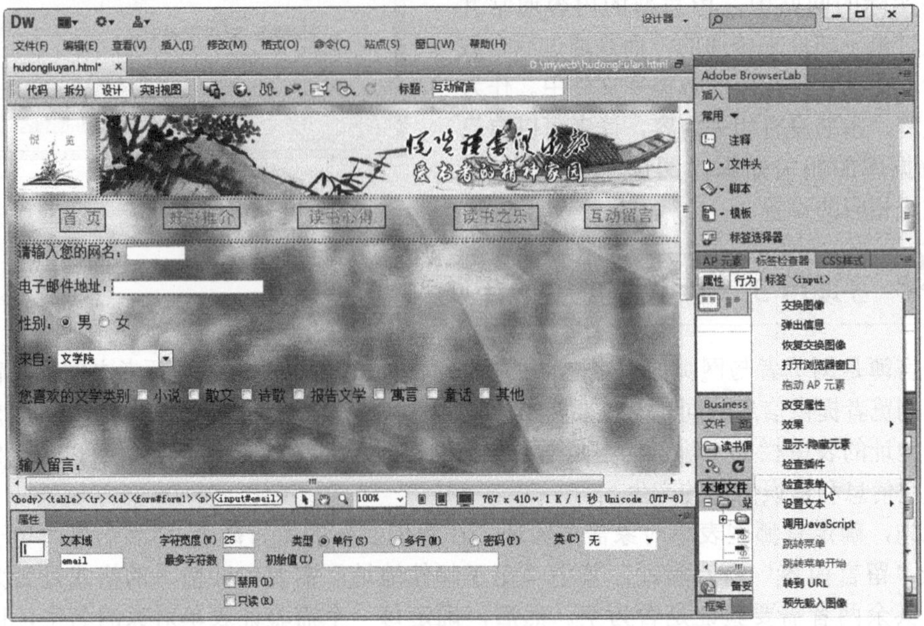

图 8.2.8　选择“检查表单”命令

在打开的“检查表单”对话框中，“域”选择“input ‘name’”，选择“值”为“必需的”，“可接受”为“任何东西”，如图 8.2.9 所示。

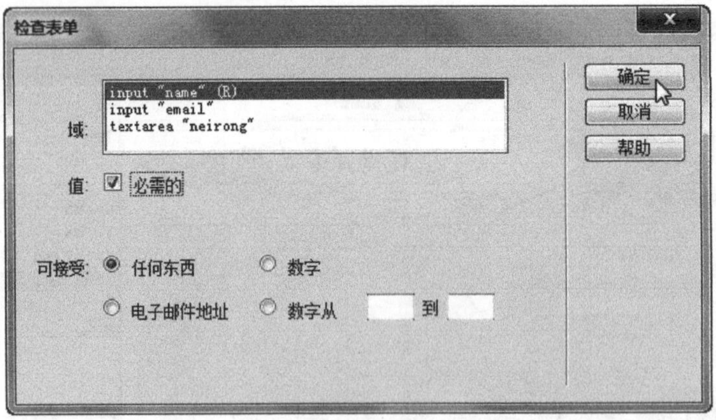

图 8.2.9　检查网名

接着，在“检查表单”对话框中，“域”选择“input ‘email’”，选择“值”为“必需的”，“可接受”为“电子邮件地址”，如图 8.2.10 所示。

继续，在“检查表单”对话框中，“域”选择“textarea ‘neirong’”，选择“值”为“必需的”，“可接受”为“任何东西”，单击“确定”按钮，如图 8.2.11 所示。

此时“行为”选项卡中出现“检查表单”的行为，如图 8.2.12 所示。

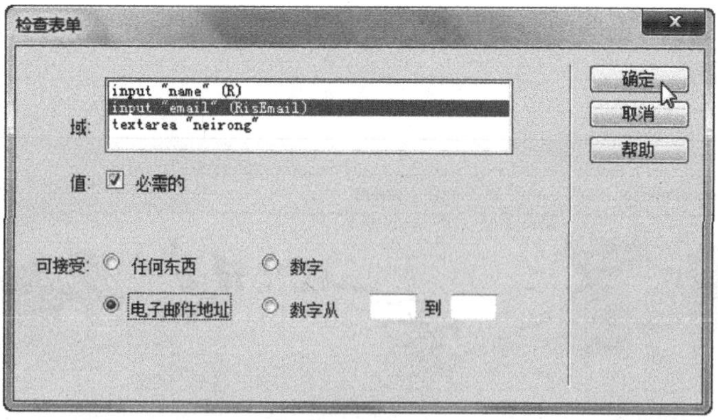

图 8.2.10　检查电子邮件地址

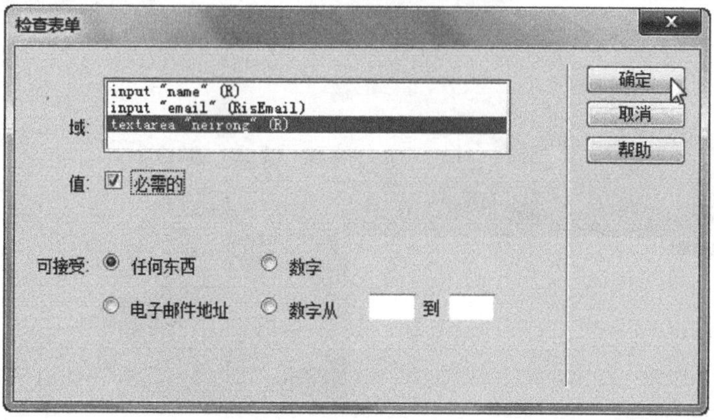

图 8.2.11　检查留言内容

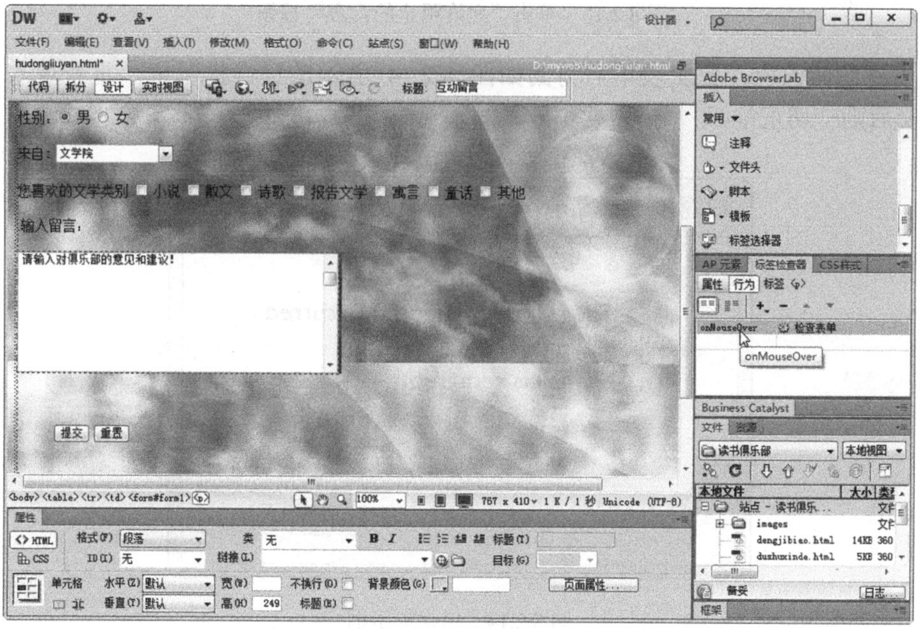

图 8.2.12　检查表单行为

保存网页后，在浏览器中预览网页，出现警告对话框时单击“允许阻止的内容”按钮，如图 8.2.13 所示。

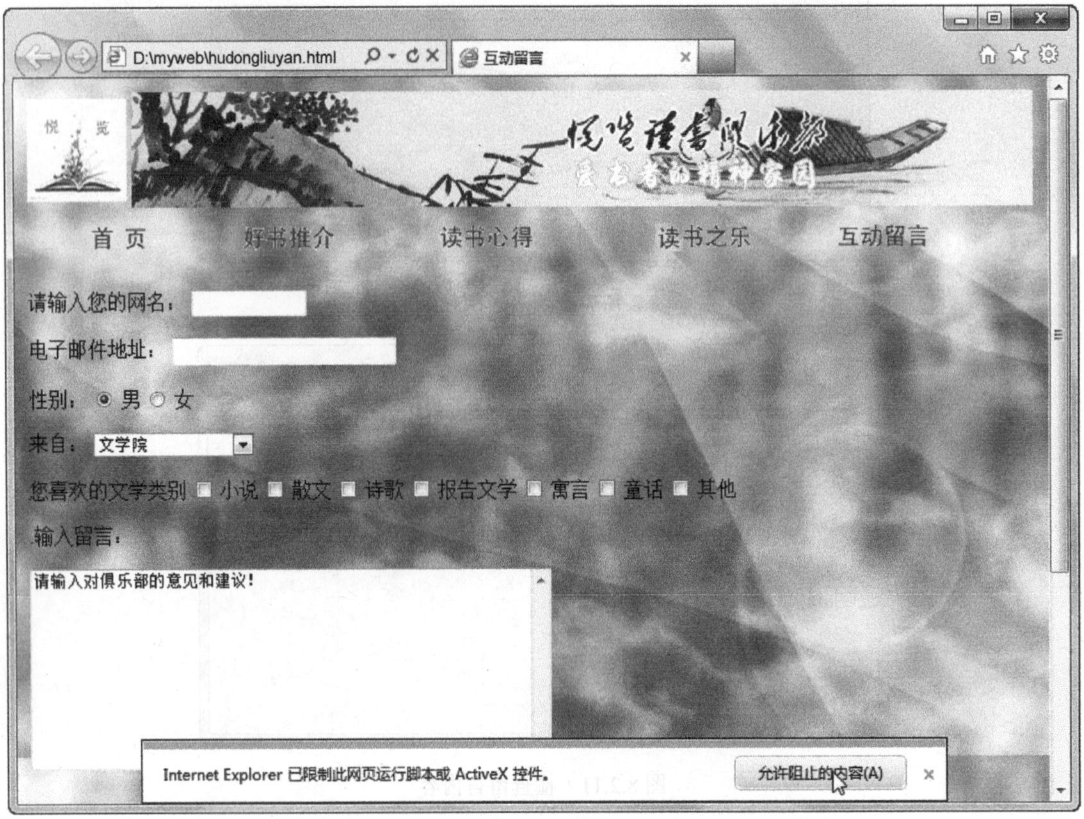

图 8.2.13　单击“允许阻止的内容”按钮

不填写任何内容，提交表单后得到如图 8.2.14 所示的错误提示框，重新填入各项信息，提交后则一切正常。

图 8.2.14　错误提示框

习 题 8

1. 简答题

（1）常见的表单元素有哪些？

（2）什么是表单域？

（3）文本域与文本区域有什么不同？

（4）如果要在一个表单域中使用两组单选按钮，如何操作？

（5）按钮有哪三种？各自有什么作用？

（6）表单有哪两个重要组成部分？

（7）为什么要验证表单的内容？

2. 操作题

（1）在网页“交流园地”中插入表单，将该网页制作成一个留言簿。

（2）将表单的提交方式设置为电子邮件方式，电子邮件地址为 ya@163.net。

（3）对表单提交信息进行验证，要求各项目不能为空，而且电子邮件地址必须符合相应的格式。

（4）保存网页后，在浏览器中预览该网页的内容。

第9章

图像和动画的制作与优化

本章的两个项目和其他章的内容没有直接关系，它们涉及另外两个软件。一个项目是对图像的制作和优化，一个项目是对动画的制作。但这两个项目又是网站制作中非常重要的内容，这也是本书将其写入这一章的一个重要原因。

对于网页来说，要想吸引浏览者的注意，图片与动画是否精美漂亮是关键所在。Adobe 公司除了提供 Dreamweaver 这个制作网页的超强工具以外，还提供了图片制作与优化工具 Fireworks 和动画制作工具 Flash。

项目 1　图像的制作与优化

Fireworks 是集创建、编辑和优化网页图形为一体的应用软件，它不仅可以创建与编辑位图和矢量图，而且还可以通过修剪和优化图形图像来减小文件的大小。而在不影响图形图像质量的情况下，文件越小，网页的下载速度就越快，这也是 Fireworks 大受欢迎的原因之一。

子项目 1　Fireworks 概述

Fireworks 拥有与 Dreamweaver 相似的操作界面，它同样由编辑区域、“属性”面板和浮动面板等组成。单击“开始”按钮，在“开始”菜单中选择“所有程序”，然后移动鼠标指针到“程序”中的“Adobe Fireworks CS6”上，单击鼠标就可以打开 Fireworks，其操作窗口如图 9.1.1 所示。

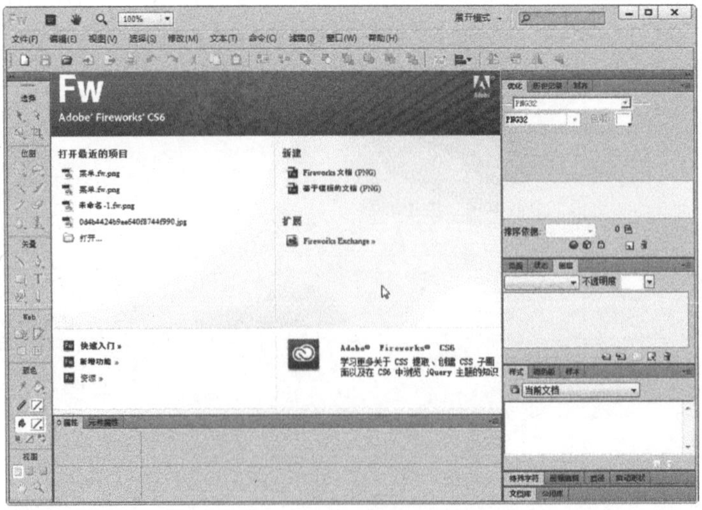

图 9.1.1　Fireworks 的操作窗口

从图 9.1.1 中可以看出，Fireworks 操作窗口的布局与 Dreamweaver 的窗口布局是一致的，右边为各种操作面板，下面是“属性”面板，只是左边多了一个“工具”面板。由于目前没有建立文件，所以各个面板上的按钮都是灰色的，而且窗口中间的编辑区域也是灰色的。

下面的操作是建立一个空白文件，然后各个面板的按钮就变成黑色可操作的了，我们将依次对各个面板进行讲解。

和 Dreamweaver 一样可以将欢迎屏幕关闭，也可以在欢迎屏幕上直接进行操作。如图 9.1.2 所示，单击菜单栏上的“文件”，在下拉菜单中选择“新建”命令，打开“新建文档”对话框。

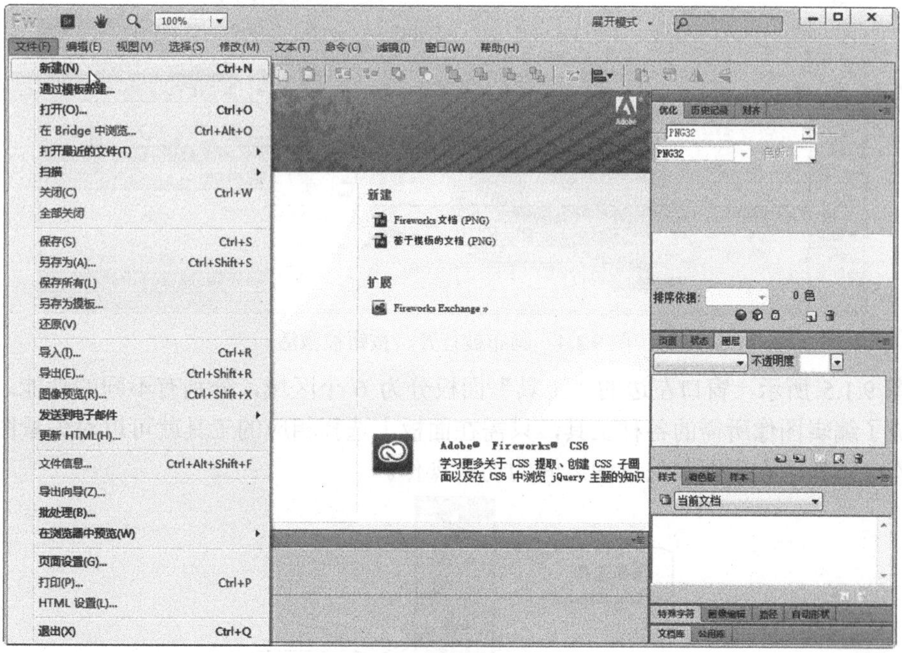

图 9.1.2　选择“新建”命令

在“新建文档”对话框中，可以通过更改宽度和高度的值来更改画布的大小，还可以对分辨率和画布颜色进行修改。进行如图 9.1.3 所示的修改，之后单击“确定”按钮。

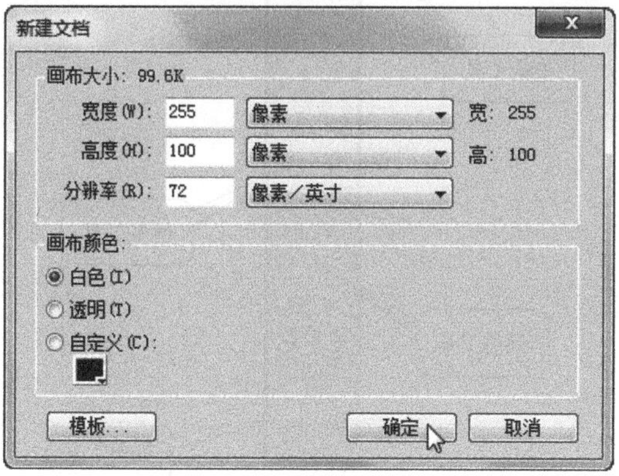

图 9.1.3　“新建文档”对话框

这时可以发现在 Fireworks 操作窗口的编辑区域出现一个以“未命名”为标题的窗口，同时各个面板上的按钮都由虚变实，如图 9.1.4 所示。

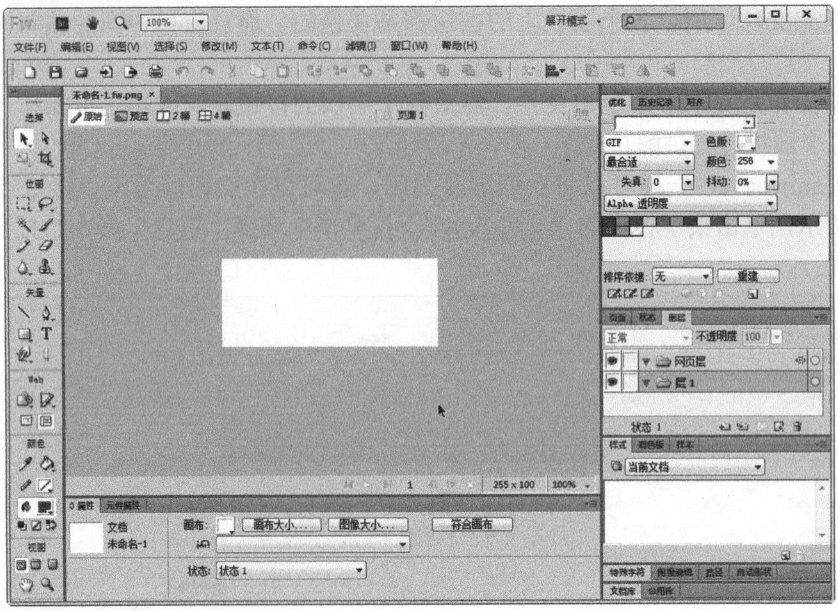

图 9.1.4　画布被打开、按钮被激活

如图 9.1.5 所示，窗口左边的“工具”面板分为 6 个区域，分别有不同的功能。在该面板上集成了编辑图像所需的各种工具，只需在面板上选择相应的工具就可以对矢量图、位图进行操作，省去了在位图和矢量图之间的切换操作。

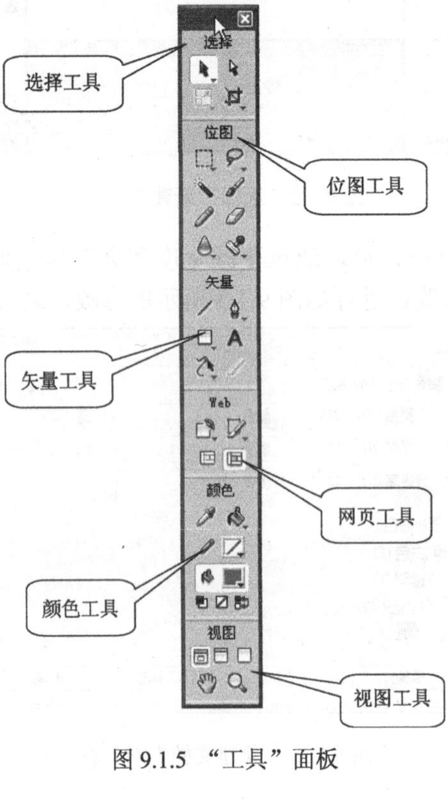

图 9.1.5　“工具”面板

和 Dreamweaver 的“属性”面板一样，Fireworks 的“属性”面板也是一个包含各种选项的动态面板。随着操作对象的变化，“属性”面板上的内容也会发生相应的变化。如图 9.1.6 所示是选中画布时“属性”面板的内容显示。

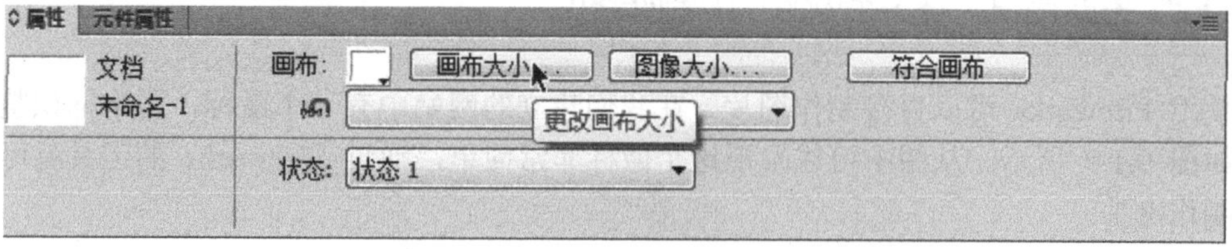

图 9.1.6　选中画布时的“属性”面板

在默认情况下，Dreamweaver 的面板组停放在工作区的右侧。我们可以进行取消面板组、叠放面板、排列面板顺序等操作，同时还可以完成许多高性能操作。如图 9.1.7 所示，该面板组中有“优化、历史记录、对齐”，“页面、状态、图层”，“样式、调色板、样本”，“特殊字符、图像编辑、路径、自动形状”等面板，其中“图层”选项卡是打开的。

在操作窗口中间的是画布，是对图像进行绘制、修改或编辑的地方。从图 9.1.8 中可以看到，画布共提供了 4 种预览模式：“原始”、“预览”、“2 幅”和“4 幅”。具体的使用方法会在下面的实例中进行说明。

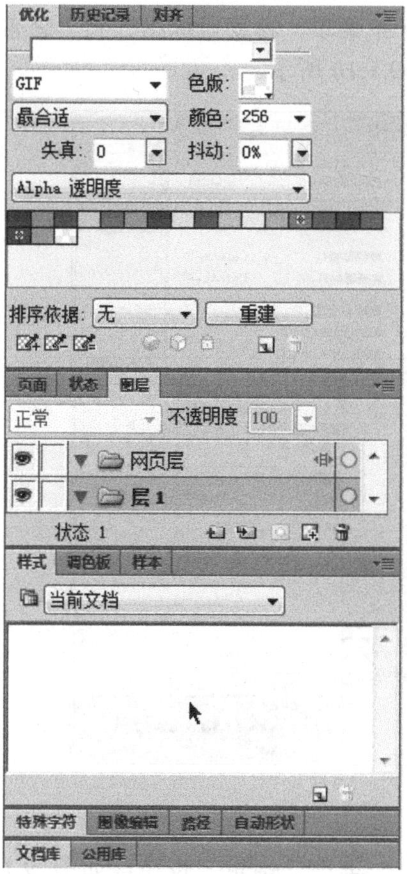

图 9.1.7　面板组

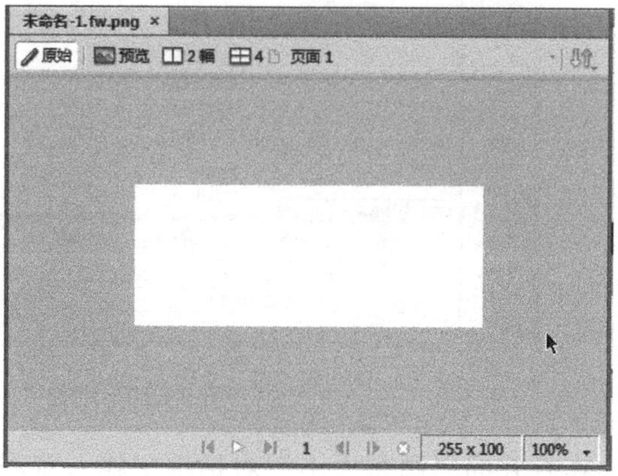

图 9.1.8　画布

由于篇幅所限，我们仅仅就 Fireworks 的操作窗口进行了简单的介绍，感兴趣的读者可以查阅相关的书籍进行学习。下面通过两个例子简单学习 Fireworks 的操作方法。

子项目 2　在 Fireworks 中制作图片

使用 Fireworks 可以直接制作图片。在我们建立的网站中有一个徽标，用来标识整个网站，如图 9.1.9 所示。从图中可以发现这个徽标非常简单，通过 Fireworks 的工具就可以轻松地制作出来。

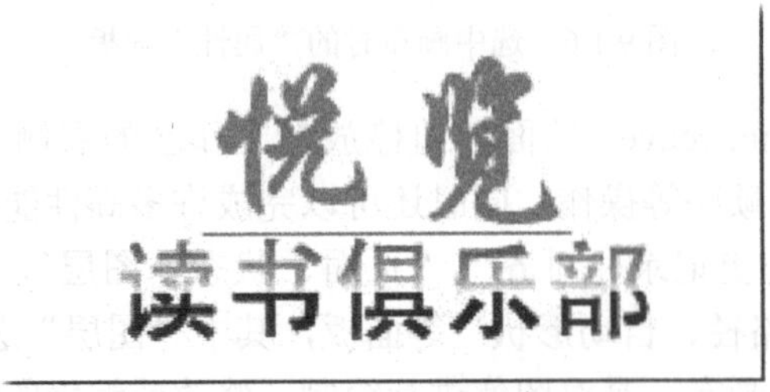

图 9.1.9　网站徽标

在上一个子项目中新建的图片文件，其大小与网站徽标的大小不一致，所以要对画布的大小进行修改。单击菜单栏上的“修改”，弹出下拉菜单，移动鼠标指针到“画布”上，在弹出其子菜单后选择“画布大小”命令，如图 9.1.10 所示。

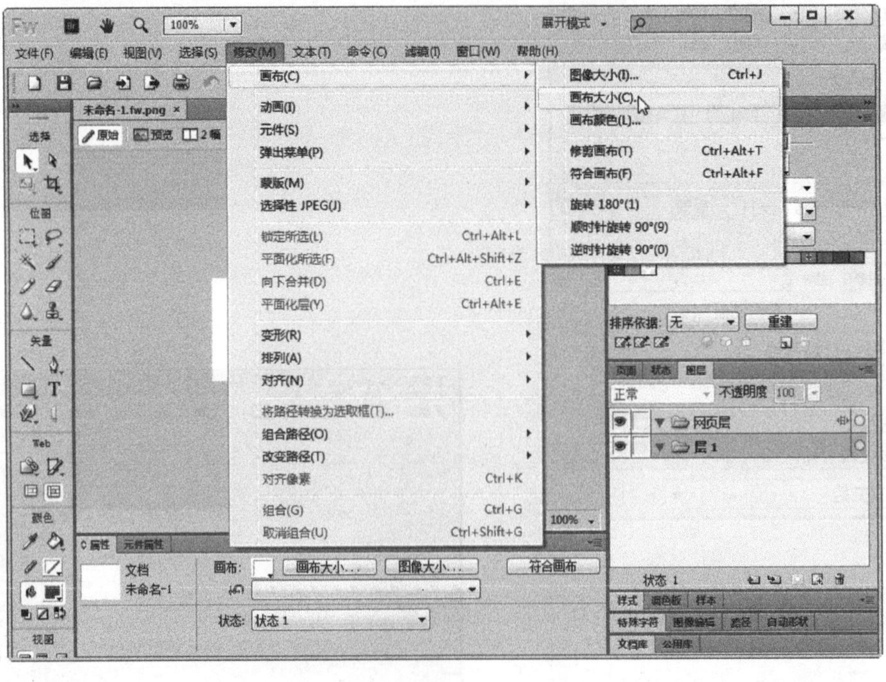

图 9.1.10　选择“画布大小”命令

在打开的“画布大小”对话框中输入宽和高的值，单击“确定”按钮，如图 9.1.11 所示。

图 9.1.11 输入画布宽和高的值

在“工具”面板的“矢量”区中单击“文本”工具，然后在编辑区中单击，出现一个有光标闪动的文本框，在文本框中输入“读书俱乐部”几个字。注意，“读书俱乐部”几个字要靠下一些，为将来的“悦览”两个字留出位置，如图 9.1.12 所示。

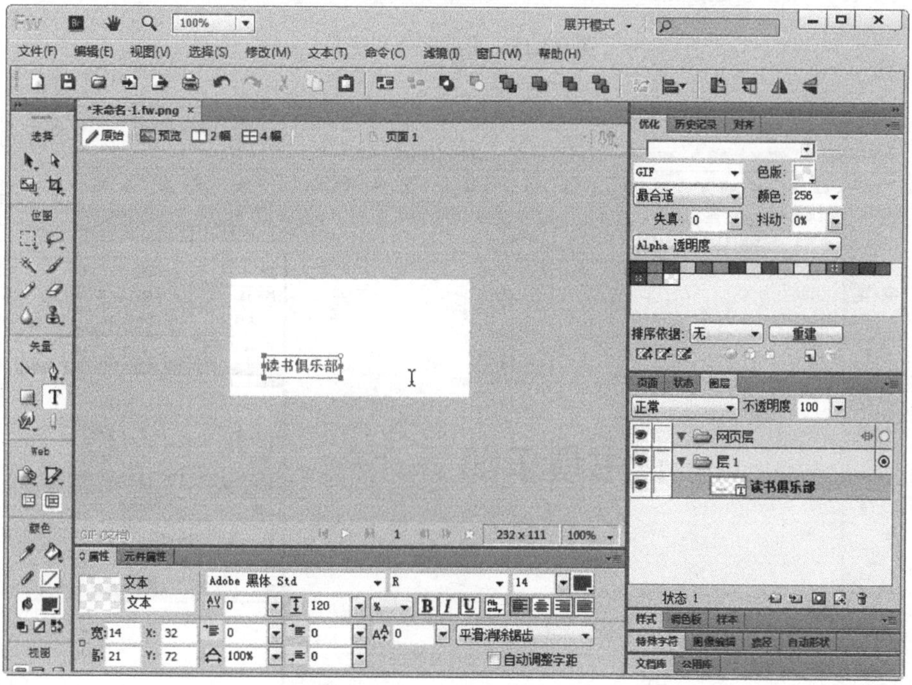

图 9.1.12 输入文字

在“属性”面板中单击字体栏的下拉按钮，在下拉列表中选择“黑体”字体，然后单击字号栏右边的下拉按钮，拖动滑动指针，设置字号为“40”。在编辑区域单击，文字变成设置的效果，如图 9.1.13 所示。

在“工具”面板的“选择”区中单击“选取”工具，然后在编辑区域中拖动文本框到合适的位置，使文字看起来更美观，如图 9.1.14 所示。

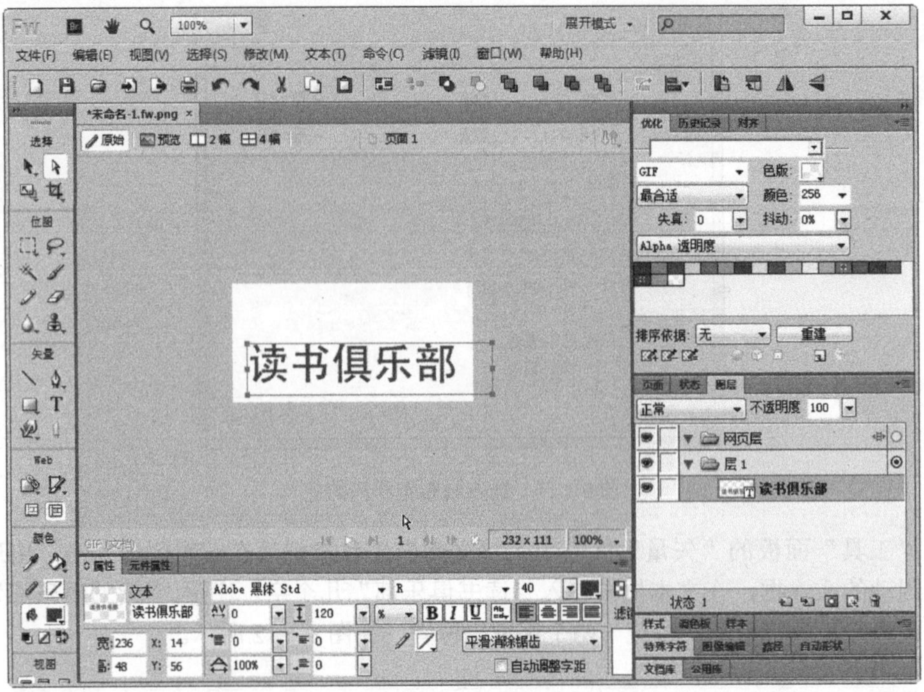

图 9.1.13　更改字体和字号

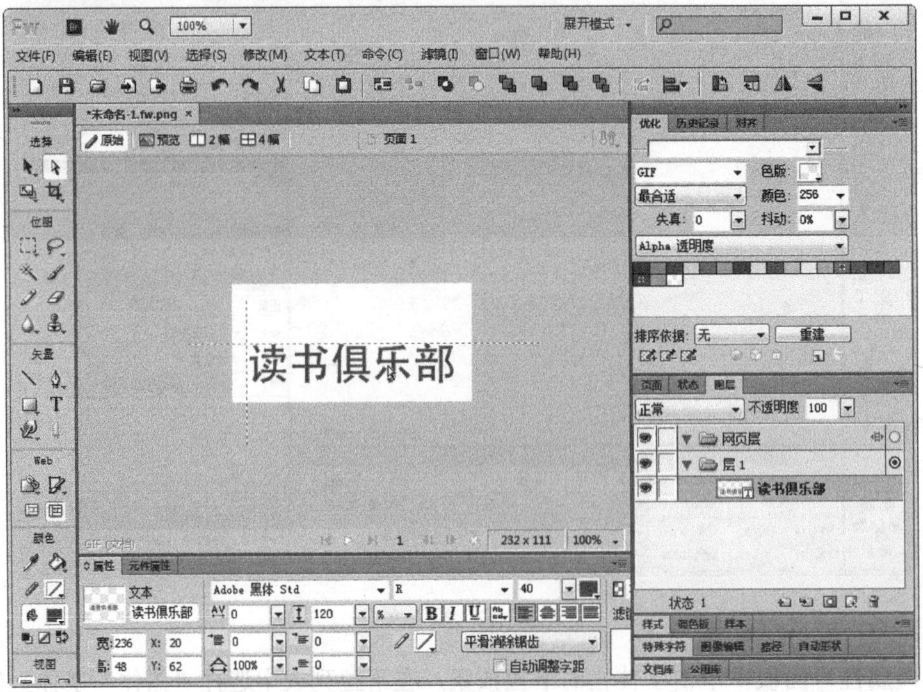

图 9.1.14　调整文本的位置

选中文本框，打开“样式”面板，选择“文本整体样式”，最后在“样式”选项卡中选择一种样式，如图 9.1.15 所示。

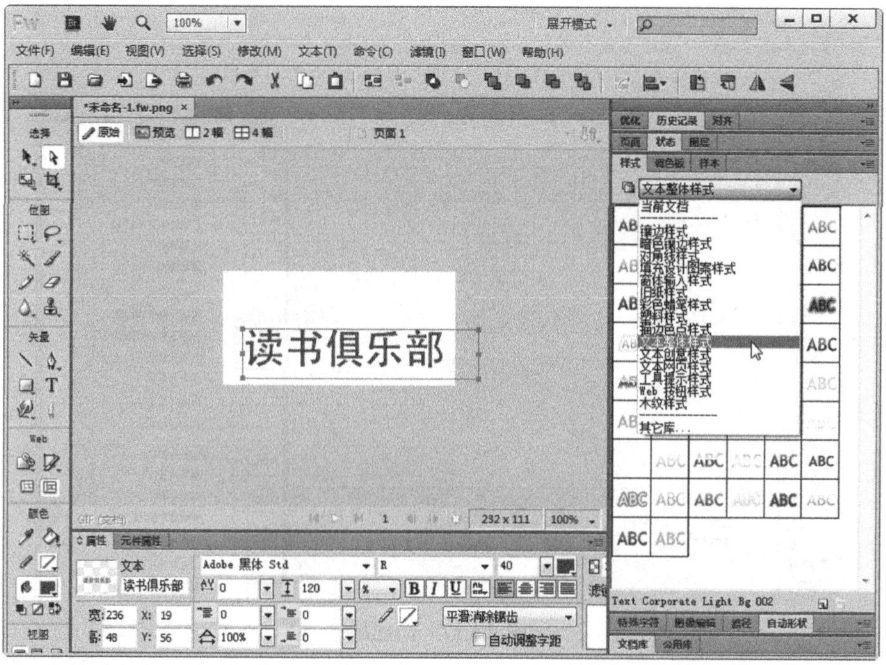

图 9.1.15　选择一种样式

改变了样式后，效果如图 9.1.16 所示。

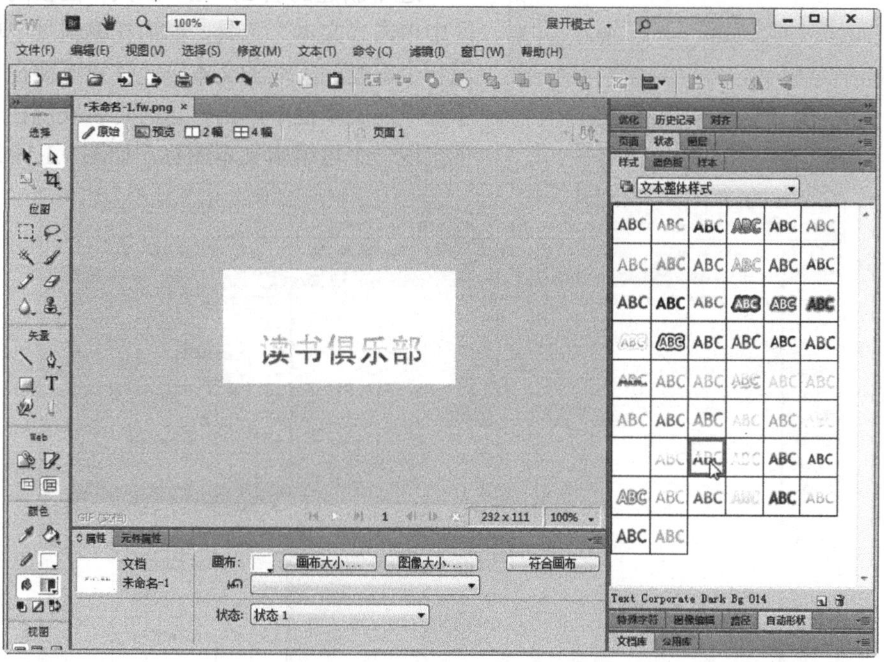

图 9.1.16　选择样式后的效果

在浮动面板的“图层”选项卡中单击“选项”按钮，在弹出的菜单中选择“新建层”命令，如图 9.1.17 所示。

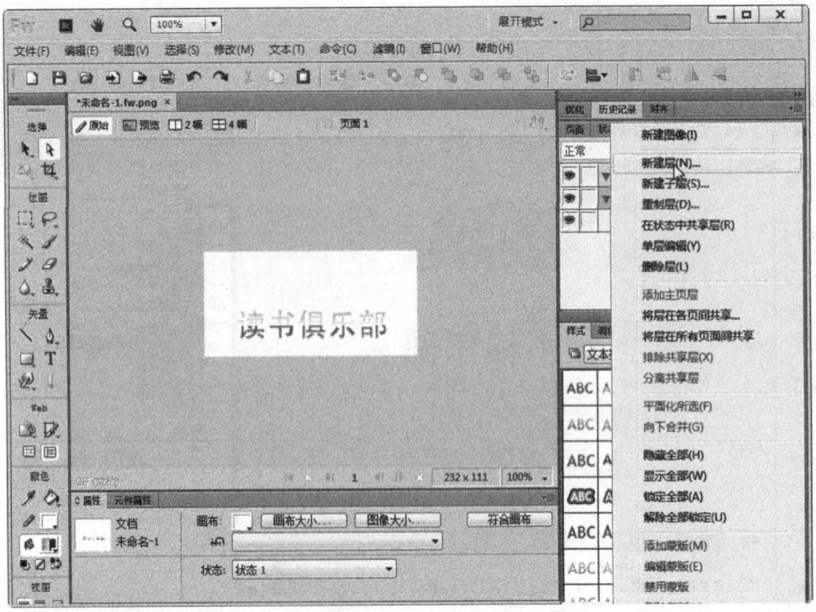

图 9.1.17 新建层

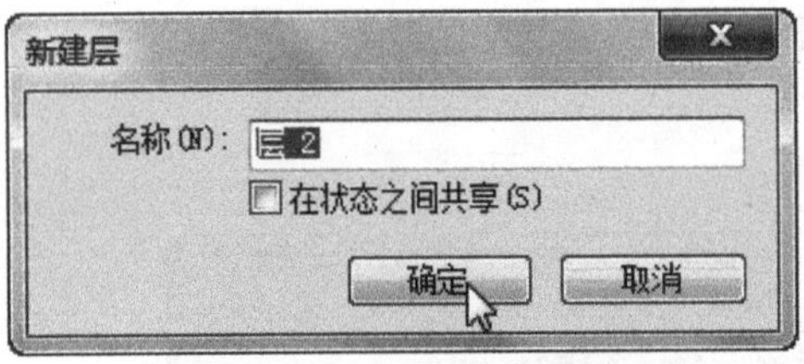

图 9.1.18 “新建层”对话框

在弹出的“新建层”对话框中输入名称，也可以采用默认的名字，单击“确定”按钮，完成新建层的操作，如图 9.1.18 所示。

选中新建的层 2，在“工具”面板的“矢量”区中单击“文本”工具，然后在编辑区中单击，出现一个有光标闪动的文本框，注意不要在“读书俱乐部”的文本框中单击。这时可以发现在“层 2”下出现一个可编辑文本图标，如图 9.1.19 所示。

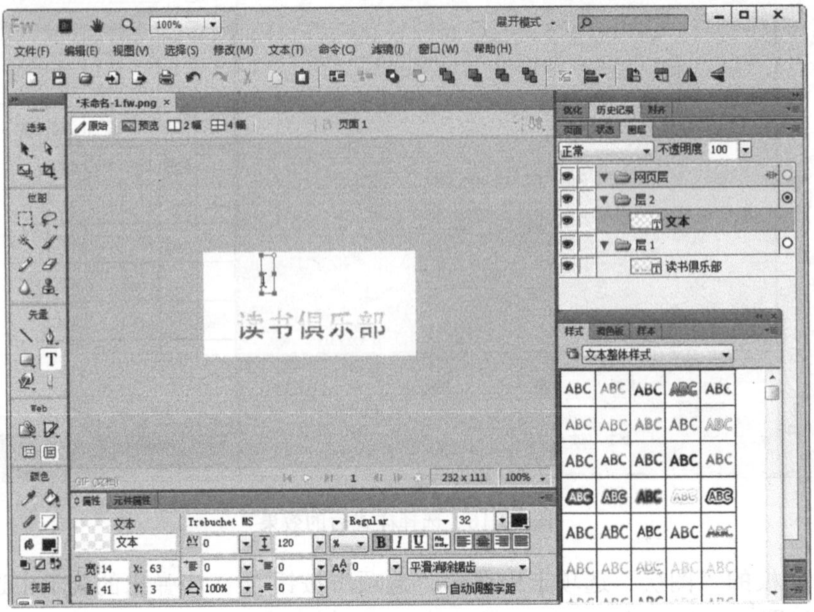

图 9.1.19 在新层中建立文本

选择字体为“华文行楷”，输入“悦览”两个字，可以看到在编辑区域出现这两个字，如图 9.1.20 所示。

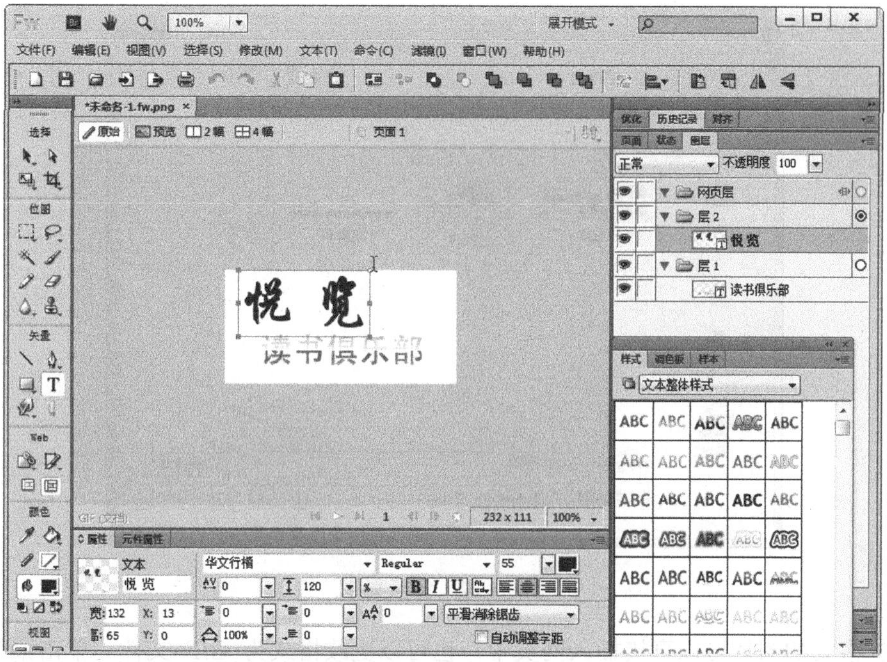

图 9.1.20 输入“悦览”

选择字体的颜色为绿色，调整该文本框的位置，选择一种样式，完成图片的制作，如图 9.1.21 所示。

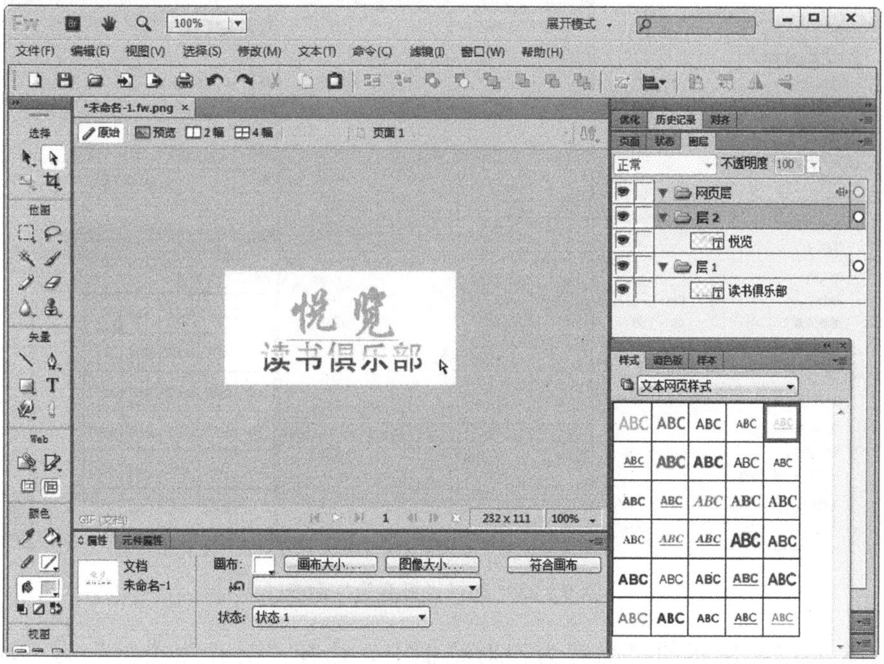

图 9.1.21 完成图片的制作

单击菜单栏上的“文件”，在弹出的下拉菜单中选择“保存”命令，对文件进行保存，注意保存的文件名类型为“.png”，如图 9.1.22 所示。

图 9.1.22　保存文件

PNG 格式的图片可以直接插入网页中，也可以更改格式为 GIF 文件。单击菜单栏上的“文件”，在下拉菜单中选择“另存为”命令，如图 9.1.23 所示。

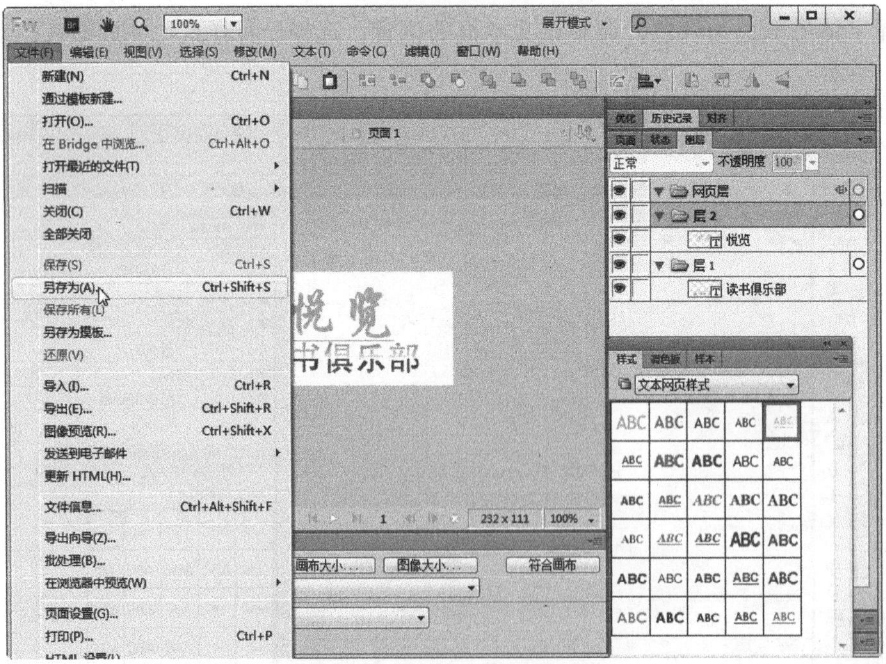

图 9.1.23　选择“另存为”命令

在如图 9.1.24 所示的“另存为”对话框中，选择“另存为类型”为“动画 GIF (*.gif)”，输入英文文件名“title”，单击“保存”按钮。

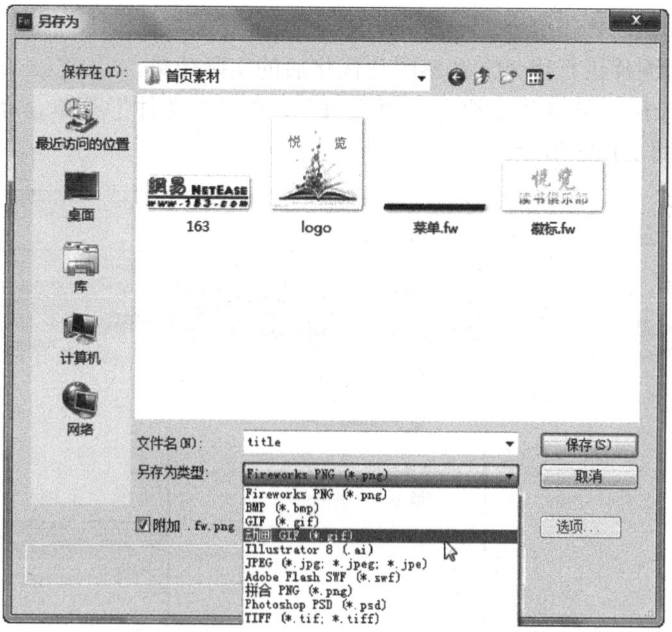

图 9.1.24 “另存为”对话框

打开保存文件的文件夹可以发现里面的两个图片文件，一个是 GIF 文件，大小为 18KB；另一个是 PNG 文件，大小为 164KB，如图 9.1.25 所示。两个图片所包含的信息量是不一样的，它们看起来一模一样，但大小却相差很大，所以使用图片时要注意图片的格式。

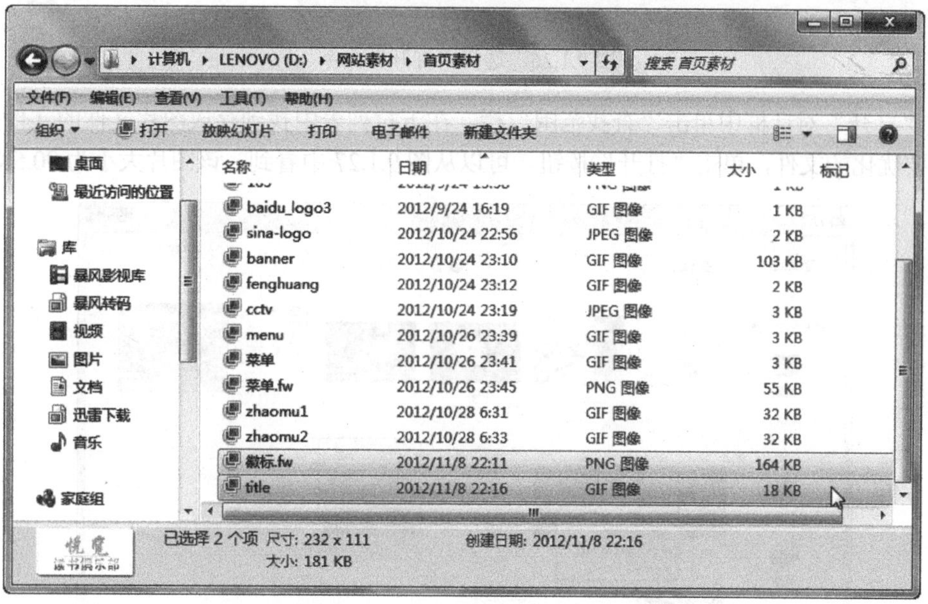

图 9.1.25　文件的 GIF 格式和 PNG 格式对比

子项目 3　在 Fireworks 中优化图片

除了可以直接制作图片以外，Fireworks 还可以对已有的图片进行优化，使图片在不影响视觉效果的情况下，体积更小，更有利于网络传输。

下面将对一幅图片进行优化，观察图片优化后的实际效果。

首先将图片打开。单击菜单栏上的“文件”，打开“文件”菜单，在下拉菜单中选择“打开”命令，如图 9.1.26 所示。

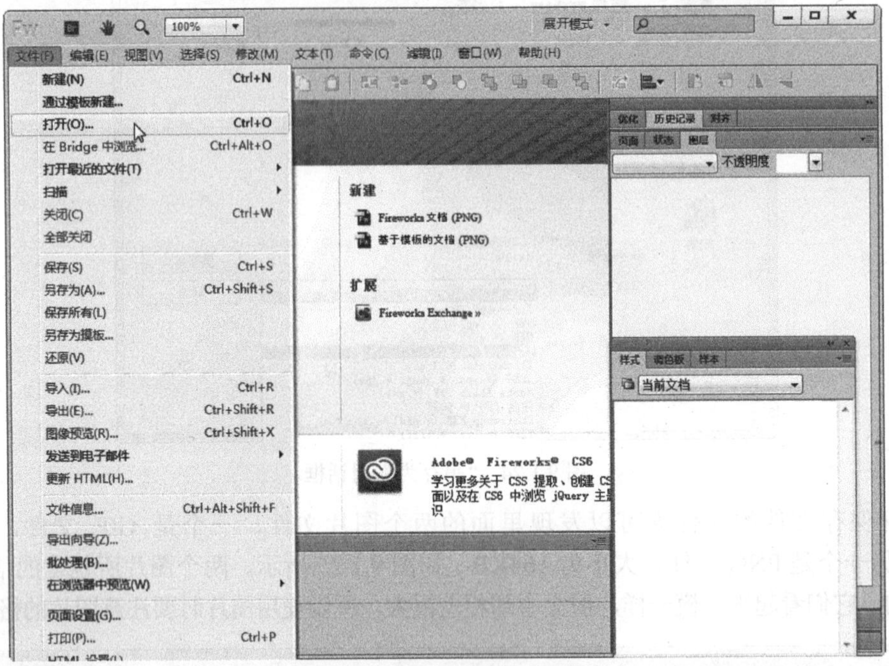

图 9.1.26　选择“打开”命令

在“打开”对话框中单击“查找范围”栏，在下拉列表中找到存放图片文件的文件夹，然后选中要优化的文件，单击“打开”按钮。可以从图 9.1.27 中看到，该图片大小为 90.5KB。

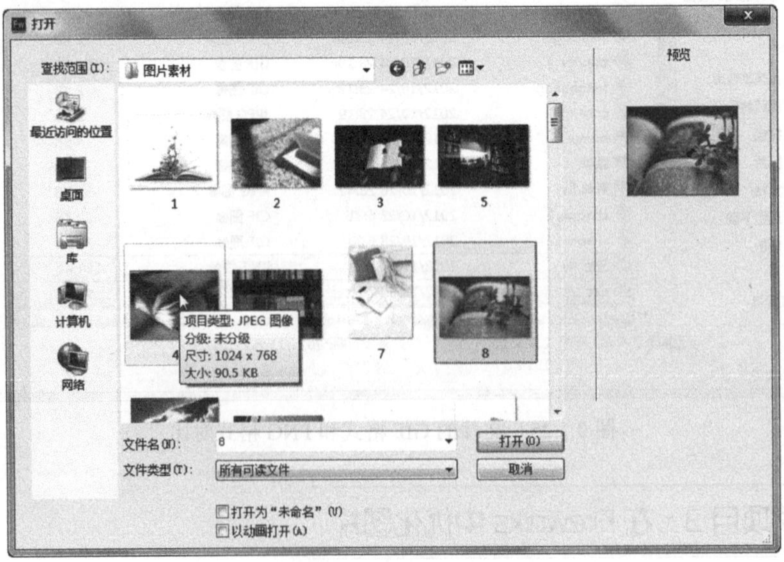

图 9.1.27　在“打开”对话框中选择图片

如图 9.1.28 所示，在工作窗口中图片文件被打开。单击窗口右边面板组中的“优化”面板，并将“优化”选项卡打开。

图 9.1.28　打开“优化”选项卡

在“优化”选项卡中选择文件类型为“GIF”，将图片优化成 GIF 文件，如图 9.1.29 所示。

图 9.1.29　设置优化效果

在“优化”面板中有许多设置值，单击各个设置栏，选择相应的下拉列表项目，可以对设置的优化效果进行调整，如图 9.1.30 所示。

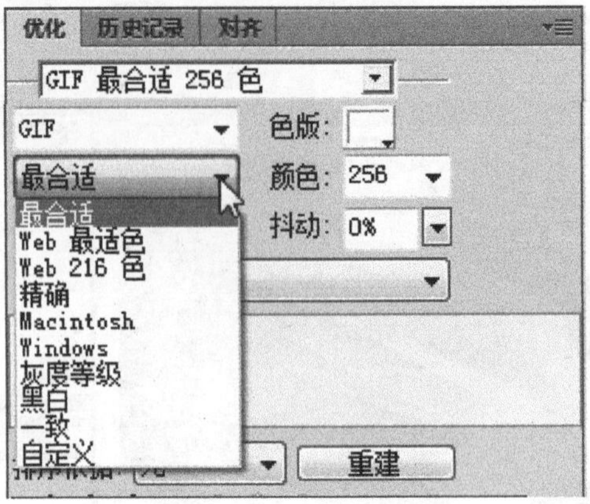

图 9.1.30　调整优化效果

如图 9.1.31 所示，单击“文件”菜单，在下拉菜单中选择“另存为”命令，打开“另存为”对话框。

图 9.1.31　选择“另存为”命令

在“另存为”对话框中输入文件名，单击“保存”命令，如图 9.1.32 所示。

打开保存文件的文件夹，可以发现经优化后文件的大小为 84KB，如图 9.1.33 所示，而优化前是 91KB，可见优化的效果是非常明显的。

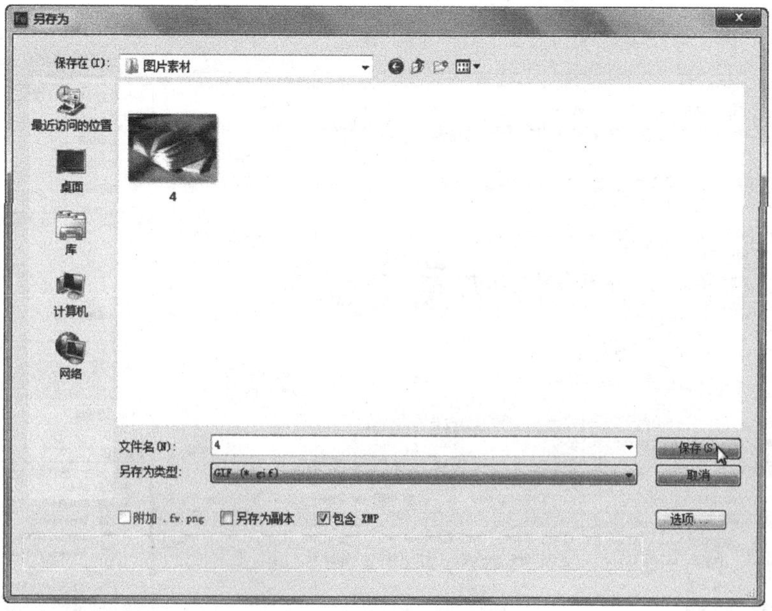

图 9.1.32　保存优化后的文件

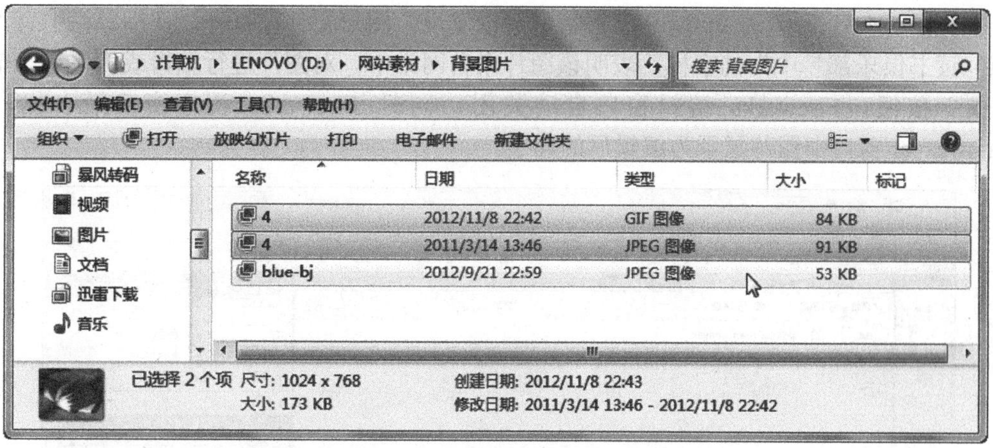

图 9.1.33　优化后的文件大小

子项目 4　Fireworks 与 Dreamweaver 整合应用

网站的制作过程一般可分为网页组件制作准备、网页制作和网页管理三个阶段。在网页组件制作准备阶段，主要使用 Fireworks 对图片进行处理，其他两个阶段则主要采用 Dreamweaver 进行操作。通过 Fireworks 与 Dreamweaver 两个软件的整合可以完成网站的绝大部分建设工作。

除了这种整合应用以外，在使用 Dreamweaver 制作网页的过程中还可以随时打开 Fireworks，对网页中的图片进行编辑和优化。如在图 9.1.34 所示的 Dreamweaver 窗口中，选中图片，然后在“属性”面板中单击“编辑”按钮，即可打开 Fireworks。

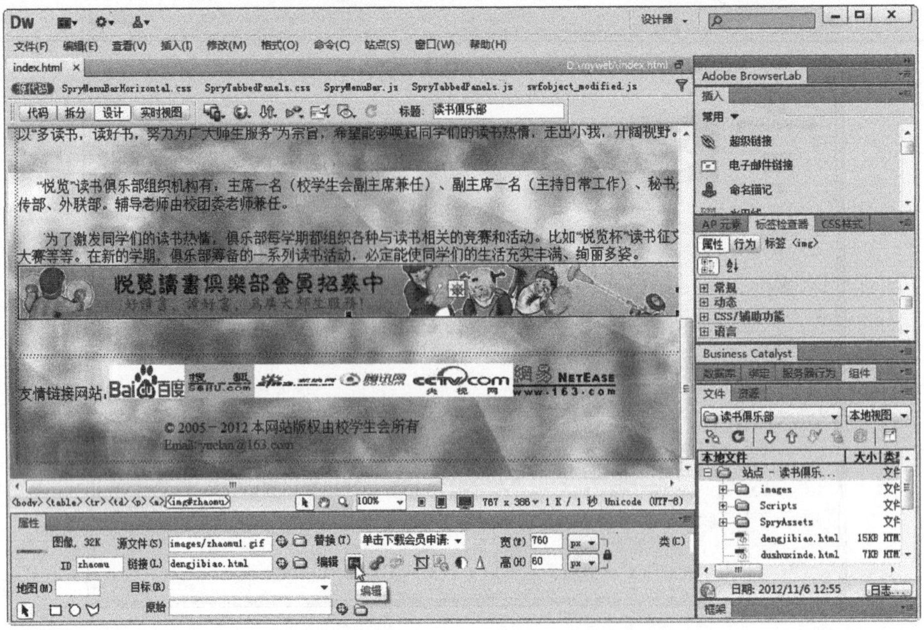

图 9.1.34　在 Dreamweaver 中打开 Fireworks

在如图 9.1.35 所示的 Fireworks 窗口中可以发现，图形文件被打开，在标题栏中有“在站点‘读书俱乐部’中”的字样，表明该图片来自网站中。对图片进行编辑或优化后，单击“完成”按钮，Fireworks 编辑窗口自动关闭，同时 Fireworks 程序窗口最小化。在 Dreamweaver 窗口中图片显示为编辑后的样子。

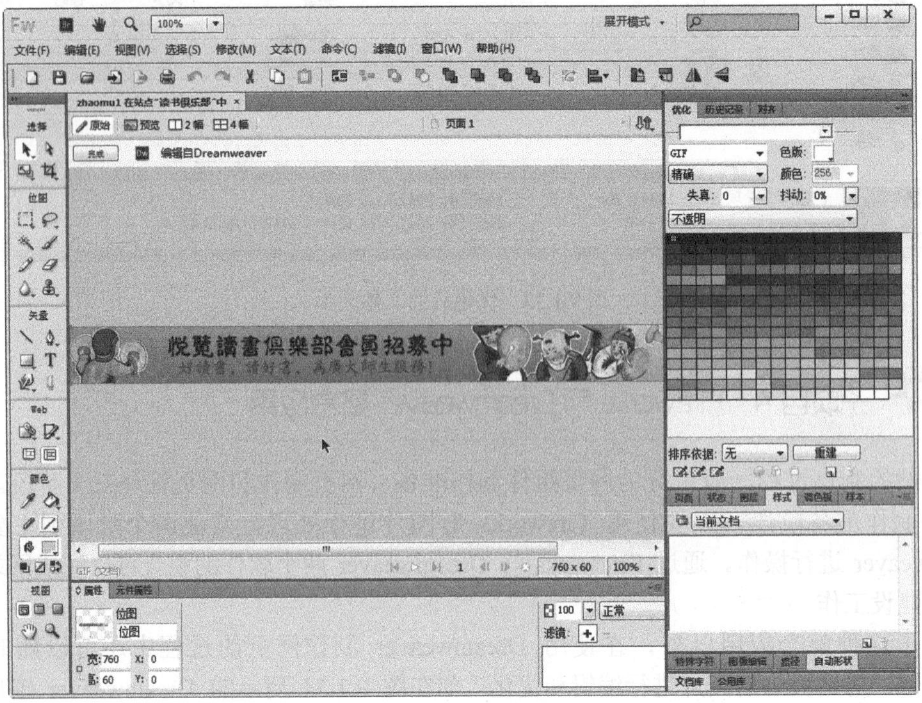

图 9.1.35　在 Dreamweaver 中打开的 Fireworks 编辑窗口

项目 2　动画的制作与优化

现在的网络可以说是 Flash 时代，越来越多的人喜欢 Flash 动画，越来越多的网站使用 Flash 制作的动画。不知 Flash 为何物，会直接被人认为是网络盲，甚至是电脑盲。

Flash 功能强大，不仅可以制作动画，甚至有人直接用它来制作网页。特别值得一提的是，它与 Dreamweaver、Fireworks 等软件整合使用效果堪称完美。

本节主要介绍 Flash 的简单使用，以及它与 Dreamweaver 的整合使用。

子项目 1　Flash 概述

作为同一个公司的产品，Flash 拥有与 Dreamweaver 和 Fireworks 相似的界面，这为我们熟悉和使用它提供了巨大的帮助。单击“开始”按钮，在“开始”菜单中选择“所有程序”，然后移动鼠标指针到“程序”菜单的“Adobe Flash CS6”上，选择其子菜单中的“Adobe Flash CS6”命令便可打开 Flash，其操作界面如图 9.2.1 所示。

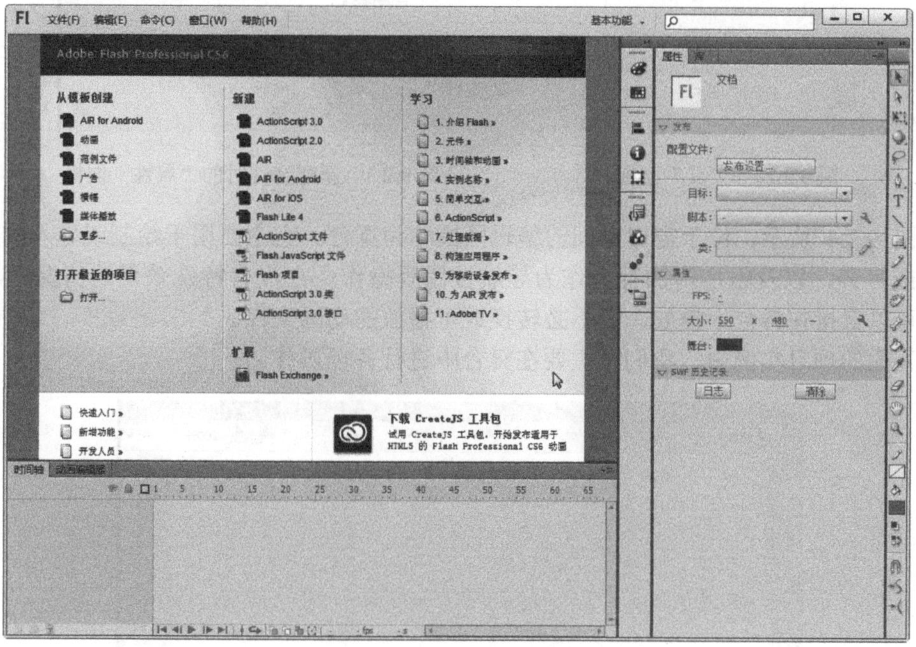

图 9.2.1　Flash 的操作界面

Flash 操作界面由菜单栏、工具栏、“工具”面板、时间轴、舞台、面板组、“属性”面板及“动作-帧”面板组成。其中菜单栏和工具栏与其他软件大体相同，另外的几个项目在下面一一进行说明。

如图 9.2.2 所示是“工具”面板，它提供了一些常用的绘图工具，使用这些工具可以很容易地绘制出各种图形。这些工具可以用来创建或改变图像和文本、调整编辑的舞台、选择填充的颜色或线条的颜色，而下面的“选项”部分则随着选取工具的不同而出现相应的修改工具。

Flash 的“属性”面板默认在窗口的右边，它和 Dreamweaver、Fireworks 的“属性”面板一样，其内容会根据所选对象的不同而发生变化。如图 9.2.3 是新建一个文件时“属性”面板的内容显示。

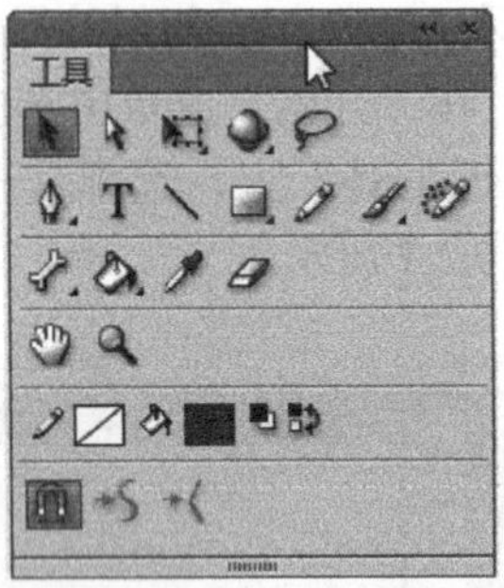

图 9.2.2 “工具”面板

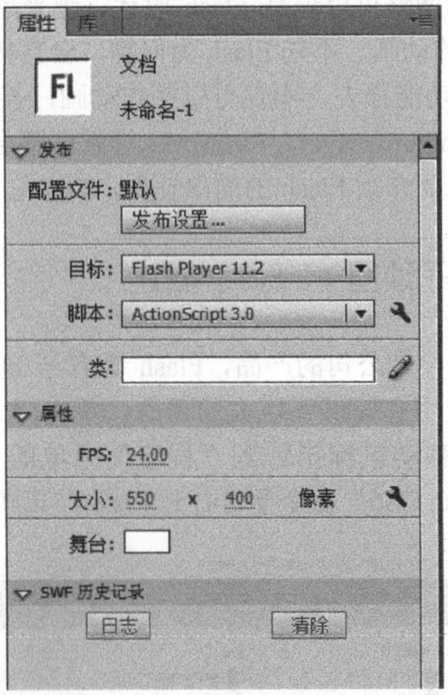

图 9.2.3 新建文件时的“属性”面板

如图 9.2.4 所示，位于窗口中间的编辑区域称为舞台。它主要用于绘制或导入图片、添加文本或声音，以及添加附加行为作为导航按钮等操作。在没有特殊效果的情况下，Flash 动画都可以直接在舞台上播放，而不必转换成可播放的动画文件。

在下面的项目实例中，我们将主要在舞台中进行各项操作。

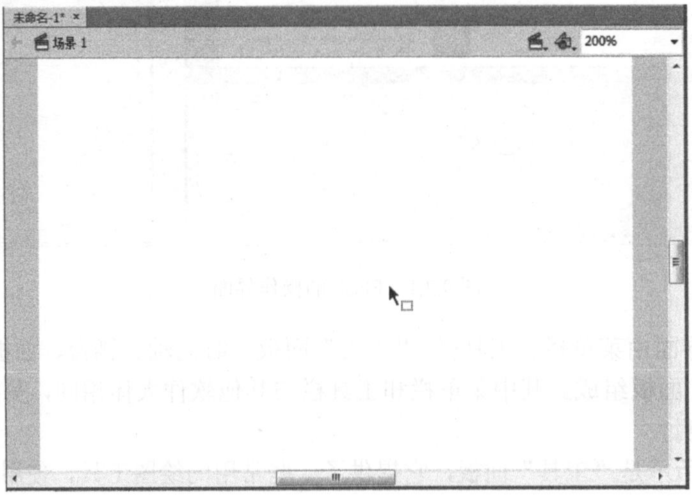

图 9.2.4 舞台

Flash 的时间轴在 Flash 启动时就自动打开，而且被放在非常醒目的位置，这也说明了时间轴在 Flash 中的重要性。它主要用来组织和控制动画在一定时间内播放的层数和帧数。我们知道一帧一帧静止的图片连续起来就形成了动画，所以最简单的动画制作方法就是画出一帧一帧的图片，然后通过时间轴来控制它们的播放速度，从而实现动画效果。

如图 9.2.5 所示，时间轴由图层、帧和播放头组成。

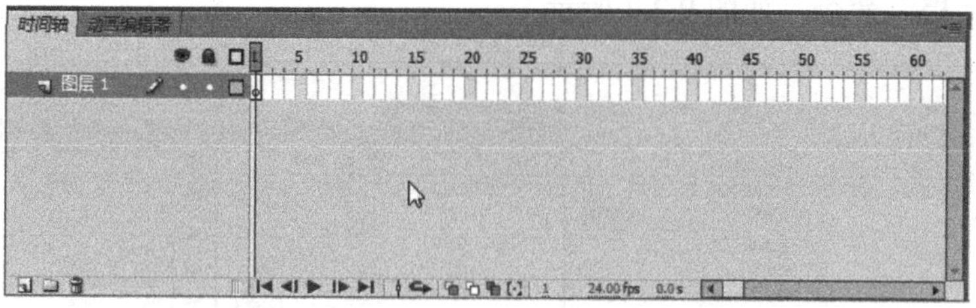

图 9.2.5　时间轴

和 Dreamweaver、Fireworks 一样，Flash 也把窗口的右边区域留给了浮动面板组。在默认情况下，面板组包含“库”等多个面板。通过菜单栏上的“窗口”菜单可以添加面板，当然也可以隐藏面板。面板组功能强大，具体的功能和操作方法可以查阅相关书籍。面板组界面如图 9.2.6 所示。

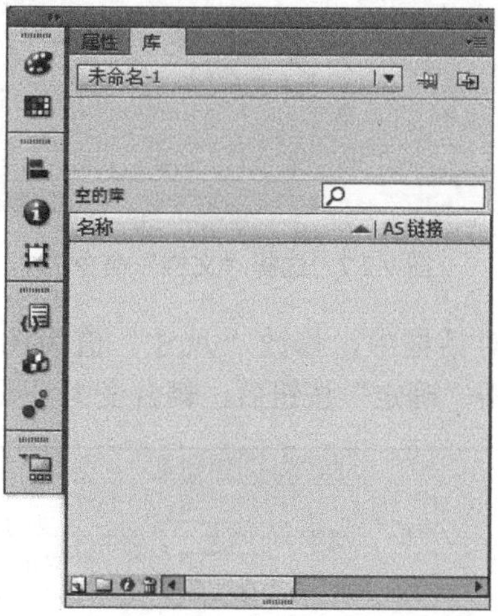

图 9.2.6　面板组

子项目 2　在 Flash 中制作补间动画

Flash 动画包括补间动画和逐帧动画。制作补间动画是创建随时间移动或更改的动画的一种有效方法，并且最大程度地减小了所生成的文件。在补间动画中，Flash 能够自动在两个关键帧之间插入帧的值或形状来创建动画，使动画变得生动。

补间动画又分为运动渐变与形状渐变两种。运动渐变是指在一个时间点定义一个实例或文字块的位置、大小等属性，在另一个时间点改变这些属性，Flash 自动插入动画帧，形成两者之间平滑的过渡。形状渐变是指在一个时间点绘制一个形状，在另一个时间点更改该形状，Flash 自动插入动画帧，形成两者之间平滑的过渡。

下面的项目操作是将一张静态图片改成一个 Flash 动画，效果是“欢迎光临”的文字从两个方向进入图片。这是一个典型的运动渐变补间动画。

首先要修改 Flash 的舞台场景大小，使之与原有图片的大小相等，这样当动画在以图片为背景的舞台上播放时，不会有舞台背景露出来。单击菜单栏上的“修改”选项，在其下拉菜单中选择“文档”命令，如图 9.2.7 所示。

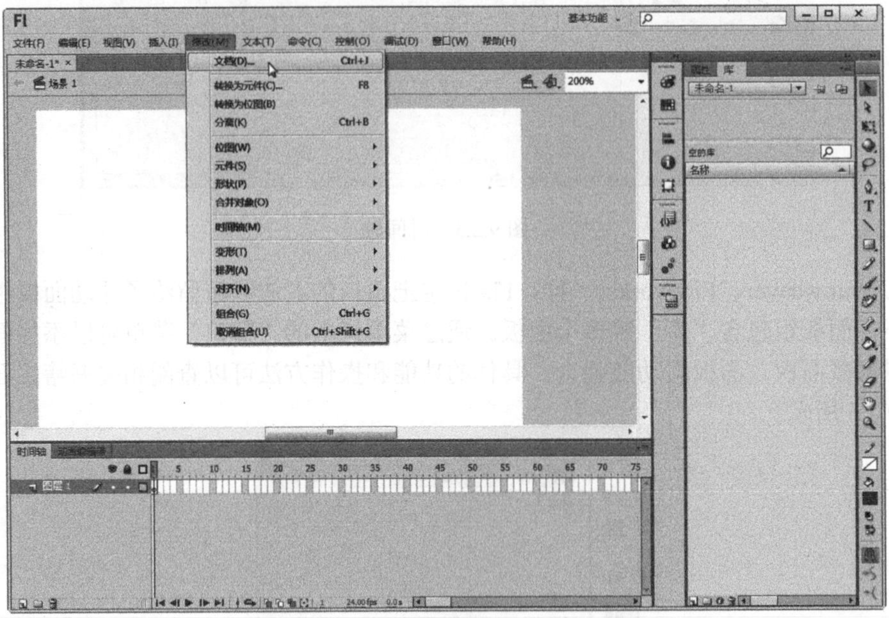

图 9.2.7　选择“文档”命令

在打开的“文档设置”对话框中，修改“尺寸”值为图片的大小，注意默认单位为“像素”，如图 9.2.8 所示。单击“确定”按钮后，舞台变为设置的大小。

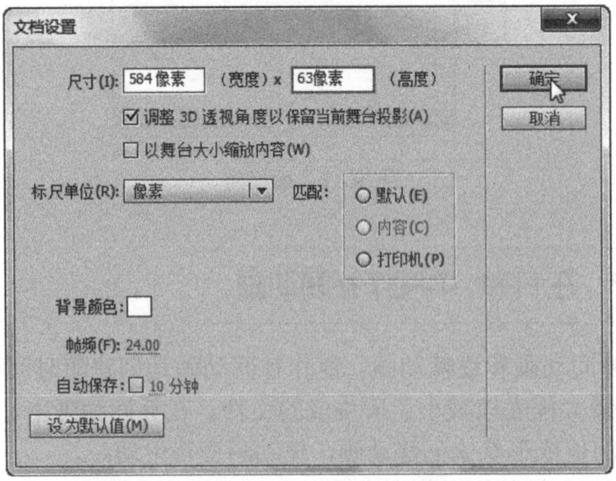

图 9.2.8　在“文档设置”对话框中设置舞台大小

接下来要将图片导入舞台中作为背景。单击“文件”菜单，选择“导入”子菜单下的“导入到舞台”命令，如图 9.2.9 所示。

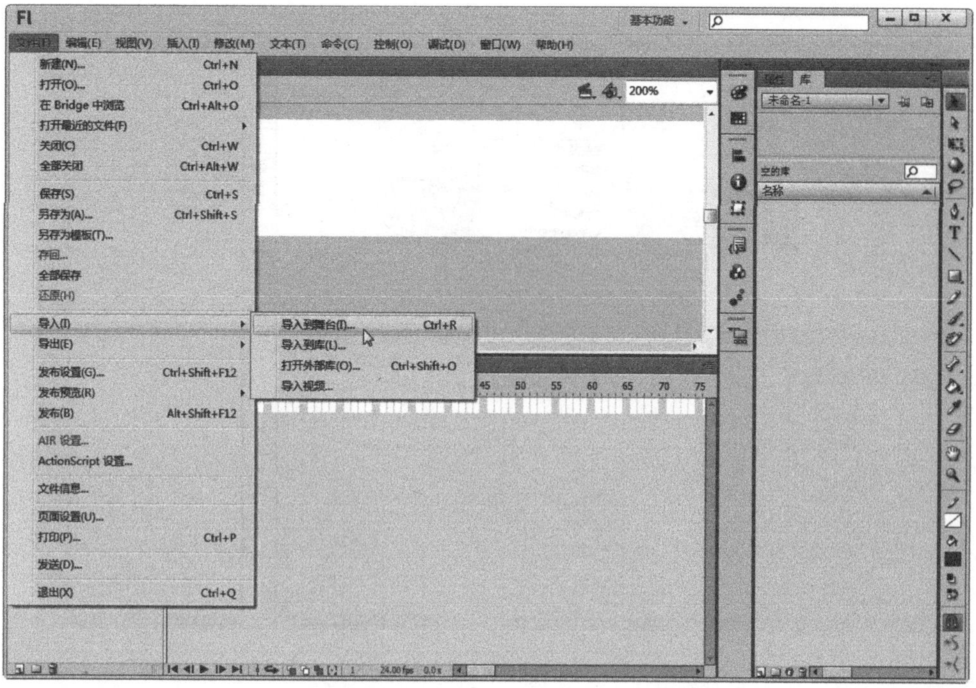

图 9.2.9　选择“导入到舞台”命令

在“导入”对话框中选择查找范围，找到要导入的图片文件，单击“打开”按钮，如图 9.2.10 所示。

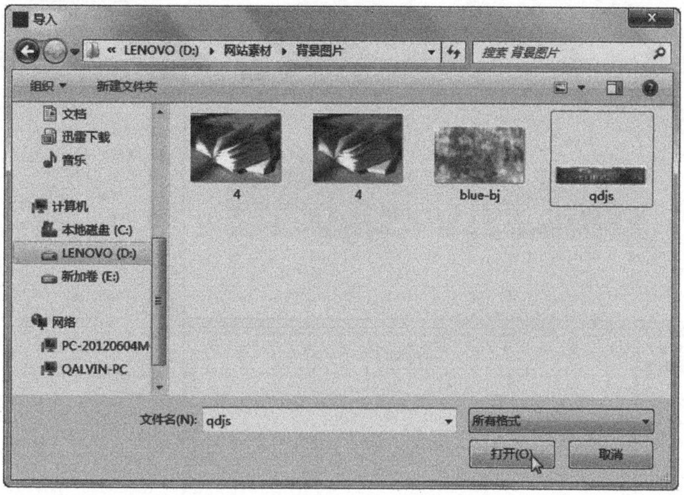

图 9.2.10　在“导入”对话框中打开图片文件

图片文件在舞台中被打开后，单击选择工具，拖动图片，使它完全遮盖住白色的舞台背景。于是，第一帧动画的背景就设置好了，但由于要使用该图片做动画背景，所以要设置动画中所有的帧都使用该图片。用鼠标单击时间轴上的第 30 帧，然后单击“插入”菜单，在“时间轴”的下拉菜单中选择“帧”命令，如图 9.2.11 所示。这样，从第 1 帧到第 30 帧都使用该图片作为背景，同时也设定了整个动画为 30 帧。

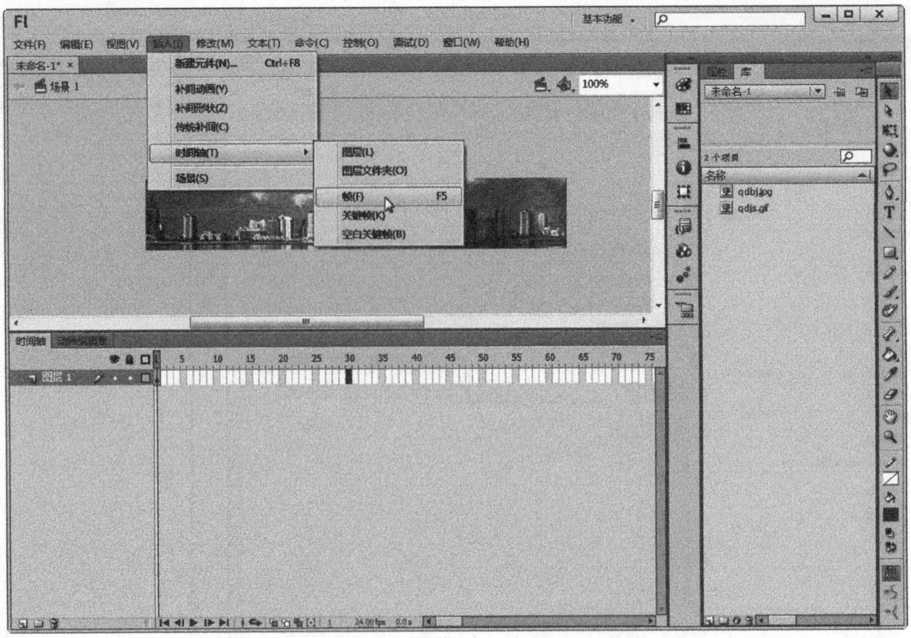

图 9.2.11　插入帧

如图 9.2.12 所示，在“时间轴”面板中单击“插入图层”按钮，在图层 1 上插入一个新的图层。将来的动画效果在新建的图层上设置，这样无论怎样设置与修改，都不会对背景层产生影响。

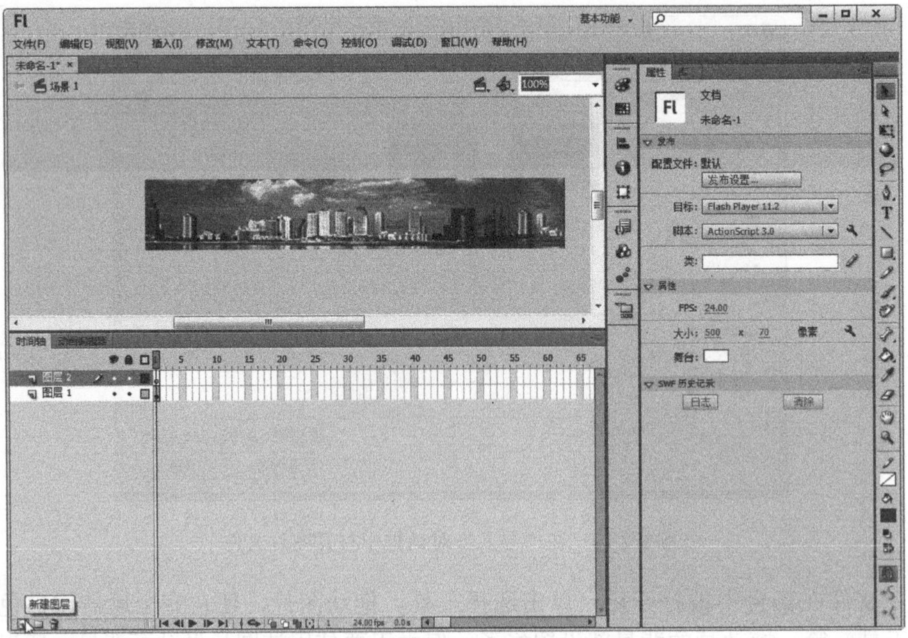

图 9.2.12　插入图层

选中图层 2 上的第 1 帧，单击“插入”菜单，在下拉菜单中选择“关键帧”命令，在第 1 帧插入一个关键帧，然后单击“工具”面板中的“文本工具”按钮，如图 9.2.13 所示。

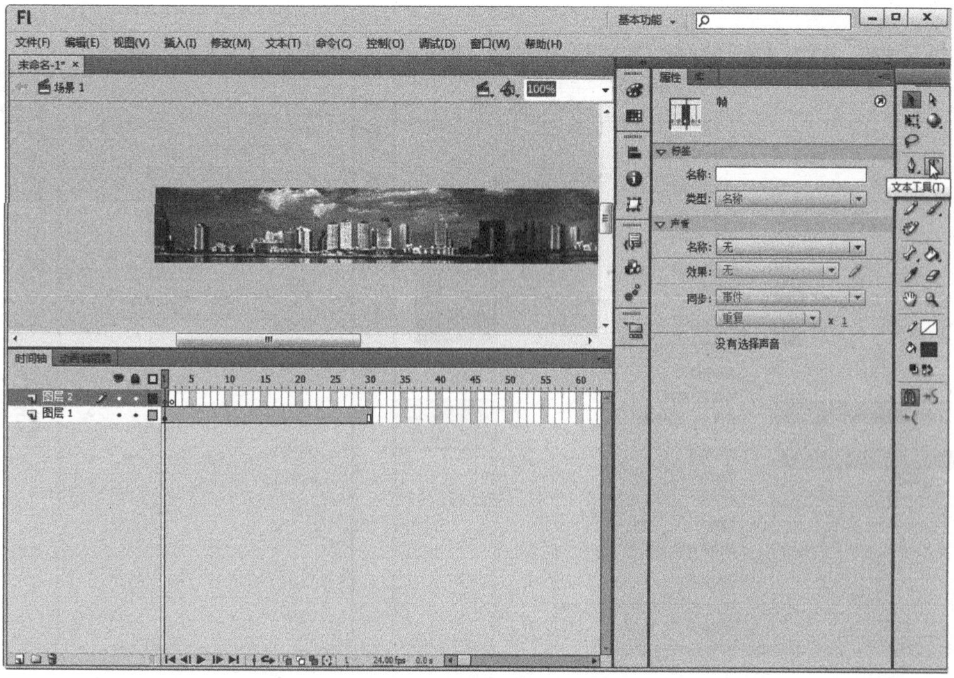

图 9.2.13　单击“文本工具”按钮

在图片上方单击，出现文本框，输入一个字“欢”，然后选中这个字，在“属性”面板中更改为合适的字体和字号，并设置字体颜色为蓝色，如图 9.2.14 所示。

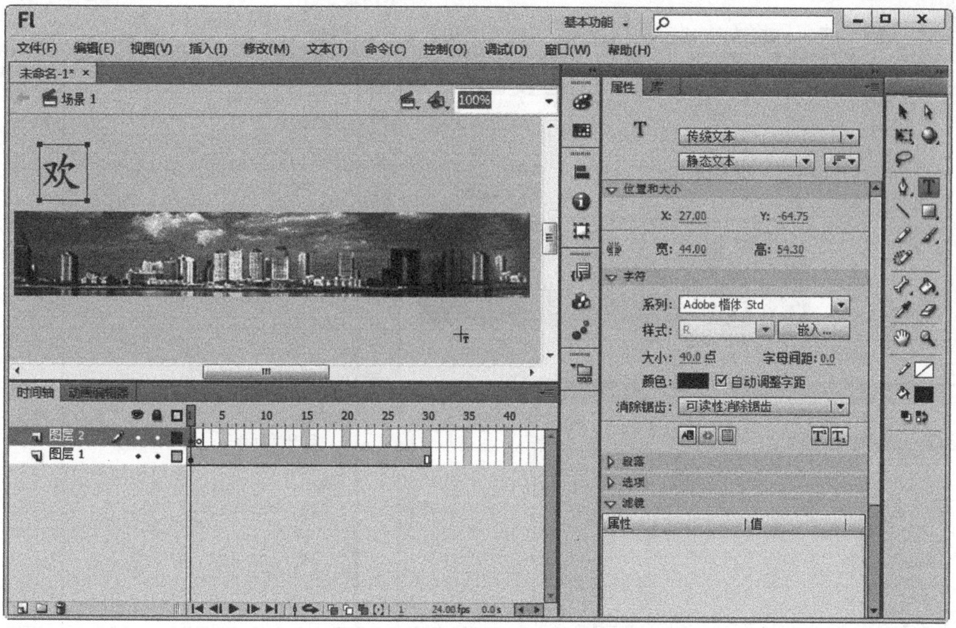

图 9.2.14　输入“欢”字并设置属性

将鼠标指针移动到时间轴的第一个关键帧上，单击鼠标右键，在弹出的快捷菜单中选择“创建补间动画”，如图 9.2.15 所示。

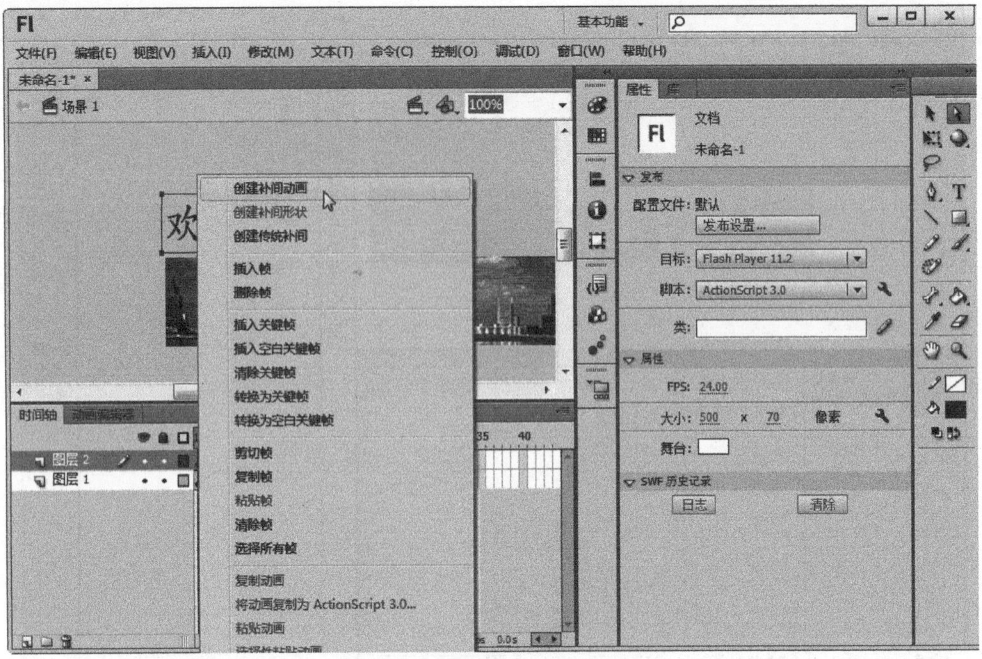

图 9.2.15　快捷菜单

选中图层 2 的第 30 帧，单击“插入”菜单，在下拉菜单中选择“关键帧”命令，在第 30 帧插入一个关键帧，如图 9.2.16 所示。

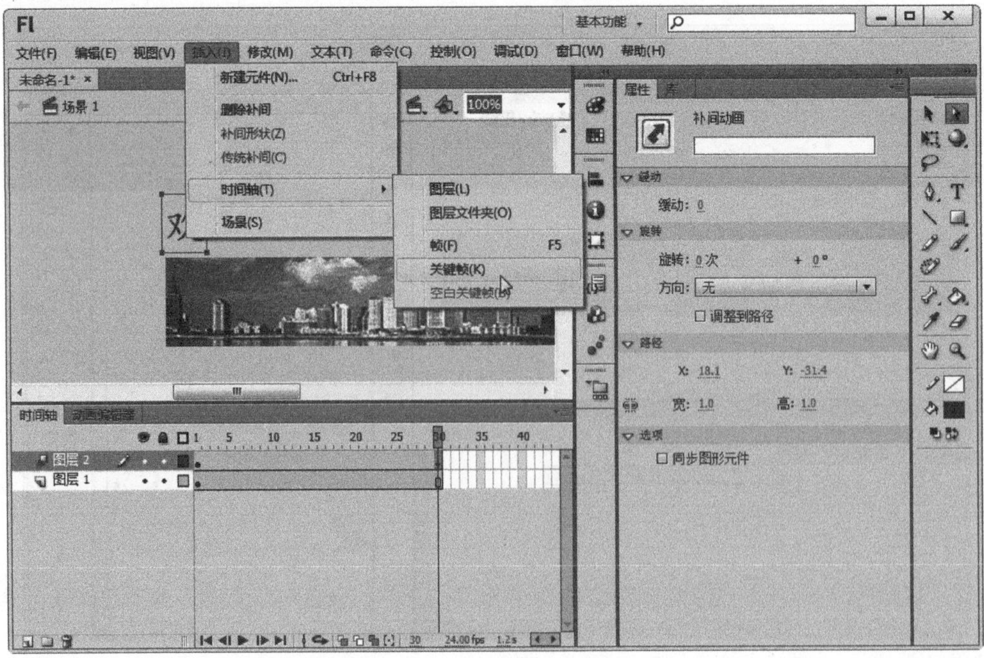

图 9.2.16　插入一个关键帧

选择“工具”面板中的选取工具，拖动文字块“欢”到图片中合适的位置。此时可以看见一条运动的轨迹，如图 9.2.17 所示。

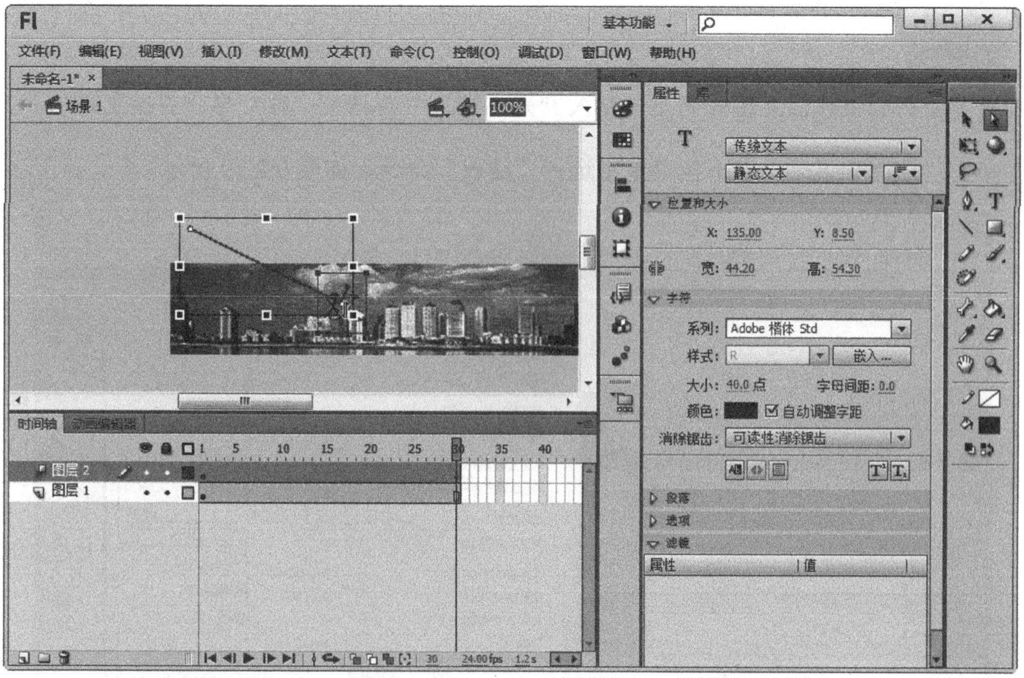

图 9.2.17　拖动文字块到图片中

重复上述步骤，插入图层 3，并插入一个关键帧。在图片下面插入一个文本框，输入一个字“迎”，并设置“迎”的字体、字号、颜色与“欢”相同。在图层 3 的第 30 帧插入一个关键帧，将“迎”字拖入图片的合适位置，并设置补间动画，如图 9.2.18 所示。

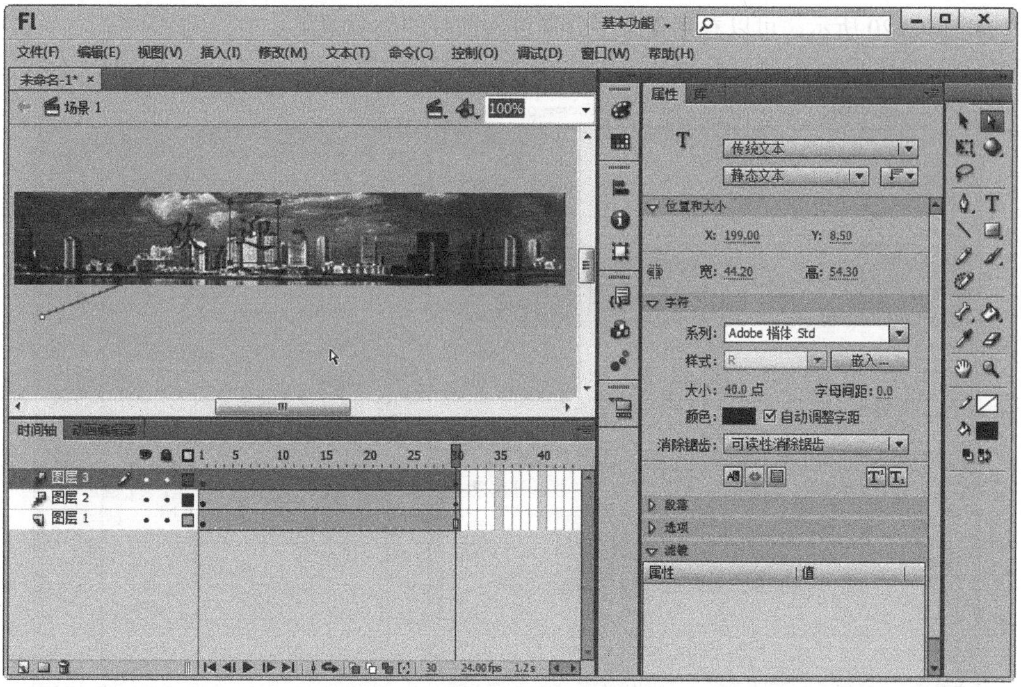

图 9.2.18　在图层 3 上设置动画

做一做

重复前面的操作，在图片的上面插入“光”字、下面插入“临”字，并设置好动画。

单击“控制”菜单，在下拉菜单中选择“播放”命令，如图 9.2.19 所示。

图 9.2.19　选择“播放”命令

如图 9.2.20 所示，可以看到 4 个字分别进入图片的动画效果。

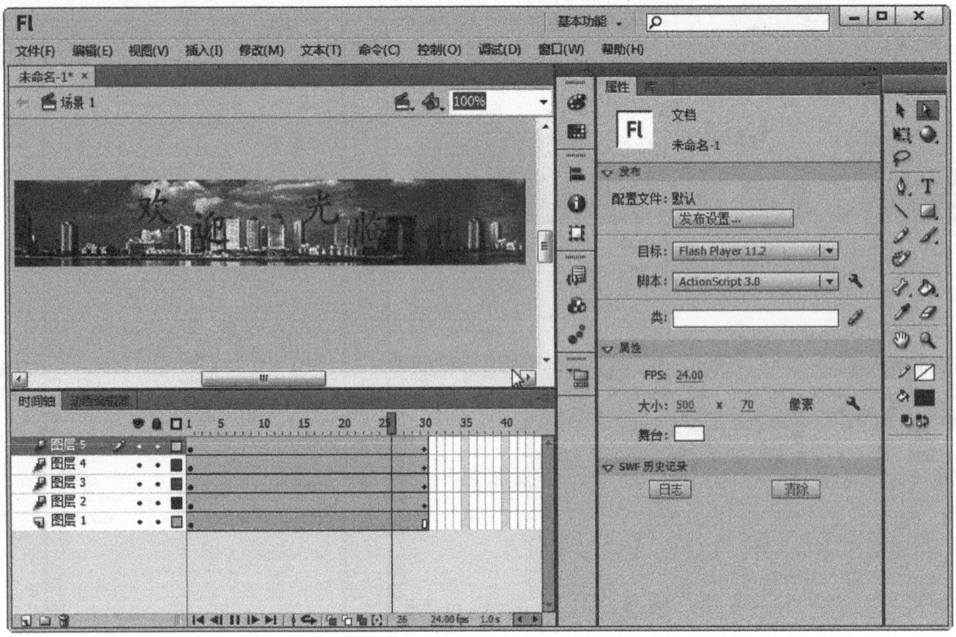

图 9.2.20　观看动画效果

单击“文件”菜单，在下拉菜单中选择“保存”命令，在如图 9.2.21 所示的“另存为”对话框中输入文件名，单击“保存”按钮保存文件，这样以后可以对动画进行编辑。

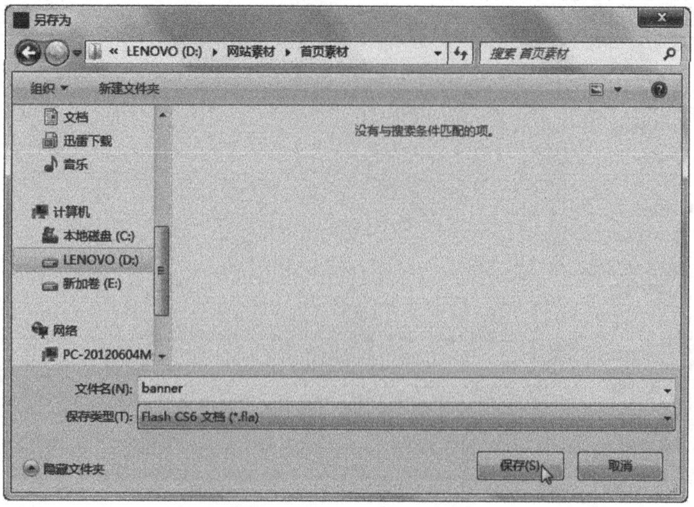

图 9.2.21　保存动画文件

下面将 Flash 动画导出成影片，以备将来插入网页中。如图 9.2.22 所示，单击“文件”菜单，在下拉菜单“导出”中选择“导出影片”命令。

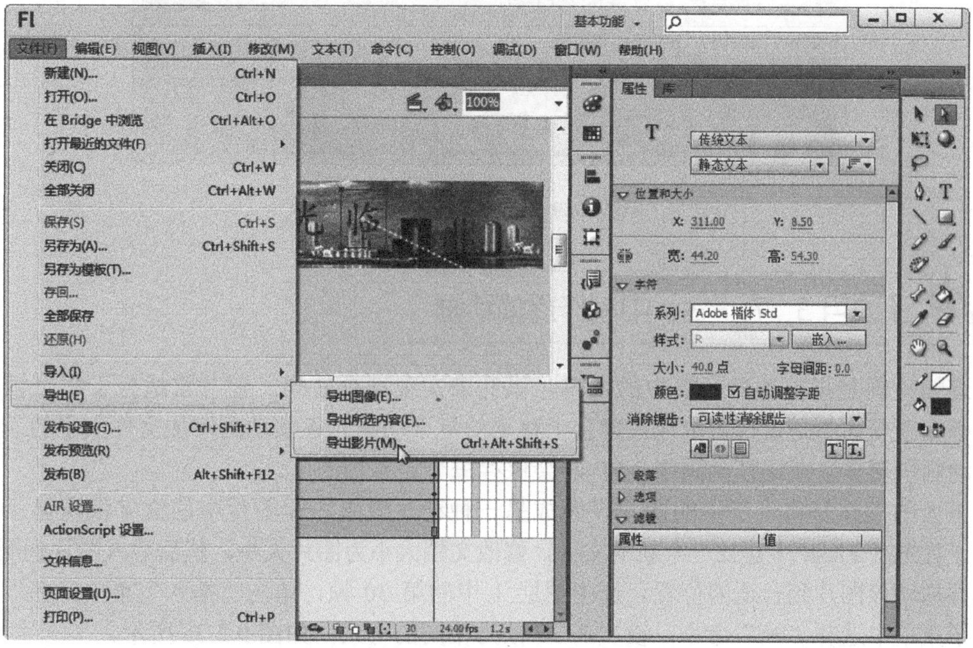

图 9.2.22　选择“导出影片”命令

如图 9.2.23 所示，在打开的“导出影片”对话框中输入文件名，单击“保存”按钮，生成 SWF 影片文件，将来可以随时插入网页中。另外，也可以将保存类型更改为 GIF 文件，生成 GIF 动画。

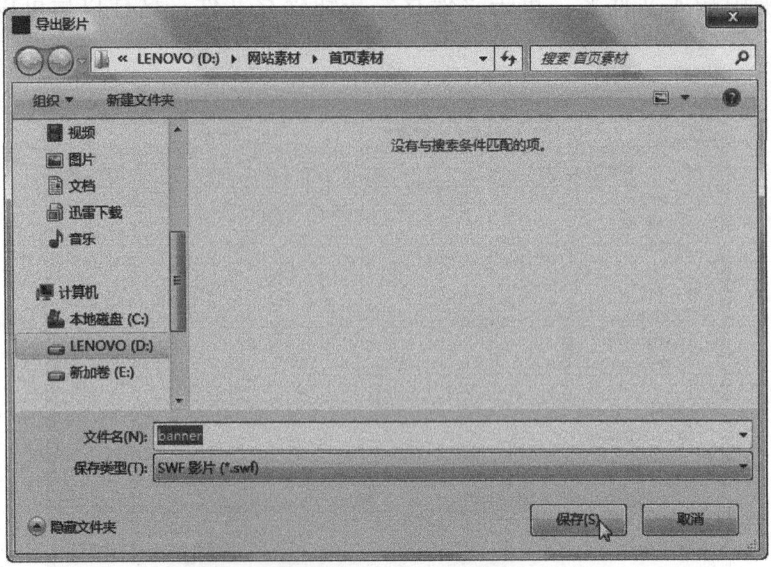

图 9.2.23 保存影片文件

在“我的电脑”中找到生成的文件，双击打开，可以看到文字不断循环运动，如图 9.3.24 所示。

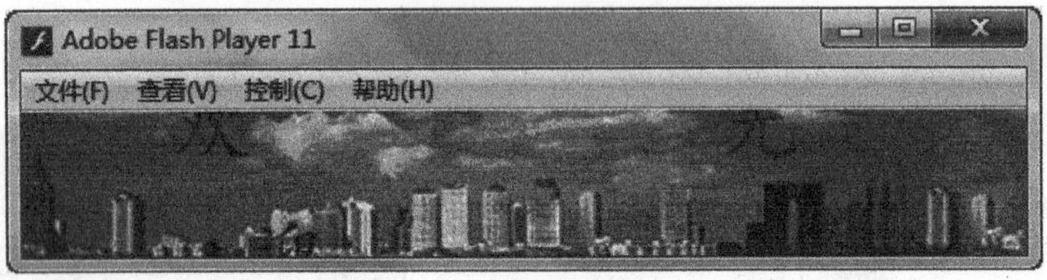

图 9.2.24 打开文件观看效果

子项目 3 在 Flash 中制作逐帧动画

逐帧动画是指更改每一帧中的内容，以此来实现动画效果。它非常适合于每一帧中的图像都在改变而不是仅仅简单地在舞台上移动的复杂动画。逐帧动画增加文件大小的速度比补间动画快得多。在逐帧动画中，Flash 会保存每个完整帧的值。

下面的操作是将上例中的图片设置成另一种动画效果，即图片中的文字依次显示在图片上。首先在 Flash 中建立一个新的文件，修改文档大小为图片大小，然后导入图片到图层 1 中，并拖动该图片到合适的位置。选中图层 1 中的第 30 帧，单击“插入”菜单，在“时间轴”子菜单中选择“帧”命令，设置前 30 帧为相同的背景，如图 9.2.25 所示。

在“时间轴”面板中单击“插入图层”按钮，在图层 1 上插入一个新的图层 2。选中图层 2 的第 1 帧，然后单击“工具”面板中的文字工具，在图片上输入“欢迎光临”四个字。使用选取工具，调整文字在图片中的位置，并设置字体、字号和文字颜色等，如图 9.2.26 所示。

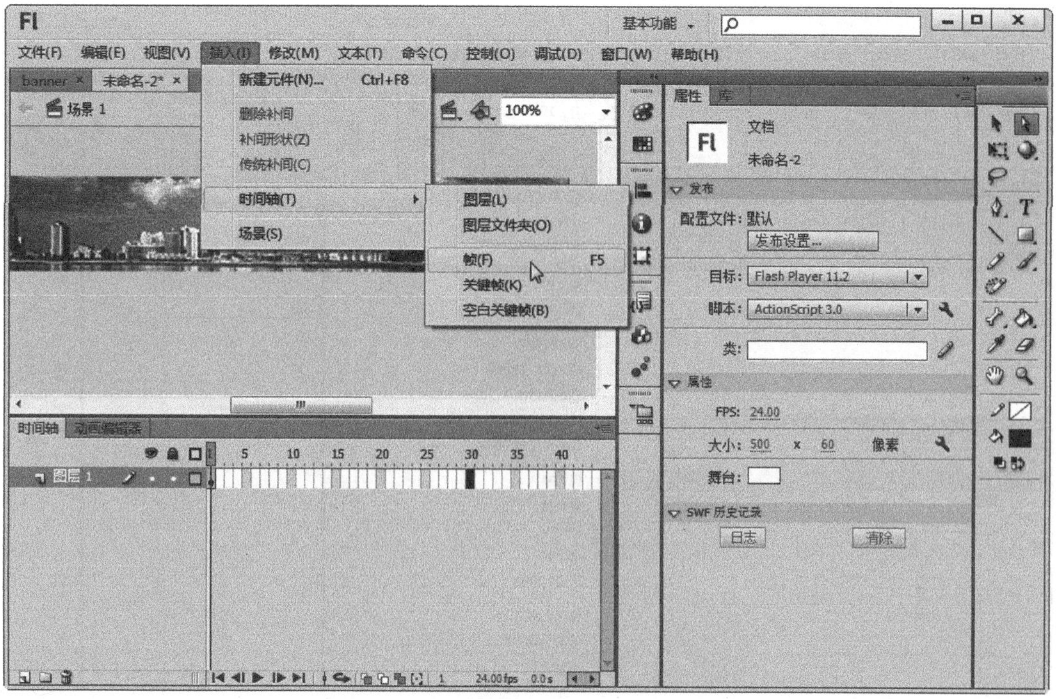

图 9.2.25　插入帧

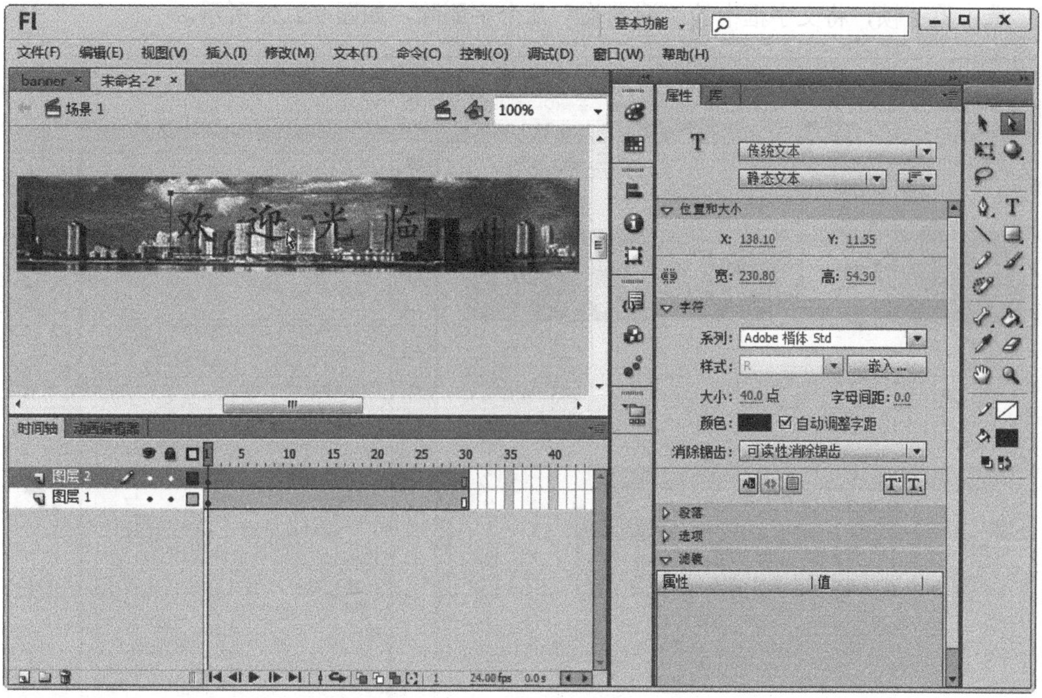

图 9.2.26　输入文字并设置属性

拖动鼠标，选中图层 2 中的第 1 帧到第 30 帧。保持选取状态，单击鼠标右键，在打开的快捷菜单中选择“转换为关键帧”命令，如图 9.2.27 所示。

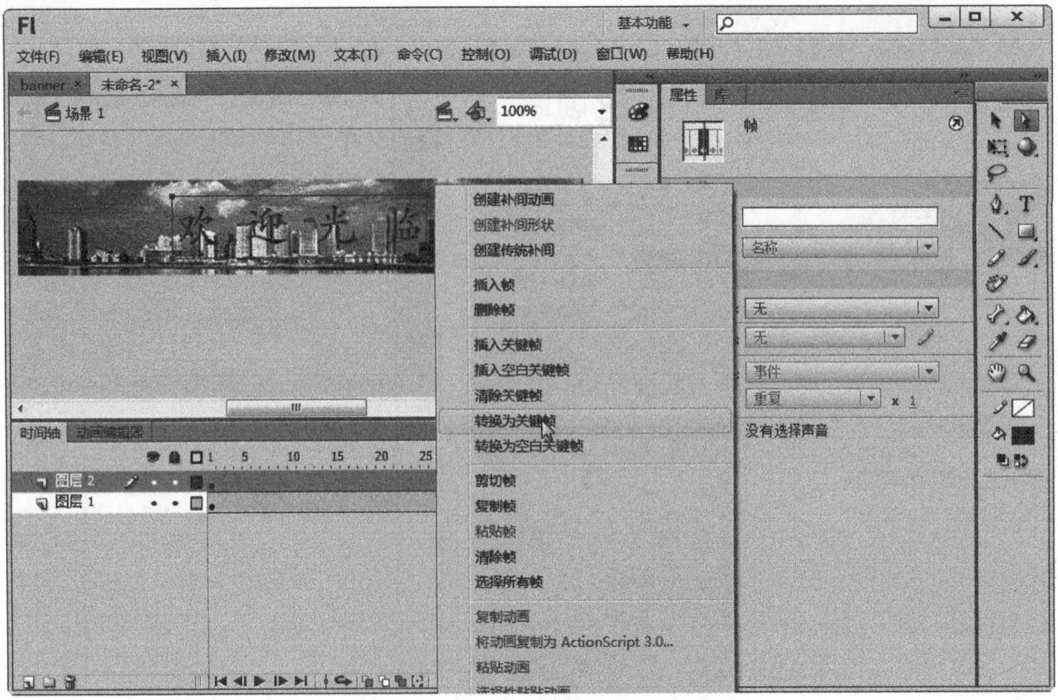

图 9.2.27 选择“转换为关键帧”命令

选中第 5 帧，将文字框中的“迎光临”几个字删除，如图 9.2.28 所示。

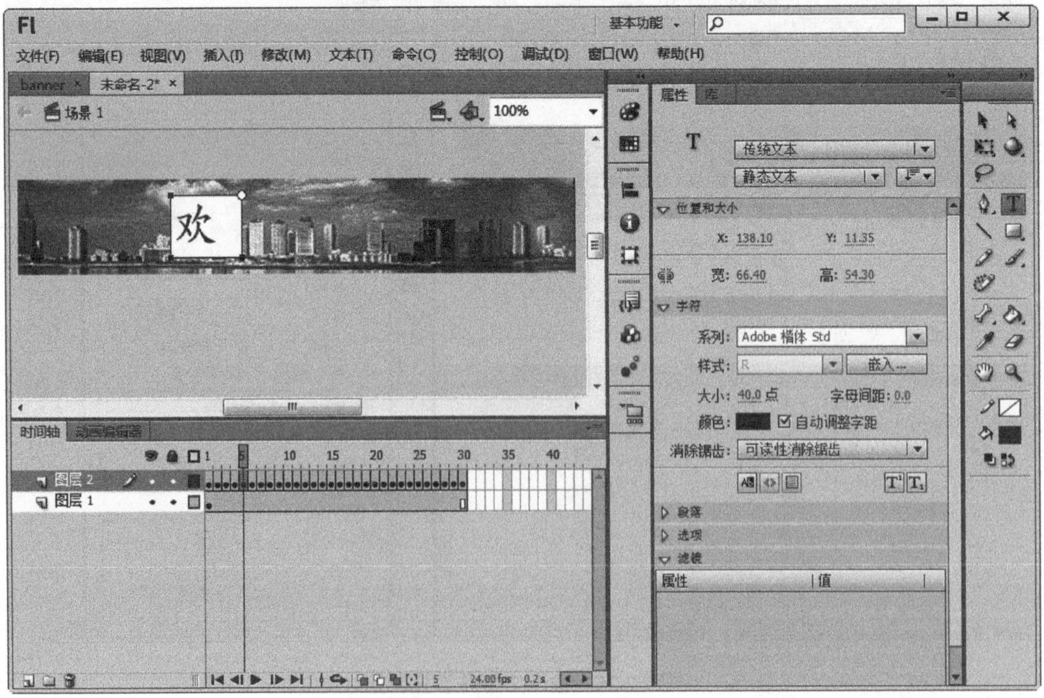

图 9.2.28 删除文字“迎光临”

选中第 10 帧，将文字框中的“光临”两个字删除，如图 9.2.29 所示。

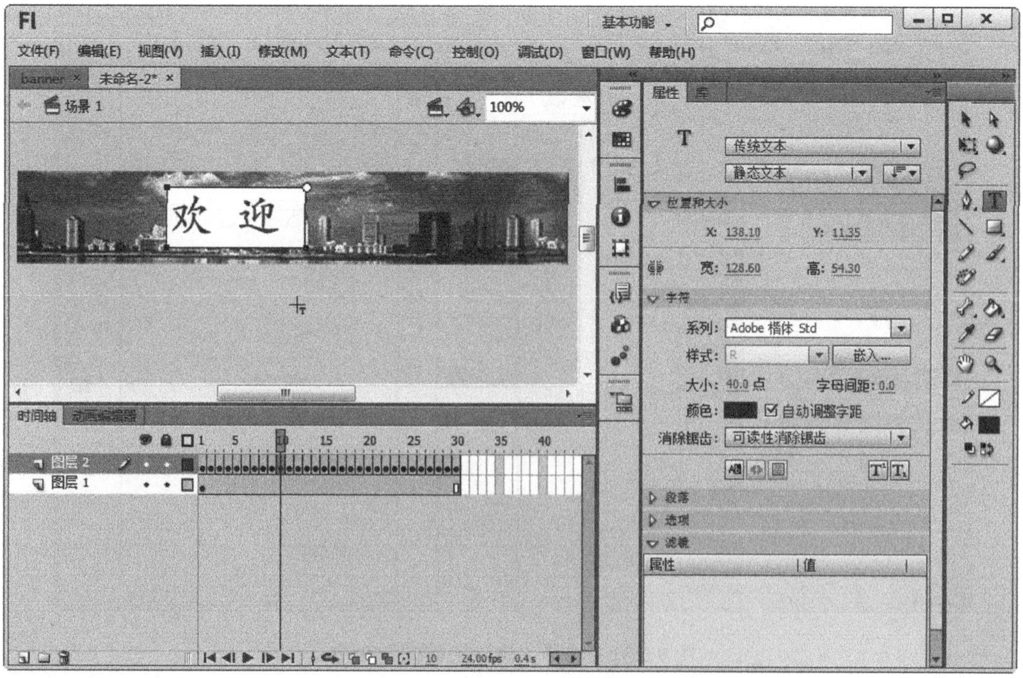

图 9.2.29　删除文字“光临”

选中第 15 帧，将文字框中的“临”字删除，如图 9.2.30 所示。

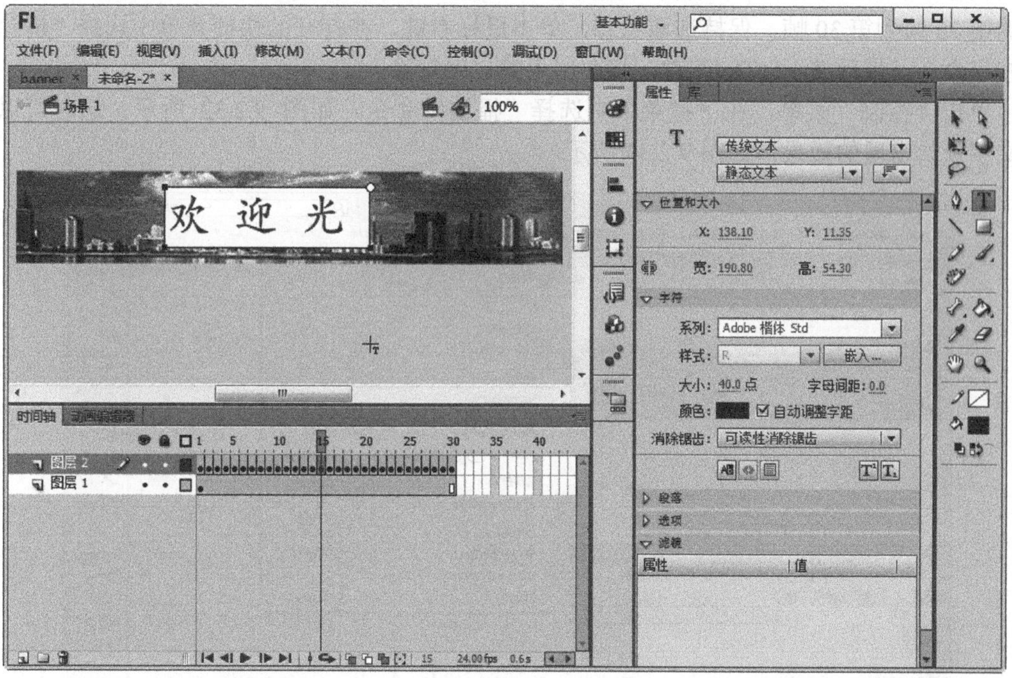

图 9.2.30　删除文字“临”

拖动鼠标，选中图层 2 中的第 1 帧到第 4 帧。保持选取状态，单击鼠标右键，在打开的快捷菜单中选择“清除关键帧”命令，如图 9.2.31 所示。

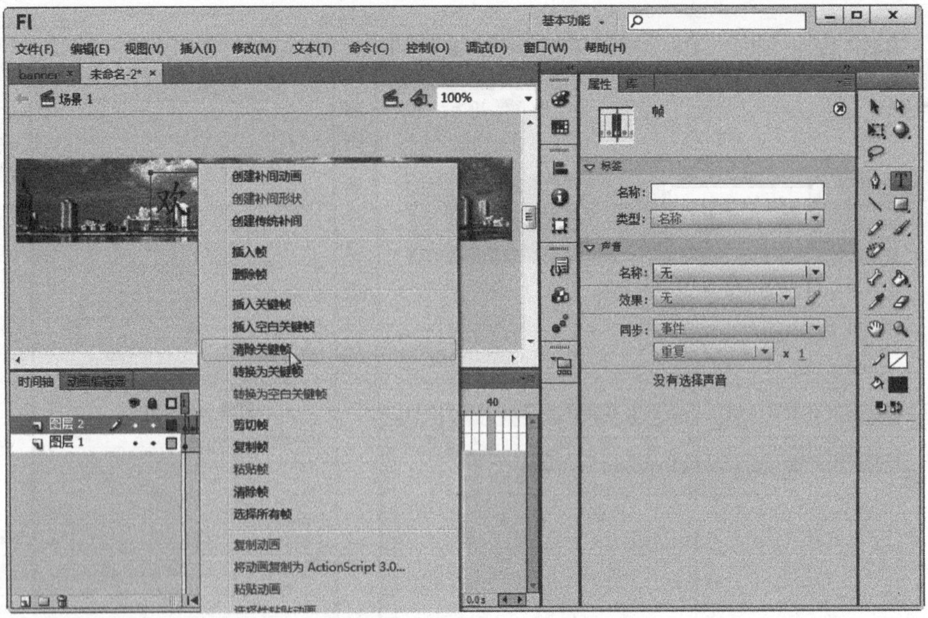

图 9.2.31　选择“清除关键帧”命令

重复以上操作，选中图层 2 中的第 6 帧到第 9 帧，保持选取状态，单击鼠标右键，在打开的快捷菜单中选择“清除关键帧”命令；然后选中图层 2 中的第 11 帧到第 14 帧，保持选取状态，单击鼠标右键，在打开的快捷菜单中选择“清除关键帧”命令；接下来选中图层 2 中的第 26 帧到第 30 帧，保持选取状态，单击鼠标右键，在打开的快捷菜单中选择“清除关键帧”命令，最后按下“Del”键，将图层上的文字删除。

单击“控制”菜单，在下拉菜单中选择“播放”命令，如图 9.2.32 所示。这时可以看到文字依次出现的效果，如图 9.2.33 所示。

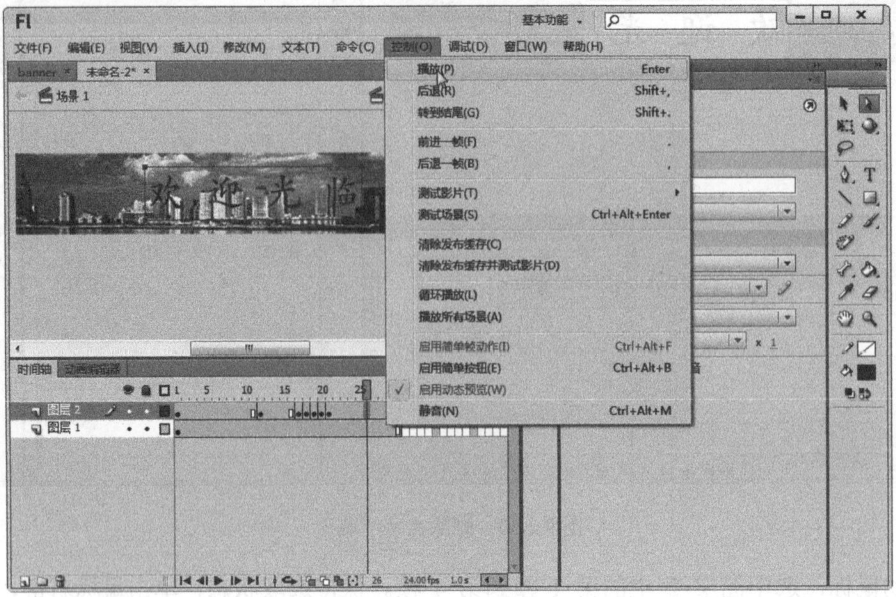

图 9.2.32　选择“播放”命令

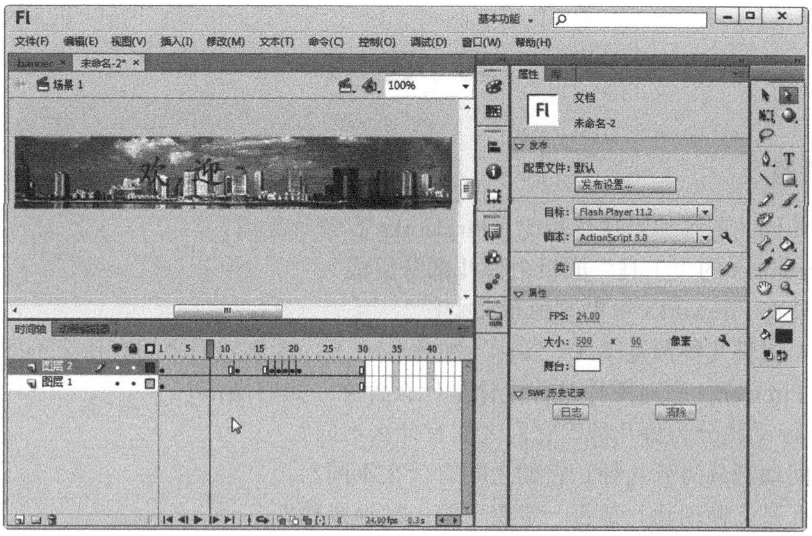

图 9.2.33　播放动画的效果

与补间动画一样，保存文件后选择“文件”菜单下的“导出影片”命令，将 Flash 影片导出成 SWF 文件。这样就可以随时插入到 Dreamweaver 中了。

子项目 4　Flash 与 Dreamweaver 整合应用

不仅 Fireworks 能够与 Dreamweaver 整合使用，Flash 也能够与 Dreamweaver 整合使用。在网页制作过程中，插入 Flash 文本和 Flash 按钮就是整合使用的典型例子。

在 Dreamweaver 中，还可以直接调用 Flash 对网页中已插入的 FLA 文件进行编辑。如在图 9.2.34 所示的 Dreamweaver 窗口中，选中 Flash 影片，然后在“属性”面板中单击“编辑”按钮，即可打开 Flash。

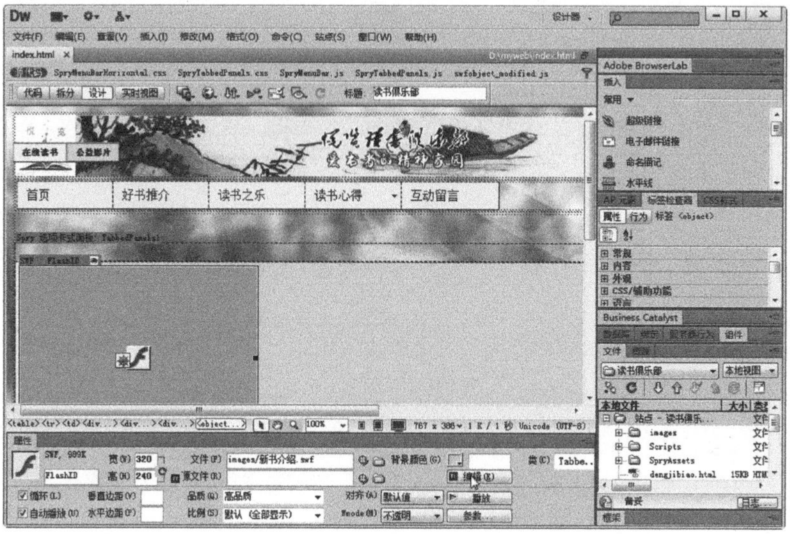

图 9.2.34　单击“编辑”按钮打开 Flash

习 题 9

1．简答题

（1）与其他的图片编辑软件相比，Fireworks 有哪些优点？

（2）Fireworks 的“工具”面板由哪几部分组成？

（3）怎样在 Fireworks 中更改画布大小？

（4）画布提供几种预览模式？实际上机操作一下，观察它们之间有什么不同。

（5）在 Fireworks 中对图片进行优化是什么含义？如何操作？

（6）Flash 动画分为哪几种？它们之间有什么不同？

（7）补间动画分为哪几种？它们之间有什么不同？

（8）什么是逐帧动画？是否一定要一帧一帧地操作？

（9）怎样导出 Flash 影片？

2．操作题

（1）打开编辑过的网站，使用 Fireworks 对网页中的大图片进行优化，并将其重新插入网页中。

（2）使用 Flash 制作逐帧动画或补间动画，并将其应用到网页中。

第10章

网站的管理与上传

项目1 管理网站中的文件

在网站的制作过程中，每建立一个网页，或者导入一个文件到网站中，都要涉及网页管理的内容。例如，将图片文件保存到“images”文件夹中，将视频、声音等相关文件保存到相应的文件夹中，这些操作在网站的制作过程中虽然只是举手之劳，但却可以避免使网站根目录上的文件出现凌乱，从而保证网页的可读性和可维护性。

不过，即使在网站的建设过程中没有注意到网页管理方面的工作也不要紧，我们可以通过管理网站中的文件达到相同的目的。

子项目1 网站中文件的操作

网站制作完毕，难免有多余的文件，或者需要改变文件的位置，这就需要对文件进行整理。

在 Dreamweaver 中打开站点，不要打开网页，即保证它们都不在编辑状态下。在窗口右边的“站点”选项卡中可以完成对文件的改名、复制、移动、删除等操作，和 Windows 资源管理器中的操作非常相似。

1．文件的删除

将鼠标指针移到想要删除的文件上，单击鼠标右键，在弹出的快捷菜单中选择“编辑”下的“删除”命令即可删除文件，如图 10.1.1 所示。

2．文件的改名

将鼠标指针移到想要改名的文件上，单击鼠标右键，在弹出的快捷菜单中选择“编辑”下的“重命名”命令，这时文件名处于待编辑状态，输入新的文件名即可。也可以用鼠标间断地单击文件名两次，使文件名处于待编辑状态，输入新的文件名即可。

3．文件的复制

将鼠标指针移到想要复制的文件上，单击鼠标右键，在弹出的快捷菜单中选择“编辑”下的“复制”命令，或直接单击工具栏上的“复制”按钮，然后打开目标文件夹，单击工具栏上的“粘贴”按钮即可。

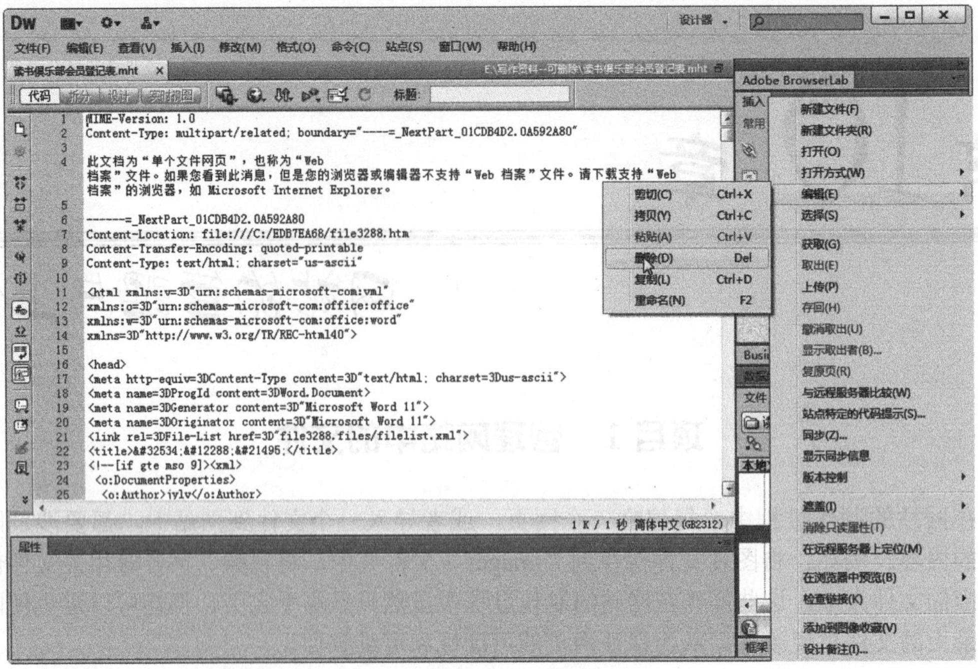

图 10.1.1　使用快捷菜单删除文件

4．文件的移动

将鼠标指针移到想要移动的文件上，单击鼠标右键，在弹出的快捷菜单中选择“编辑”下的“剪切”命令，或直接单击工具栏上的“剪切”按钮，然后打开目标文件夹，单击工具栏上的“粘贴”按钮即可。

子项目 2　检查网页文件的显示速度

在管理网页文件的工作中，有以下 3 点需要引起大家的注意：①每一个网页都不能过大，网页中图片过多会增大网页的体积，使该网页的下载时间过长，影响浏览者的浏览速度；②检查网页中是否有无效的超链接，或者超链接有效但链接的目标有误，这一点非常重要；③考虑到浏览者可能使用不同的浏览器或者不同的版本，因此在上传之前要保证在不同的浏览器中网页的效果基本相同。

下面我们就依次来检查网站中网页的这 3 项设置。

首先检查网页下载时间。

网页下载时间是指输入网址后网页完整显示在浏览器中的时间，一个好的网页，网页下载时间应该尽可能地短，所以检查网页下载时间是很有必要的。

在 Dreamweaver 中打开网页“index.html”，在编辑窗口的右下角可以看到“1349K/29 秒”，如图 10.1.2 所示，表示网页的大小为 1 349KB，传输时间为 29s。这是因为在网页中插入图片和视频的缘故。其实这个数据是不准的，因为这是默认网络速度下的网页显示时间，现在的网络传输速率已经达到 512Kb/s 以上，下载时间会缩短许多。

下面看一下，在 512Kb/s 的速度下网页的下载时间。单击“编辑”菜单，在下拉菜单中选择“首选参数”命令，如图 10.1.2 所示。

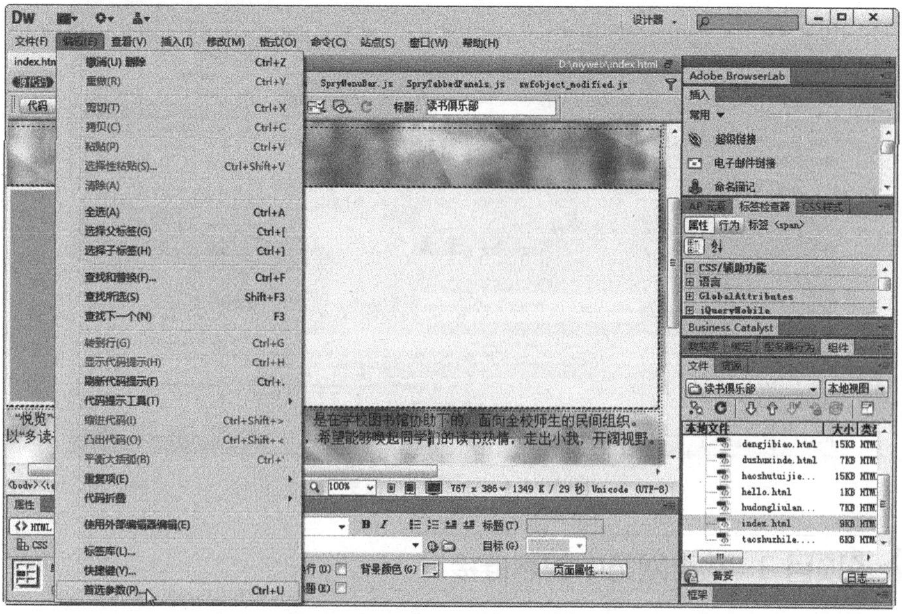

图 10.1.2　选择“首选参数”命令

在打开的“首选参数”对话框中，选择“分类”列表框中的“窗口大小”选项，在右边窗口中选择窗口的大小，再单击“连接速度”栏右边的文本框，输入“512”，单击“确定”按钮，如图 10.1.3 所示。

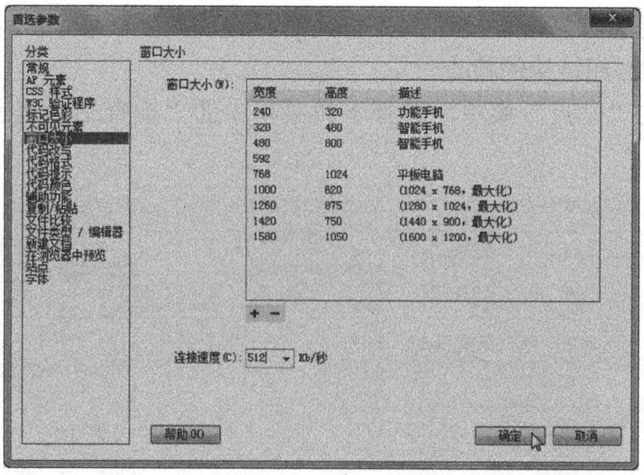

图 10.1.3　设置参数

这时，可以发现下载的时间已经变成 22s，如图 10.1.4 所示。如果觉得 22s 还是太慢，可以更改网页中的内容，如优化图片、删除不必要的图片，等等，直到速度达到满意为止。

做一做

打开其他的网页，检查它们的下载速度，最好让所有的网页都控制在 20s 以内。

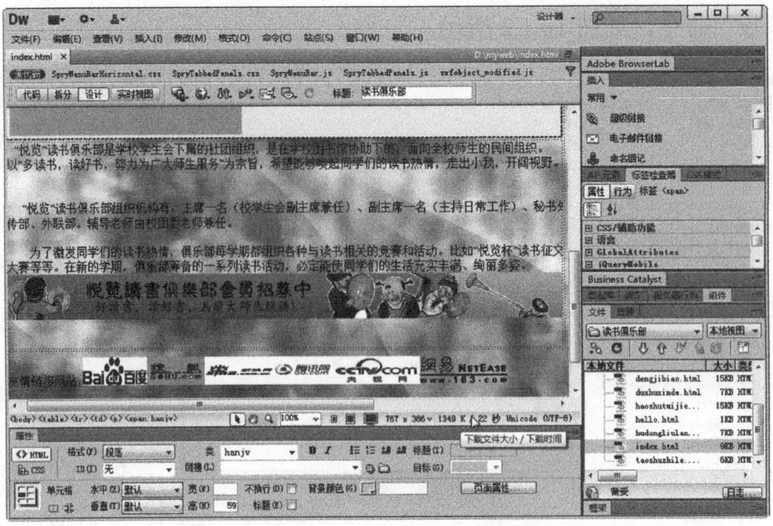

图 10.1.4　下载时间被更改

子项目 3　检查网站中的超链接

在网站的建设过程中，最容易产生的错误就是超链接的错误。产生超链接错误的原因有很多，如建立超链接时误操作可能产生超链接错误；网页或其他文件的名字发生更改可能产生超链接错误；删除无效的网页文件后也可能产生超链接错误。

在网页页面上的文字或者图片产生错误，可以直观地发现，及时进行更改。但超链接错误是隐性的，无法直接从网页上看出来，只能在浏览器中通过单击超链接来检验。如果真的这样做，将是一项非常复杂、枯燥的工作，而且也没必要。Dreamweaver 提供了一项功能，可以轻松地完成对超链接的检查。

单击菜单栏上的“站点”菜单，选择下拉菜单中的“检查站点范围的链接”命令，如图 10.1.5 所示。

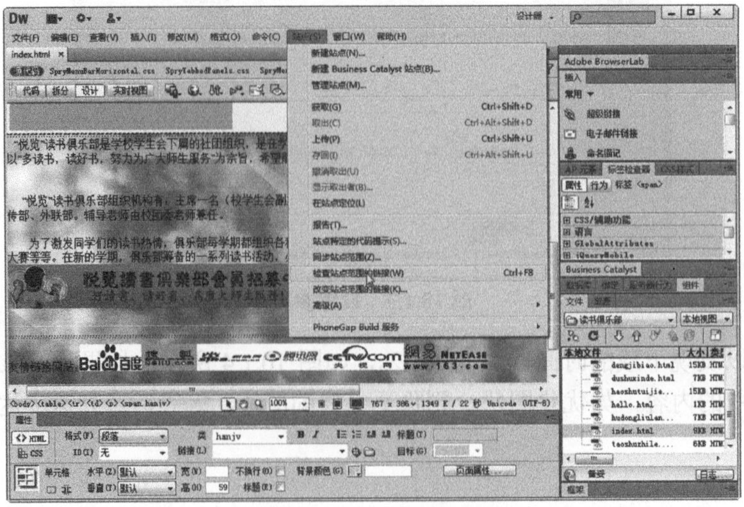

图 10.1.5　选择“检查站点范围的链接”命令

此时，在窗口的下端“结果”选项卡被打开，网站中出现“断掉的链接”项目中有问题的内容，如图 10.1.6 所示。

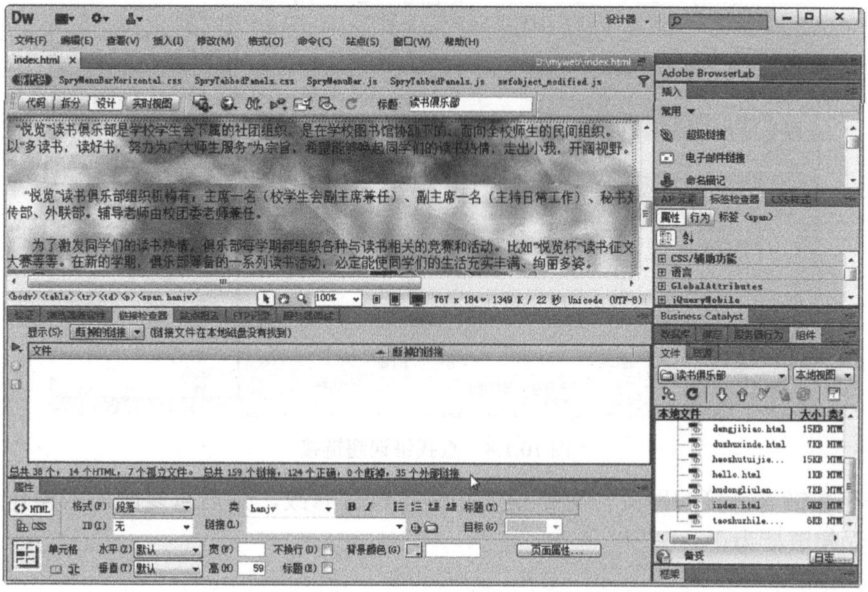

图 10.1.6　链接检查结果

如果有链接错误，要打开相应网页进行修改。更改网页中的错误并保存后，应重新检查。在打开的“结果”面板的“链接检查器”选项卡中，单击按钮▶，在弹出的菜单中选择“检查整个当前本地站点的链接”命令，确保网页的错误已经得到更正，如图 10.1.7 所示。

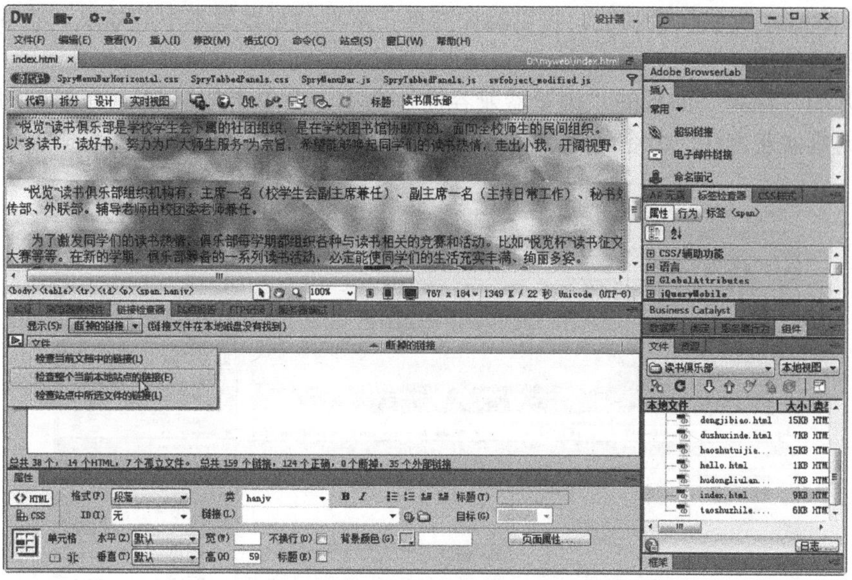

图 10.1.7　选择“检查整个当前本地站点的链接”命令

单击“显示”栏右边的下拉按钮▼，分别选择“断掉的链接”、“外部链接”、“孤立的文件”命令，相应的文件描述显示在窗口中，如图 10.1.8 所示。

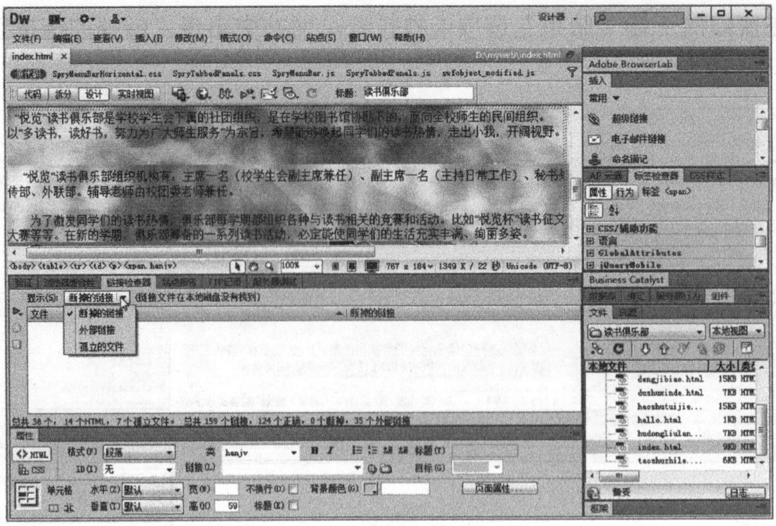

图 10.1.8　查找错误超链接

打开存在错误链接的网页，对错误的超链接进行修改，然后重复刚才的操作步骤，直到没有错误超链接为止。

子项目 4　检查浏览器的兼容性

下面检查浏览器的兼容性。由于无法预料网页浏览者使用何种浏览器，以及所使用浏览器的版本，而如果制作的网页在某种常见的浏览器版本中浏览时发生问题，就会影响到整个网站的信誉，所以，验证网页在常见浏览器版本中的显示效果非常重要。

Dreamweaver 提供检查功能，可以验证网页在常见浏览器版本中的效果，非常实用，而且使用方法简单。

在打开的“结果”面板的“浏览器兼容性”选项卡中单击按钮 ▶，在弹出的菜单中选择“检查浏览器兼容性”命令，如图 10.1.9 所示。

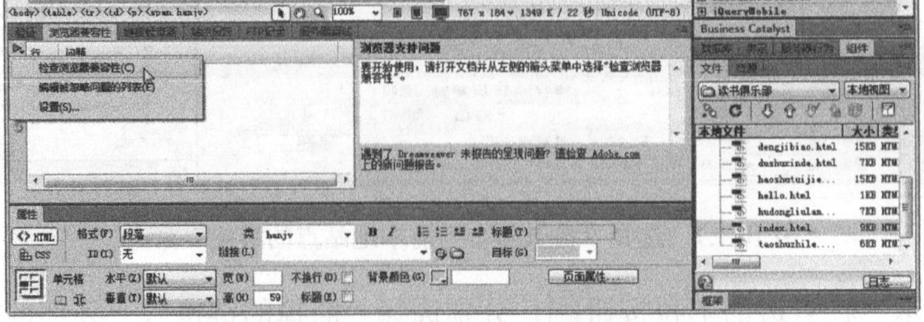

图 10.1.9　选择“检查浏览器兼容性”命令

如果没有问题，则出现“未检测到任何问题”，如图 10.1.10 所示。如果有问题，在“目标浏览器检查”选项卡中，可以看到一些与浏览器兼容存在问题的网页列表。单击相应条目，可以看到出现错误的部分，在其右边有对该问题的解释。

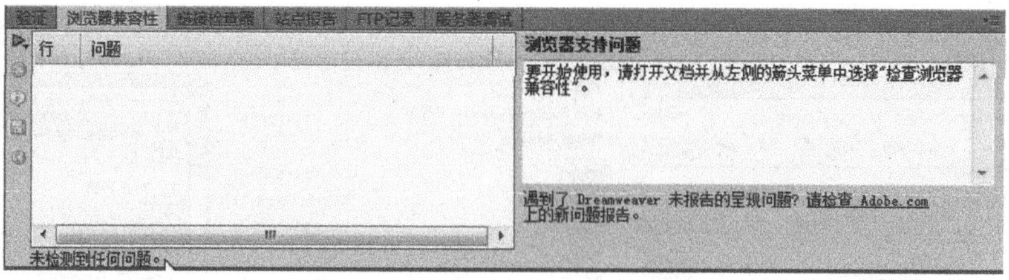

图 10.1.10　目标浏览器检查结果

如果有问题，单击左侧的“浏览报告”按钮，可以查看目标浏览器检查结果的报告，如图 10.1.11 所示。

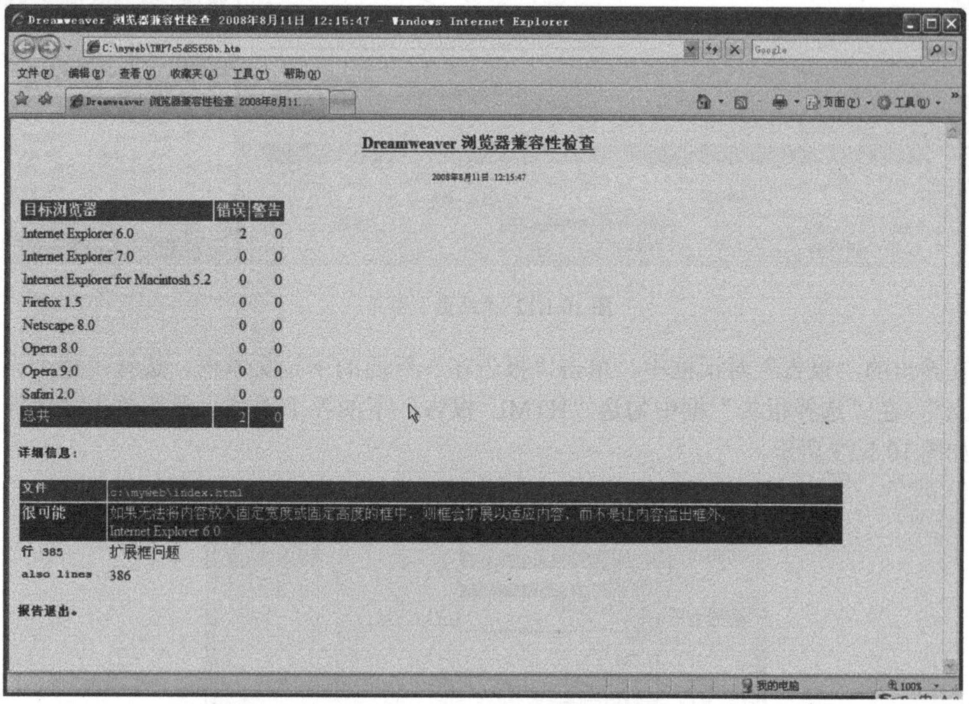

图 10.1.11　目标浏览器检查报告

认真阅读系统生成的目标浏览器检查报告，对网页中的错误进行修改。对于一些特殊的设置，可以向网络管理员咨询，通过调整使网页能够在浏览器中正确显示。

重复上述步骤，检查网页在其他常见浏览器中的显示效果，一直到合格为止。至此，站点检查完毕。

子项目 5　生成站点报告

站点报告对于比较复杂的站点管理非常有用。当多人协作完成一个网站时，难免会产生一些问题。生成站点报告，可以检查网站中的问题，使得整个网站的问题能够顺利解决，不会有遗漏。

打开网站，单击“站点”菜单，在下拉菜单中选择“报告”命令，如图 10.1.12 所示。

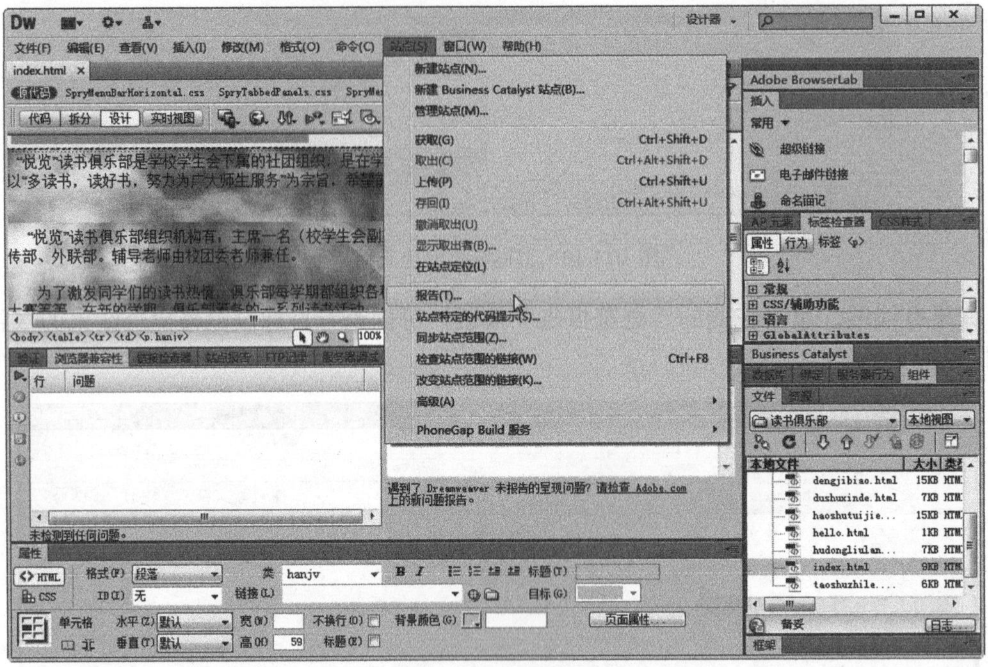

图 10.1.12 “站点”菜单

在弹出的“报告”对话框中，单击“报告在”后面的下拉文本框，选择“整个当前本地站点”，在“选择报告”框中勾选“HTML 报告”下的各个选项，然后单击“运行”按钮，如图 10.1.13 所示。

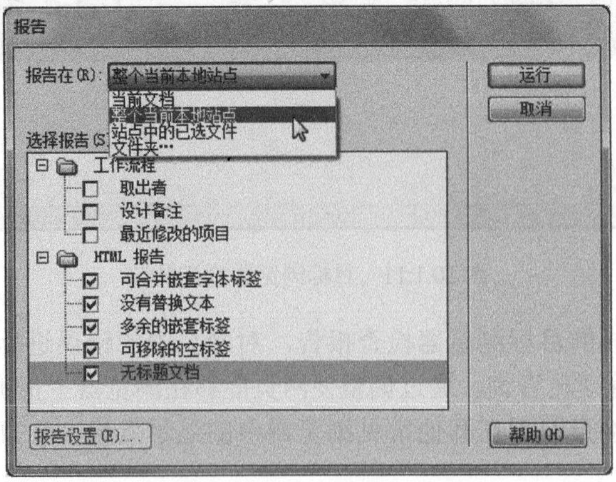

图 10.1.13 “报告”对话框

此时，“站点报告”选项卡自动打开，同时网站中的问题显示在该选项卡中，如图 10.1.14 所示。单击“保存报告”按钮，可以生成报告。

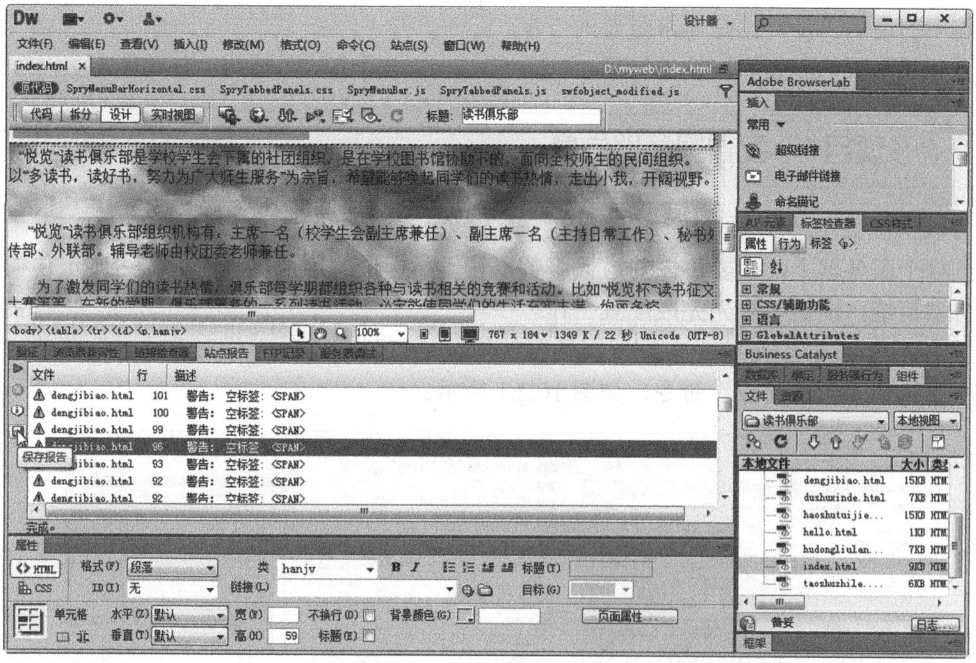

图 10.1.14 “站点报告”选项卡

在弹出的“另存为”对话框中，选择存放的位置，单击“保存”按钮，将站点报告保存下来，如图 10.1.15 所示。这样就可以依照站点报告，对站点中存在的问题进行修改了。

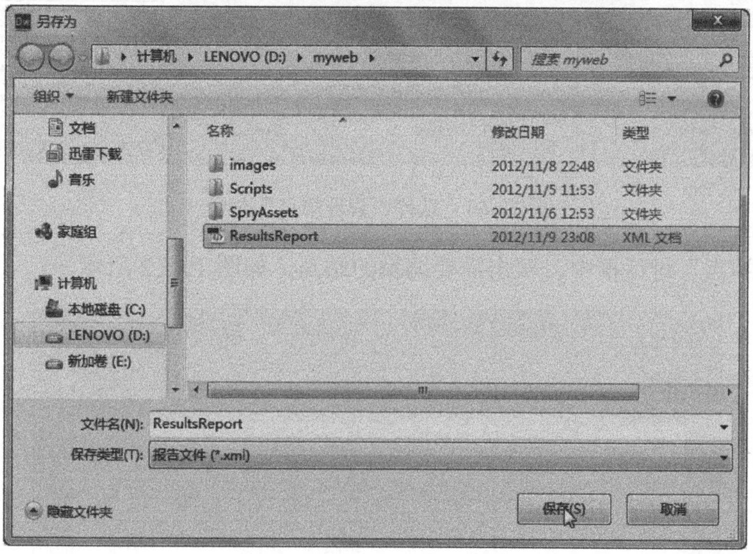

图 10.1.15　保存站点报告

项目 2　在 Dreamweaver 中上传网页

制作网页的最终目的是将网页发布到 Internet 上，让需要的人浏览。所以上传网页是网页制作中的最后一步，也是非常重要的一步。

不仅是网页的制作和网站的管理，Dreamweaver 还提供了网站的上传功能。

子项目 | 配置服务器信息

可以将网页上传到预先申请好空间的服务器上，也可以上传到学校的服务器上。无论上传到哪个服务器上，都要事先知道该服务器管理员提供的用户名和密码，否则上传请求将被服务器拒绝，即需要事先完成配置工作。

首先，在 Dreamweaver 中配置服务器的信息。打开站点后，单击“站点”菜单，在下拉菜单中选择“管理站点”命令，如图 10.2.1 所示。

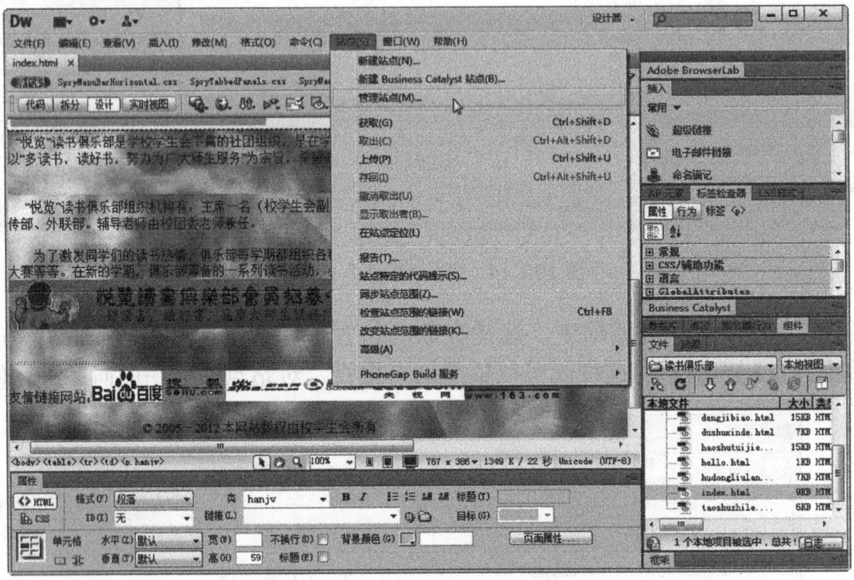

图 10.2.1　选择“管理站点”命令

在“管理站点”对话框中，双击需要编辑的站点，如图 10.2.2 所示。

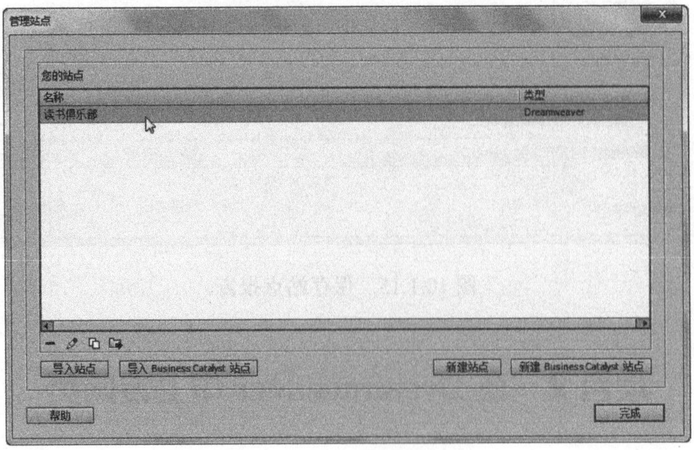

图 10.2.2　选择要编辑的站点

在弹出的对话框中左侧区域选择“服务器”，在右侧的区域双击“读书俱乐部”，如图 10.2.3 所示。

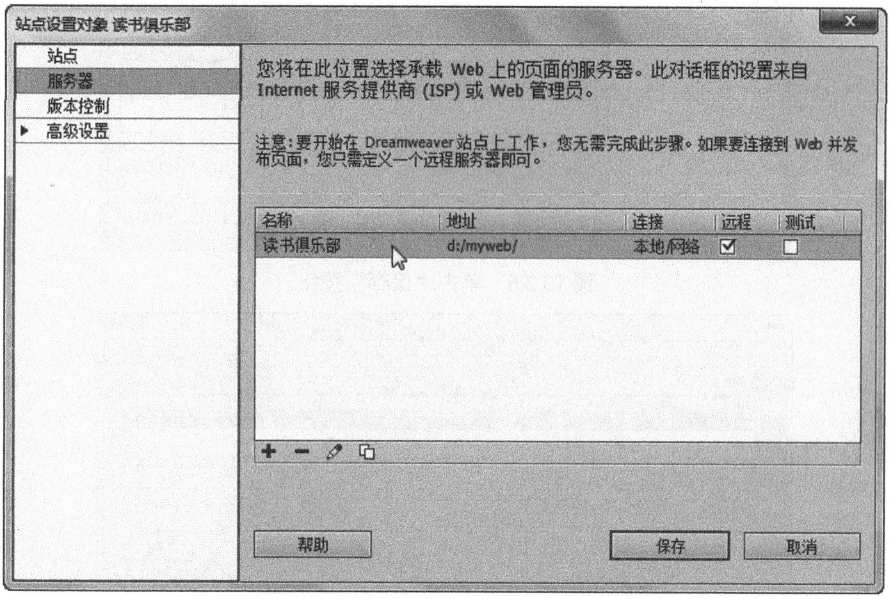

图 10.2.3　选择“服务器”并双击“读书俱乐部”

在弹出的对话框中，单击“连接方法”右边的按钮，在下拉列表中选择“FTP”选项，如图 10.2.4 所示。

在“FTP 地址”文本栏中输入服务器的 IP 地址，在“用户名”文本栏中输入服务器提供的用户名，在“密码”文本栏中输入服务器提供的密码。最后单击“保存”按钮，如图 10.2.5 所示。

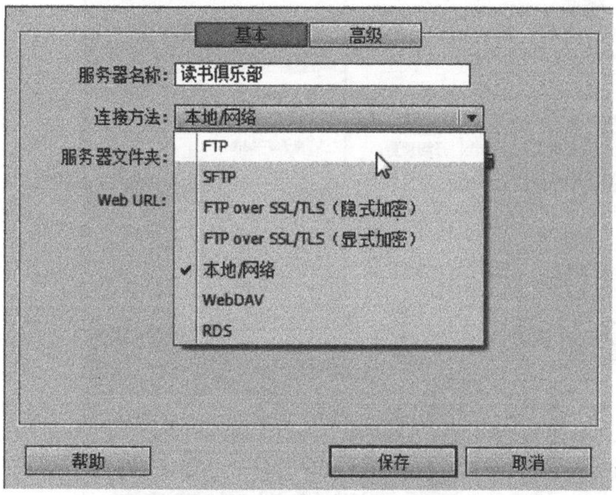

图 10.2.4　在“连接方法”中选择“FTP”

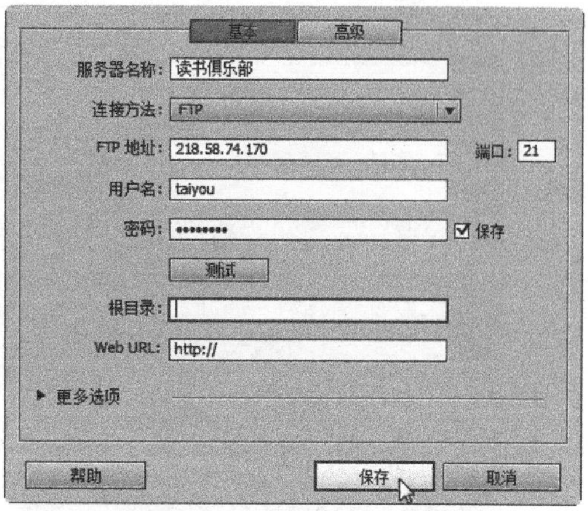

图 10.2.5　输入信息并保存

在返回的“站点设置对象 读书俱乐部”对话框中，单击“保存”按钮，如图 10.2.6 所示。

在返回的“管理站点”对话框中，单击“完成”按钮，如图 10.2.7 所示。

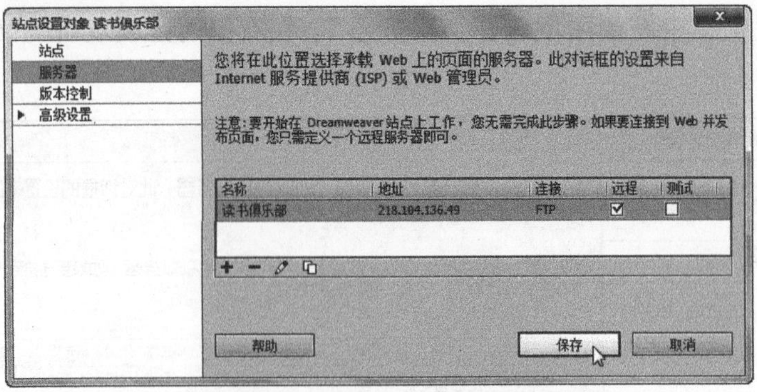

图 10.2.6　单击“保存”按钮

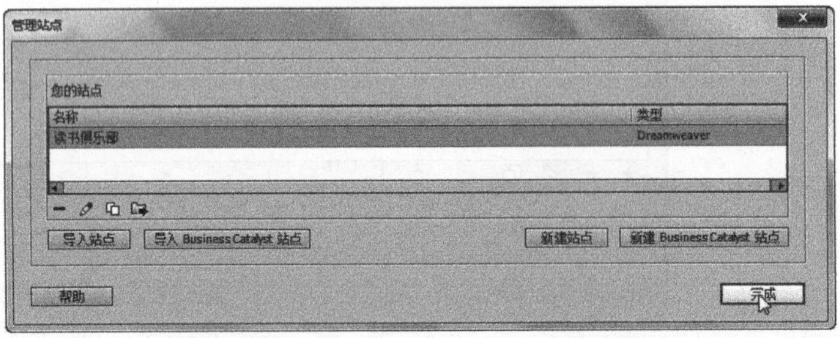

图 10.2.7　单击“完成”按钮

子项目 2　上传网页到服务器

完成配置，就可以上传网页了。在“站点”选项卡中选中站点中的所有文件，单击按钮，开始上传，如图 10.2.8 所示。

图 10.2.8　选择文件并单击上传按钮

Dreamweaver 开始查找主机并连接，如图 10.2.9 所示。

Dreamweaver 首先对文件进行排序，如图 10.2.10 所示。

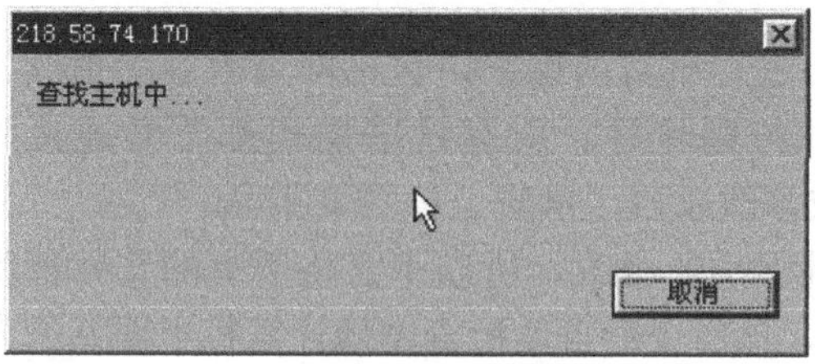

图 10.2.9　查找主机

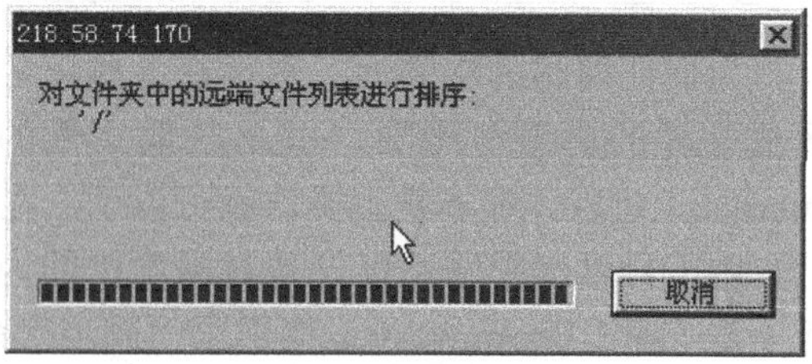

图 10.2.10　将文件排序

然后开始上传文件，如图 10.2.11 所示。

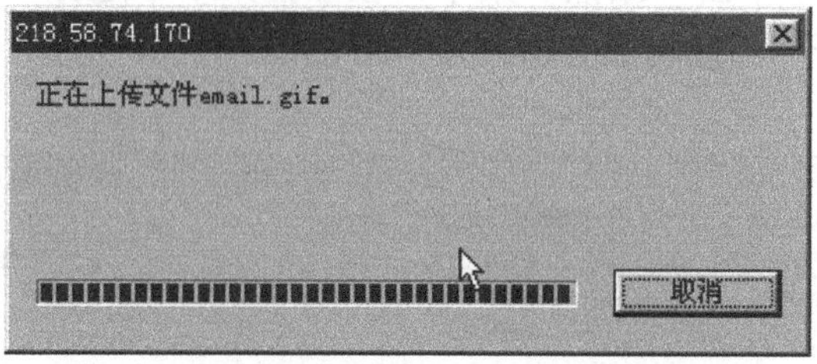

图 10.2.11　上传文件

子项目 3　浏览上传的网页

上传完毕，在 IE 浏览器中输入服务器提供的网址，上传的网页被打开，如图 10.2.12 所示。如果对网页的内容不满意，可以重新打开 Dreamweaver 进行修改，然后重新上传。

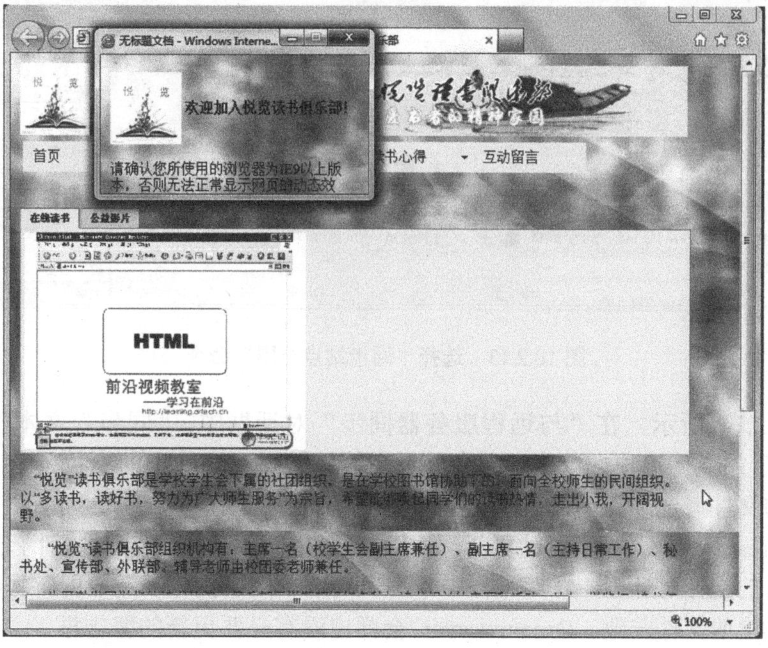

图 10.2.12　浏览上传的网页

子项目 4　更新网页中的文件

为保证网站的实效性，网站在上传以后还要进行日常的维护，包括网页内容的更改、网页文件的更新与删除，以及其他文件的导入与删除等。所有这些操作都不必连接到 Internet 上进行，在本机上操作就可以了，在完成修改以后，重新上传网页即可。

由于日常维护网站仅仅是对网站中的内容进行小的修改，所以不必将所有的文件都重新上传一遍。Dreamweaver 提供了“同步”命令，该命令会自动检查本地计算机上网站的内容与 Internet 上网站的内容是否一致，然后用完成时间较近的文件覆盖 Internet 上的同名文件，上传 Internet 上缺少的文件，并将无用的文件删除。

在“站点”选项卡中单击“站点”菜单，在下拉菜单中选择“同步站点范围”命令，如图 10.2.13 所示，打开“与远程服务器同步”对话框。

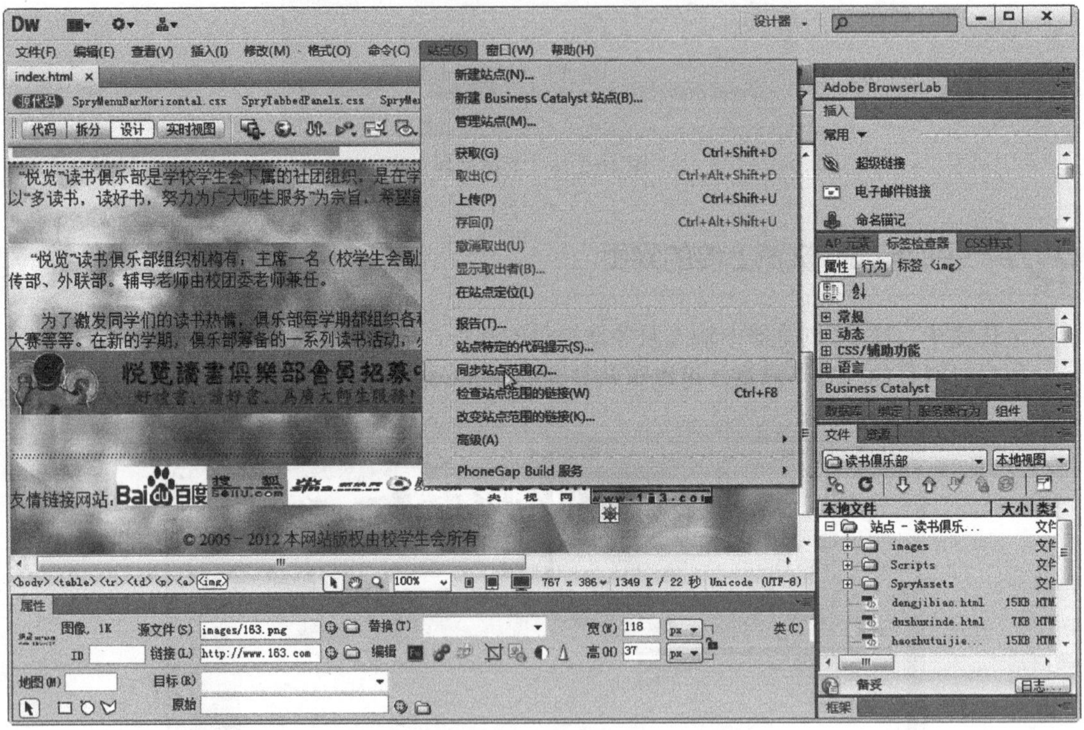

图 10.2.13　选择“同步站点范围”命令

如图 10.2.14 所示，在“与远程服务器同步”对话框中，“同步”文本栏选择“整个‘读书俱乐部’站点”选项，单击“方向”栏中的按钮▾，在弹出的下拉列表中选择“获得和放置较新的文件”选项，单击“预览”按钮。

此时，Dreamweaver 开始自动更新，如图 10.2.15 所示。如果本地文件有改动，会弹出一个将被更新的文件对话框，在对话框中单击“确定”按钮就可以完成更新。如果没有本地文件与服务器上的文件一致，Dreamweaver 会弹出没有必要更新的警告框。

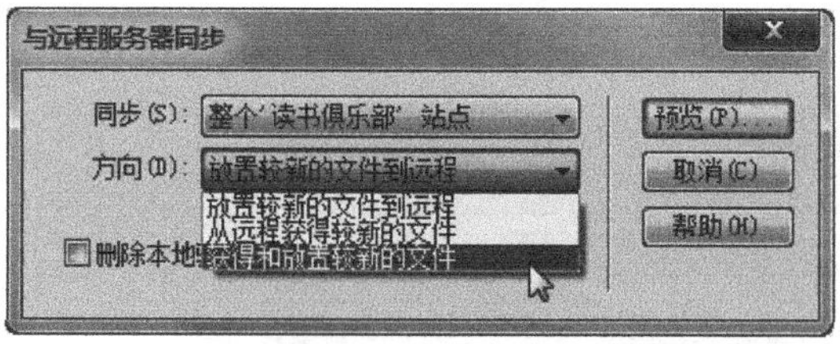

图 10.2.14　设置同步文件的属性

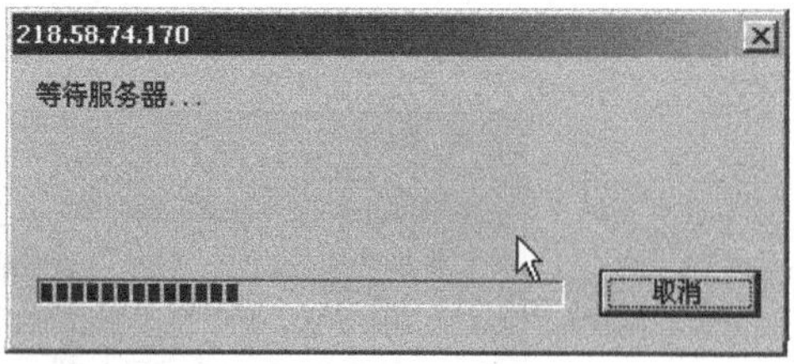

图 10.2.15　正在与服务器联系进行更新

项目 3　使用 FTP 软件上传网页

网页制作工具，无论是 Dreamweaver 还是 Frontpage，都可以直接将制作完成的网页上传到 Internet 服务器上。但这些软件都有一定的局限性，例如，它们的上传功能都不支持续传功能，当由于网络原因而导致上传网页的操作被意外终止，在下次上传时，还需要将计算机上的网站文件与 Internet 服务器上的网站文件进行比较，浪费了一定的时间和资源。并且，在上传网页的过程中，不能直观地看到服务器上的文件及文件夹的情况。

使用 FTP 软件上传网页可以很好地解决这些问题。

子项目 1　配置站点信息

下面以使用 FlashFXP 为例，介绍使用 FTP 软件上传网页的方法。FlashFXP 是一款比较优秀的 FTP 软件，使用它不仅可以将 Internet 上的文件下载到计算机上，还可以将网页文件上传到 Internet 中的服务器上。

在桌面上双击 FlashFXP 图标，就可以启动该软件。在上传网页前，应该先将存放网页的 Internet 服务器的相关信息配置一下。

单击“站点”，在下拉菜单中选择“站点管理器”命令，如图 10.3.1 所示。

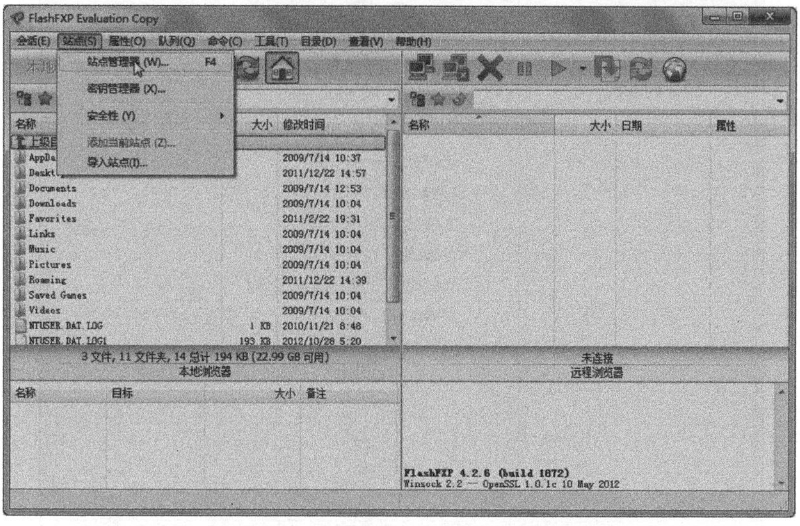

图 10.3.1　选择“站点管理器”命令

在“站点管理器”对话框中单击“新建站点”按钮，如图 10.3.2 所示。

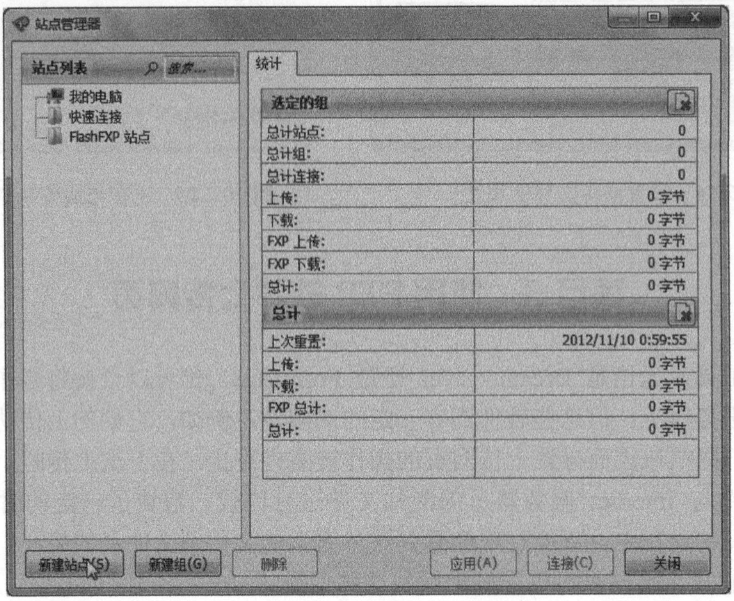

图 10.3.2　单击“新建站点”按钮

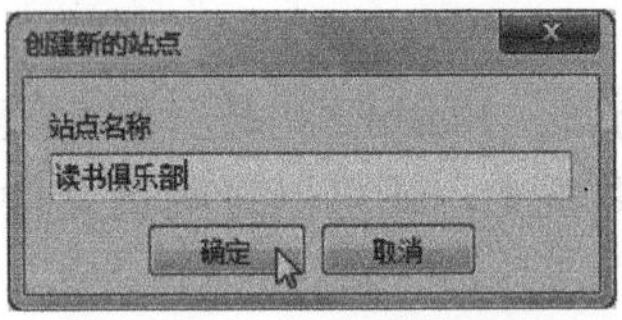

图 10.3.3　输入站点名称

在打开的“创建新的站点”对话框中输入站点名称“读书俱乐部”，单击“确定”按钮，如图 10.3.3 所示。

在“站点管理器”对话框中输入 FTP 服务器的地址及用户名称和密码等，最后单击“应用”按钮完成配置，如图 10.3.4 所示。

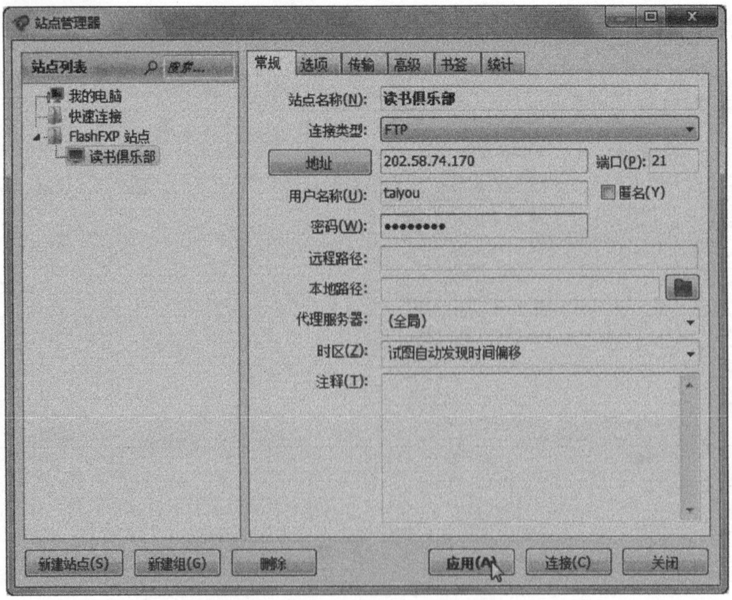

图 10.3.4　输入 FTP 相关信息

子项目 2　上传网页到服务器

单击工具栏上的“连接”按钮，在下拉菜单中选择 FTP 站点连接名称“读书俱乐部”，该站点在验证用户名和密码以后会显示连接成功的信息，如图 10.3.5 所示。

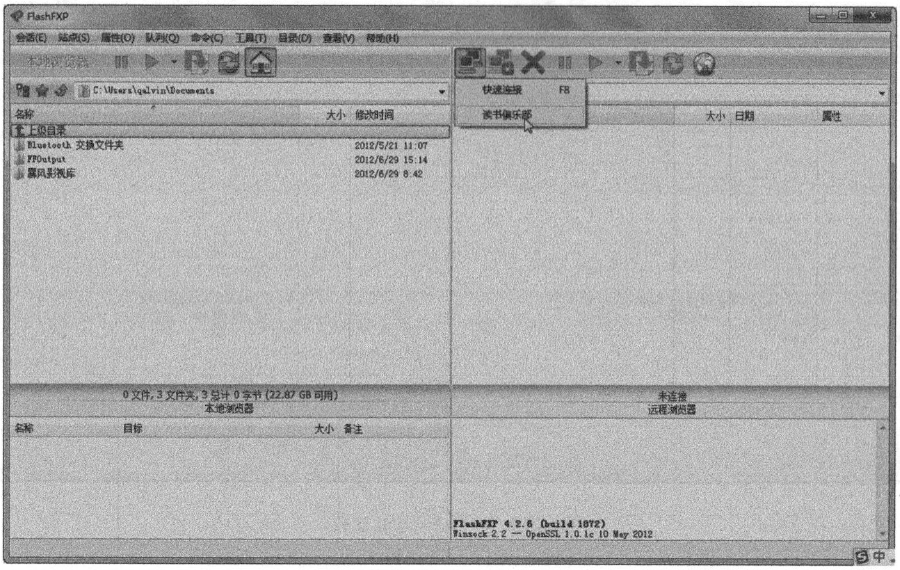

图 10.3.5　连接 FTP 站点

连接成功后，窗口左边为本地硬盘上的文件，右边为 FTP 服务器上的文件，如图 10.3.6 所示。将左边窗口中的文件拖动到右边窗口就是上传文件，而将右边窗口中的文件拖动到左边窗口就是下载文件。

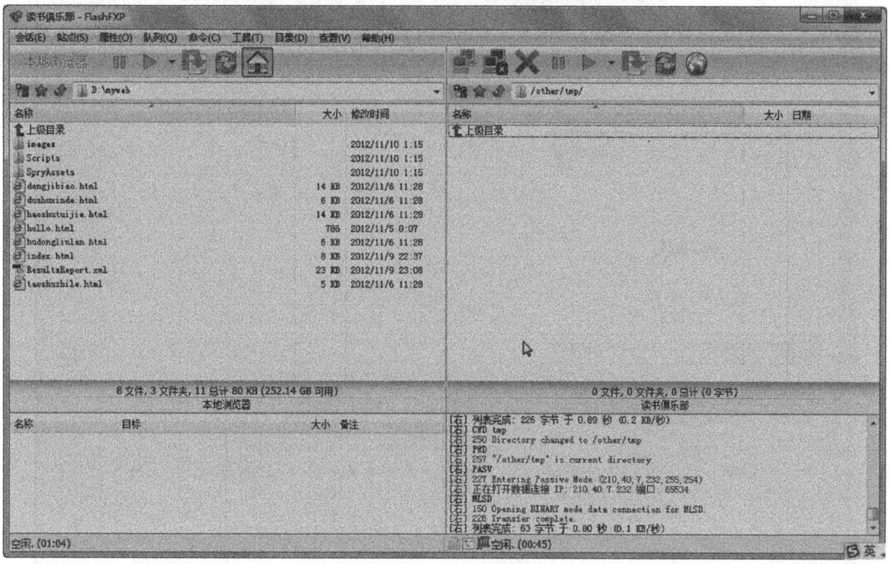

图 10.3.6　连接成功

选中网站中的所有文件和文件夹，拖动鼠标，将网站文件拖动到右边的窗口中，松开鼠标，网页文件开始上传，如图 10.3.7 所示。

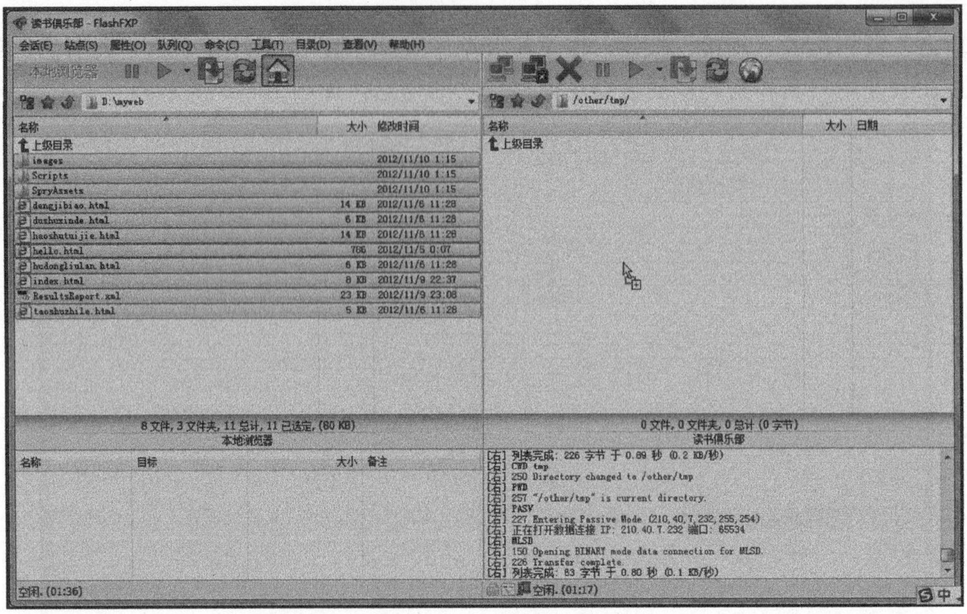

图 10.3.7　上传网页文件

上传完毕，关闭 FlashFXP。在 IE 浏览器中输入网址，便可以看到上传的网页，如图 10.3.8 所示。

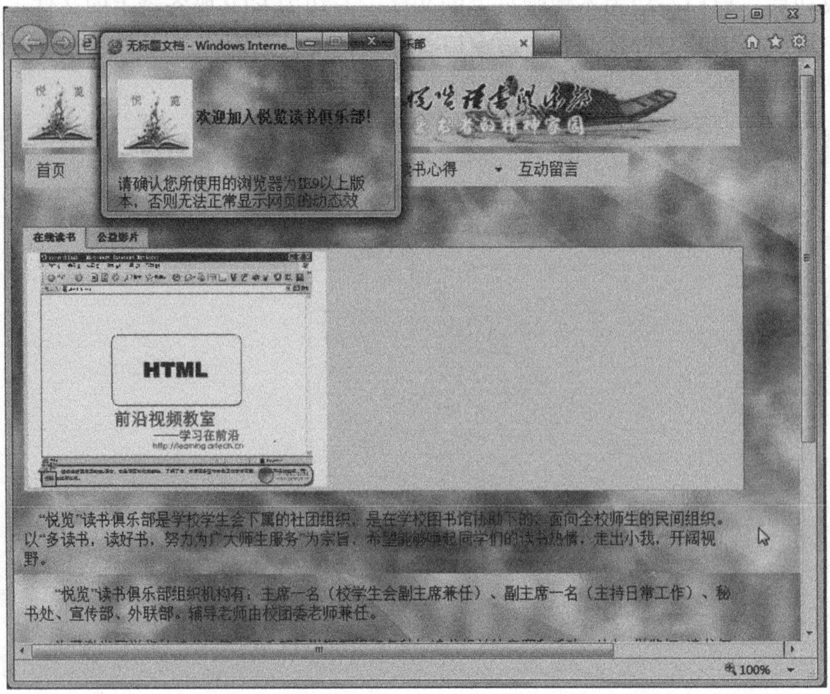

图 10.3.8　在浏览器中预览上传的网页

子项目 3　使用 FTP 软件续传文件

如果网页在上传的过程中出现问题，致使网页无法正确上传到 Internet 上时，下一次启动 FlashFXP，就会弹出如图 10.3.9 所示的“恢复队列”对话框，单击“载入”按钮可将任务载入到程序中。

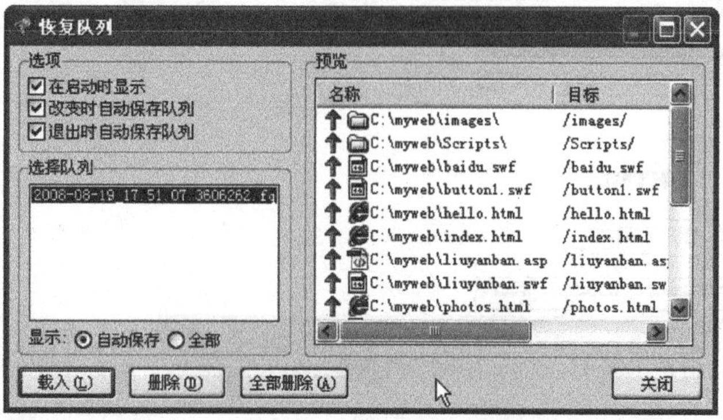

图 10.3.9　“恢复队列”对话框

然后在窗口左下角的上传任务栏中单击鼠标右键，在弹出的快捷菜单中选择“传输”命令，如图 10.3.10 所示，文件即开始续传。

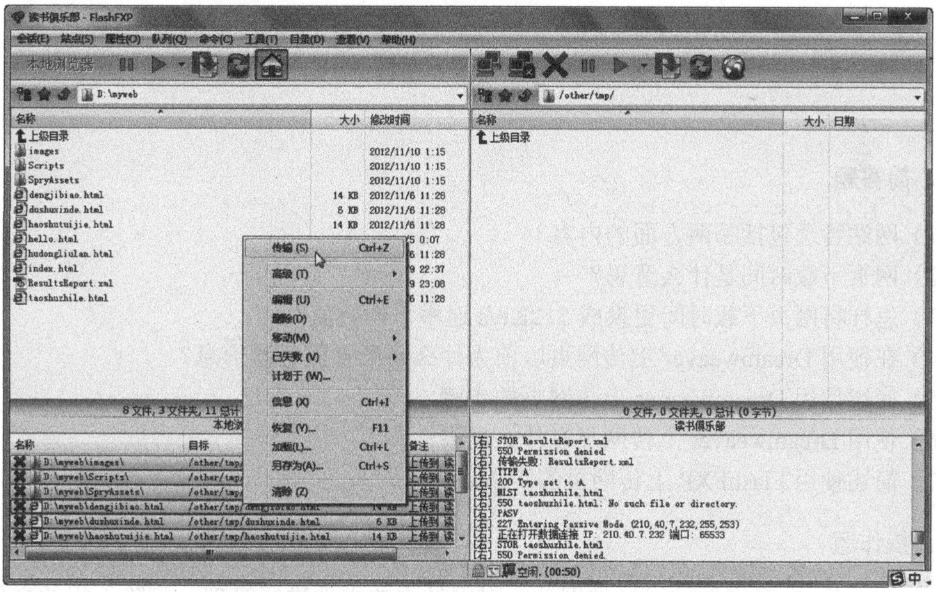

图 10.3.10　在快捷菜单中选择“传输”命令

子项目 4　浏览上传的网页

上传完毕，在 IE 浏览器中输入服务器提供的网址，上传的网页被打开，如图 10.3.11 所示。如果对网页的内容不满意，可以重新打开 Dreamweaver 进行修改，然后重新上传。

图 10.3.11　浏览上传的网页

习　题　10

1．简答题

（1）网站管理包括哪两方面的内容？

（2）网页下载时间是什么意思？

（3）怎样将网页下载时间更换成 512Kb/s 速率下的数值？

（4）在使用 Dreamweaver 上传网页以前为什么要配置服务器信息？

（5）简述使用 Dreamweaver 上传网页的步骤。

（6）使用 Dreamweaver 上传网页有什么局限性？

（7）简述使用 FlashFXP 上传网页的步骤。

2．操作题

（1）打开第 9 章习题编辑过的网站，对网站中的文件进行管理，删除无用的文件，将相关文件放入相应的文件夹。

（2）检查各个网页的网页下载时间、超链接的正确性和在不同浏览器中的浏览效果。

（3）用 Dreamweaver 将前面几章习题中制作的网页上传到服务器中。

（4）使用 FTP 软件将前面几章习题中制作的网页上传到服务器中，注意服务器关于覆盖文件的提示信息。

附录A

申请网站的域名

域名类似于因特网上的门牌号码，是用于识别和定位因特网上计算机的层次结构式字符标识，与该计算机的互联网协议（IP）地址相对应。但相对于 IP 地址而言，它更便于使用者理解和记忆。域名属于因特网上的基础服务，基于域名可以提供 WWW、E-mail、FTP 等应用服务。

域名注册分为国际域名注册和国内域名注册两种。国内域名注册由中国互联网络信息中心（CNNIC）授权其代理进行；国际域名注册通过互联网络信息中心（INTERNIC）授权其代理进行。如图 A.1 所示，是中国互联网络信息中心（http://www.cnnic.com.cn）的主页。

图 A.1 中国互联网络信息中心主页

中国互联网络信息中心（CNNIC）是 CN 域名的管理机构，负责运行和管理相应的 CN 域名系统，维护中央数据库。注册服务机构按照公平原则和先申请先注册原则受理 CN 域名的注册申请，并根据国家有关法律、法规完成 CN 域名的注册。而注册代理机构则负责在注册服务机构的授权范围内接受域名的注册申请。图 A.2 所示是注册服务机构的结构图。

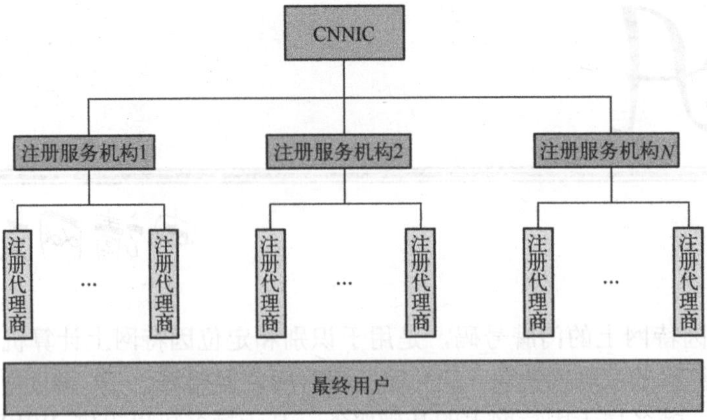

图 A.2　注册服务机构结构图

下面以访问东方网景、注册一个名为“http://www.qdgao21.com”的域名为例，简述注册域名的步骤。

首先在 IE 浏览器中输入网址“http://www.east.net/”，将网页在浏览器中打开，如图 A.3 所示。

图 A.3　东方网景网

单击“域名注册”，在下拉菜单中选择“英文域名”命令，如图 A.4 所示。

要想完成域名注册，必须先注册为该网站的会员。单击“会员注册”按钮，进行会员注册。这个注册仅仅是成为东方网景网的用户，所以是免费的。

如图 A.5 所示，在会员注册页面上输入姓名、电子邮件地址、登录密码等，单击“继续”按钮。此时，系统开始检查账号是否符合规定、是否重名等。

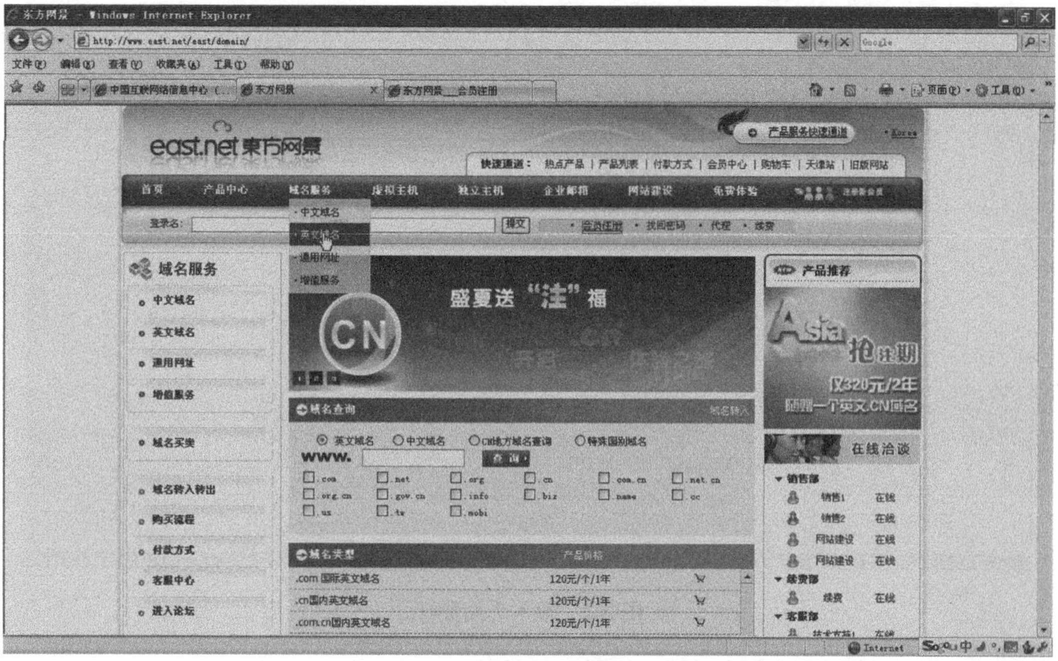

图 A.4　选择“英文域名”命令

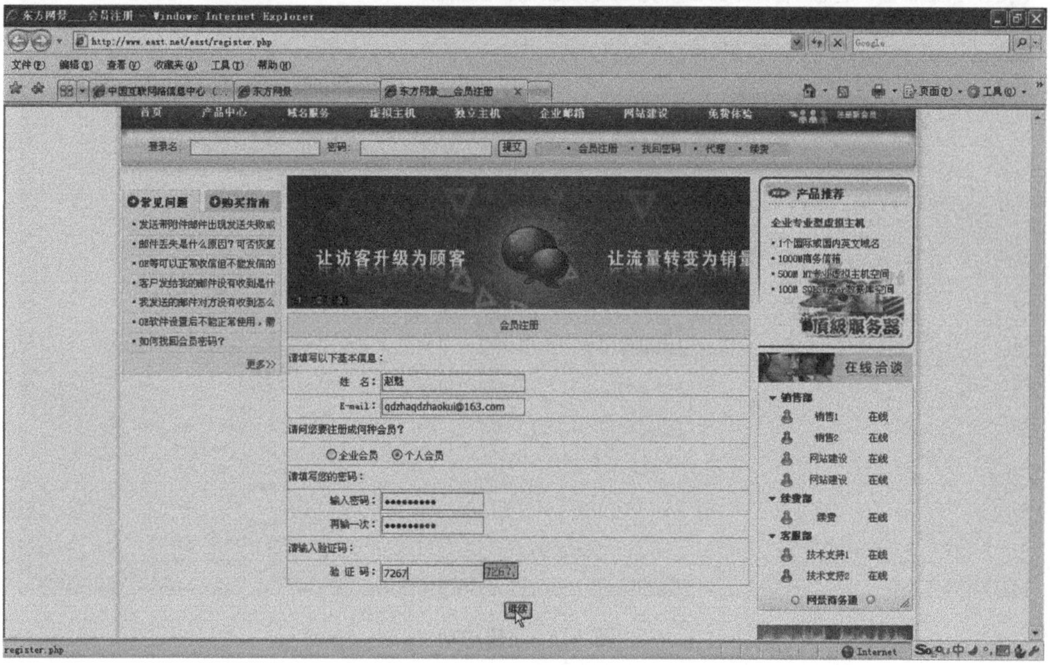

图 A.5　输入账号等信息

在账号通过检查以后，需要输入个人资料，其中带“*”的为必填项，其他的项目可以有选择地填写。填写完毕单击“注册”按钮，如图 A.6 所示。

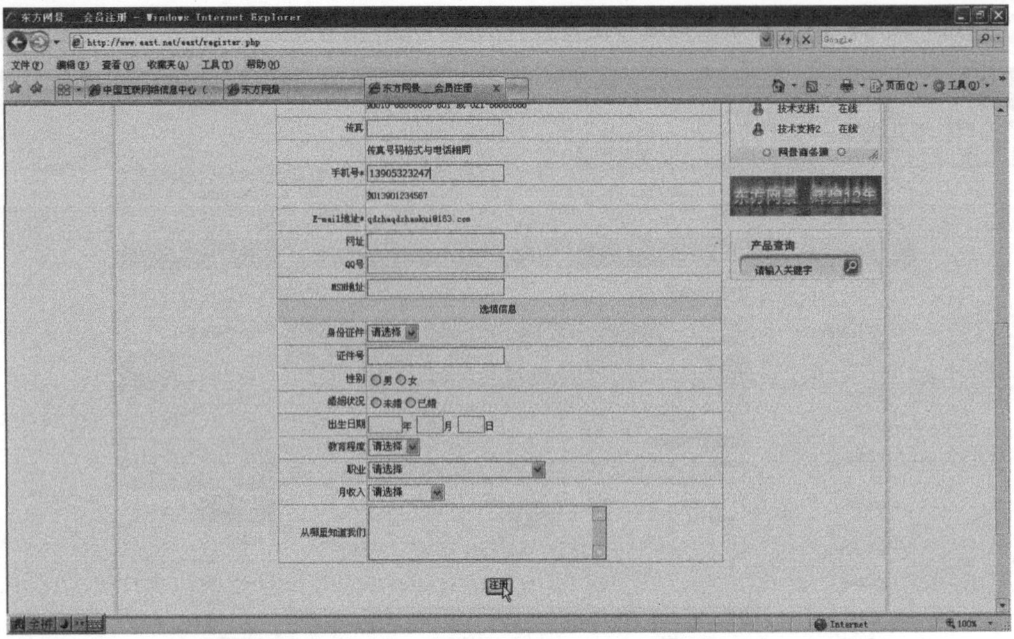

图 A.6　输入个人资料

注册完毕，弹出注册成功页面，如图 A.7 所示。

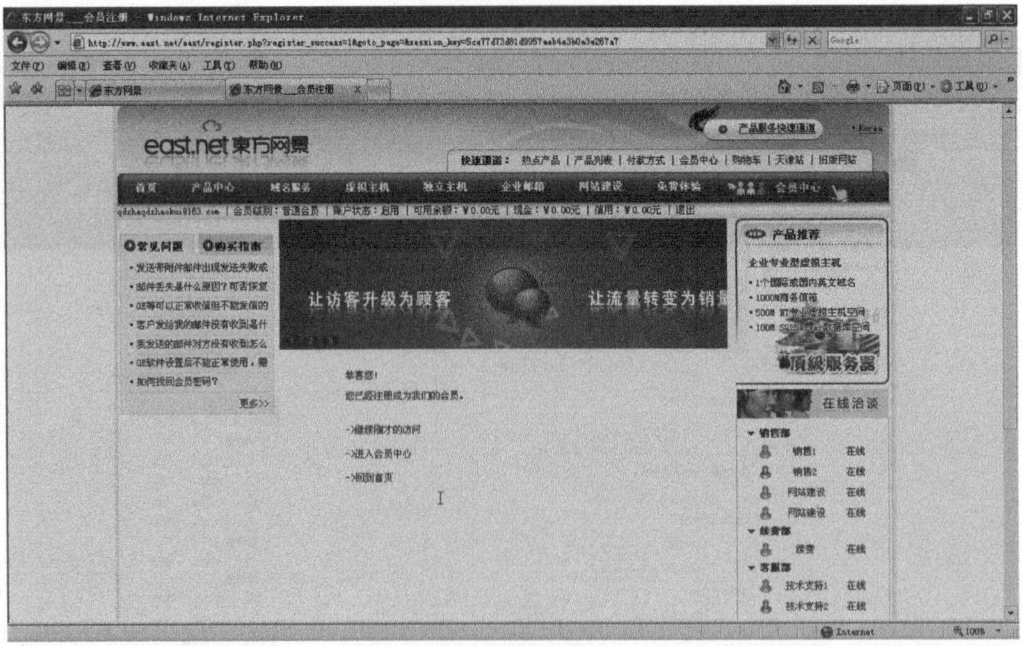

图 A.7　注册成功

如图 A.8 所示，是重新进入域名注册界面的情况，可以发现登录成功后，网页上出现用户名及账户上的金额。注意，账户上的金额不够交费金额是不能完成注册的，到该网站所在机构交费可以对账户进行充值。选择“英文域名”，输入“qdgao21”，选择“.com”，单击

“查询”按钮。

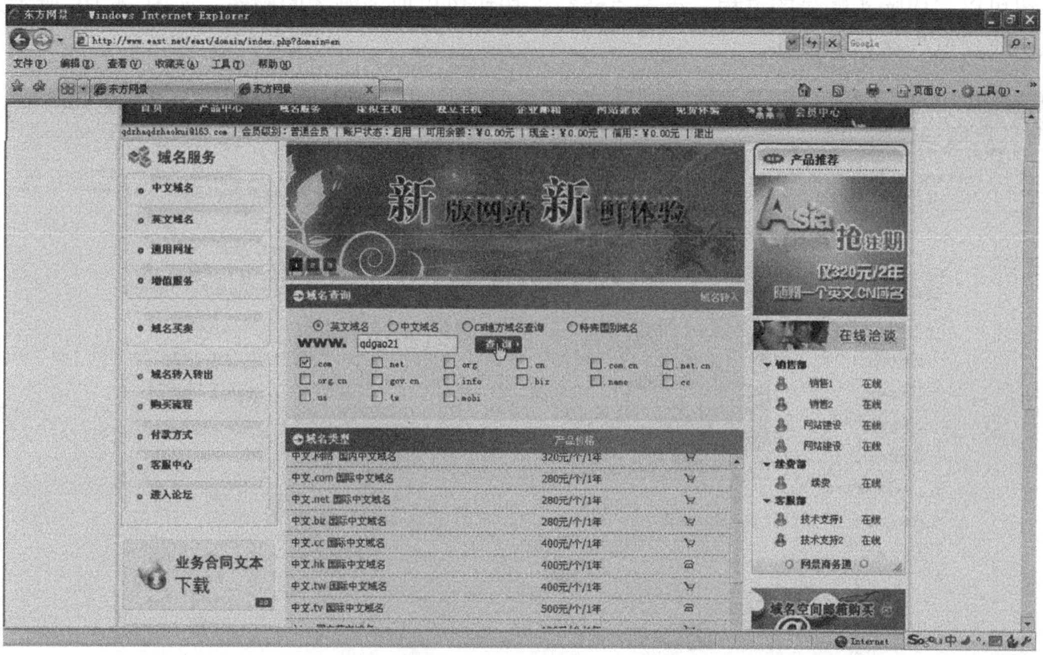

图 A.8 “管理中心”网页

在打开的窗口中，单击“加入购物车”按钮，对本次域名注册给予确认，如图 A.9 所示。

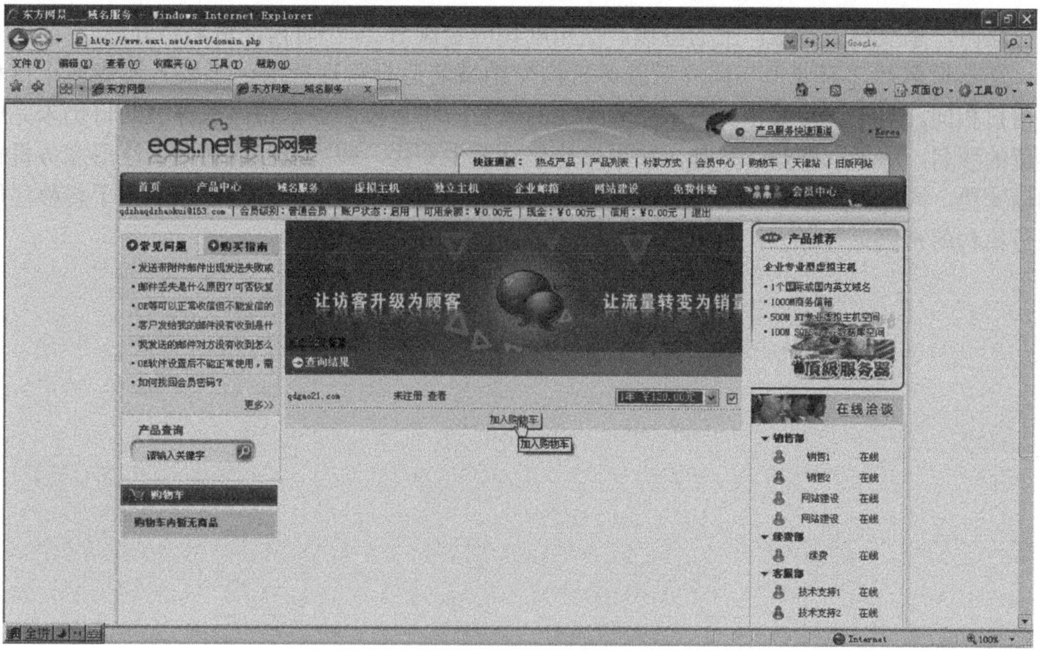

图 A.9 单击“加入购物车”按钮

在弹出的窗口中，可以看到刚才所注册域名的相关信息，包括价格等。单击“结算”按钮可以完成购买账号的过程，单击“清空”按钮可以取消刚才的操作。如图 A.10 所示是单击“结算”按钮的操作。

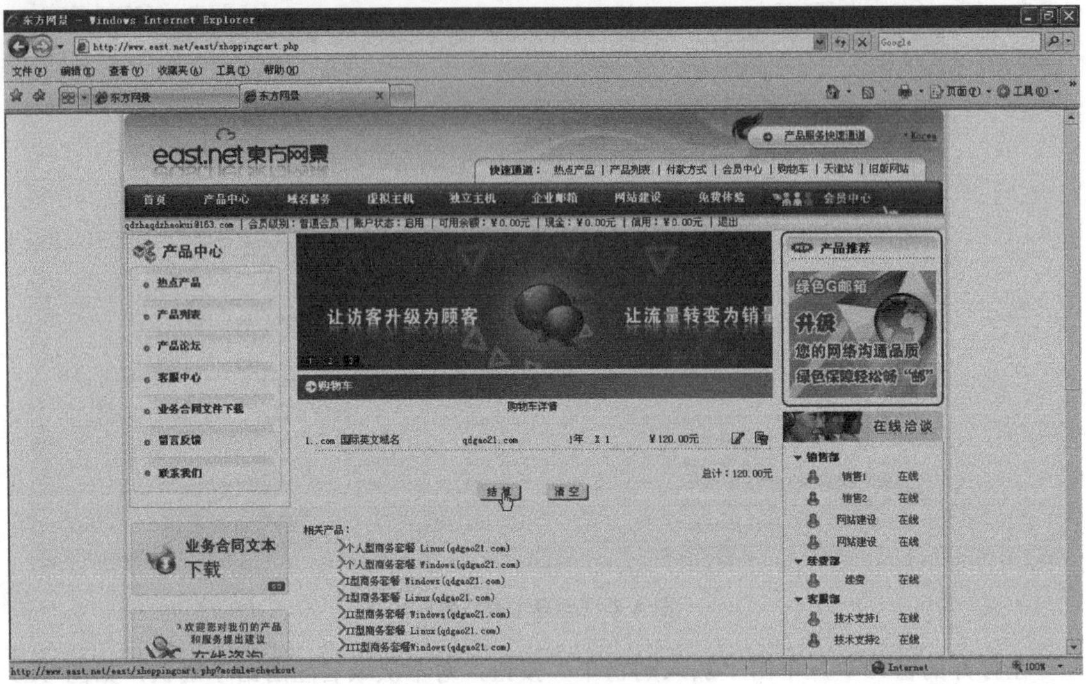

图 A.10 单击“结算”按钮

这时，系统将查看账户上的金额，在扣除相应金额后 24 小时内，域名将开通。

注册域名后，需要每年向注册服务机构交纳域名运行管理费用。年域名续费截止日和申请日相同。对于续费截止日内未完成续费的域名，将暂停服务。暂停服务 15 日仍未完成续费的域名，将予以删除。另外，如果注册信息发生变化，应当及时通知域名注册服务机构加以变更，同时要注意保存注册服务机构提供给用户的用于更改信息的密码和用于转移注册服务机构的密码。

附录B

申请网站空间

要将网站存放在因特网上，除了需要注册域名以外，还要选择一个合适的服务商。目前各服务商提供两种方式来存放网站文件，一种是虚拟主机，一种是主机托管。

虚拟主机是使用特殊的软、硬件技术，把一台主机分成一台台“虚拟”的主机，每一台虚拟主机都具有独立的域名和共享的 IP 地址。虚拟主机属于企业在网络营销中比较简单的应用，适合个人或初级建站的中小型企事业单位。这种建站方式适合用于发布简单的信息。

主机托管是将自己的服务器放在通信部分的专用托管服务器机房，利用数据中心的线路、端口、机房设备为信息平台建立自己的宣传基地和窗口。主机托管可为对运行环境有专门要求的高级网络运营提供托管服务，并可为用户提供实时带宽监测与报告。托管用户具有对设备的拥有权和配置权，并可根据用户的需求为用户预留足够的发展空间。对于企业一般采用主机托管，不但节约成本，而且还可以根据需要灵活选择数据中心提供的线路、端口及增值服务，并且不会因为共享主机而引起主机负载过重，导致服务器性能下降。

1. 申请虚拟主机

下面以访问东方网景网、注册一个虚拟主机服务为例，介绍虚拟主机的注册步骤。

在 IE 浏览器中输入东方网景的网址“http://www.east.net”，将网页在浏览器中打开。输入用户名和密码，登录到网站上，如图 B.1 所示。

图 B.1　登录网站

然后单击网页顶端的“虚拟主机”，在下拉菜单中选择“虚拟主机”选项，如图 B.2 所示。

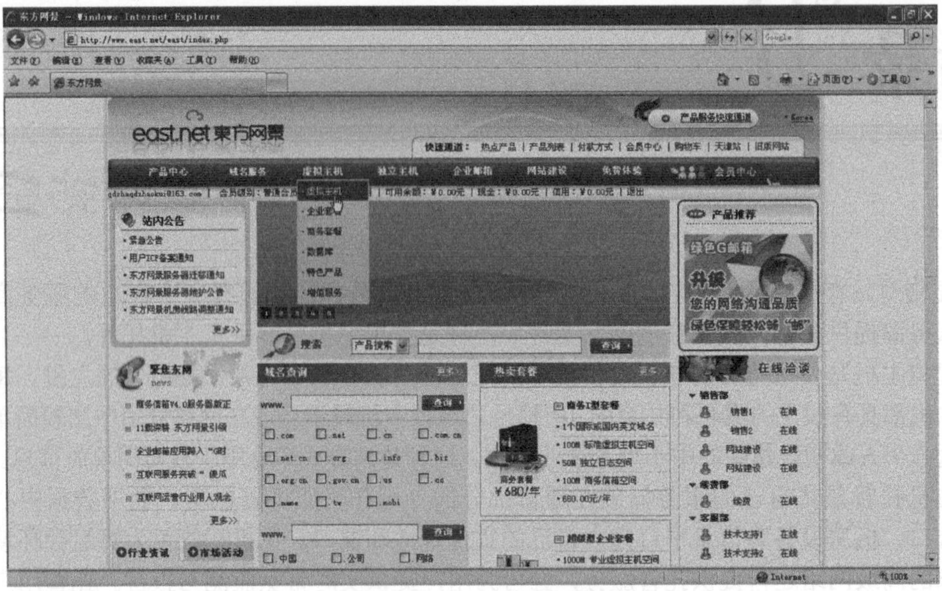

图 B.2　选择“虚拟主机”

在网页“虚拟主机”中可以看到，有多种形式的虚拟主机服务。选择其中的一种，单击“立即购买”按钮，如图 B.3 所示。

图 B.3　选择一种虚拟主机服务

在弹出的窗口中可以看到提供虚拟主机服务的硬件信息，输入 FTP 账号、密码，以及域名，单击“确定”按钮，如图 B.4 所示。

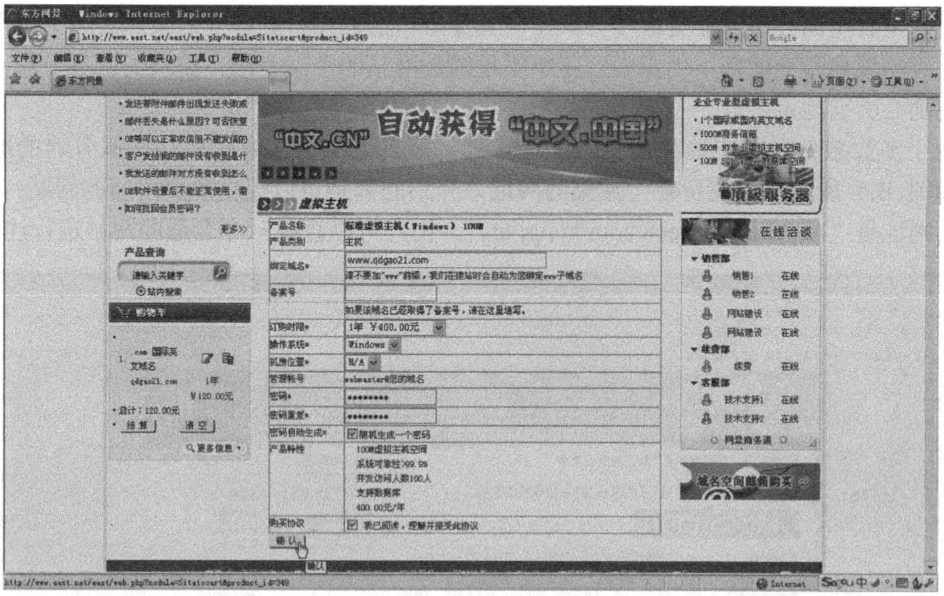

图 B.4　注册虚拟主机服务

如图 B.5 所示，该项购买交易已经被放入购物车。在屏幕左端单击“结算”按钮，系统将查看账户上的金额，在扣除相应金额后 24 小时内，服务将开通。

虚拟主机服务开通之后，通过使用 FTP 账号和密码可以将网站上传到服务中提供的空间里，输入登记的域名就可以将网页打开。

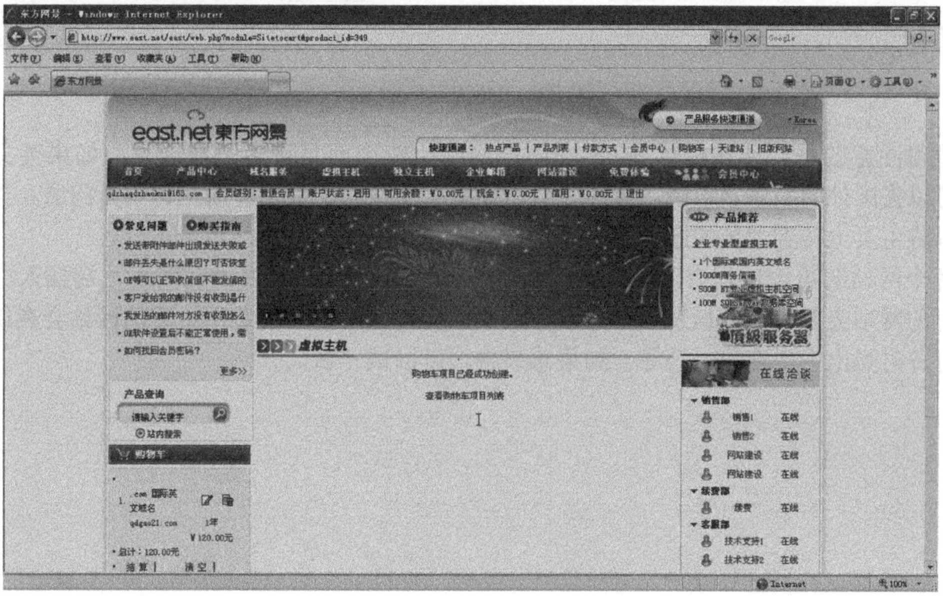

图 B.5　交易成功

2．申请免费网页空间

对于学生来说，支付域名费用、选择虚拟主机甚至主机托管是不现实的。不用担心，提供免费主页空间的服务器有很多，只需向其提出申请，在得到答复后按照说明上传主页即可，主页的域名和空间都不用操心。美中不足的是网站的空间有限，提供的服务一般，域名更不能随心所欲地定。

由于多数服务器在申请额满后会停止申请，所以无法向大家提供这些服务器的准确网址。如图 B.6 所示是“免费吧”搜集的网址，介绍的都是可以提供免费空间的网站。“免费吧”的网址是“http://www.free8.com/kongjian/”，用户可以查找一个合适的网站进行注册。

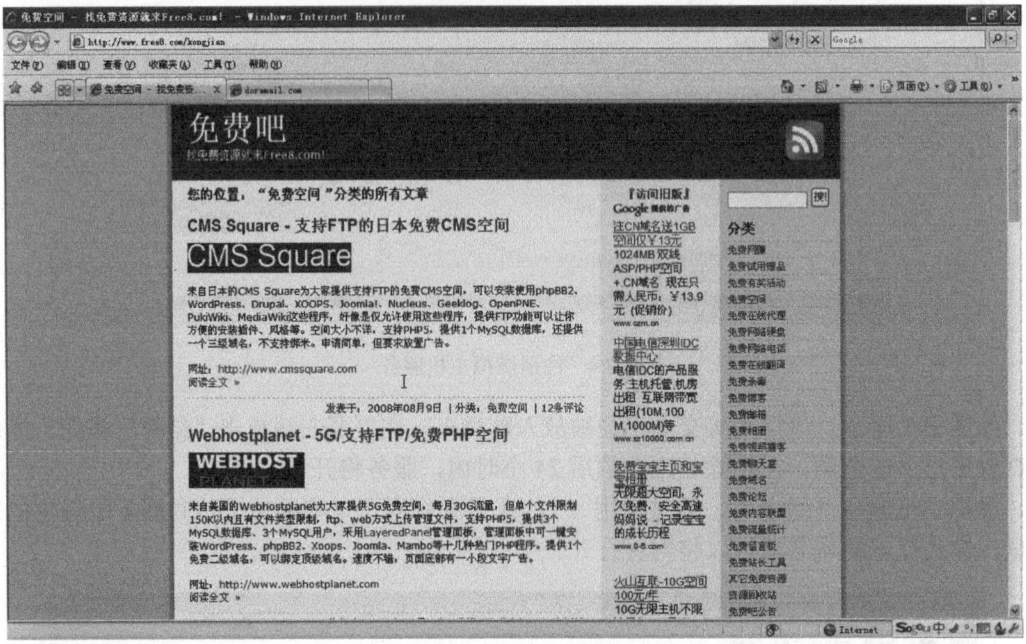

图 B.6 “免费吧”网站

值得注意的是，现在提供 FTP 空间的网站比较少而且许多是在国外。如果英文足够好，可以去国外的服务器申请，参照“金山词霸”的帮助，成功注册应该不是问题。当然，也可以将主页上传到学校的服务器上。

各个网站的申请过程有所不同，但大同小异。有的网站会要求在网页顶端插入广告图片；有的网站会要求在论坛发帖，挣取虚拟币，支付使用空间的费用；有的网站会在用户的网站打开时弹出广告窗口，等等。如果感兴趣，可以试一试。